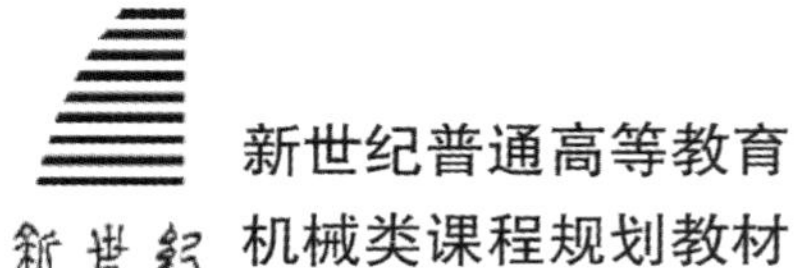

新世纪普通高等教育
机械类课程规划教材

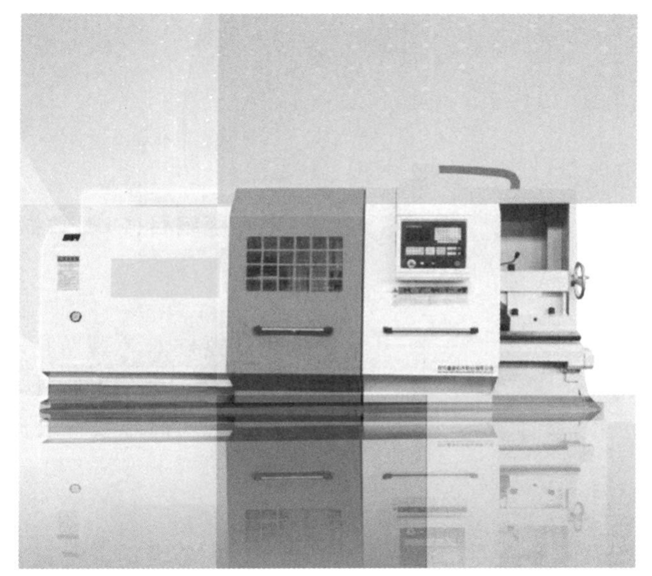

Machine Tool NC Technology

机床数控技术

（第五版）

主　编　魏斯亮　黎旭初
副主编　郭　军　唐晓红　彭明明
主　审　林厚波

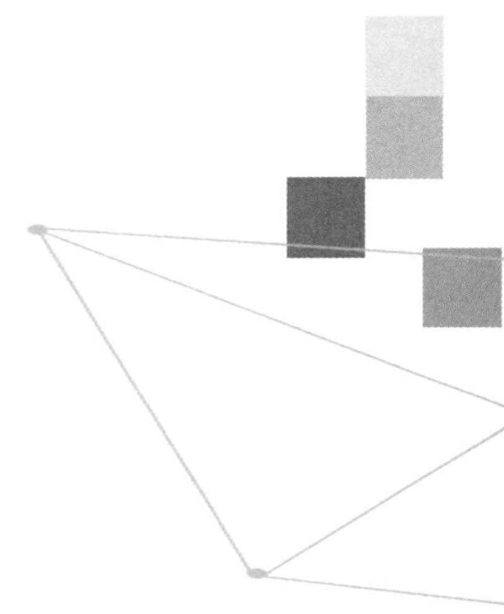

图书在版编目(CIP)数据

机床数控技术 / 魏斯亮，黎旭初主编. -- 5 版. -- 大连 : 大连理工大学出版社，2022.8

新世纪普通高等教育机械类课程规划教材

ISBN 978-7-5685-3872-5

Ⅰ. ①机… Ⅱ. ①魏… ②黎… Ⅲ. ①数控机床—高等学校—教材 Ⅳ. ①TG659

中国版本图书馆 CIP 数据核字(2022)第 133272 号

JICHUANG SHUKONG JISHU

大连理工大学出版社出版

地址:大连市软件园路 80 号　邮政编码:116023

发行:0411-84708842　邮购:0411-84708943　传真:0411-84701466

E-mail:dutp@dutp.cn　URL:https://www.dutp.cn

辽宁泰阳广告彩色印刷有限公司印刷　大连理工大学出版社发行

幅面尺寸:185mm×260mm　印张:17.25　字数:420 千字

2006 年 8 月第 1 版　2022 年 8 月第 5 版

2022 年 8 月第 1 次印刷

责任编辑:王晓历　责任校对:沈灵丽

封面设计:对岸书影

ISBN 978-7-5685-3872-5　定　价:56.80 元

前言

Preface

机床数控技术是一门综合了计算机、现代机械、金属切削刀具、机械加工工艺、自动控制技术等多学科最新科技成果的工程应用型课程，其涉及的知识面广，工程实用性强，相关教材的内容更新速度快。为了适应数控技术日新月异的发展形势和企业用人单位的实际需要，现再次修订《机床数控技术》教材。

《机床数控技术》(第五版)全面系统地介绍了数控机床的基本原理和应用，包括数控技术概论、数控加工编程技术、计算机数控系统、数控机床的伺服系统和常用驱动元件、数控机床的机械结构、位置检测装置、数控刀具系统、数控机床维修基础知识等内容。本教材注重理论联系实际，各章既有联系，又有一定的独立性。每章之后均附有思考题与习题。

随着我国装备制造业的迅速发展，数控技术及数控装备得到广泛应用，企业对数控技能人才提出了更高的要求。当前生产企业尤其缺乏“懂操作、懂工艺、会编程、会维修”的综合型数控高级技能人才。本教材基于数控加工技术岗位的实际需要，针对数控工艺分析与编程人员、数控机床加工操作与维护人员所必需的知识结构和职业技能要求进行编写，力求突出实用性和针对性。

本教材可供普通高等院校本科或专科机械设计制造及其自动化专业、机械工程及自动化专业、机械电子工程专业、材料成型及控制专业、数控技术应用专业的学生使用，也可供相关工程技术人员参考。

本教材密切关注刚离校的大学毕业生普遍存在的工艺知识匮乏、现场经验不足等问题，尽可能采用“推理式”方法展开叙述，在教材编写中注重拓展理论知识与生产实际的联系，力求使学生真正掌握本课程的专业知识和实用技能。

本教材推出视频微课及知识拓展链接，学生可实时扫描二维码进行观看与阅读，真正实现教材的数字化、信息化、立体化。本

教材力求增强学生学习的自主性与自由性，将课堂教学与课下学习紧密结合，力图为广大读者提供更为全面且多样化的教材配套服务。

本教材由华东交通大学魏斯亮、黎旭初任主编；深圳市海纳川机电有限公司郭军，华东交通大学唐晓红，南昌交通学院彭明明任副主编；北京航空航天大学林厚波任主审。具体编写分工如下：魏斯亮编写第 1 章、第 3 章、第 5 章、第 6 章，黎旭初编写第 2 章，郭军编写第 7 章，唐晓红编写第 4 章，彭明明编写第 8 章。全书由魏斯亮、黎旭初统稿。

在编写本教材的过程中，编者参考、引用和改编了国内外出版物中的相关资料以及网络资源，在此表示深深的谢意！相关著作权人看到本教材后，请与出版社联系，出版社将按照相关法律的规定支付稿酬。

尽管我们在教材建设的特色方面做了许多努力，但由于编者水平有限，书中不足之处在所难免，恳望各教学单位、教师及广大读者批评指正。

编　者

2022 年 8 月

所有意见和建议请发往：dutpbk@163.com

欢迎访问教材服务网站：https://www.dutp.cn/hep/

联系电话：0411-84708445　84708462

Contents

目录

第1章 数控技术概论

制造业是一个国家国民经济的支柱产业。制造业的水平，对一个国家的经济地位和政治地位具有至关重要的影响。

随着科学技术和社会生产力的不断发展，机械制造技术发生了深刻的变化。由于社会对产品多样化的需求更加强烈，多品种、高精度、中小批量生产的比重明显增加，采用传统的普通机械加工方法已无法满足加工要求。于是，伴随着计算机技术同步发展的数控技术应运而生，改变了人们的生产和生活，带来了人类社会划时代的变化。机床数控技术的推广应用，一方面促使机械加工的大量前期准备工作与机械加工过程融为一体，另一方面促使机械加工的柔性自动化水平不断提高，大大增强了制造系统适应各种生产条件变化的应变能力。数控技术同时又是柔性制造系统(FMS)、计算机集成制造系统(CIMS)的技术基础之一，成为机电一体化技术的重要组成部分。

1.1 数控机床的产生和特点

数控机床的产生和特点

1.1.1 数控机床的产生与发展过程

数控机床是20世纪40年代后期为适应复杂轮廓零件加工的需要而发展起来的。

1946年，世界上第一台电子计算机成功运行。为了精确制作直升飞机旋转机翼曲面的成套检验样板，1948年美国Parsons公司的工程师提出了用电子计算机控制坐标镗床加工复杂曲线的设想，引起了美国空军的关注。为了加速新型火箭发动机形状复杂零件的制造，1949年美国空军出资委托美国Parsons公司与美国麻省理工学院(M.I.T)合作研究一种柔性控制系统。经过近三年的努力，1952 年美国 M. I. T 研制成功了基于电子管和继电器的三坐标数控装置并成功安装到 Cincinnate 铣床上，世界上第一台可进行连续空间曲面自动化加工的立式三坐标两轴半联动数控铣床宣告诞生。但是，由于复杂零件的编程方法问题没有得到妥善解决，世界上第一台数控铣床在实验室整整沉睡了三年。直到 1955 年美国 M. I. T 首创研制成功 APT 自动编程语言系统(Automatically Programmed Tools)之后，复杂零件自动编程的难题获得突破，才开创了大力发展数控机床的新时代。

半个多世纪以来，数控技术得到了飞速发展，其加工精度和生产效率不断提高。数控机床的发展至今已经历了两个阶段六个时代：

1. 硬件连接数控(NC)阶段(1952 年～1970 年)

早期的计算机运算速度低，不能适应数控机床实时控制的要求，人们只好用与门、或门、非门等数字逻辑电路"搭"成一台专用计算机作为数控系统，这就是硬件连接数控，简称数控(NC)。随着电子元器件的发展，硬件连接数控阶段经历了三代：

1952 年起的第一代——电子管数控机床，数控系统采用玻壳电子管、继电器等连接；

1960 年起的第二代——晶体管数控机床，数控系统采用二极管、三极管等半导体分立元件连接；

1965 年起的第三代——集成电路数控机床，数控系统采用集成电路来替代晶体管分立元件电路；

2. 计算机数控(CNC)阶段(1970 年～现在)

1970 年，通用小型计算机出现并投入批量生产，人们将它移植过来作为数控系统的核心部件，从此进入了计算机数控(CNC)阶段。这个阶段也经历了三代：

1970 年起的第四代——小型计算机数控机床；

1974 年起的第五代——微型计算机数控机床；

1990 年起的第六代——基于现代个人计算机(PC)平台的数控机床。

随着微电子技术和计算机技术的不断发展，数控技术也随之不断更新，先后出现了计算机直接数控系统(DNC)、柔性制造系统(FMS)和计算机集成制造系统(CIMS)等先进制造系统。从 20 世纪末开始，以 PC 机作为 CNC 系统核心的开放式数控系统打破了传统的封闭模式，融入主流计算机中，并随主流计算机技术的快速进步而迅速发展。时至今天，代表着数控技术发展方向的开放式数控系统在现代制造领域中正发挥着越来越重要的作用。

1.1.2 我国数控机床的概况与特点

1. 我国数控机床的概况

我国数控机床的研究开发工作起步并不晚，从 1958 年开始至今，60 多年的发展历程大致可分为三个阶段。

第一阶段从 1958 年到 1979 年，即封闭式发展阶段。这一阶段由于国外的技术封锁和我国的基础条件有限，我国数控机床的发展较为缓慢，研制投产的主要是数控车床、数控线切割机床、非圆齿轮插齿机床等。

第二阶段是在国家"六五""七五"期间以及"八五"的前期，这一阶段通过引进技术，消化吸收，初步建立起国产化数控系统体系。1980 年开始引进日本技术，1981 年开始生产，到

1988 年共生产各种数控系统 1300 多套，满足了国内市场的部分需求。1985 年以后，我国在引进、消化国外技术的基础上进行了大量的开发工作，初步建立起国产化数控系统研究开发体系。到 1989 年底，我国数控机床的可供品种已超过 300 种，其中的一部分数控机床已使用了拥有自主知识产权的国产数控系统。

第三阶段是在国家“八五”的后期开始发展至今，主要是实施产业化研究、进入市场竞争阶段。在此阶段，我国国产数控装备的产业化取得了实质性进步，已奠定了数控技术发展的基础，初步形成了数控系统研发基地，建立了诸如华中数控、航天数控等具有批量生产能力的数控系统生产厂，以及兰州电机厂、华中数控等一批伺服系统和伺服电动机的生产厂家。

2. 我国数控机床的特点

(1)在新产品开发方面有较大突破，技术含量高的产品占据主导地位

我国已经出现了一大批代表数控技术最高水平的机床产品，例如高速精密加工中心、五轴联动加工中心及铣镗床、五轴高速龙门加工中心及铣镗床、九轴五联动车铣复合加工中心、干式切削数控滚齿机、六轴五联动弧齿锥齿轮磨床、数控慢走丝线切割机床、数控板材冲压生产线、数控冲剪复合柔性生产线等。

(2)数控机床的产量大幅度增长，数控化率显著提高

2020 年我国数控金属切削机床的产量为 21.1 万台，同比增长 20.7%，我国市场上各种数控机床已达 1500 种，在一些重大技术方面已经取得了重大突破。

(3)用户对数控机床高端产品的需求较为强烈

“十二五”期间，随着振兴制造业领域中关键高水平新产品工作的发展，国民经济各领域都对数控机床提出了更高的要求。如发展大型火力发电和核电机组、制造大型化工设备、开发大型海洋运输船舶、研制大型薄板冷热连轧成套设备、发展高速列车、发展新型地铁和轨道交通车辆等，都需要大批高速、精密、高效和专用数控机床来承担加工制造。新一代武器、舰艇、飞机、卫星、导弹的发展，也同样对数控机床的高端产品提出了更高的要求。

(4)发展数控机床的关键配套产品方面有突破

近年来通过政府的支持，数控机床“套餐”开始摆上“餐桌”。例如：北京航天机床数控系统集团公司建立了具有自主知识产权的新一代开放式数控系统平台；烟台第二机床附件厂开发了为数控机床配套的多种动力卡盘和过滤排屑装置；湖南普来得机械技术有限公司基于中外合作技术生产了适用于数控机床(特别是数控磨床)主轴的 HOB 系列流体悬浮支承(液体动静压混合轴承主轴系统)等 30 多个系列 100 多个品种的数控产品“套餐”，引起了人们广泛的关注。

1.2 数控机床的组成

1.2.1 有关数控机床的基本概念

1. 数控(Numerical Control)

数控是指采用数字化信息对机床的运动及其加工过程进行控制的方法，简称 NC。

2. 数控机床(Numerically Controlled Machine Tools)

数控机床是指装备了计算机数控系统的机床,简称 CNC 机床。

3. 数控技术(Numerical Control Technology)

数控技术是指用数字化信息对某一对象进行控制的技术,被控制对象可以是位移、转角、速度等机械量,也可以是温度、压力、流量、颜色等物理量,这些量的量值不仅可以测量,而且可以经 A/D 或 D/A 转换,用数字信号来表达或控制。数控技术是近代发展起来的一种自动控制技术,是机械加工现代化的重要基础与关键技术。

4. 数控加工(Numerical Control Manufacturing)

数控加工是指采用数字化信息对零件加工过程进行定义,并控制机床进行自动运行的一种自动化加工方法。

数控加工具有高效率、高精度、高柔性、高度自动化的特点,可以有效解决复杂、精密、小批量、多品种零件的加工问题,充分适应现代化生产的需要。

1.2.2 数控机床的工作过程

使用数控机床对被加工零件进行切削加工的过程如图 1-1 所示:

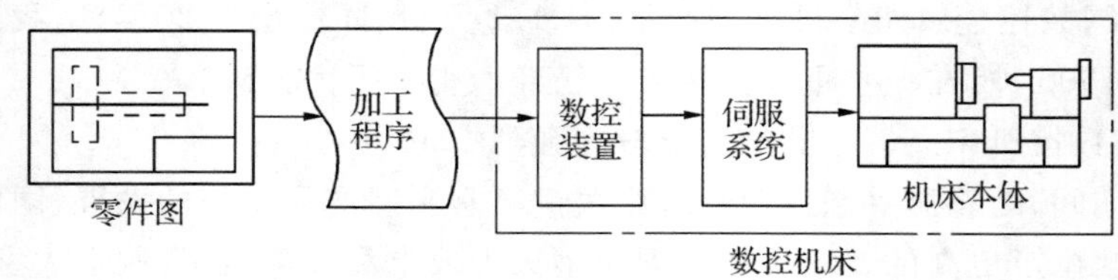

图 1-1 数控机床加工零件的过程

1. 数控编程人员按照零件图纸进行工艺分析,确定加工方案、工艺参数和刀具位移数据,将被加工零件的数控加工过程编写成零件的数控加工程序;

2. 由手工编写的加工程序,通过数控机床的操作面板输入;由自动编程软件生成的加工程序,通过串行通信接口传输到数控机床的数控单元(MCU)。数控装置的 CPU 读入数控加工程序后进行综合运算处理,发出相应的控制指令;

3. 伺服系统将 CPU 发出的控制指令加以变换和放大后,驱动数控机床本体上的主轴电动机和进给伺服电动机转动;

4. 数控机床本体上的各电动机严格按数控控制指令运转,驱动数控机床的执行部件作规律运动,按数控加工程序的要求自动完成切削加工的全过程,得到合格的零件。

对照普通机床加工零件的工作过程可以看出,在上述数控加工过程中,计算机数控系统实质上是替代了机床操作者的工作内容。

1.2.3 数控机床的组成

如果将图 1-1 中的"数控机床"部分加以细化,可以得到图 1-2 所示数控机床的逻辑组成框图。由图 1-2 可以看出,数控机床由控制介质(图中未表示)、输入/输出设备、数控装置、主轴伺服单元和进给伺服单元(含位置检测装置)、机床本体等几部分组成。如果结合到数控机床机械部分的传动系统图进行综合考虑,以三轴三联动立式数控铣床为例,该数控机床的组成框图也可形象地表达为图 1-3。

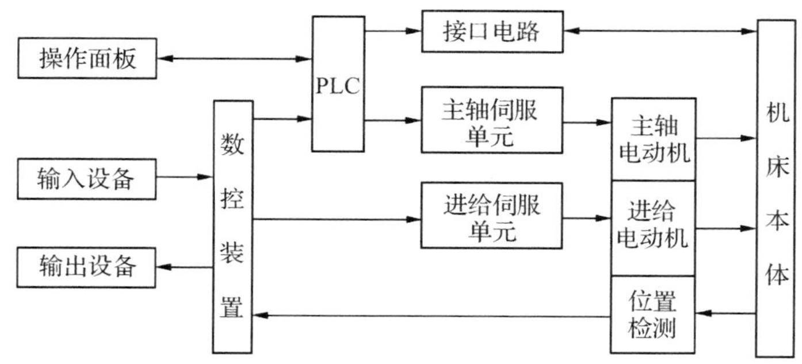

图 1-2 数控机床的逻辑组成框图

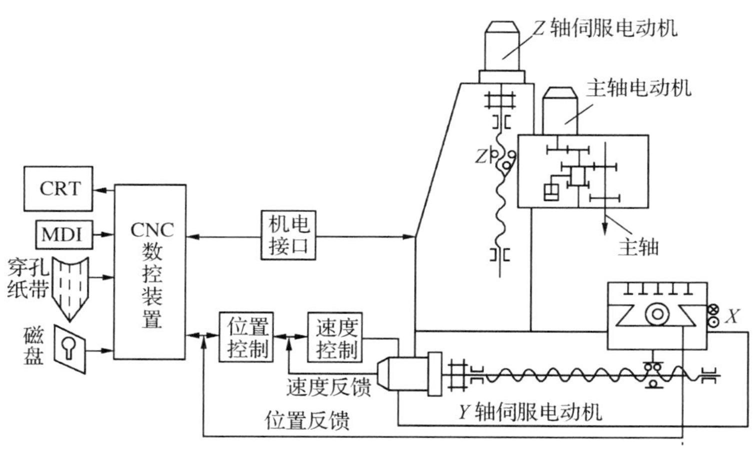

图 1-3 三轴三联动立式数控铣床的组成框图

下面结合图 1-1、图 1-2 和图 1-3，介绍数控机床各组成部分的功能。

1. 存储介质

存储介质是存储数控加工程序的物理媒介物，又称为程序载体，它记载着被加工零件的数控加工程序。数控机床常用的存储介质有穿孔纸带、穿孔卡片、磁带、磁盘、磁鼓等多种。在数控机床产生的初期，人们普遍使用的是宽度为 25.4 mm 的 8 单位(8 孔)穿孔纸带，并规定了两种标准信息代码：ISO 代码(由国际标准化组织制定，补偶码)和 EIA 代码(由美国电子工业协会制定，补奇码)。目前虽然穿孔纸带的使用趋于淘汰，但当年统一规定的两种标准信息代码制度仍然是现在编制数控加工程序、制备存储介质时必须遵守的标准。

2. 输入/输出设备

输入/输出设备主要用于实现数控加工程序的输入、显示、存储和打印，是数控机床与外部设备的接口。常用的输入设备主要有光电纸带阅读机、软盘驱动器、RS-232C 串行通信口、MDI 方式、USB 接口等，常用的输出设备有 CRT 显示屏、绘图机、打印机、纸带穿孔机等等。

3. CNC 数控装置

CNC 数控装置是数控机床的核心部分，它接收输入装置送来的数字信息，经过控制软件和逻辑电路进行译码、运算和逻辑处理后，将各种指令信息输出给伺服系统，使设备按规定的动作运行。现在的 CNC 数控装置通常由一台通用或专用微型计算机构成。

4. 伺服系统

伺服系统的作用是接收和放大数控装置发出的指令，使弱小的 CPU 指令信号被放大到具有足够的功率来驱动数控机床的执行机构运动，因此它是数控系统和机床本体之间重要的电传动联系环节。伺服系统包括主轴驱动单元（主要是速度控制）、进给驱动单元（包括速度控制和位置控制）、主轴电动机和进给电动机等。在闭环或半闭环数控机床中，伺服系统还包括位置检测反馈装置。一般来说，要求数控机床的伺服系统具有良好的快速响应性能，以及具有能灵敏而准确地跟踪指令的功能。常用的伺服系统有直流伺服系统和交流伺服系统两种，目前交流伺服系统正在逐渐取代直流伺服系统。

5. 机床本体

机床本体是指数控机床的机械结构实体，它与传统的普通机床相似，但又有本质的不同。归纳起来主要有以下几点改善：

（1）采用了高性能的主轴及进给伺服驱动装置，数控机床的机械传动结构大大简化，传动链缩短，精度和刚度大大提高；

（2）数控机床的机械结构具有较高的动态特性，其动态刚度、阻尼精度、耐磨性以及抗热变形性能大大提高，可以适应长时间连续自动化切削；

（3）采用全封闭罩壳，采用自动交换工作台，采用工件自动夹紧和放松机构，较多地采用滚珠丝杠螺母副、直线滚动导轨副、消隙齿轮装置等等高精度高效率传动件，有利于进行高速强力切削加工。

1.3 数控机床的分类

数控机床的种类很多，规格不一。根据数控机床的用途、结构、功能、水平等项，可以按表 1-1 所示分成五类。下面逐一进行介绍。

表 1-1　　数控机床的分类

分类方法	数控机床的类型		
按工艺用途分类	金属切削类	材料成形类	特种加工类
按运动方式分类	点位控制	直线控制	轮廓控制
按伺服类型分类	开环控制	半闭环控制	闭环控制
按功能水平分类	低档型（经济型）	中档型	高档型
按联动轴数分类	两轴联动	三轴联动	多轴联动

1.3.1 按工艺用途分类

1. 金属切削类数控机床

金属切削类数控机床是指采用各种金属切削方法进行加工的数控机床，包括数控车床、数控钻床、数控铣床、数控磨床、数控镗床以及各种加工中心机床。金属切削类数控机床发展最早，目前种类繁多，功能差异也较大。加工中心机床又称为可自动换刀的数控机床，这类数控机床带有刀库和自动换刀装置，刀库可以容纳 8～240 把数量不等的刀具。图 1-4 所示为卧式加工中心机床，它适用于在工件一次装夹不变的前提条件下对大型零件或高度尺寸较大的零件进行多个加工面的连续自动加工，其加工精度和生产效率都很高；图 1-5 所示为可实现五轴联动的立式五轴加工中心机床，它适用于加工极其复杂的、高度方向尺寸不太大的工件，在一次装夹不变的情况下，除底面不能加工外，其余任何方位的细部轮廓结构都可以用不同的刀具进行数控连续自动加工。

图 1-4 卧式加工中心机床

图 1-5 立式五轴加工中心机床

2. 材料成形类数控机床

材料成形类数控机床是指采用挤、冲、拉、压等材料成形工艺制造机器零件的数控机床，包括数控冲床、数控折弯机、数控弯管机、数控压力机等。这类机床起步较晚，但目前发展很快。

3. 特种加工类数控机床

特种加工类数控机床有数控线切割机床、数控电火花加工机床、数控火焰切割机床、数控水射流切割机床、数控激光切割机床等。

除以上这些数控机床以外，其他用途的数控机床还有数控三坐标测量机、数控对刀仪、数控绘图仪等等。

1.3.2 按运动方式分类

1. 点位控制数控机床

点位控制数控机床的特点，是可以保证点与点之间的坐标位置准确定位。它只能精确控制行程终点的坐标值，但对于两点之间的运动轨迹不能严格要求。

如图 1-6 所示，对于点位控制的数控钻孔机床加工只要求获得精确的孔系坐标，钻头在坐标定位的运动过程中不能进行切削加工。此类数控机床有数控钻床、数控镗床、数控冲床、三坐标测量机、印制电路板钻床、数控点焊机等等。

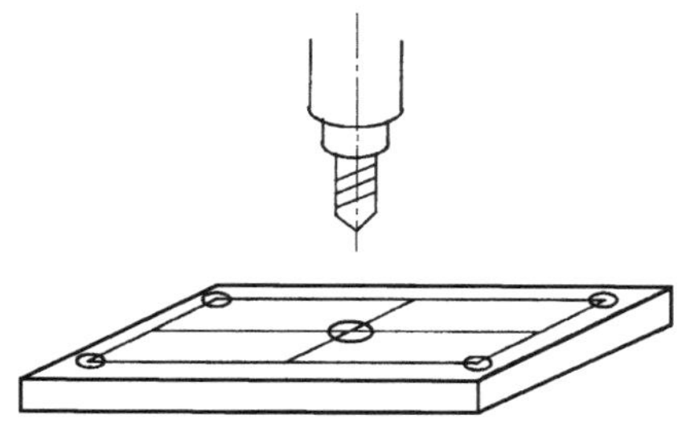

图 1-6 点位控制钻孔加工

2. 直线控制数控机床

直线控制数控机床铣削加工如图 1-7 所示：因为在两点之间移动的过程中需要进行铣削加工，所以既要控制起点和终点的位置，又要控制铣削走刀的移动速度，还要控制刀具移动的轨迹为平行于机床坐标轴的直线。可见,直线控制数控机床是通过一个坐标轴的数控进给来满足切削加工的需要,所以也称为单轴数控机床。这种单纯用于直线控制功能的数控机床并不多见,只有简单数控车床、简易数控铣床、数控磨床等。

现代组合机床有时采用数控技术驱动各种切削头和多轴箱,用于完成轴向进给多轴钻孔、扩孔、镗孔、铰孔等加工,这也算是一种直线控制数控机床。

3. 轮廓控制数控机床

轮廓控制又称为连续轨迹控制。轮廓控制数控机床铣削加工如图 1-8 所示,这类机床的特点是不仅要控制行程的终点坐标值,还要保证两点之间的轨迹满足预先给定的运动规律。这种数控系统能够同时对两个或两个以上坐标方向的运动进行严格的实时联动控制。

绝大多数现代数控机床都具有两轴或两轴以上的位移及速度联动控制功能,除此之外还具有刀具半径补偿、刀具长度补偿、机床轴向运动误差补偿、丝杠螺距误差补偿、齿侧间隙误差补偿等一系列自动补偿功能,因而可以进行复杂曲线或复杂曲面的加工。具有轮廓控制功能的数控机床有数控车床、数控铣床、加工中心机床等。

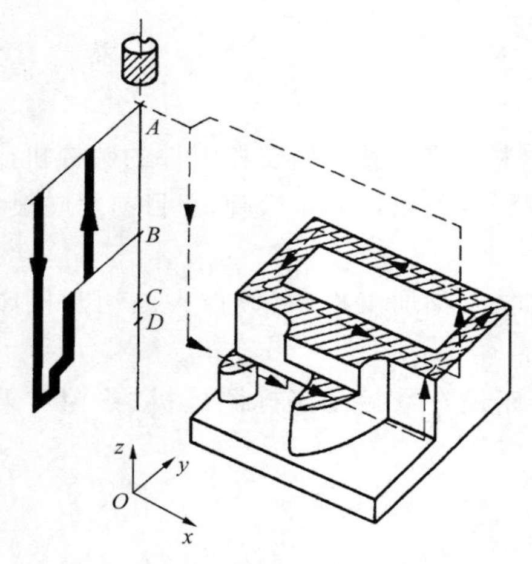

图 1-7 直线控制铣削加工

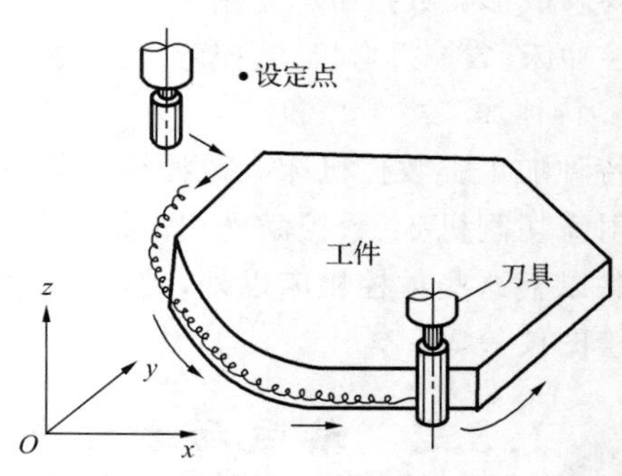

图 1-8 轮廓控制铣削加工

1.3.3 按伺服类型分类

1. 开环数控机床

开环数控机床示意图如图 1-9 所示,这类数控机床没有位置检测反馈装置,信息流是单向的,即进给脉冲发出之后,实际移动值不再被反馈回来,所以称为开环控制数控机床。伺服驱动部件通常为反应式步进电动机,数控系统每发出一个进给指令脉冲,经功率放大后驱动步进电动机旋转一个步距角,再通过丝杠螺母副机构转换为移动部件的直线位移。开环数控机床的移动部件移动速度与位移量是由输入脉冲的频率与脉冲数所决定的。开环数控机床的结构简单,成本较低,但是传动误差较大,仅适用于加工精度要求不高的简易经济型数控机床,或用于对旧机床的经济型数控化改造。

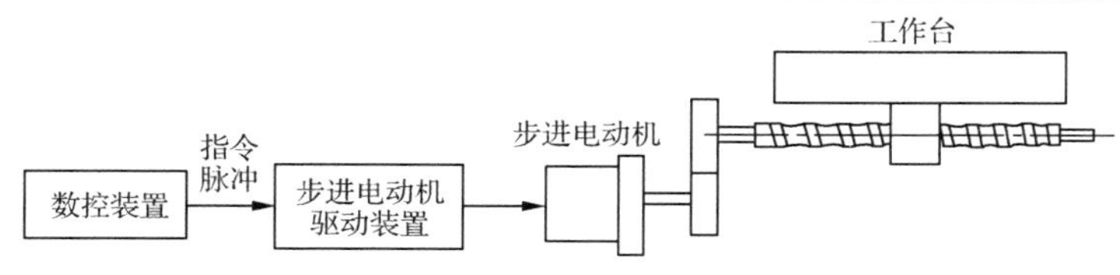

图 1-9 开环数控机床示意图

2. 闭环数控机床

闭环数控机床示意图如图 1-10 所示，这类数控机床上装有位置检测反馈装置，用于直接对工作台的位移量进行自动测量。数控装置发出进给信号后，经伺服驱动系统使工作台移动；位置检测装置检测出工作台的实际位移，并反馈到输入端，与指令信号进行比较，驱使工作台向其差值减小的方向运动，直到差值等于零为止。

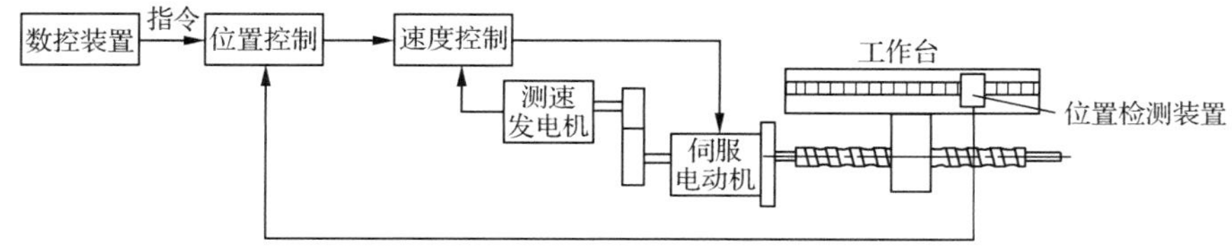

图 1-10 闭环数控机床示意图

闭环数控机床可以消除由于传动部件的制造误差给工件加工带来的不良影响，从而得到很高的加工精度。但是由于许多机械传动环节被包括在闭环控制的环路内，各部件的摩擦特性、刚性以及间隙等都是非线性量，直接影响到伺服系统的调节参数。因此，闭环伺服系统的设计和调整都非常困难。

闭环伺服系统的优点是精度高。但其系统设计和调整困难、结构复杂、成本高，主要用于精度要求很高的数控镗铣床、超精密数控车床、超精密数控铣床、加工中心机床等。

3. 半闭环数控机床

半闭环数控机床示意图如图 1-11 所示，这类数控机床采用安装在进给丝杠或电动机转轴上的转角检测器来测量滚珠丝杠的转角，间接获得机床移动部件的位置反馈信息。

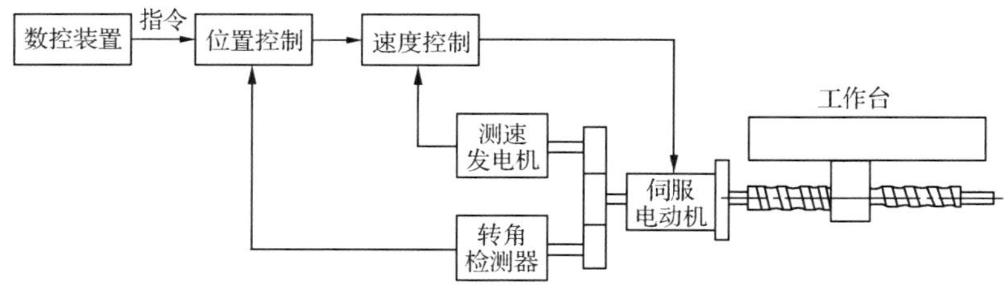

图 1-11 半闭环数控机床示意图

这种系统的闭环环路内不包括滚珠丝杠螺母副及工作台，因此可以获得稳定的控制特性。而且由于采用了高分辨率的测量元件，可以获得比较满意的精度及速度。在生产现场，大部分数控机床都是采用半闭环伺服系统，如数控车床、数控铣床、加工中心等。

1.3.4 按功能水平分类

按数控系统功能水平的不同，数控机床可分为低、中、高三档，这种分类方式在我国被广泛使用。低、中、高档的界线是相对的，不同时期的划分标准有所不同。就目前的发展水平来看，可以根据表 1-2 所列举的功能指标进行数控系统档次的区分。其中，中、高档一般称为全功能型数控或标准型数控。在我国还有经济型数控的提法，经济型数控属于低档数控，是由单片机和步进电动机组成的简易数控系统，或者是其他功能简单、价格较低廉的数控系统。经济型数控系统主要用于车床、线切割机床以及由用户自行改造的旧机床等。

表 1-2 不同档次数控系统的功能及指标

功能	低档	中档	高档
系统分辨率/μm	10	1	0.1
G00 速度/($M \cdot min^{-1}$)	3～8	10～24	24～100
伺服类型	开环及步进电动机	半闭环及交、直流伺服电动机	闭环及交、直流伺服电动机
联动轴数	二～三	二～四	≥五
通信功能	无或 RS—232	RS—232 或 DNC	RS—232、DNC、MAP
显示功能	数码管	CRT：图形、人机对话	CRT：三维图形、自诊断
内装 PLC	无	有	功能强大的内装 PLC
主 CPU	8 位、16 位	16 位、32 位	32 位、64 位
结构	单片机或单板机	单微处理器或多微处理器	分布式多微处理器

1.3.5 按联动轴数分类

数控系统有时需要同时控制多个坐标轴协调运动，这称为多轴联动。根据数控系统可实现的联动控制坐标轴数，数控机床可以分为以下类型：

1. 两轴联动数控机床

两轴联动是指数控机床能同时控制两个坐标轴联动运动进行加工，适用于数控车床车削加工旋转曲面，或数控铣床铣削加工平面轮廓等。

2. 两轴半联动数控机床

两轴半联动是指在两轴联动的基础上增加了第三轴的步进移动，即：当数控机床两轴联动加工完毕之后固定不动时，第三坐标轴才可以周期性步进进给一小步。如图 1-12(a)所示，采用的是 xoz 平面内两轴联动、在 y 轴方向周期性步进进给的两轴半联动方法。这种方法的本质是采用两轴联动实现分层轮廓加工，由于计算简单占用 CPU 机时较少，数控加工的速度较快但精度不高，常用于轮廓表面的粗铣加工。

3. 三轴联动数控机床

三轴联动是指数控机床具有真正能够同时控制三个坐标轴实时联动运动的数控控制功能，这种方法适用于高精度曲面的加工。如图 1-12(b)所示，型腔模具表面在采用两轴半联动粗加工之后，可以采用三轴联动方法来完成轮廓曲面的精铣加工。

4. 多轴联动数控机床

多轴联动是指数控机床能同时控制三个以上坐标轴的实时联动运动。多轴联动数控机床的结构复杂，计算机系统的功能强大，精度要求高，程序编制困难，适用于加工形状特别复杂的异型曲面零件，如直纹扭曲面、涡轮叶片表面等零件。多轴联动数控机床加工特点如图 1-12(c)和图 1-12(d)所示。

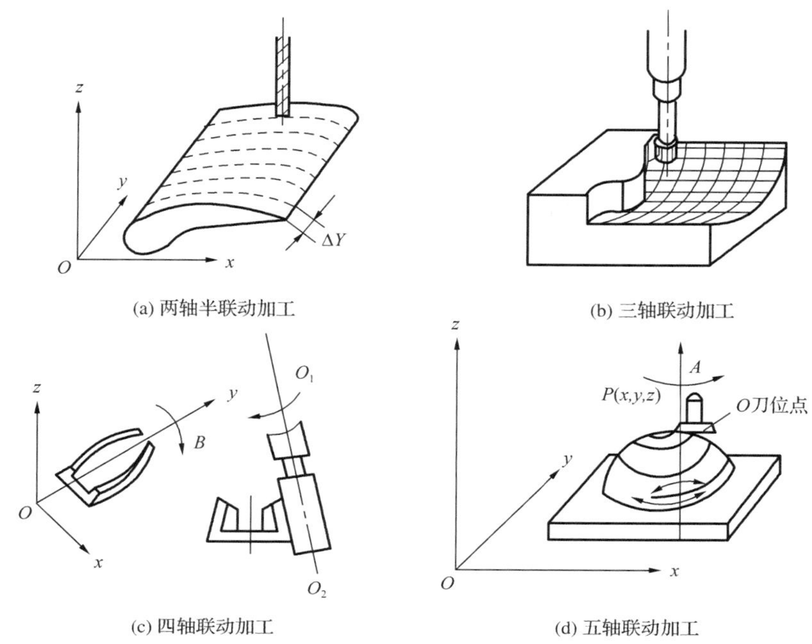

图 1-12　多轴联动加工

通常三轴联动数控机床可以实现两轴联动、两轴半联动、三轴联动加工；五轴联动数控机床也可能仅仅用到两轴联动、两轴半联动、三轴联动、四轴联动的加工功能。

1.4　数控机床的适用范围

1.4.1　数控机床的特点

大多数数控机床是由普通机床发展演变而来的，与普通机床相比，数控机床具有以下特点：

1. 加工精度高，产品质量稳定

数控机床的加工精度取决于脉冲当量。数控机床的脉冲当量一般为 0.01 mm，高精度的数控机床可达 0.001 mm，甚至可达 0.0001 mm，其加工精度远高于普通机床。大多数数控机床具有位置检测装置，可将移动部件的实际位移量或滚珠丝杠、伺服电动机的实际转角反馈到数控系统并进行补偿，由此可获得比数控机床本身精度还高的加工精度。数控机床完全按照事先输入的数控程序自动加工，在工作过程中不需要人工干预，这就消除了操作者可能产生的人为误差。数控机床加工时采用工序集中原则，减少了工件多次装夹对加工精度的不良影响，所以加工所得工件的精度高，尺寸一致性好，产品质量稳定。

2. 适应性强，可加工多种复杂工件

在数控机床上加工零件时，零件的形状主要取决于事先编写的数控加工程序，只要能编写出合理的数控加工程序，就能完成普通机床难以完成或根本不可能完成的复杂零件加工。数控机床加工的适应性强，只需改变加工程序即可适应不同品种、不同类型零件的加工需要，不必像普通机床那样通过更换凸轮、靠模、样板或钻镗模等专用工艺装备来适应零件类型的改变。例如，采用两轴联动或两轴以上联动的数控机床，可加工曲面旋转体零件、多种凸轮零件、多种复杂曲面；采用四轴联动或五轴联动数控机床，就能够高精度地加工极其复杂的空间螺旋曲面。数控机床的生产准备周期短，有利于产品的快速更新换代，特别适合多品种、高精度、中小批量的生产。

3. 生产效率高，劳动条件好

数控机床采用多种措施提高机床的开机率，有效地减少了加工零件的生产辅助时间。数控机床主轴转速和进给量的可调节范围大，能够进行大切削量强力切削加工，从而有效地节省了加工时间。数控机床的移动部件在定位过程中采用了加速和减速措施，可以选用很高的空行程快进速度，大大缩短了定位和非切削时间。在使用数控加工中心机床时，工件只需一次装夹就能完成多个表面、多道工序的连续自动加工，减少了半成品的周转时间和重复定位时间，生产效率明显提高。数控机床的劳动条件好，具有自动变速、自动换刀和多种自动化操作辅助功能，无须工序间的检验与测量，使机床操作者的劳动更趋于智力型工作，劳动强度大幅度降低。绝大多数数控机床是采用封闭式加工，既清洁、又安全，大大改善了机床操作者的劳动条件。

4. 有利于实现现代化生产管理

用数控机床加工零件时，可预先精确地计算出零件所需的切削加工时间，可借助计算机对所使用的刀具、夹具进行规范化、现代化管理，可有效地简化检验工夹具和半成品的管理工作。数控机床使用数字化信号与标准代码作为控制信息，有利于与上位计算机连接，构成由上位计算机控制和管理的自动化制造系统，实现制造和生产管理的现代化，成为现代集成制造技术的基础。

1.4.2 数控机床的适用范围

数控机床的初始投资费用高，生产中不可能用数控机床完全替代其他类型的机床加工设备。如图 1-13 所示，不同类型的机床都有各自的适用范围。由图 1-13 可知，普通机床适合零件结构不太复杂、零件批量数较小的场合，专用机床适合大批大量大规模生产的场合，数控机床适合零件结构很复杂、生产批量不太大的场合。随着数控技术的推广普及，数控机床的适用范围有所扩大，对于那些形状不太复杂但重复性劳动量很大的工作，例如生产印制电路板时的大批量钻孔加工等，也已经开始使用数控机床。

在生产中还需要考虑不同加工方法的技术经济成本问题，图 1-14 所示为采用普通机床、专用机床、数控机床加工零件时，被加工零件的批量数与加工所需综合费用之间的关系。据有关资料统计，使用数控机床加工复杂零件时，生产批量在约 100 件时的综合费用最低，可以获得较好的技术经济效果。

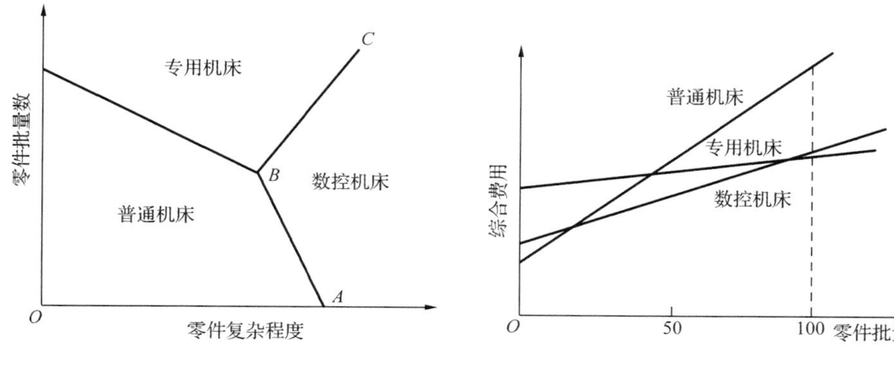

图 1-13 各类机床的适用范围

图 1-14 各类机床零件批量数与综合费用的关系

综上所述，数控机床最适宜加工以下几种类型的零件：

1. 几何精度要求较高、结构形状较复杂的零件，如箱体类、曲线/曲面类零件等。

2. 生产批量不太大(100 件以下)的零件。

3. 需要进行多次改型设计的零件。

4. 互换性要求严格、尺寸一致性要求较高的零件。

5. 价值昂贵的关键性零件，或者紧急抢修所需的急件。这两类零件虽然生产批量不大，但如果万一加工中出现差错而报废，可能导致巨大的经济损失，所以必须采用数控机床加工，确保产品的质量和可靠性。

1.5 数控机床的发展趋势

1.5.1 数控机床的发展趋势

随着计算机、微电子、自动控制、精密检测以及机械制造技术的高速发展，数控机床加工技术也得到了长足进步。近几年一些相关技术的发展，如刀具及新材料的发展，主轴伺服和进给伺服、超高速切削技术的发展，以及对机械产品质量的要求越来越高等，加速了数控加工技术的进步。目前数控机床正朝着高速度、高精度、工序高度集中、高复合化和高可靠性等方向发展。归纳起来主要体现在以下几个方面：

1. 数控装置方面

(1)CPU 功能更强大

数控装置的微处理器已经由 8 位、16 位 CPU 过渡到 32 位或 64 位 CPU，工作频率由原来的 5 MHz，提高到 50 MHz、500 MHz 以及更高频率；并且开始采用精简指令集运算芯片(RISC)作为主 CPU 进一步提高运算速度，采用大规模和超大规模集成电路和多个微处理器，使结构更符合模块化、标准化和通用化要求，使数控系统的功能可以很方便地根据用户需要进行任意组合和扩展。

(2)配置功能强的 PLC

CNC 与 PLC 之间通过高速接口有机地结合在一起，除能完成开关量的逻辑控制外，还有监控和轴控制等功能。

(3)配置多种接口

配置多种高速远距离接口、智能接口。如 RS-232、RS-422 串行接口和适应 MAP 工业控制网络协议的接口等;采用光纤通信,以提高与同级机和上位机进行多种数据交换的速度和可靠性。

(4)良好的操作性能

在数控软件的支持下,除具有完善的直接用于控制加工的功能外,还有友好的人机对话功能、机床故障自诊断功能、机床保护功能以及刀具管理功能等。

(5)可靠性大大提高

大量采用高度集成的芯片、专用芯片及混合式集成电路,减少了元器件数量,降低了功耗,极大地提高了系统的可靠性,使数控装置的平均无故障时间(MTBF)提高到 10000～36000 h。

2. 伺服驱动方面

(1)提高位置检测分辨率

采用高分辨率的位置检测装置和灵敏可靠的监控装置,组成半闭环和闭环位置控制系统。增量式位置检测编码的分辨率可达到 10000 P/r(每转发出的脉冲数),绝对式编码器的分辨率可达到 1000000 P/r 和 0.01 μm/r 的水平,极大地提高了位置伺服控制的精度。

(2)提高伺服响应速度

采用交流数字伺服系统和现代控制理论,使伺服驱动不受机械负荷变动的影响,并能够实现高速响应。

(3)采用多种误差补偿

除通过进给伺服系统实现滚珠丝杠螺距误差补偿外,热变形误差补偿和空间误差补偿技术的研究也取得了显著的成效。

3. 机床本体结构方面

为了适应数控技术的发展,在数控机床本体结构方面采用了自动换刀装置、自动更换工件机构、数控卡盘、数控夹具以及多种自动化机床附件,不断提高数控机床的操作方便性、动态稳定性和热稳定性。

4. 数控编程技术方面

(1)由脱机编程发展到在线编程

脱机编程是由手工或计算机辅助完成数控加工程序编制,然后再由相应的输入装置将加工程序输入 CNC 数控系统。由于现代 CNC 数控系统具有很强的运算能力、很高的运算速度和很大的存储容量,可以将自动编程的许多功能放入数控装置中,使零件的数控加工程序可以在数控装置的操作面板上进行在线编程。在线编程的优点是提高了数控加工的柔性与适应性,可充分发挥数控机床操作者的专业知识和生产经验,同时由于其直观性强,使用操作更为方便,这对于量大面广的简单零件数控二维加工和一些专用的数控机床(如齿轮加工机床和刀具刃磨机床)加工具有重要意义。

(2)融合特殊工艺方法和编程功能

有些数控系统发展了空间曲线插补功能,利用空间曲面插补软件可根据存放在数控系统内的空间数学模型,插补加工出空间曲面轮廓,极大地提高了加工可靠性。有些数控系统还具有机械加工特殊工艺方法和成组加工工艺方法的数控程序编程功能。

(3)发展多信息处理功能

数控编程系统由只能处理几何信息，发展到能同时处理几何信息和工艺信息的新阶段。数控装置内设有与该机床加工工艺相关的小型工艺数据库或具有人工智能的专家系统，可以自动选择最佳的工艺参数，从而提高编程效率，降低对操作人员技术水平的要求，大大缩短生产准备的时间周期。

5. 数控机床检测和监控方面

目前CNC系统都具有很好的故障自诊断功能和自动保护功能、软件限位和自动复位功能，避免了加工过程中出现特殊情况而造成工件报废或机床事故。现代数控机床上装有工件尺寸在线检测装置，可对工件加工尺寸进行定期监测，如发现超差则及时发出报警信号或进行自动补偿；还装有红外、超声发射等监控装置，可对刀具工况进行监控，如遇刀具磨损超标或刀具破损，都能及时报警更换刀具，保证了产品的加工质量。

6. 采用自适应控制技术

数控机床增加更完善的自适应控制功能是数控技术发展的一个重要方向。自适应控制机床是一种能随着加工过程中切削条件的变化，自动调整切削用量、使加工过程实现最佳化的自动控制机床。应用自适应控制技术，数控系统可自动检测对机床加工有影响的信息，并对数控系统的有关参数进行自动连续调整，从而达到改进数控系统运行状态的目的。如通过监控切削加工过程中的刀具磨损、刀具破损、切屑形态变化、切削力变化、零件加工质量变化等等，向制造系统反馈信息，将过程控制、过程监控和过程优化结合在一起，实现自适应调节，以提高加工精度和降低工件表面粗糙度。

7. 发展开放式数控系统

新一代开放式数控系统的硬件、软件和总线规范都是对外开放的。充足的软件和硬件资源，不仅使数控系统制造商和用户的系统集成得到了有力的支持，而且给数控机床最终用户的二次开发带来了极大的方便，促进了数控系统多档次、多品种的开发和广泛应用。开放式数控系统既可通过升挡或剪裁构成各种档次的数控系统，又可通过扩展功能构成适用于不同类型数控机床的专用数控系统，还可以在结构上不必变动而随CPU的升级而升级，从而使所需数控系统的开发生产周期大大缩短。

8. 研制开发并联数控机床

近年来“并联数控机床”研制开发成功，这是一种完全新型的数控机床，打破了传统数控机床的结构布局。如图1-15所示，这种被称为“六条腿”的虚拟轴加工中心机床，在没有任何导轨和滑台的情况下，采用能够伸缩的“六条腿”(伺服轴)并联支撑主轴切削头，可实现多轴联动加工，其加工精度和加工效率比普通数控机床高2～10倍。这种并联数控机床的出现和发展，将带来数控机床技术的重大变革和创新。

9. 发展柔性自动化制造系统

柔性自动化制造可分为单机设备自动化和制造系统自动化两个层次。数控机床是单机设备自动化技术的典型产物，它向FMC、FMS和CIMS提供基础设备，是柔性自动化制造系统的基础和组成部分。

(1)柔性制造系统(FMS)

带有自动换刀装置(ATC)的数控机床称为数控加工中心机床(MC)。数控加工中心是

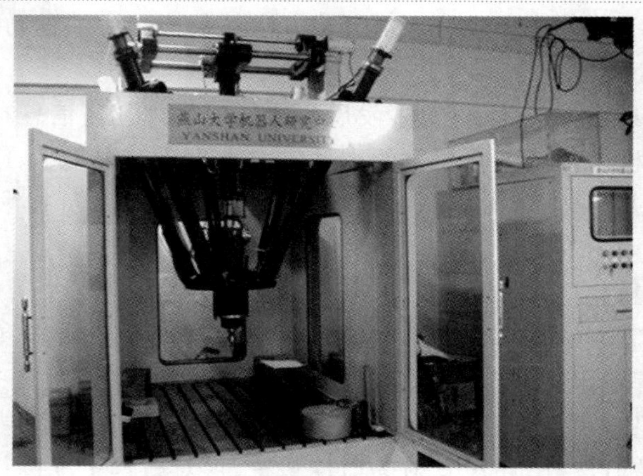

图 1-15 并联数控机床

柔性制造技术的硬件基础，也是柔性自动化制造系统的基本级别。其后出现的柔性制造单元(FMC)是较高一级的柔性制造技术，它由加工中心机床与自动更换工件的随行托盘或工业机器人以及自动检测监控装置组成。在多台加工中心机床或柔性制造单元的基础上，增加刀具和工件的存储、流通、传输设备以及必要的工件清洗和检查设备，并由高一级的上位计算机对整个系统进行控制和管理，就构成了柔性制造系统(FMS)，它可以实现多品种零件的全部机械加工或部件装配。

(2)计算机集成制造系统(CIMS)

计算机集成制造系统(CIMS)是在柔性制造技术、计算机技术、信息技术、自动化技术和现代管理科学的基础上，将制造工厂的全部生产、管理、经营活动所需的各种分布式的自动化子系统，通过新的生产管理模式、新的工艺理论和计算机网络有机地集成起来，以获得适应于多品种、高精度、中小批量生产的高效益、高柔性、高质量的智能化现代制造系统，它是工厂自动化的发展方向，是未来制造业工厂的理想模式。

思考题与习题

1-1 什么是数控机床？数控机床的加工特点有哪些？

1-2 硬件数控(NC)和计算机数控(CNC)的联系与区别是什么？

1-3 数控机床由哪几部分组成？各组成部分有什么作用？

1-4 按运动轨迹分类数控机床有哪几种？每一种的特点是什么？

1-5 简述闭环数控机床的控制原理，它与开环数控机床有什么区别？

1-6 数控机床对刀具和夹具有什么要求？

1-7 什么是开环、闭环、半闭环数控机床？

1-8 数控机床的发展方向是什么？

1-9 解释下列名词术语：脉冲当量、定位精度、重复定位精度、MC、FMC、FMS、CIMS、并联数控机床。

第2章 数控加工编程技术

2.1 数控编程的基础知识

数控编程的统一规定

数控加工过程与普通机床加工过程的区别在于数控机床是严格按照事先编制好的加工程序，自动连续地对被加工零件进行加工的。同一台数控机床输入不同的数控加工程序，可以自动加工出不同形状、不同尺寸和不同技术要求的合格零件。因此，数控加工程序的编制，是操作数控机床加工零件过程中最重要的工作之一。正确合理的数控加工程序不仅能使数控机床加工出符合图纸要求的合格零件，而且能使数控机床的功能得到充分发挥，确保数控机床安全、高效、可靠地工作。

数控机床的种类很多，用于编制数控加工程序的语言规则和编程格式基本一致，但在某些具体规则方面因机床种类和生产厂家的不同又有所不同。在编制数控加工程序时，必须严格按照所使用数控机床的编程手册的有关规定进行。

2.1.1 数控编程的内容和步骤

数控加工程序编制的主要内容有图纸分析、确定加工工艺过程(工艺处理)、数值计算、编写零件加工程序(程序编制)、仿真检查及首件试切。

数控编程的一般步骤如图 2-1 所示。

1. 零件图纸分析、确定加工工艺过程

在编写数控加工程序时，编程人员首先应当了解所用数控机床的规格、性能、数控系统所具有的功能、所用数控机床编程格式的特点等内容，然后根据产品图纸对零件的几何形

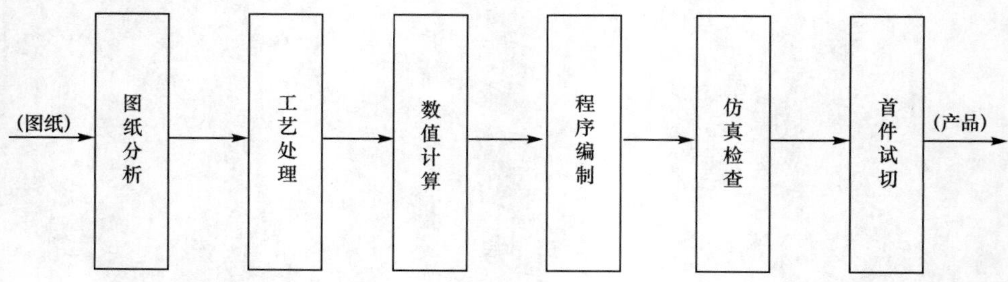

图 2-1 数控编程的一般步骤

状、尺寸、技术要求等进行分析;确定数控加工部位和数控加工工艺方案,选择、设计刀具和夹具;确定数控加工的顺序和走刀路线;选择合理的切削参数,选择对刀点、换刀点和正确的刀具切入、切出方法等。编写数控加工程序时,应当考虑尽可能减少辅助加工时间,充分发挥数控机床的性能。

2. 数值计算

数值计算就是根据零件图纸的几何尺寸和数控工艺分析中确定的工艺路线,按设定的编程坐标系进行零件加工时的刀具运动轨迹计算。数控系统一般都具有直线插补和圆弧插补功能,因此对于由直线、圆弧构成的简单几何形状零件,只需要计算出各几何元素的起点、终点、圆弧中心的坐标值;对于由非圆曲线(如渐开线、双曲线等)构成的较复杂零件,需要用微小直线段或微小圆弧段逼近零件轮廓,根据所需零件的加工精度要求来计算逼近线段交点或切点的坐标值;对于列表曲线或自由曲面形状的零件,由于编程时的数学处理更为复杂,所以通常必须借助于电子计算机进行辅助计算。

3. 编写零件加工程序

在完成上述工艺处理及数值计算后,编程人员根据已确定的加工顺序、走刀路线、刀具刀号、切削参数及刀位数据,按所使用机床数控系统规定的功能指令代码集和数控程序段格式,逐段编写零件加工程序并制作控制介质。

数控加工的控制介质,是指可用于记录和存储数控加工程序的信息载体。制作控制介质就是采用标准代码,把逐段编写好的数控加工程序按规定的格式记录在控制介质上,以便通过程序传输(或程序阅读)装置输入数控系统,控制数控机床进行自动加工。

常用的控制介质有穿孔纸带、磁盘、磁带、可刻录光盘以及各种便携式数据存储装置。穿孔纸带是数控机床传统的控制介质,纸带上有机械式代码孔用于记录二进制数据,其所存储的数据量较大,且不受环境因素(温度、磁场、粉尘等)的干扰,有利于信息的长期保存;但使用穿孔纸带需要专用打孔机和光电阅读机,数控加工程序在纸带上存储之后不便于再次修改。随着计算机技术的发展和普及,各种输入快捷、便于保存和便于重复使用的计算机存储装置发展十分迅速,但由于穿孔纸带具有优良的抗干扰性,能够长期、可靠地保存加工数据,所以在特别重要零件的数控加工程序的长期保存方面,穿孔纸带永远不可能被完全淘汰。

4. 仿真检查及首件试切

数控加工程序单和数控加工控制介质制作好之后,还必须经过程序校核(仿真检查)和首件试切才能正式使用。程序校核的方法很多,常用的有:将控制介质上的内容直接输入机床数控装置,先不装工件和刀具使机床空运转,检查机床的运动轨迹是否正确;在有 CRT 图形显示功能的数控机床上,采用计算机模拟刀具对工件切削加工的过程,进行仿真加工检验;采用石蜡、塑料等易切削材料代替工件进行试切削，对某些复杂零件的加工程序进行检查校核。

值得注意的是，这些程序仿真校核方法都只能检验数控加工程序中的刀具运动轨迹是否正确，却无法检验被加工零件所能达到的加工精度。因此在正式加工之前还应进行零件的首件试切，只有首件试切完全达到图纸要求，方可认为数控编程工作告一段落；如果首件试切出现较大的加工误差，应当认真分析产生加工误差的原因，修正数控加工工艺和程序。

2.1.2 数控程序编制的方法

数控程序编制的方法，一般分为手工编程和自动编程两种。

1. 手工编程

手工编程是指数控编程过程中，各个阶段的工作主要或全部由人工完成。手工编程的主要工作内容如图 2-2 所示。

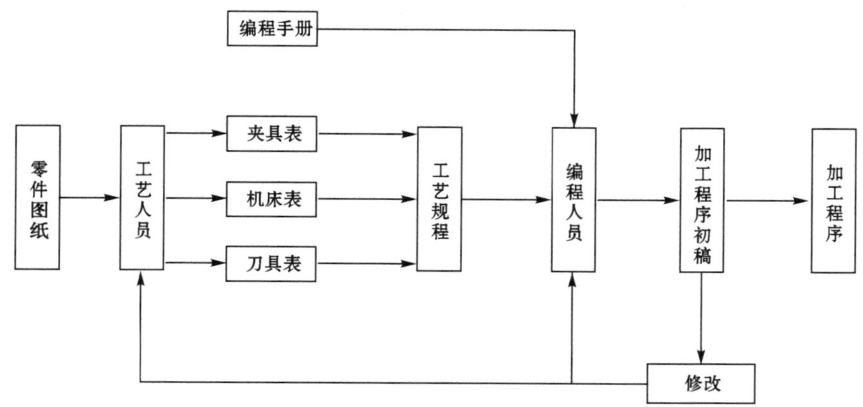

图 2-2 手工编程的主要工作内容

对于几何形状简单、数值计算较方便、加工程序段较少的零件，采用手工编程显得经济、高效、便捷，因此在点位加工或由直线、圆弧组成的简单轮廓加工中，手工编程被广泛采用。然而对于形状复杂的零件，特别是具有非圆曲线、列表曲线或异型曲面的零件，由于编程数值计算工作量太大，采用手工编程耗费时间太长，很容易出现错误，甚至不可能胜任海量的复杂烦冗的数值计算工作，所以必须采用自动编程的方法。

2. 自动编程

自动编程是指借助于计算机大型应用工程软件进行辅助工作，自动计算和自动生成复杂零件数控加工程序的方法。自动编程时，首先由数控编程人员根据零件图纸进行工艺分析，并使用自动编程语言（APT 语言）或使用人机对话方式生成数控加工的“源程序”，在源程序中详细描述零件的加工工艺过程和产品图纸的最终要求，然后由计算机根据源程序进行数值计算及后置处理，自动编写出所需零件的数控加工程序单。根据具体需要，计算机可以自动打印数控加工程序单，可以自动制作相应的程序载体，甚至可以通过网络将数控加工程序直接输入数控机床，指挥机床进行自动加工，从而获得合格的产品。由于有计算机进行辅助工作，自动编程能够高效地完成烦琐的数值计算，有效解决手工编程难以解决的各类复杂零件的编程问题。但在自动编程过程中，计算机不可能自动完成工艺分析工作，数控加工工艺分析工作必须由具有丰富专业知识的人才有可能完成。

按照编写源程序时输入图纸信息方式的不同，自动编程可分为基于 APT 自动编程语言的自动编程系统、基于计算机图形学的人机对话图形交互式自动编程系统、语音自动编程系统、视觉自动编程系统等，有关内容将在第 2.9 节进行介绍。

2.2 数控机床的坐标系

数控机床的坐标系和坐标运动的正方向，国际上已有统一规定，我国也已经制订了与 ISO 841:2001 等效的 GB/T 19660—2005《工业自动化系统与集成 机床数值控制 坐标系和运动命名》国家标准。该标准确定了数控机床坐标轴的命名及其运动的正、负方向，可使数控编程统一简便，消除误解和歧义，并可使所编制的数控程序对同类型数控机床具有互换性。

2.2.1 数控机床的标准坐标系

如图 2-3 所示，数控机床的标准坐标系采用右手笛卡儿直角坐标系，规定 x、y、z 三个坐标轴互相垂直正交，三个坐标轴的正方向采用右手法则判定；规定围绕 x、y、z 坐标轴的回转运动分别为 A、B、C 转动轴，其正方向采用右手螺旋法则判定。

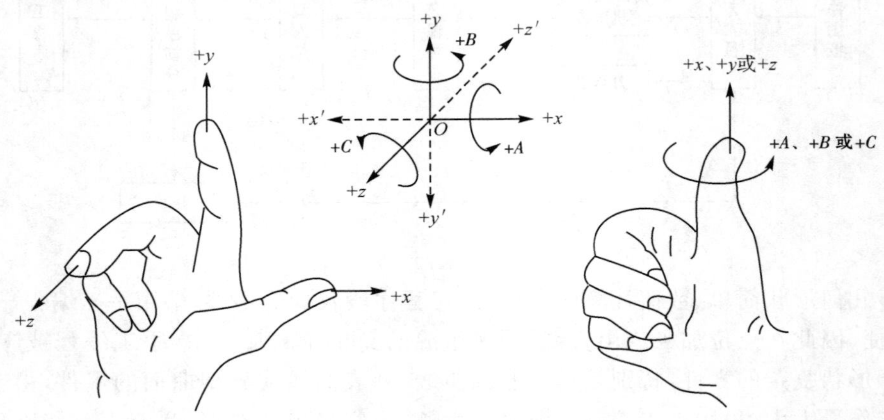

图 2-3 右手笛卡儿直角坐标系

2.2.2 坐标运动的正方向

零件加工时的机床运动因机床的具体结构不同而有两种方式：可以是刀具移动工件不动（如车床），也可以是工件移动刀具不动（如铣床）。为了消除误解和歧义，数控编程时统一规定：无论加工时是刀具移动还是工件移动，一律以（工件不动）刀具移动的坐标轴 x、y、z 构成标准坐标系，并以刀具移动远离工件的方向为各坐标轴的运动正方向。按此规定并考虑到零件加工时的刀具移动等效于工件反向移动的事实，所以在图 2-3 中以虚线所示的坐标轴 $+x'$、$+y'$、$+z'$ 来表示（刀具不动）工件移动的坐标轴。根据这项统一规定，各类数控机床实际运动部件的坐标轴及其正方向的命名规定如图 2-4～图 2-6 所示。

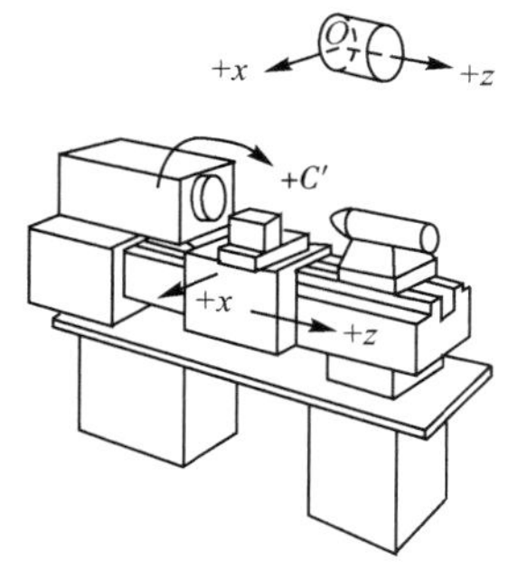

图 2-4 数控车床坐标系

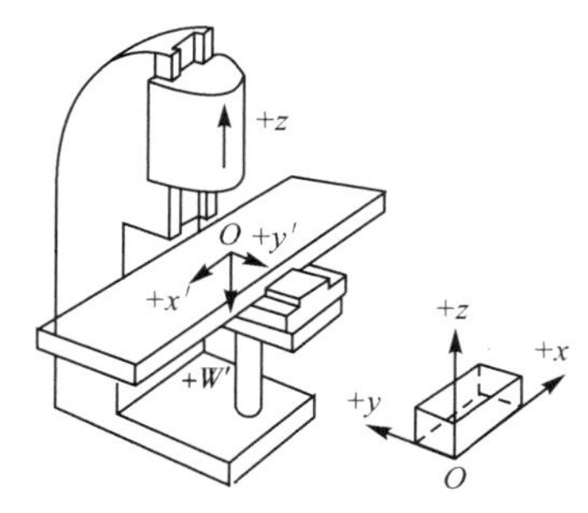

图 2-5 数控铣床坐标系

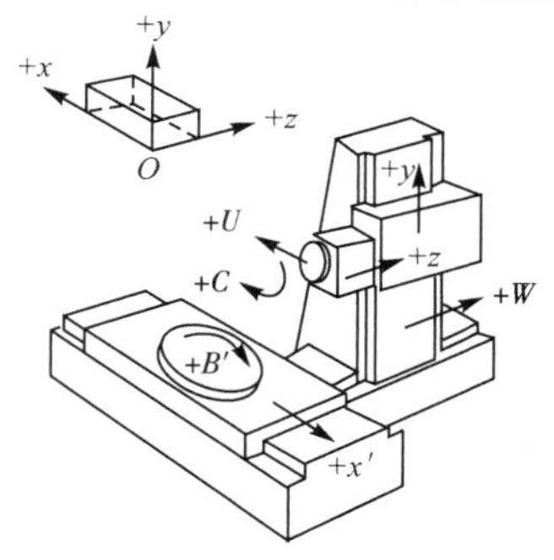

图 2-6 数控镗床坐标系

2.2.3 编程用坐标系

数控机床的结构比较复杂，各类数控机床实际的运动部件坐标系与它的标准坐标系不完全一致，但根据统一规定，$+x'$与$+x$、$+y'$与$+y$、$+z'$与$+z$ 是互为反向且一一对应的，必要时完全可用后者改变符号之后替代前者。因此为了简化统一，编程时可以在零件图纸上建立一个与标准坐标系平行的工件坐标系作为编程用坐标系，将图纸视为静止不动的工件，假想刀具在图纸上顺序移动进行数控加工，从而可以很直观地编制出所需的数控加工程序。

2.2.4 数控机床坐标轴的确定方法

1. z 轴的确定方法

规定消耗切削功率的主轴为 z 轴，取刀具移动远离工件的方向为$+z$ 方向。当实际机床有多个主轴时，取消耗功率最大的主轴为 z 轴。

2. x 轴的确定方法

x 轴为垂直于 z 方向并且平行于工件装夹面的水平轴。对于工件做旋转运动的机床（如车床、磨床等），取平行于横向滑座的方向（工件径向）为 x 坐标轴，取刀具移动远离工件的方向为$+x$ 方向；对于刀具做旋转运动的机床（如铣床、镗床等），卧式主轴，沿刀具主轴的后端往工件方向看，刀具向右方向移动为$+x$ 方向；立式主轴，面对主轴向立柱方向看，刀具向右方向移动为$+x$ 方向。图 2-4～图 2-6 列举了几种典型机床的坐标系示例。

3. y 轴的确定方法

y 轴与 x 轴、z 轴相互两两垂直，构成直角坐标系。当 x 轴和 z 轴确定之后，用右手法则即可确定 y 轴及其正方向。

4. 附加坐标轴的确定方法

将上述 x、y、z 定义为主运动坐标系，即机床的第一坐标系。若一台机床上具有平行于第一坐标系的其他运动，则相应地将它们定义为第二坐标系 U、V、W 及第三坐标系 P、Q、R 等，依次类推。在有多个坐标系的情况下，第一坐标系是指最接近机床主轴的直线运动，例如，图 2-6 中工作台沿床身导轨的左右运动、主轴箱沿立柱导轨的升降运动及主轴箱套筒相对于主轴箱体伸缩的前后运动构成机床的第一坐标系，而主轴箱套筒随同立柱沿床身导轨移动的前后运动却只能定义为平行于 z 轴的 W 坐标轴运动，W 是机床第二坐标系中的坐

标轴，它属于附加坐标轴。

5. 旋转运动坐标轴的确定方法

A、B、C 分别表示绕 x、y、z 轴旋转的旋转运动坐标轴，其正方向分别参考 x、y、z 轴的正方向用右手螺旋法则判定，如图 2-3 中的 $+A$、$+B$、$+C$ 以及图 2-6 中的工作台回转运动 $+B'$。

6. 主轴回转运动方向的确定方法

主轴回转运动的方向可用"顺时针方向"或"逆时针方向"来表示。"顺时针方向"是指沿刀具主轴的后端往工件方向看，刀具按顺时针方向做旋转运动。当主轴安装右旋麻花钻头(标准麻花钻)按顺时针方向旋转时，钻头能正常地切入工件进行钻削加工。

2.2.5 机床坐标系

机床坐标系(G53)是由数控机床制造厂设定好了的固有坐标系，它的坐标轴及坐标轴正方向与数控机床标准坐标系保持一致，但有特定的坐标原点，即机床原点(也称为机械原点)。

机床原点是数控机床各运动部件在移动时退至极限位置的一个固定点(由限位开关精密定位)，机床原点在数控机床的使用说明书上有详细说明。数控机床的机床原点在机床出厂前就已经设置好了，用户使用时不必调整，必要时可参照机床使用说明书测定。

数控机床开机上电时必须完成"回参考点"操作，目的就是为了初始化重建和恢复机床坐标系，使数控机床上的各固有点(如机床的基准点、换刀点、托板的交换点、各限位开关等)准确返回到机床坐标系中特定坐标位置处，以利于后续数控加工坐标的协调统一。

2.2.6 工件坐标系

工件坐标系是数控编程人员根据被加工零件图纸所确定的编程用坐标系。在编制零件的数控加工程序时，编程人员在零件图纸上选定一个固定点作为工件坐标系原点，通过该点在零件图纸上建立一个与数控机床标准坐标系平行的工件坐标系，假想加工时零件不动刀具移动，编程时的尺寸计算都按刀具在工件坐标系中的坐标值变化量来确定。

在工件安装到数控机床上进行加工之前，首先必须设法测出工件坐标系原点到机床坐标系原点之间的距离 x_1 和 y_1，并将测得的 x_1 和 y_1 输入机床数控系统，这项工作称为"工件原点偏置"(图 2-7)，或称为"工件坐标系设定"。执行工件原点偏置指令之后，机床数控系统会将原点偏置参数值 x_1 和 y_1 自动叠加到工件坐标系数值上，确保加工时数控系统按照机床坐标系中的坐标值进行自动加工。这就是说，"工件原点偏置"功能可以使编程人员在编程时不必考虑工件在数控机床上的安装位置和安装精度，从而降低了编程人员的工作难度。

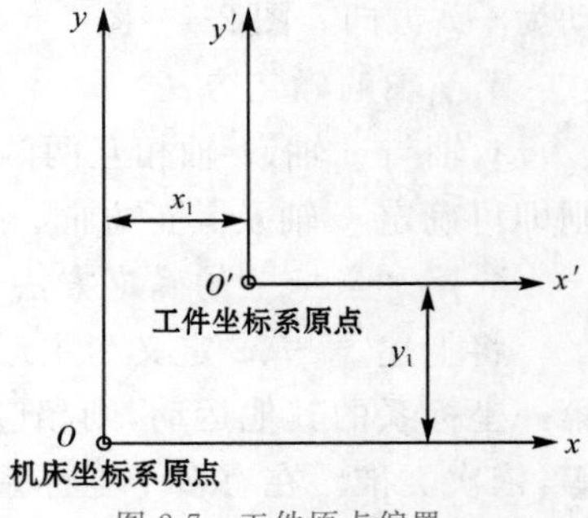

图 2-7 工件原点偏置

2.2.7 绝对坐标与相对(增量)坐标

刀具或工件的运动位置相对于某一固定坐标系原点进行计算，所得的坐标值称为绝对坐标。如图 2-8 所示，A、B 两点的坐标值如果都相对于固定坐标系原点 O 计算，则它们的坐标值分别为 $x_A=30$，$y_A=40$；$x_B=80$，$y_B=70$。

以刀具或工件运动位置的终点坐标相对于起点坐标进行计算，所得的坐标值称为相对坐标或增量坐标。如图 2-8 所示，如果刀具由 O 运动到 A，再由 A 运动到 B，若采用相对坐标表示动点 A、B 的位置，则它们的坐标值分别为 $x_A=30$，$y_A=40$；$x_B=50$，$y_B=30$。

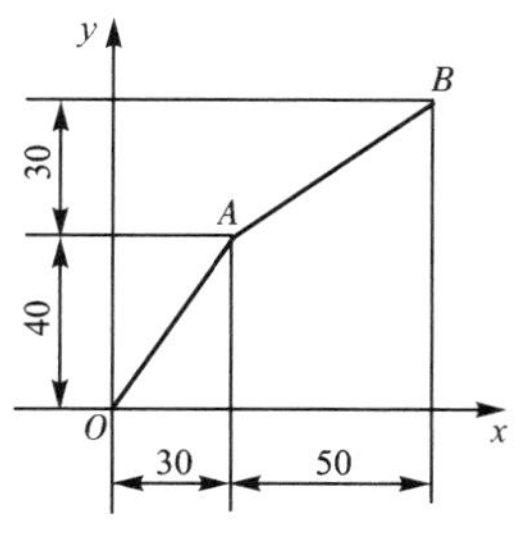

图 2-8 绝对坐标与相对坐标

2.3 数控程序代码结构

为了正确地编写零件的数控加工程序，在数控编程时必须深入了解数控程序的结构、编码规则和有关规定，并学习和掌握必要的数控编程技巧。

2.3.1 数控程序的组成部分

图 2-9 为某数控铣床铣削零件周边轮廓的加工简图，图中粗实线表示所需加工的零件轮廓，点画线表示加工时指状立铣刀的运动中心轨迹。开始加工之前立铣刀位于坐标系原点位置，加工时立铣刀沿图示箭头方向移动一周并返回到起点。按照该数控铣床的编程手册规定进行编程，该零件的数控加工程序如下：

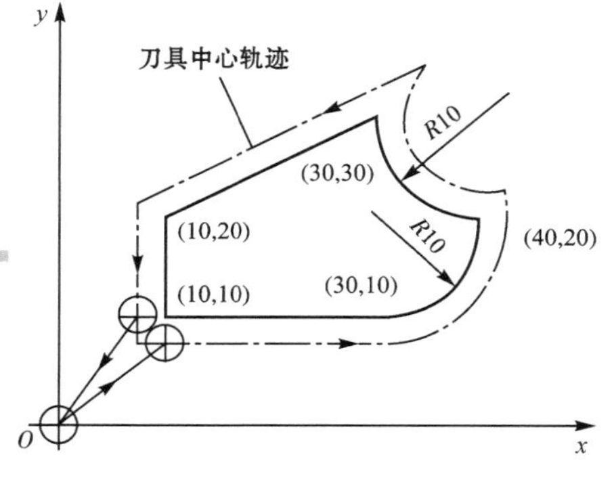

图 2-9 铣削零件周边轮廓的加工简图

```
%
O0022                                          程序号
N0010  G90  G92  X0  Y0  LF                    程序主体
N0020  G42  G00  X10.0  Y10.0  D01  LF         (同上)
N0030  G01  X30.0  F80  LF                     (同上)
N0040  G03  X40.0  Y20.0  R10.0  LF            (同上)
N0050  G02  X30.0  Y30.0  R10.0  LF            (同上)
N0060  G01  X10.0  Y20.0  LF                   (同上)
N0070  Y10.0  LF                               (同上)
N0080  G00  G40  X0  Y0  LF                    (同上)
N0090  M30  LF                                 程序结束
```

由上述程序可以看出，一个完整的数控程序，通常由“程序号”“程序主体”和“程序结束”三部分组成。现将数控程序的三个组成部分简要说明如下：

1. 程序号

程序号又称程序名，置于数控程序的开头位置，单独占一行，作为具体零件的数控加工程序标志，便于CNC系统进行存储、检索和调用。程序号一般由字符O、P及其后加2～4位阿拉伯数字组成。字符称为“程序号地址符”，数字为该数控程序的编号。示例中表示的是O0022号数控加工程序。程序号之前的符号“%”将程序与前面的内容分隔开来，表示下面开始一个新的程序。

不同的数控系统，程序号地址符有所不同，编程时一定要按照数控机床编程说明书中规定的符号编写程序，否则数控机床无法正确识别和执行。

2. 程序主体

程序主体是数控加工程序的核心，由若干条程序段顺序排列构成。每一条程序段单独占一行，由程序段号N开始，至程序段结束字LF(或CR)结束；从N到LF(或CR)之间允许写入多个或一个加工指令字，表示需要同时执行的连续完整的加工运动或操作。根据具体零件加工的复杂程度，可以由几十、几百、几千甚至几万条程序段顺序排列在一起，组成一个数控程序的程序主体，共同完成某一零件的数控加工工作。

3. 程序结束

带有M02或M30指令的程序段表示程序结束，该程序段单独占一行，位于数控加工程序的最后位置，成为数控程序的最末一行。在构成数控程序的所有程序段中，通常程序结束指令所在程序段的程序段号数字最大。

2.3.2 数控程序段格式

数控程序段是指程序主体中的一条单独的程序段，它是可作为独立单元执行处理的连续的字组。“数控程序段格式”是指一条程序段中的字的安排形式。不同的数控系统采用不同的程序段格式，通常数控机床的程序段格式有三种：字地址可变长度程序段格式、分隔符程序段格式和固定程序段格式。目前国内外广泛采用的是字地址可变长度程序段格式，其示例为

N05 · G02 · X±043 · Y±043 · Z±043 · F04 · S04 · T03 · M02 · LF

具体含义为：

N05——程序段号，地址符后为5位阿拉伯数字；

G02——准备功能字，地址符后为2位阿拉伯数字；

X±043——*X*方向的尺寸，可取正、负号，小数点前为4位、小数点后为3位阿拉伯数字；

Y±043——*Y*方向的尺寸，可取正、负号，小数点前为4位、小数点后为3位阿拉伯数字；

Z±043——*Z*方向的尺寸，可取正、负号，小数点前为4位、小数点后为3位阿拉伯数字；

F04——机床进给速度，地址符后为4位阿拉伯数字；

S04——机床主轴转速，地址符后为4位阿拉伯数字；

T03——指定刀具的刀号，地址符后为3位阿拉伯数字；

M02——辅助功能字，地址符后为2位阿拉伯数字；

LF——程序段结束字；

·——分隔符。

按“字地址可变长度程序段”格式，用不同的字母代表“字地址符”，便于计算机寻址；由字母加阿拉伯数字构成“字”，称为“指令代码”，表示某种特定的机床功能，这些功能字大多已经标准化了；由若干个字构成“程序段”，表示需要同时连续执行的机床运动或操作；由若

干条程序段构成“数控加工程序”，表示一个零件的完整加工过程。

该程序段格式规定：编程时一条程序段中“字”的数目（指令的数目）与“字”的位数（字长）按需给定，可长可短；与上一条程序段相同的续效字可以省略，以使程序简化、缩短；字母后面的 0 如果是不起作用的前导零则可删除，例如 N00150 可写成 N150 或 N0150；再后续的数字，分别表示小数点前、后允许取值的位数；在实际编写程序时，可以将“字”连续顺序输入，字与字之间允许没有分隔符或空格。

以上介绍的是字地址可变长度程序段的一般格式和规定，但有些数控系统制造商为了满足自己产品的特殊需要，往往采用一些与基本规定不矛盾的专门规定，因此在编制零件的数控加工程序之前，必须详细阅读所使用机床的数控编程说明书。

2.3.3 字地址符的含义

在字地址可变长度程序段格式中，数控机床的每一个坐标轴和数控机床的每一项功能，都以字母和数字合成的“字”表示。字地址符的功能及含义见表 2-1。

表 2-1　字地址符的功能及含义

地址	功能	地址的含义	地址	功能	地址的含义
A	坐标字	绕 x 轴旋转	N	程序段号	程序段顺序号
B	坐标字	绕 y 轴旋转	O	程序号	程序号、子程序号的指定
C	坐标字	绕 z 轴旋转	P		暂停或程序中某功能开始使用的顺序号
D	补偿号	刀具半径补偿指令	Q		固定循环终止段号或固定循环中的定距
E		第二进给功能	R	坐标字	固定循环中定距离或圆弧半径的指定
F	进给速度	进给速度的指令	S	主轴功能	主轴转速的指令
G	准备功能	指令动作方式	T	刀具功能	刀具编号的指令
H	补偿号	补偿号的指定	U	坐标字	与 x 轴平行的附加轴的增量坐标值或暂停时间
I	坐标字	圆弧中心 x 轴向坐标	V	坐标字	与 y 轴平行的附加轴的增量坐标值
J	坐标字	圆弧中心 y 轴向坐标	W	坐标字	与 z 轴平行的附加轴的增量坐标值
K	坐标字	圆弧中心 z 轴向坐标	X	坐标字	x 轴的绝对坐标值或暂停时间
L	重复次数	固定循环及子程序的重复次数	Y	坐标字	y 轴的绝对坐标值
M	辅助功能	机床开/关指令	Z	坐标字	z 轴的绝对坐标值

在表 2-1 中列举的字地址符，按特点可以分为以下 8 类：

1. 程序段号 N

程序段号又称为程序段顺序号，用于程序段自动检索、人工查找、宏程序中的无条件转移、显示正在执行的当前程序段等。N 后面一般允许取 5 位阿拉伯数字，表示在一个数控加工程序中最多可容纳 99 999 条程序段，这对于一般零件的数控加工绰绰有余。通常将程序段号采用 5 进位或 10 进位，写成 N5、N10、N15 等形式，以便于修改程序时增添新的程序段。需要指出的是，有些数控机床的数控系统按照程序段的排放位置依次执行操作，而不是按照程序段号 N 后面的数字大小顺序来执行操作，因此在修改数控加工程序时，应当将新增添的程序段排放在相应的位置上。

2. 准备功能字 G

准备功能字称为准备功能指令，又称为 G 指令或 G 代码，它是使数控机床建立起某种运动方式的准备指令。准备功能指令用来表示不同的机床操作或动作，由地址符 G 和后面的 2 位阿拉伯数字组成，常用的为 G00～G99，有些数控系统的准备功能指令已扩充到 G180。我国 JB/T 3208—1999 标准规定的准备功能 G 代码见表 2-2。

表 2-2 准备功能 G 代码(JB/T 3208—1999)

代码	模态	非模态	功 能	代码	模态	非模态	功能
G00	a		点定位	G50	#(d)	#	刀具偏置 0/－
G01	a		直线插补	G51	#(d)	#	刀具偏置＋/0
G02	a		顺时针方向圆弧插补	G52	#(d)	#	刀具偏置－/0
G03	a		逆时针方向圆弧插补	G53	f		直线偏移注销
G04		*	暂停	G54	f		直线偏移 x
G05	#	#	不指定	G55	f		直线偏移 y
G06	a		抛物线插补	G56	f		直线偏移 z
G07	#	#	不指定	G57	f		直线偏移 xy
G08		*	加速	G58	f		直线偏移 xz
G09		*	减速	G59	f		直线偏移 yz
G10～G16	#	#	不指定	G60	h		准确定位 1(精)
G17	c		xy 平面选择	G61	h		准确定位 2(中)
G18	c		zx 平面选择	G62	h		快速定位(粗)
G19	c		yz 平面选择	G63		*	攻螺纹
G20～G32	#	#	不指定	G64～G67	#	#	不指定
G33	a		螺纹切削,等螺距	G68	#(d)	#	刀具偏置,内角
G34	a		螺纹切削,增螺距	G69	#(d)	#	刀具偏置,外角
G35	a		螺纹切削,减螺距	G70～G79	#	#	不指定
G36～G39	#	#	永不指定	G80	e		固定循环注销
G40	d		刀具补偿/ 刀具偏置注销	G81～G89	e		固定循环
G41	d		刀具补偿—左	G90	j		绝对尺寸
G42	d		刀具补偿—右	G91	j		增量尺寸
G43	#(d)	#	刀具偏置—正	G92		*	预置寄存
G44	#(d)	#	刀具偏置—负	G93	k		时间倒数进给率
G45	#(d)	#	刀具偏置＋/＋	G94	k		每分钟进给
G46	#(d)	#	刀具偏置＋/－	G95	k		主轴每转进给
G47	#(d)	#	刀具偏置－/－	G96	i		恒线速度
G48	#(d)	#	刀具偏置－/＋	G97	i		每分钟转数(主轴)
G49	#(d)	#	刀具偏置 0/＋	G98～G99	#	#	不指定

注:①#:如选作特殊用途,必须在程序格式说明中说明。

②如在直线切削控制中没有刀具补偿,则 G43～G52 可指定作其他用途。

③在表中左栏括号中的字母(d):可以被同栏中没有括号的字母 d 所注销或代替,亦可被有括号的字母(d)所注销或代替。

④G45～G52 的功能可用于机床上任意两个预定的坐标。

⑤控制机上没有 G53～G59、G63 功能时,可以指定作其他用途。

⑥表中凡有小写字母 a、b、c、d……指示的 G 代码为同一组续效性代码,称为模态指令。

准备功能G指令与程序段中的其他指令有着千丝万缕的联系，使用规则比较复杂，编程时需要特别注意。可以将G指令根据功能分成若干组，同一程序段中只能使用同组G指令中的一个；若同组G指令在同一程序段中出现两个或两个以上时，则只有最后出现的一个有效。但是，同一程序段中不同组的G指令却可以出现多个，分别用于不同的目的。G指令还可分为模态指令和非模态指令两种：有些G指令如G00、G01、G02、G03等，在某个程序段中一经指定便对后续程序段全部有效，一直保持到被同组的其他G指令取代或被注销时为止，指令的这种特性称为续效性，具有这种特性的指令称为模态指令，也称为续效性指令；有些指令如G04、G08、G09等，仅仅在它所出现的当前程序段中才有效，这种指令称为非模态指令。关于G指令续效性的分组情况，请参阅表2-2中的注⑥。

在表2-2中有些“不指定”代码或“永不指定”代码，这两类代码原则上可由数控系统生产厂商在编程说明书中自行定义使用。但由于数控机床的功能日趋多样化，以及历史上数控系统生产厂商之间缺乏有效协调等原因，这些G代码的使用已经陷入了“万国牌”混乱局面，因此使G00～G99的100条G指令显得远远不够用，目前已经被扩充到G180。

3. 坐标字X、Y、Z等

坐标字是用来给定机床各坐标轴运动方向和位移量数值的。紧跟在各坐标轴代码后面的是正、负号，然后是数值。进给运动中坐标字的代码可分为两类。

(1)平行移动：X、Y、Z，U、V、W，P、Q、R。

(2)绕轴转动：A、B、C。

各坐标轴的位移量可以采用毫米为单位，也可以采用最小设定单位(脉冲当量)来表示。各轴坐标原点的设定由指令G90或G91确定(G90为绝对坐标，G91为增量坐标)。

4. 进给功能字F

进给功能字用来规定机床的进给速度，表示方法有如下几种：

(1)每分钟进给量。

(2)主轴每转进给量。

(3)时间倒数进给率。

在机床数控系统中，某一时刻只能使用一种进给率，该进给率对机床所有工作台的驱动电动机都有效；而且该进给率一经指定，对后续程序段也都有效，并一直保持到出现新指定的进给率时为止。

编程时为了指定数控机床进给速度的表示方法，还需要在数控加工程序中指定相应的准备功能G代码，具体规定为：

G93——后面编程时采用时间倒数进给率；

G94——后面编程时采用每分钟进给量，mm/min；

G95——后面编程时采用主轴每转进给量，mm/r。

5. 主轴功能字 S

主轴功能字用来指定数控机床的主轴转速,它对后续程序段仍然有效,并一直保持到被新的主轴转速指令改变时为止。没有必要在每个程序段中都指定主轴转速,只有在更换新的刀具时才可能需要重新指定。指定主轴转速的方法有以下几种:

(1)主轴每分钟转数,r/min。

(2)恒切削速度,m/min。

(3)根据数控机床说明书中提供的主轴转速表选择指定。

同理,编程时为了指定数控机床主轴转速的表示方法,也需要在数控加工程序中指定相应的准备功能 G 代码,具体规定为:

G96——恒线速度,m/min;

G97——主轴每分钟转数,r/min。

按常用习惯,加工中心机床、数控铣床、数控钻床大多采用主轴每分钟转数方式;数控车床在车削加工较大直径端面时采用恒线速度方式;还有一些数控机床在编程说明书中有特殊规定。

6. 刀具交换功能字 T

刀具交换功能字用于指定自动换刀时等待装上主轴的新刀具的刀号,根据 T 后面的刀号,换刀机械手就能在刀库中自动识别刀具,完成自动换刀动作。

T03 表示数控加工程序中最多允许使用 999 把刀,这一数字与数控机床刀库形式和刀库的容量有关,盘式刀库通常不超过 60 把刀,链式刀库通常不超过 240 把刀。

7. 辅助功能字 M

辅助功能字称为辅助功能指令,也称为 M 指令或 M 代码,由地址符 M 和后面的 2 位阿拉伯数字组成,用来指定数控机床加工时的机床状态及辅助动作,如主轴的启停与旋向、冷却液的开关状态、刀具的更换操作、工件的夹紧与松开等。M 指令也分模态指令和非模态指令两类,其意义与 G 指令中的模态和非模态相似。

我国根据 ISO 1056:1975(E)制订了部颁标准 JB/T 3208—1999,它所规定的辅助功能指令 M00～M99 的功能见表 2-3,同样,在 M 代码中也有已规定、不指定、永不指定三类。

8. 程序段结束字

在每一条程序段结束时,都要写上程序段结束字 LF(或 CR),表示本程序段到此结束。如果后面还有程序内容,在程序单中应当换行之后再写下一条程序段。

应当注意:有些机床编程说明书中规定,程序单中的程序段结束字 LF(或 CR)可以使用分号“;”替代,还有的编程说明书规定程序单中的程序段结束字可以省略。

表 2-3　　　　辅助功能 M 代码(JB/T 3208—1999)

代码	功能开始时间		模态	非模态	功能	代码	功能开始时间		模态	非模态	功能
	与程序段指令运动同时开始	在程序段指令运动完成后开始					与程序段指令运动同时开始	在程序段指令运动完成后开始			
M00		*		*	程序停止	M36	*		*		进给范围 1
M01		*		*	计划停止	M37	*		*		进给范围 2
M02		*		*	程序结束	M38	*		*		主轴速度范围 1
M03	*		*		主轴顺时针方向	M39	*		*		主轴速度范围 2
M04	*		*		主轴逆时针方向	M40～M45	#	#	#	#	如有需要可作为齿轮换挡指令，此外不指定
M05		*	*		主轴停止	M46～M47	#	#	#	#	不指定
M06	#	#		*	换刀	M48		*	*		注销 M49
M07	*		*		2 号冷却液开	M49	*		*		进给率修正旁路
M08	*		*		1 号冷却液开	M50	*		*		3 号冷却液开
M09		*	*		冷却液关	M51	*		*		4 号冷却液开
M10	#	#	*		夹紧	M52～M54	#	#	#	#	不指定
M11	#	#	*		松开	M55	*		*		刀具直线位移，位置 1
M12	#	#	#	#	不指定	M56	*		*		刀具直线位移，位置 2
M13	*		*		主轴顺时针方向，冷却液开	M57～M59	#	#	#	#	不指定
M14	*		*		主轴逆时针方向，冷却液开	M60		*		*	更换工件
M15	*			*	正运动	M61	*		*		工件直线位移，位置 1
M16	*			*	负运动	M62	*		*		工件直线位移，位置 2
M17～M18	#	#	#	#	不指定	M63～M70	#	#	#	#	不指定
M19		*	*		主轴定向停止	M71	*		*		工件角度位移，位置 1
M20～M29	#	#	#	#	永不指定	M72	*		*		工件角度位移，位置 2
M30		*		*	程序结束并返回	M73～M89	#	#	#	#	不指定
M31	#	#		*	互锁旁路	M90～M99	#	#	#	#	永不指定
M32～M35	#	#	#	#	不指定						

注：① *：该代码具有表头中列出的相应功能。

② #：如选作特殊用途，必须在程序说明中说明。

③ M90～M99 可指定为特殊用途。

2.3.4　字地址可变长度程序段格式的特点

字地址可变长度程序段格式的特点是：由字地址符和若干数字合成字，由若干个字构成程序段，由若干条程序段构成一个完整的数控加工程序。程序段是数控加工程序最重要的基本单元，一条程序段中字的数目与字长（字的位数）可按实际加工需要给定，前面程序段已出现的模态字可以省略，从而可使程序简化、缩短。字首为地址符，可以区分字的功能类型与存储单元。一条程序段中除程序段号与程序段结束字以外,其余各字的排列顺序可先可后,顺序要求并不严格,但习惯上可按 N,G,X,Y,Z,…,F,S,T,M 的顺序排列。

2.3.5 主程序与子程序

在一个数控加工程序中,如果有几条连续的程序段完全相同,即当零件有几处重复的加工工序内容时,可将这些重复的工序内容编制成子程序,子程序以外的工序内容为主程序。通过主程序可重复调用子程序,从而简化编程工作,减少出错的可能性。

主程序调用子程序的流程如下:

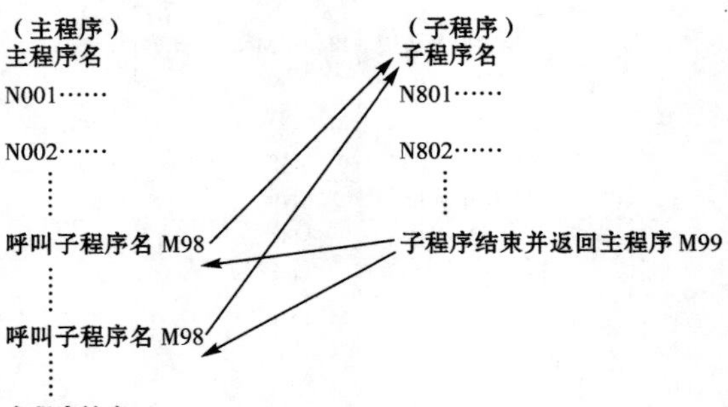

主程序与子程序的工序内容不同,但两者的程序段格式相同,子程序的具体编程方法,可按机床编程说明书的规定执行。

2.4 常用指令的编程方法

2.4.1 有关坐标系的指令

1. 绝对尺寸与增量尺寸指令——**G90、G91**

数控编程时,G90 表示程序段中的尺寸为绝对坐标值,G91 表示程序段中的尺寸为相对增量坐标值。图 2-10 中有 AB 和 BC 两条线段,假设刀具沿 BC 线段做插补运动,当用 G90 编程时,C 点坐标为 C 点相对于 Oxy 坐标系原点的绝对坐标值;当用 G91 编程时,C 点坐标为 C 点相对于起点 B 的增量坐标值,即相对坐标值。两种方法编制的程序如下:

用绝对尺寸编程:G90　G00　X30.0　Y40.0;

用增量尺寸编程:G91　G00　X−50.0　Y−30.0;

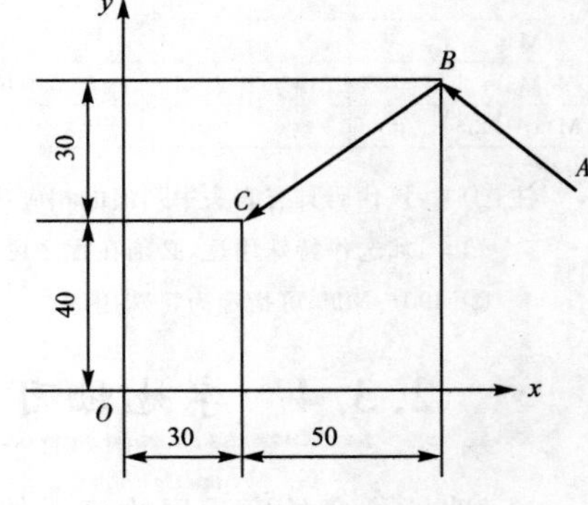

图 2-10　绝对尺寸与相对尺寸

2. 工件坐标系设定指令——**G92、G54～G59**

采用绝对尺寸方式编程时,先要将刀具在工件坐标系中的绝对坐标值准确地输入机床数控系统,这项工作被称为“工件坐标系设定”。设定工件坐标系之后,机床数控系统可以自动计算出工件坐标系与机床坐标系之间的坐标平移因子,可以将数控加工程序单上记录的各数据点的工件坐标系参数值自动转换为机床坐标系参数值，以便于数控机床进行自动加工。工件坐标系有两种设定方法：

方法1：用G92(车床用G50)指令设定工件坐标系

如图2-11所示，用G50指令设定工件坐标系的程序为

G50 X_0 Z_0；

该程序表明起刀点A位于工件坐标系Oxz的(X_0,Z_0)位置处，亦即在距离起刀点A的$(-X_0,-Z_0)$处为工件坐标系原点O。当"G50 X_0 Z_0；"指令被执行之后，参数值X_0与Z_0便被输入机床数控系统的计算机存储器中，在机床数控系统中便建立了工件坐标系与机床坐标系的坐标平移固定联系，但在执行"G50 X_0 Z_0；"指令的过程中，数控机床不会产生任何机械运动或动作。

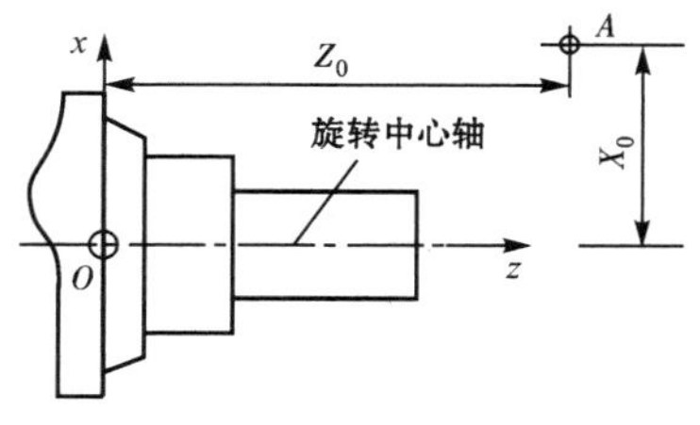

图2-11 数控车床坐标系

同理，图2-12中的坐标系设定程序为"G92 X_1 Y_1；"，表示工件坐标系原点设定在机床坐标系的(X_1,Y_1)处，或机床坐标系原点在工件坐标系的$(-X_1,-Y_1)$处。

方法2：用原点偏移指令设定工件坐标系(常用G54～G59)

此方法是将机床原点与要设定的工件坐标系原点之间的偏置坐标值事先输入机床数控系统记忆，然后用G54～G59中的任一指令调用。如图2-13所示，机床坐标系M中有两个工件坐标系P_1和P_2，P_1距M的偏置值为X12和Y20，P_2距M的偏置值为X35和Y10。将偏置值用MDI方式输入数控系统中，并分别由G54和G59调用，图2-13中刀具从任意点到达A点或B点的程序分别为

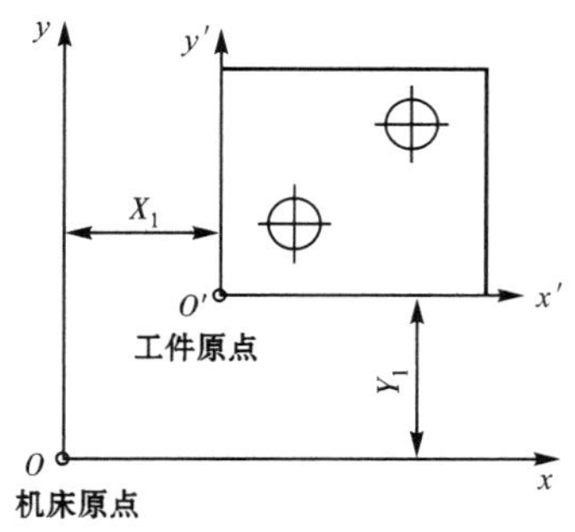

图2-12 机床原点与工件原点

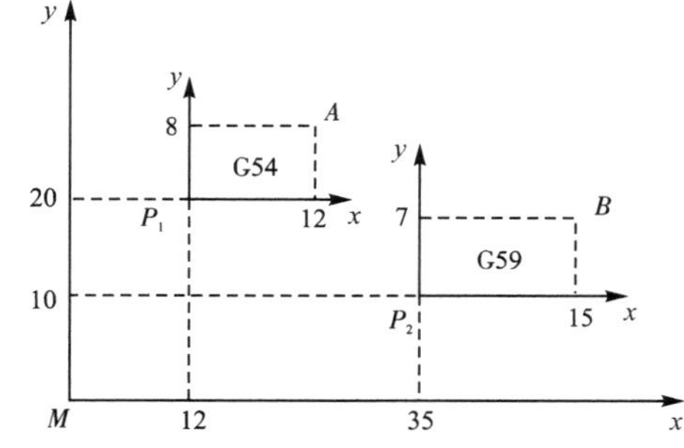

图2-13 用原点偏移设定工件坐标系

刀具到达A点： G90 G54 G00 X12.0 Y8.0…；

刀具到达B点： G90 G59 G00 X15.0 Y7.0…；

G54～G59可供设定6个工件坐标系，适用于在机床工作台上同时安装多个相同工件进行数控加工的情况。

3. 坐标平面指令——G17、G18、G19

G17、G18、G19分别表示在xy、zx、yz坐标平面内的编程。常用这些指令来定义数控铣床或加工中心机床在哪一个坐标平面内运动。由于大多数情况下的运动都位于xy平面，故G17可省略；由于数控车床只能在zx平面内运动，故数控车床编程时G18也可省略。

4. 返回参考点指令——G28 或 G30

参考点是机床上的机械固定点，机床接通电源后和机床进行对刀前，必须返回参考点一次。返回参考点操作可在机床上电初始化时采用返回参考点按键手动返回，也可在加工过程中采用返回参考点指令 G28 或 G30 自动返回。其中，G28 为返回第一参考点指令，G30 为返回第二（或第三、第四）参考点指令。

2.4.2 有关刀具运动的指令

1. 快速点定位指令——G00

G00 是刀具快速点定位指令，命令刀具以数控机床固有的最快速度全速前进，从刀具当前位置移动到指定点位置。G00 指令的格式为

$$G00 \quad X_A \quad Y_A;$$

式中，X_A 和 Y_A 表示刀具所要到达的目标点的坐标值。

快速点定位时刀具的运动轨迹依机床数控系统的差别而有所不同。在数控加工程序中所指定的进给速度 F 对 G00 指令一律无效。G00 是续效性指令。

2. 直线插补指令——G01

G01 是直线插补指令，命令刀具以两坐标（或三坐标）联动的方式进行插补，按数控加工程序指定的进给速度 F 做所需的直线轨迹运动。G01 指令的格式为

$$G01 \quad X_A \quad Y_A \quad F\_\_;$$

式中，X_A 和 Y_A 表示刀具所要到达的目标点的坐标值，F 表示刀具的进给速度。

G01 指令所在的程序段中必须含有 F 指令，F 和 G01 都是续效性指令。

如图 2-14 所示，P 点为刀具当前位置，加工时刀具由 P 点快速移动至 A 点，然后沿 $A\rightarrow B\rightarrow O\rightarrow A$ 轨迹以进给速度 F 进行加工，最后快速返回 P 点。其程序主体如下。

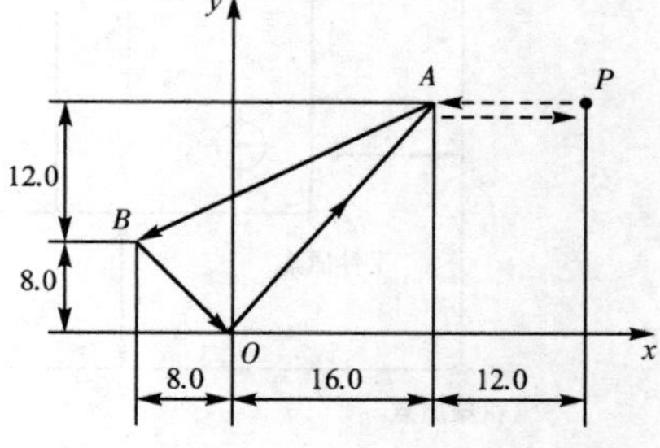

图 2-14 G01 程序示意图

采用绝对坐标值编程：

```
N001  G90  G92  X28.0  Y20.0  ;
N002  G00  X16.0  S__  T__  M__  ;
N003  G01  X-8.0  Y8.0  F__  ;
N004  X0  Y0  ;
N005  X16.0  Y20.0  ;
N006  G00  X28.0  ;
N007  M02  ;
```

采用增量坐标值编程：

```
N001  G91  G00  X-12.0  S__  T__  M__  ;
N002  G01  X-24.0  Y-12.0  F__  ;
N003  X8.0  Y-8.0  ;
N004  X16.0  Y20.0  ;
N005  G00  X12.0  ;
N006  M02  ;
```

3. 圆弧插补指令——G02、G03

G02 为顺时针圆弧插补指令，G03 为逆时针圆弧插补指令。圆弧插补的顺、逆方向可按如下方法判断：假设操作者位于第Ⅰ卦限空间（第Ⅰ卦限是指 x、y、z 均为正值的三维坐标空间）内，面朝基本投影面，观察位于该基本投影面上的圆弧线段，顺时针方向圆弧插补为 G02，逆时针方向圆弧插补为 G03，如图 2-15 所示。

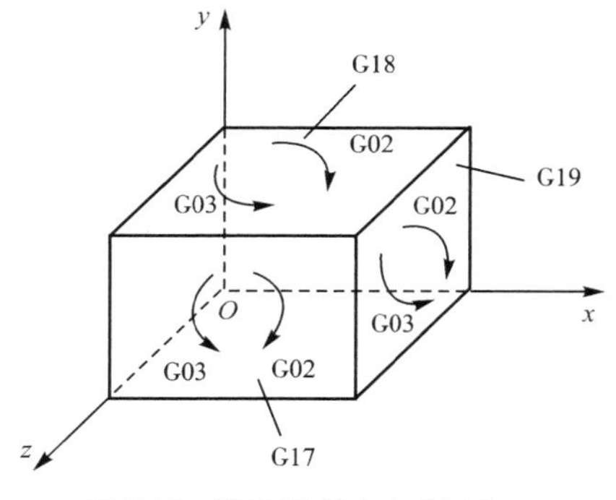

图 2-15 圆弧顺、逆方向的区分

圆弧插补程序段应当包括圆弧的顺逆方向、圆弧的终点坐标、圆弧的圆心坐标 I、J、K（或圆弧的半径 R）等参数，其格式为

$$\left.\begin{matrix}\mathrm{G17}\\ \mathrm{G18}\\ \mathrm{G19}\end{matrix}\right\}\begin{Bmatrix}\mathrm{G02}\\ \mathrm{G03}\end{Bmatrix}\ \mathrm{X}\_\ \ \mathrm{Y}\_\ \ \mathrm{Z}\_\ \ \begin{Bmatrix}\mathrm{I}\_\ \ \mathrm{J}\_\ \ \mathrm{K}\_\\ \mathrm{R}\_\end{Bmatrix}\ \mathrm{F}\_;$$

当机床只有一个坐标平面时，平面选择指令可以省略（如数控车床）；当机床具有三个坐标平面时，G17 可以省略（如数控铣床）。

圆弧的终点坐标参数 X、Y、Z，可以用圆弧终点的绝对坐标值表示，也可以用终点相对于起点的增量坐标值表示。

圆弧的圆心坐标参数，无论采用绝对坐标值编程还是采用相对坐标值编程，I、J、K 总是表示圆心相对于圆弧起点在 X、Y、Z 坐标方向上的增量坐标值。如果在需要插补的圆弧起点处建立一个与工件坐标系协调一致的小坐标架，则圆弧圆心在小坐标架中的增量坐标值即为圆弧的圆心坐标参数 I、J、K。

编程中也可用 R 值来指定圆弧插补的半径。由于在同一圆弧半径 R 的条件下，由圆弧起点到达圆弧终点的轨迹存在着优弧与劣弧两种可能性，所以为了区别二者，规定轨迹为劣弧或半圆时 R 取正值，规定轨迹为优弧时 R 取负值。

注意：采用 R 参数编程时，不能用于描述整圆。例如，图 2-16 为加工封闭圆，只能采用 I、J 编程。设刀具起点在坐标原点 O，快速移动至 A，再按箭头方向以 $F100$ 速度切削一个整圆移动至 A，再快速返回原点 O。

用绝对坐标值编程：

```
G90  G92  X0  Y0;
G00  X20.0  Y0;
G03  X20.0  Y0  I-20.0  J0  F100;
G00  X0  Y0;
M02;
```

用增量坐标值编程：

```
G91  G00  X20.0  Y0;
G03  X0  Y0  I-20.0  J0  F100;
G00  X-20.0  Y0;
M02;
```

又如图 2-17 为加工圆弧采用 R 编程。设 A 为起刀点，刀具从 A 点沿圆弧 $C1$、$C2$、$C3$ 至 D 点停止，圆弧采用 R 值表达时的数控加工程序如下：

用绝对坐标值编程：

```
G90  G92  X0  Y18.0;
G02  X18.0  Y0  R18.0  F100;
G03  X68.0  Y0  R25.0;
```

用增量坐标值编程：

```
G91  G02  X18.0  Y-18.0  R18.0  F100;
G03  X50.0  Y0  R25.0;
G02  X20.0  Y20.0  R-20.0;
```

G02　X88.0　Y20.0　R－20.0；　　　　　　　　M02；

M02；

4. 暂停(延迟)指令——G04

暂停指令 G04 可使刀具在指定的短暂时间(约几秒钟)内不进给，由主轴空转进行光整加工，常用于钻盲孔、车槽、镗平面、锪孔等场合。例如，锪孔到达所要求的孔深度后，可用暂停指令使刀具不进给空转几秒钟，可以将孔底的形状修整得更精确，使工件的表面粗糙度得到明显改善。

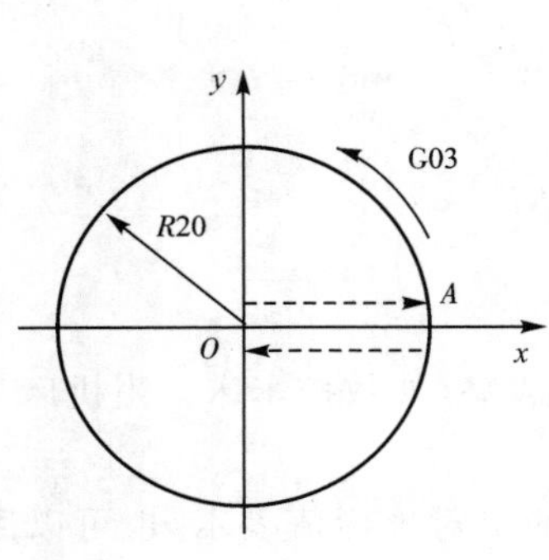

图 2-16　封闭圆编程

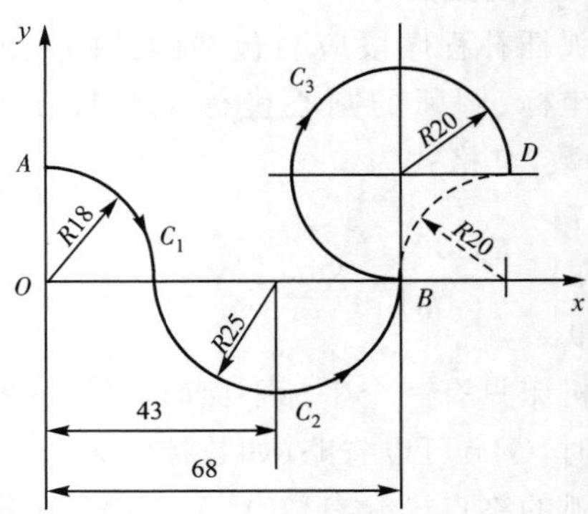

图 2-17　圆弧采用 R 编程

G04 为非续效性指令，仅在当前程序段有效。G04 指令有两种使用格式：

G04　X2.5　；　或　G04　P2500　；

式中，X 和 P 后面的数值均为延时时间，但具体机床编程说明书的规定有不同含义。使用 X 格式时后面的数值必须带小数点，其单位为秒(s)或表示主轴空转 2.5 圈；使用 P 格式时后面的数值不能带小数点，其单位为毫秒(ms)。

图 2-18 所示为锪孔底平面加工，由于孔底有较高的表面粗糙度要求，所以锪到孔深后不能立即退回刀具，否则孔底将会出现残缺不全的螺旋面凸起。此时应当采用暂停指令 G04 使刀具在孔底做短暂停留，其数控加工程序为

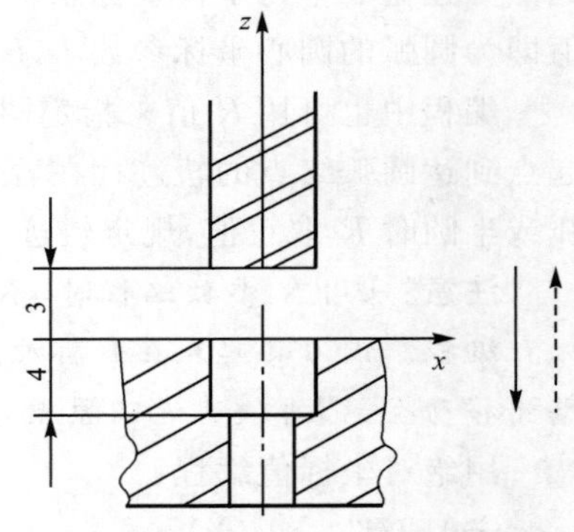

图 2-18　锪孔底平面加工

N01　G91　G01　Z－7.0　F0.12　；

N02　G04　X1.0　；

N03　G00　Z7.0　；

N04　M02　；

2.4.3　刀具补偿指令

1. 刀具半径补偿指令——G41、G42、G40

当用圆形刀具(立铣刀、圆头车刀等)进行数控加工时，为了简化计算，可以按被加工零件的轮廓尺寸编程，然后现场输入所用刀具的半径值，由数控计算机自动计算出

加工所需的刀具中心轨迹，自动完成数控加工。数控系统的这种功能，称为刀具半径补偿功能。当刀具实际半径与理论半径不一致、刀具磨损、更换新刀或使用同一把刀具实现不同切削余量的加工时，只需现场改变输入的刀具半径值，而无须改变原来的数控程序即可完成加工，从而使操作变得十分简便。现代数控机床一般都具有刀具半径补偿功能(详见第 3.5 节)。

G41 为刀具半径左补偿指令，即顺着刀具的前进方向看，刀心偏于零件轮廓的左边；G42 为刀具半径右补偿指令，即顺着刀具的前进方向看，刀心偏于零件轮廓的右边；G40 为刀具半径补偿注销指令，用于注销 G41、G42 指令。G41、G42、G40 为同一组模态指令。

以图 2-19 为例：当机床数控系统不具备 G41 与 G42 指令功能时，需按 O、A'、B'、C'……编程；当机床数控系统具有刀具半径补偿功能时，则可按工件轮廓 O、A、B、C……编程，从而使编程工作大大简化。本例按图 2-19 所示，采用刀具半径补偿功能用绝对坐标值编程如下：

G90 G92 X_0 Y_0；	工件坐标系原点设定在 O 点
G00 G41 X_A Y_A T01 D01；	$O\to A$，执行刀具半径左补偿指令
G01 X_B Y_B F __；	$A\to B$
⋮	⋮
--- X_A Y_A；	$D\to A$
G00 G40 X_0 Y_0；	$A\to O$，取消刀具半径补偿指令
M02；	程序结束

本例加工程序中，T01 表示使用 01 号刀具进行加工，D01 表示存放 01 号刀具半径补偿值的寄存器为 01 号补偿寄存器。在有些数控机床中，编程时也可使用 T0101 指令，表示 01 号刀具使用 01 号补偿寄存器。

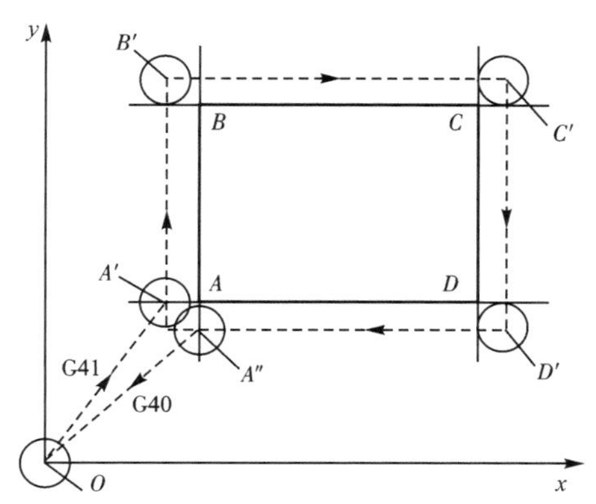

图 2-19 刀具半径补偿

注意：刀具半径补偿指令 G41、G42、G40 应当与 G00 或 G01 指令置于同一条程序段中，或者应当在 G02、G03 程序段之前单独设一条刀具直线运动程序段。此外，由于刀具半径补偿是在工件轮廓的法线方向实现偏置，所以有时在两几何元素的转接部位可能出现刀心轨迹不连续或刀心轨迹重叠干涉的现象，因此需要采用 C 刀补功能来处理程序段之间的尖角

过渡问题。(详见第 3.5.5 节)

2. 刀具长度补偿指令——G43、G44、G49

刀具长度补偿功能又称为刀具长度偏置功能。在刀具的长度尺寸方向(Z 方向),当程序的给定值($Z_{指令}$)与加工实际需要的位移值($Z_{实际}$)不一致时,可利用刀具长度补偿值(H)对程序的给定值($Z_{指令}$)予以补偿,而不必修改已有的数控加工程序,即

$$Z_{实际}=Z_{指令}\pm H$$

式中,$Z_{实际}$、$Z_{指令}$、H 都具有方向性,均为代数值。代数值相加使用 G43 指令;代数值相减使用 G44 指令。如图 2-20 所示,程序给定的 Z 轴进给高度为$-Z_{指令}$,加工时实际需要的进给高度为$-Z_{实际}$,由于两者不相等,所以图 2-20(a)与图 2-20(b)均需进行刀具长度补偿。

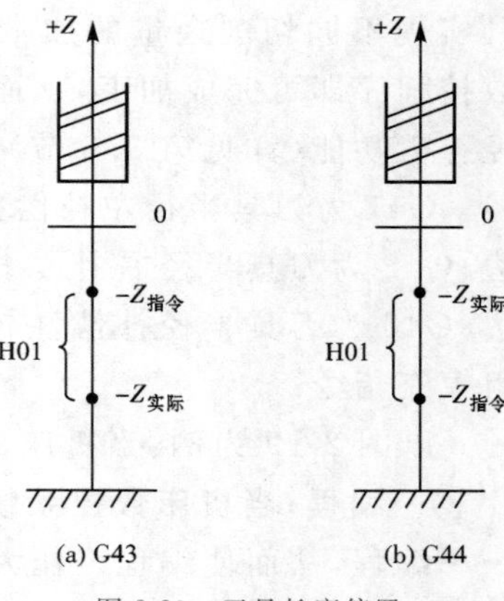

图 2-20 刀具长度偏置

设刀具长度补偿寄存器号为 H01,已输入到 H01 寄存器内的数据为($-e$),则刀具长度补偿计算公式为

图 2-20(a) $-Z_{实际}=-Z_{指令}+\text{H01}=-Z_{指令}+(-e)=-(Z_{指令}+e)$

图 2-20(b) $-Z_{实际}=-Z_{指令}-\text{H01}=-Z_{指令}-(-e)=-(Z_{指令}-e)$

若将 H01 寄存器中的预置值改为($+e$),则编程时的刀具长度补偿指令 G43 应改为 G44;G44 应改为 G43,可见 G43 与 G44 的应用是比较灵活的。采用 G43、G44 指令之后,就可按实际加工情况选用不同的刀具长度进行编程;当刀具重磨或更换新刀具时,只需修改寄存器中的预置值,而不必修改数控加工程序,使操作简单化。一般可使用 G40(或 G49)指令注销 G43、G44 指令,刀具长度补偿指令取消后,刀具只移动到程序给定的坐标位置。

2.4.4 辅助功能 M 代码

M 代码用于控制数控机床的辅助动作,例如:主轴正转、反转、停止;冷却液开、关;工作台夹紧、松开;选刀、换刀;计划停止;程序结束等。数控编程时必须透彻了解 M 代码的功能和特点,确保 M 代码在加工程序中的正确使用,否则数控机床不能正常工作。常用的 M 代码有:

1. 程序停止指令——M00

M00 用于进入程序暂停状态,停止主轴转动,关闭冷却液,停止进给,以便操作者执行诸如手动变速、换刀、测量工件等操作。如果要继续执行数控程序,须重按“程序启动”键。M00 在当前程序段中的其他指令执行完毕之后生效。

2. 计划停止指令——M01

M01 与 M00 相似,差别仅在于执行 M01 指令时,操作者要预先将控制面板上的“计划停止”按钮接通,否则 M01 功能被屏蔽不起作用。M01 指令常用于一些关键尺寸的抽样检测,以及交接班时的临时停止等情况。

3. 程序结束指令——M02

M02 指令通常位于整个数控加工程序的最后一条程序段中。当全部加工程序执行完

毕之后，用 M02 指令使主轴、进给、冷却液均停止，并使数控系统处于复位状态，但程序不返回最前面。

4. 主轴正转、反转、停止指令——M03、M04、M05

M03、M04、M05 指令用于控制主轴的正转、反转和停止。“主轴正转”指站在主轴位置面向工件观察，主轴按顺时针方向旋转。

机床执行 M03、M04、M05 指令时具有“先开后停”的特征，即：当遇到含有 M03 或 M04 指令的程序段时，机床先开启主轴，再执行其他操作；当遇到含有 M05 指令的程序段时，机床先执行完其他操作，最后停止主轴。

5. 换刀指令——M06

M06 指令常用于加工中心机床，实现自动换刀所需要的选刀、抓刀、拔刀、换位、装刀等一系列自动换刀连续动作。

6. 冷却液控制指令——M07、M08、M09、M13、M14

M07、M08、M09 分别为 2 号冷却液开、1 号冷却液开、冷却液关指令，用于切削加工需要使用不同冷却液的场合。至于数控编程时究竟使用哪一种冷却液（例如雾状冷却液还是液状冷却液），需要根据数控机床的配置结构和零件加工时的工艺需要来决定。

M13、M14 分别为主轴顺时针方向旋转时冷却液开或主轴逆时针方向旋转时冷却液开，该指令用于大导程螺纹车削时需要利用退刀机会观察零件表面加工质量的场合。

7. 程序结束指令——M30

M30 指令与 M02 指令的功能相似，都表示数控加工程序结束，使主轴、进给、冷却液均停止，并使数控系统处于复位状态；但 M30 指令可使数控加工程序返回到最前面，以便于重复加工下一个相同的零件。

2.5 数控车床的程序编制

数控车床的程序编制

在数控车床中以卧式数控车床的应用较为广泛，特别适合于加工中小型回转体高精度小批量零件。近年来数控车削中心逐渐被加工行业所采用，它可以在将工件车削完成之后，利用主轴分度或圆周进给功能进行铣削、钻削等工作，将工件轮廓的几何要素全部加工完成，因而工序高度集中。本节主要讨论卧式数控车床的编程。

2.5.1 数控车床工艺分析

1. 刀具

数控车床常用的刀具有中心钻、外圆车刀、切槽刀、外螺纹车刀、45°端面车刀、麻花钻、内孔车刀、切断刀等。加工时可根据加工内容、工件材料等选用刀具，力求保证刀具的强度和耐用度。应当尽量使用机夹可转位不重磨刀具，以减少换刀和缩短对刀时间。

2. 夹具

在数控车床上，多采用三爪自定心卡盘来夹持工件；轴类零件也常采用两顶尖方式夹持；为了提高刚度，可采用跟刀架作为辅助支承。为了减少细长轴加工时的受力变形，提高加工精度，以及在加工中空轴类工件的内孔时，可以采用自动定心中心架，以提高工艺系统的刚度和定心精度。

3. 合理选择加工路线

在数控加工中,刀具刀位点相对于工件运动的轨迹称为加工路线。编程时,加工路线的确定原则主要应保证被加工工件的加工精度和表面粗糙度;同时力求使数值计算简便,以减少编程工作量;力求使加工路线最短,以减少程序段和缩短空行程时间。

对于普通数控车削加工,切削起始点的位置取决于毛坯余量的大小,以刀具快速移动到达该点时不发生刚性碰撞为原则;对于螺纹加工,为了保证螺距精度,应留有一定的切入量和切出量。

下面介绍如何实现最短的空行程路线和最短的切削走刀路线。

(1)巧用起刀点

图 2-21 所示为采用矩形循环方式粗车的一般情况。其中图 2-21(a)将对刀点与起刀点设置在同一点,即 A 点,其走刀路线如下:

第一刀:$A \to B \to C \to D \to A$

第二刀:$A \to E \to F \to G \to A$

第三刀:$A \to H \to I \to J \to A$

图 2-21(b)则将对刀点 A 与起刀点 B 分离,设置为两点,其走刀路线如下:

空行程:$A \to B$

第一刀:$B \to C \to D \to E \to B$

第二刀:$B \to F \to G \to H \to B$

第三刀:$B \to I \to J \to K \to B$

采用图 2-21(b)所示的走刀路线,显然可以缩短走刀总行程,提高加工效率。

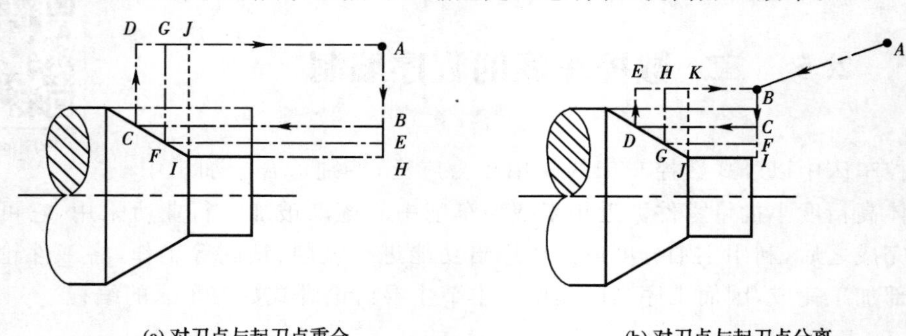

图 2-21　矩形循环方式粗车的走刀路线

(2)巧设换刀点

为了换刀时的方便和安全,可将换刀点设置在离工件较远的某一位置处;但这样做会导致换刀空行程增加,所以在保证换刀运动安全的前提下可将换刀点设置在离工件较近的位置,以缩短换刀运动中的空行程。

(3)合理安排“回零”路线

安排“回零”路线时,应使前一刀终点与后一刀起点间的距离尽量缩短,或者为零,以满足走刀路线为最短的要求。在确保返回对刀点时不会发生干涉的前提下,应尽量使两坐标轴同时“回零”,此时的“回零”路线最短。

(4)选择最短的切削进给路线

如图 2-22 所示为零件粗车加工时几种不同走刀路线的安排示意图。图 2-22(a)所示为封闭形复合循环的走刀路线;图 2-22(b)所示为三角形复合循环的走刀路线;图 2-22(c)所示为矩形复合循环的走刀路线。这三种走刀路线中,矩形复合循环走刀路线的进给总长度最短。

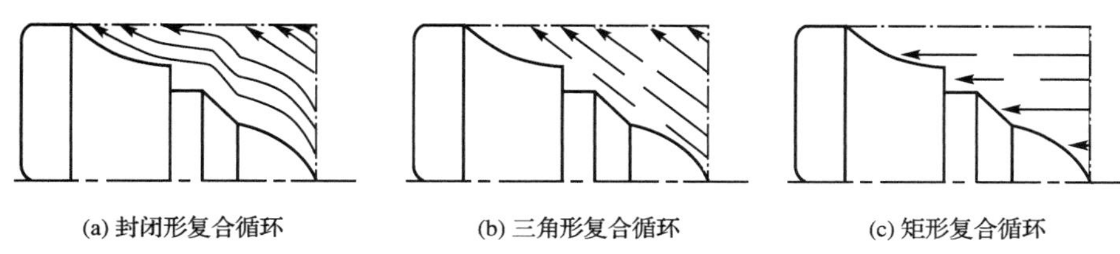

图 2-22 粗车加工时的走刀路线

4. 合理选择切削用量

切削速度的提高,会使刀刃的温度急剧上升,刀具的机械、化学、热磨损加剧,刀具寿命将大大缩短;增大进给量也会引起切削温度上升,同样会造成刀具磨损,但这种磨损对刀具寿命的影响比加大切削速度所造成的影响要小得多。因此,要根据被加工零件的精度、工件硬度和刀具的硬度、工艺系统的刚性等因素合理选择切削用量三要素,尽可能使用较大的吃刀深度和进给量,切不可盲目提高切削速度。

2.5.2 数控车床编程特点

1. 数控车床坐标系

数控车床的主轴轴线方向为 z 轴,大拖板带动刀具移动远离工件的方向为 $+z$ 方向;水平径向为 x 轴,中拖板带动刀具移动远离工件的方向为 $+x$ 方向。为了方便编程和简化数值计算,数控车床工件坐标系原点一般选定在主轴回转中心线与卡盘卡爪端面的交点处,如图 2-23 中的 O 点位置;根据需要,工件坐标系原点也可选在工件回转中心与工件右端面或工件左端面的交点处。数控车床的机床坐标系原点,通常由机床制造厂在机床说明书中进行指定。

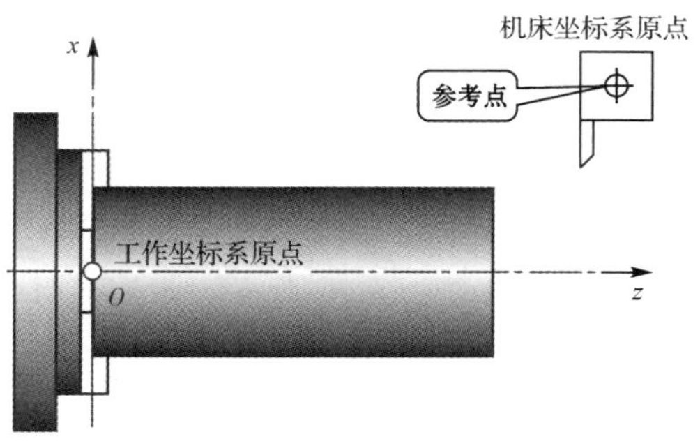

图 2-23 数控车床的工件坐标系与机床坐标系

2. 混合编程

在数控车床编程时,规定同一条程序段中可以采用混合编程的方式。这就是说,在同一条程序段中书写的坐标值,既可以采用绝对坐标值表达,也可以采用相对坐标值表达,还可以采用两者混用表达;数控车床混合编程时不必在程序段中特别注明 G90 或 G91,只要以(X,Z)表示绝对坐标值,以(U,W)表示相对坐标值即可。

3. 直径值编程

在数控车床编程时,为了符合人们操作数控车床的普遍习惯,规定 X 的编程值采用工件的直径值表示;U 的编程值采用刀具沿 X 轴方向位移增量值的两倍表示,并要标明位移方向符号。这是因为操作数控车床时，人们习惯于测量工件的直径，而不习惯于测量工件的半径。

4. 多种固定循环

数控车床加工工件的毛坯常采用棒料或铸、锻件，所以粗车的余量较大，需要多次重复循环加工才能车去大部分余量。为了简化编程和提高效率，在数控车床的控制系统中设置了各种不同形式的固定循环功能，采用一条指令实现一连串固定连续的加工动作或多次重复加工循环。

5. 车削螺纹的编程方法

在数控车床上车削螺纹时，程序段中的 F 值应等于被加工螺纹的导程；按照被加工螺纹牙型的尺寸大小，有“不借刀直进车削较小螺纹”和“借刀车削较大螺纹”两种车削螺纹的加工进刀方法。

2.5.3 车削常用固定循环指令

车削常用固定循环指令有内外圆柱面循环、内外圆锥面循环、切槽循环、端面循环、内外螺纹循环、复合循环等，这些固定循环指令的格式与功能随不同的数控系统会有所差别，使用时应参考所使用数控机床的编程说明书。下面介绍 FANUC 0I 系统的一部分循环指令。

1. 单一切削循环

(1)单一圆柱面或圆锥面切削循环

单一圆柱面切削循环程序段格式为

G90　X(U)__　Z(W)__　F__　;

单一圆锥面切削循环程序段格式为

G90　X(U)__　Z(W)__　I__　F__　;

式中：X、Z 为圆柱面或圆锥面切削终点坐标值；U、W 为圆柱面或圆锥面切削终点相对于循环起点的坐标值增量；I 为锥体切削起始点与切削终点的半径差。循环过程如图 2-24 所示。

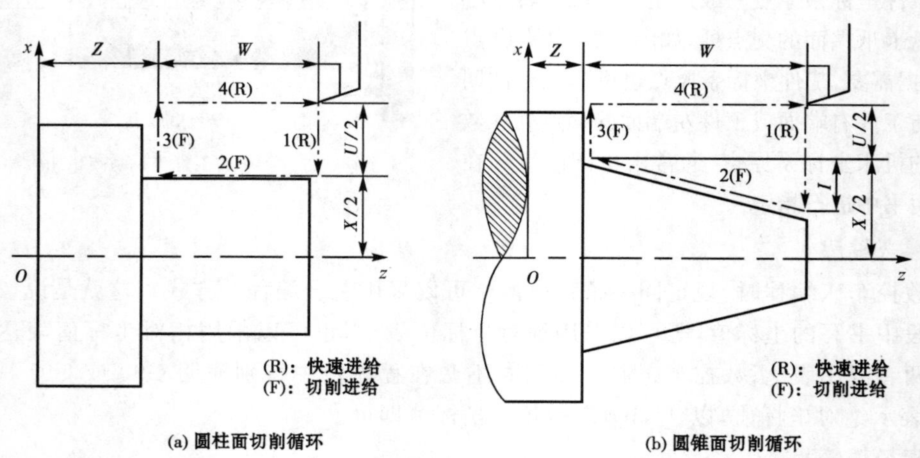

图 2-24　圆柱面与圆锥面切削循环

加工如图 2-25 所示圆柱面和圆锥面时的切削循环程序可分别写成

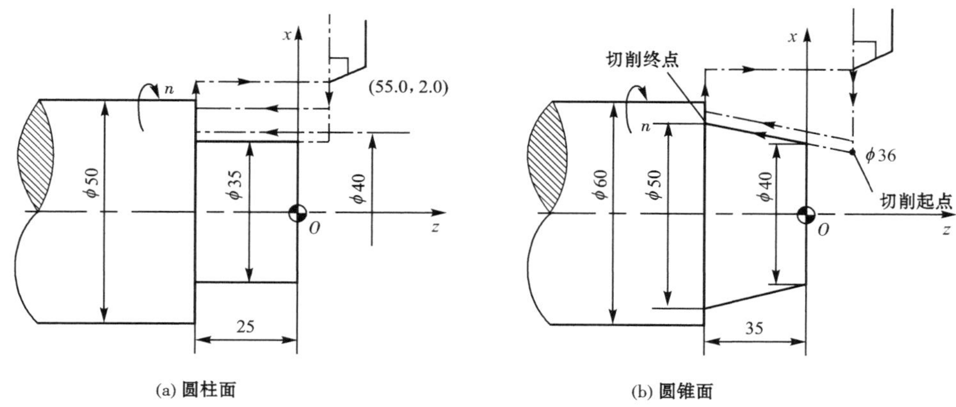

图 2-25 圆柱面、圆锥面切削循环加工示例

(加工圆柱面的切削循环程序)

```
……
N010  G90  X45.0  Z−25.0  F50  ;
N020  X40.0  ;
N030  X35.0  ;
```

(加工圆锥面的切削循环程序)

```
……
N010  G90  X55.0  Z−35.0  I−7.0  F50  ;
N020  X50.0  ;
……
```

(2)单一端面切削循环

单一端面切削循环程序段格式为

G94 X(U)__ Z(W)__ F__ ;

式中,X、Z 为端面切削终点坐标值;U、W 为端面切削终点相对于循环起点的坐标值增量。切削循环过程如图 2-26 所示。

如果假定工件原点设定在被加工工件的右端面,则加工程序为

```
……
N010  G94  X30.0  Z−5.0  F50  ;
N020  Z−10.0  ;
N030  Z−15.0  ;
……
```

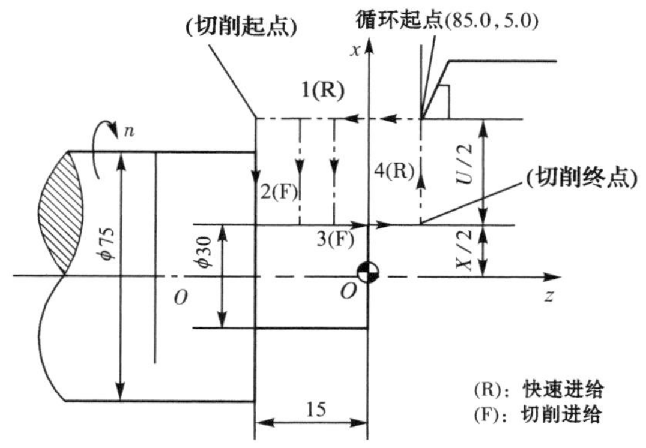

图 2-26 端面切削固定循环及加工示例

(3)螺纹切削循环

螺纹切削循环程序段格式为

G92 X(U)__ Z(W)__ I__ F__ ;

式中,X、Z 为螺纹切削终点坐标值;U、W 为螺纹切削终点相对于循环起点的坐标值增量;I 为锥螺纹切削起点与切削终点的半径差,I 为 0 时可以省略,表示加工圆柱螺纹,F 为螺纹的导程。螺纹切削循环的加工过程如图 2-27 所示。

2. 多重复合循环

使用多重复合循环指令,可以使数控编程工作得到进一步简化。在多重复合循环中,只需指定精加工路线和粗加工的背吃刀量,数控系统就会自动计算出粗加工路线和走刀次数。

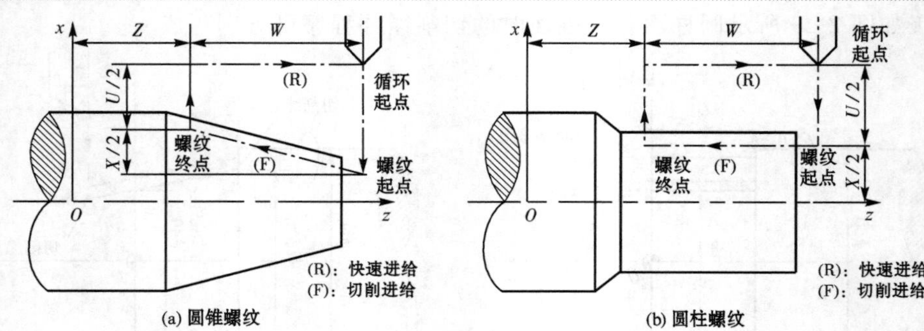

图 2-27 圆锥螺纹、圆柱螺纹切削循环

(1)外圆粗车复合循环指令——G71

外圆粗车复合循环指令 G71 的程序段格式为

G71 U(Δd) R(e) ;

G71 P(ns) Q(nf) U(Δu) W(Δw) F_ S_ T_ ;

N(ns)……

……

N(nf)……

式中 Δd——径向背吃刀量,半径值,mm,无正负号;

e——退刀量,半径值,mm;

ns——精加工程序的开始程序段号;

nf——精加工程序的结束程序段号;

Δu——x 方向的精加工余量,直径值,mm;

Δw——z 方向的精加工余量,mm。

外圆粗车复合循环加工路线如图 2-28 所示。A'为精车循环起点,A 是毛坯外径与轮廓端面的交点,$\Delta u/2$ 是 x 方向的精车余量半径值,Δw 为 z 方向的精车余量,e 为退刀量,Δd 为径向背吃刀量。

例如,要粗车图 2-29 所示短轴的外圆,假设起刀点为 X200.0 Z100.0,粗车切削深度为 3 mm,退刀量为 0.5 mm,x 方向精车余量为 1 mm,z 方向精车余量为 1 mm,则加工程序为

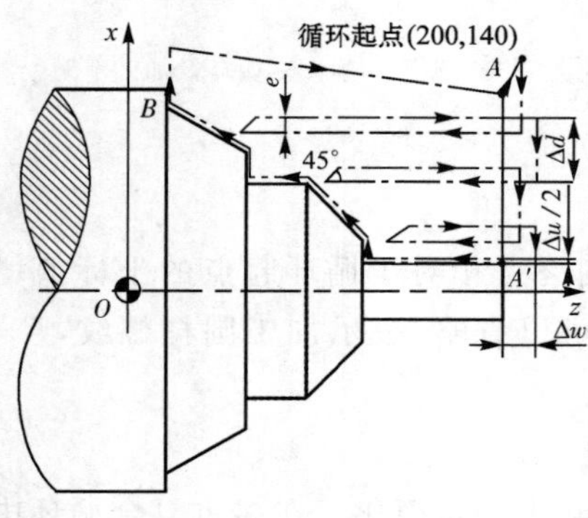

图 2-28 外圆粗车复合循环加工路线

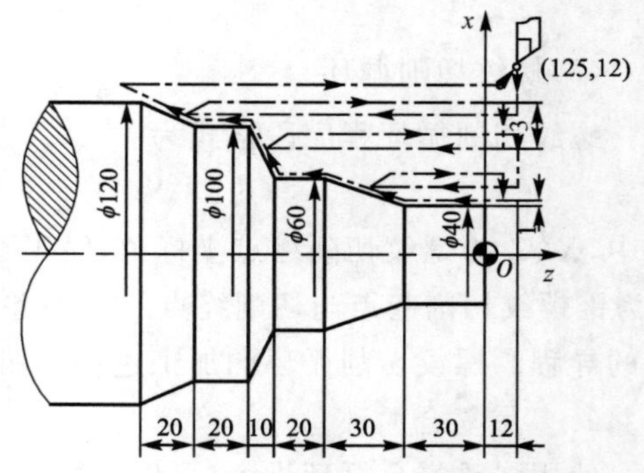

图 2-29 外圆粗车复合循环示例

```
N010  G50  X200.0  Z100.0;
N020  G00  X125.0  Z12.0  T0101  S260  M04  M08;
N030  G71  U3.0  R0.5;
N040  G71  P050  Q110  U1.0  W1.0  F0.15;
N050  G00  X40.0;
N060  G01  Z-30.0  F0.05;
N070  X60.0  Z-60.0;
N080  Z-80.0;
N090  X100.0  Z-90.0;
N100  Z-110.0;
N110  X120.0  Z-130.0;
N120  G00  X200.0  Z100.0  T0100  M05  M09;
N130  X125.0  Z12.0  T0202  S200  M04  M08;
N140  G70  P050  Q110;
N150  G00  X200.0  Z100.0  T0200  M05  M09;
N160  M02;
```

(2)端面粗车复合循环指令——G72

端面粗车复合循环指令 G72 的程序段格式为

G72 W(Δd) R(e);

G72 P(ns) Q(nf) U(Δu) W(Δw) F__ S__ T__;

N(ns)……

……

N(nf)……

式中各参数的含义与外圆粗车复合循环程序段中的各参数含义相似，但 Δd 为轴向背吃刀量。G72 的加工路线如图 2-30 所示。

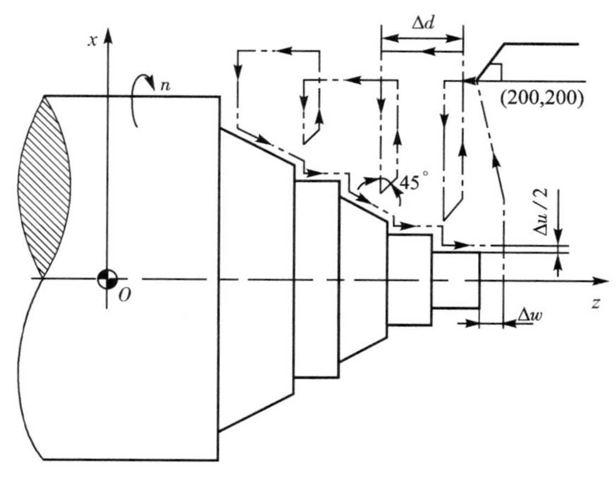

图 2-30 端面粗车复合循环加工路线

(3)成形车削复合循环指令——G73

G73 指令适用于毛坯轮廓与零件轮廓基本接近的工件的粗车，例如模锻件或精铸件的粗车加工。成形车削复合循环指令的程序段格式为

G73 U(ΔI) W(Δk) R(d);

G73 P(ns) Q(nf) U(Δu) W(Δw) F__ S__ T__;

N(ns)……

……

N(nf)……

式中，ΔI 为沿 x 方向的单次退刀量(半径编程)；Δk 为沿 z 轴方向的单次退刀量；d 为重复加工次数，其他参数的含义与 G71 相同。该指令的执行过程如图 2-31 所示。

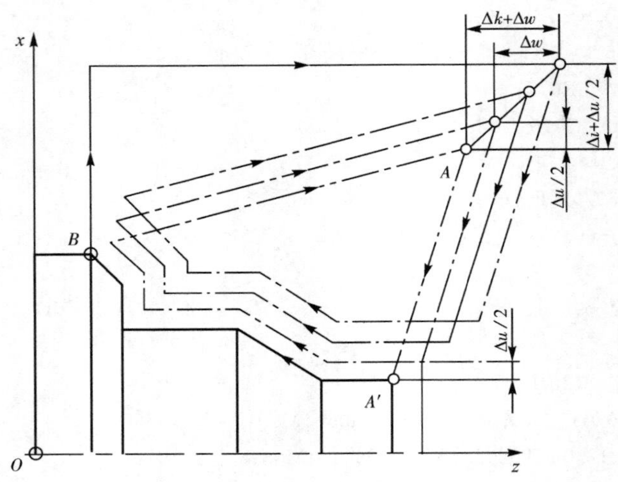

图 2-31　成形车削复合循环

例如，加工如图 2-32 所示的短轴，x 方向退刀总量为 9.5 mm，z 方向退刀总量为 9.5 mm，x 方向精车余量为 1.0 mm，z 方向精车余量为 0.5 mm，重复加工次数为 3，则加工程序为

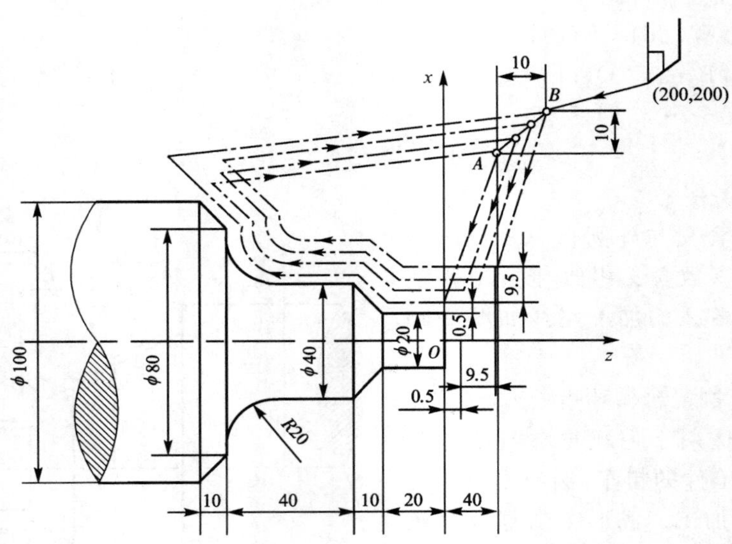

图 2-32　成形车削复合循环示例

……

```
N020  G00  X200.0  Z200.0;
N030  G73  U9.5  W9.5  R3;
N040  G73  P050  Q110  U1  W0.5  F0.3;
N050  G00  X20.0  Z1.0;
N060  G01  Z-20.0  F0.15;
N070  X40.0  Z-30.0;
N080  Z-50.0;
N090  G02  X80.0  Z-70.0  R20.0;
```

N100 G01 X100.0 Z−80.0;

N110 G00 X200.00 Z200.00;

……

(4)精车复合循环指令——G70

在采用G71、G72、G73指令进行粗车后,用G70指令可以进行精车复合循环切削,其程序段格式为

G70 P(ns) Q(nf);

式中 *ns*——精加工程序的开始程序段号;

nf——精加工程序的结束程序段号。

注意:在执行G70时,程序段号"*ns*"和"*nf*"之间指定的F、S和T有效;G70~G73中,*ns*~*nf*的程序段不能调用子程序。

2.5.4 其他常用的车床编程指令

1. 工件坐标系设定指令——G50

有些数控车床在编程时,"工件坐标系设定"不采用G92指令,而是采用G50指令,其程序段格式为

G50 X__ Z__;

式中,*X*、*Z*为刀具刀位点在工件坐标系中的坐标值。例如,如图2-33所示的坐标系可用G50指令设定为

G50 X128.7 Z375.1;

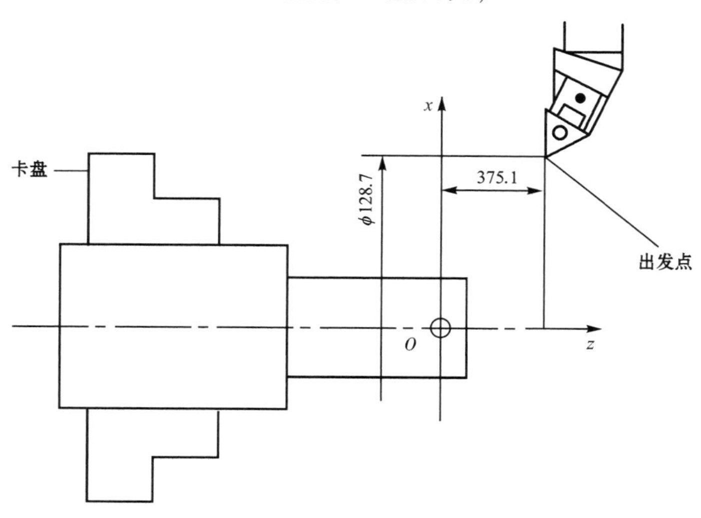

图2-33 设定加工坐标系

2. 返回参考点指令——G28或G30

G28为返回第一参考点指令,其程序段格式为

G28 X(U)__ Z(W)__;

式中,*X*(*U*)、*Z*(*W*)为返回第一参考点时刀具所经过的中间点的坐标值。

G30 为返回第二(或第三、第四)参考点指令,其程序段格式及用法与 G28 指令相似。

3. 刀具补偿功能指令

数控车床编程时,通常把刀具号和刀具补偿号组合在一起,采用四位数字表示刀具补偿功能。例如"T0101",前两位数字表示选 01 号刀具,后两位数字表示使用 01 号刀补量寄存器存放刀具补偿值,该补偿值与刀补拨盘号或屏幕刀补显示位置号对应。当后两位数值为 0 时,如"T0100",表示刀具 x、z 方向的补偿值均为零,这相当于取消 01 号刀具的刀具补偿功能。

2.5.5 数控车削编程实例(FANUC 系统)

【例 2-1】 小轴零件如图 2-34 所示,工件毛坯为 ϕ85 mm×340 mm 棒料,材质为 45 钢,表面已经粗车完成,试编制该零件的数控车削精加工程序。(其中 ϕ85 mm 外圆不必精车)

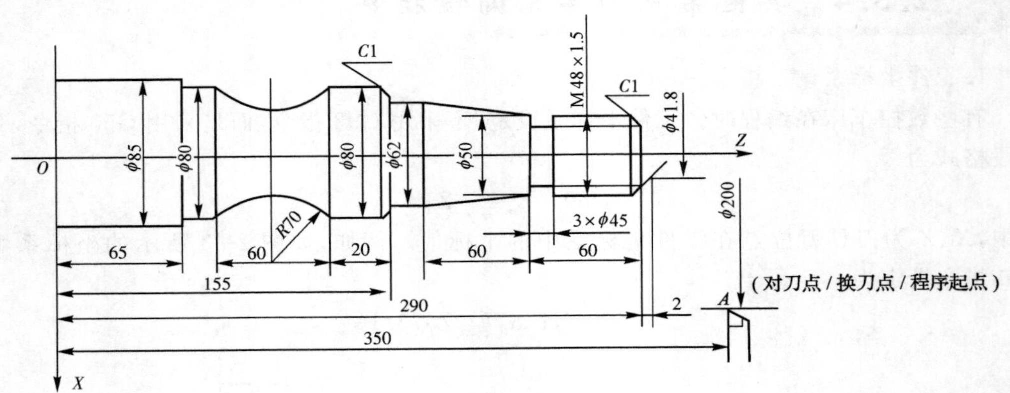

图 2-34 小轴零件简图

(1)工艺分析

工件以 ϕ85 mm 外圆及右端面上的中心孔为定位基准,用三爪自动定心卡盘夹持 ϕ85 mm 外圆,用机床尾座顶尖顶住右端面上的中心孔。精加工时自右向左进行外轮廓面的加工,其走刀路线为:1 号刀倒角 $C1$→车螺纹顶径→车端面→车圆锥面→车 ϕ62 mm 外圆柱面→车端面→倒角 $C1$→车 ϕ80 mm 外圆柱面→车 $R70$ mm 圆弧→车 ϕ80 mm 外圆柱面→车端面→换 2 号刀切螺纹退刀槽→换 3 号刀车削螺纹。

根据上述安排,加工过程中共需要使用三把刀:1 号外圆车刀(车外圆),2 号切槽刀(切螺纹退刀槽),3 号螺纹刀(车削外螺纹)。车刀安装在可自动转位四方刀架上,由数控加工程序控制自动换刀。

(2)小轴零件的数控车削精加工程序

```
%
O0003                                   程序号
N010  G50  X200.0  Z350.0;              工件坐标系设定(刀尖位于 A 点)
N020  S630  M03  T0101;                 换 1 号刀(90°外圆车刀),主轴正转
N030  G00  X41.8  Z292.0  M08;          快速点定位,开冷却液,准备倒角
N040  G01  X47.8  Z289.0  F0.15;        倒角 C1
```

```
N050  U0  Z230.0;                             车螺纹顶径(外圆柱面)
N060  X50.0  W0;                              车端面
N070  X62.0  W-60.0;                          车圆锥面
N080  U0  Z155.0;                             车φ62 mm外圆柱面
N090  X78.0  W0;                              车端面
N100  X80.0  W-1.0;                           倒角C1
N110  U0  W-19.0;                             车φ80 mm外圆柱面
N120  G02  U0  W-60.0  R70.0;                 车R70 mm圆弧(假定可以跨象限加工)
N130  G01  U0  Z65.0;                         车φ80 mm外圆柱面
N140  X90.0  W0;                              车端面,退出切削区
N150  G00  X200.0  Z350.0  M05  T0100  M09;   刀具快退到换刀点A;取消刀补;主轴停转;关冷却液
N160  S300  M03  M08;                         变速,主轴正转;开冷却液
N170  X51.0  Z230.0  T0202;                   换2号刀,快速点定位,准备切槽
N180  G01  X45.0  W0  F0.1;                   切退刀槽
N190  G04  X0.5;                              进给暂停1秒(5转),修光退刀槽底部
N200  G01  X51.0  W0;                         2号切槽刀按原路线退回
N210  X200.0  Z350.0  M05  T0200  M09;        刀具快退到换刀点A;取消刀补;主轴停转;关冷却液
N220  S200  M03  M08;                         变速,主轴正转,开冷却液
N230  X62.0  Z298.0  T0303;                   换3号刀,快速点定位,切入量为8 mm
N240  G92  X47.2  Z231.5  F1.5;               螺纹切削循环,第一刀,φ47.2 mm
N250  X46.8;                                  螺纹切削循环,第二刀,φ46.8 mm
N260  X46.4;                                  螺纹切削循环,第三刀,φ46.4 mm
N270  X46.2;                                  螺纹切削循环,第四刀,φ46.2 mm
N280  G00  X200.0  Z350.0  T0300;             刀具快退回到换刀点A;取消刀补
N300  M30;                                    机床停止并复位,程序结束(返回开头)
```

(3)有关程序单的解释和说明:

①N010:将测得的当前刀位点工件坐标值,写入G50的X、Z栏目中,使各坐标系协调一致。写“X200.0”,是采用“直径值编程”的规定,下同。

②N030:刀具快速定位到$C1$倒角的延长线上。因M48×1.5螺纹的大径尺寸为47.8 mm,所以刀具坐标为(41.8,292.0)。

③N050:在同一行内出现U和Z,是采用“混合编程”的规定,下同。

④N240～N270:查GB/T 196—2003《普通螺纹 基本尺寸》,综合考虑机械制造工艺的需要,可得M48×1.5螺纹的小径尺寸为46.2 mm。因螺距较小,故采用“不借刀,直进车螺纹”的方法。G92单一螺纹车削循环,共车削循环四次,每次的背吃刀量递减。

【例2-2】 如图2-35所示为缸套零件简图,试编制该零件的数控加工程序。

(1)缸套零件的加工工步安排

缸套零件的加工工步内容、所需使用的刀具及有关工艺参数,见表2-4。

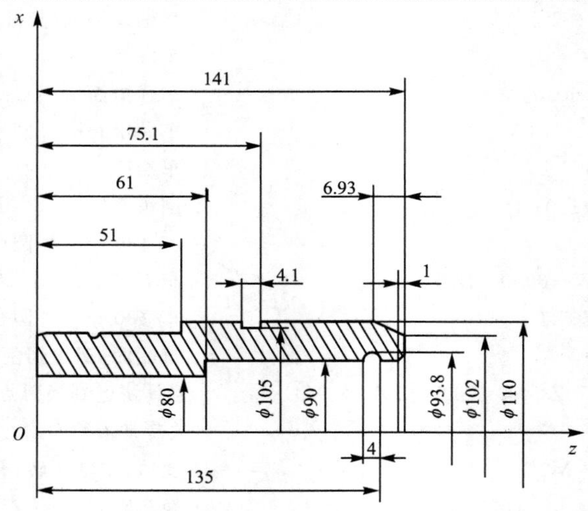

图 2-35 缸套零件简图

表 2-4 **缸套零件简化工步表**

工步号	加工内容	刀具	$S/(\mathrm{r\cdot min^{-1}})$	$F/(\mathrm{mm\cdot r^{-1}})$
1	外圆粗车循环	T0101	300	0.2
2	内孔粗车循环	T0303	300	0.2
3	精车端面、短锥面，精车 ϕ110 mm 外圆	T0505	600	0.1
4	车 ϕ93.8 mm 槽	T0707	200	0.2
5	内孔倒角，精车内孔阶梯面、ϕ80 mm 内孔等	T0909	600	0.1
6	车 4.1 mm×2.5 mm 槽	T1111	240	0.1

(2)缸套零件的加工程序

%

O0012	程序号
N001 G50 X400.0 Z400.0 T0101;	建立工件坐标系，换 1 号刀，执行 01 号刀具补偿寄存器中的补偿
N002 M03 S300;	主轴正转，300 r/min
N003 G00 X118.0 Z145.0;	快速定位到端面外方，外圆粗车循环起点
N004 G71 U2.0 R0.5;	定义粗车循环，切削深度为 2.0 mm，退刀量为 0.5 mm
N005 G71 P006 Q011 U0.5 W0.1 F0.2;	
N006 G00 X90.0;	
N007 G01 Z141.0 F0.1;	
N008 X102.0;	车端面
N009 U8.0 W−6.93;	车短锥面
N010 Z−2.0;	车 ϕ110 mm 外圆
N011 G00 X112.0;	
N012 X400.0 Z400.0 T0100 M05;	返回对刀点，取消 01 号刀刀补，主轴停转
N013 T0303;	换 03 号刀，执行 03 号刀具补偿寄存器中的刀

	补值
N014 M03 S300;	开主轴,正转,300 r/min
N015 G00 X70.0 Z145.0;	快速定位到内孔粗车循环起点
N016 G71 U2.0 R0.5;	定义粗车循环,切削深度为 2.0 mm,退刀量为 0.5 mm
N017 G71 P018 Q025 U−0.5 W0.1 F0.2;	
N018 G00 X94.0;	
N019 G01 Z142.0 F0.1;	
N020 X90.0 Z140.0;	内孔倒角
N021 Z61.0;	车 ϕ90 mm 内孔
N022 X80.0;	车内孔阶梯面
N023 Z−2.0;	车 ϕ80 mm 内孔
N024 G00 X75.0;	
N025 Z142.0;	
N026 X400.0 Z400.0 T0300 M05;	返回对刀点,取消 03 号刀刀补,主轴停转
N027 T0505;	换 05 号刀(外圆精车刀),执行 05 号刀具补偿寄存器中的刀补值
N028 M03 S600.0;	开主轴,正转,600 r/min
N029 G00 X118.0 Z142.0;	刀具定位到外圆精车循环起点
N030 G70 P006 Q011;	外圆精车循环
N031 G00 X400.0 Z400.0 T0500 M05;	返回对刀点,取消 05 号刀刀补,主轴停转
N032 T0707;	换 07 号刀(挖槽刀),执行 07 号刀具补偿寄存器中的刀补值
N033 M03 S200.0;	开主轴,正转,200 r/min
N034 G00 X88.0 Z180.0;	刀具快速接近内孔
N035 Z131.0 M08;	刀具快速定位,开冷却液,准备车槽
N036 G01 X93.8 F0.1;	车 ϕ93.8 mm 槽
N037 G00 X85.0;	x 方向退刀
N038 Z180.0;	z 方向退刀
N039 X400.0 Z400.0 T0700 M09 M05;	退回对刀点,取消 07 号刀刀补,关冷却液,主轴停转
N040 T0909;	换 09 号刀(内孔精车刀),执行 09 号刀具补偿寄存器中的刀补值
N041 M03 S600;	开主轴,正转,600 r/min
N042 G00 X70.0 Z145.0;	刀具定位到内孔精车循环起点
N043 G70 P018 Q025;	内孔精车循环
N044 G00 X400.0 Z400.0 T0900 M05;	返回对刀点,取消 09 号刀刀补,主轴停转
N045 T1111;	换 11 号刀(切刀),执行 11 号刀具补偿寄存器中的刀补值
N046 M03 S240.0;	开主轴,正转,240 r/min
N047 G00 X115.0 Z71.0 M08;	刀具定位,到达 4.1 mm×ϕ105 mm 切槽位置,开冷却液
N048 G01 X105.0 F0.1;	车 4.1 mm×2.5 mm 槽

N049　X115.0；　　　　　　　　　　　　　　切刀退回
N050　G00　X400.0　Z400.0　T1100　M09；　　返回对刀点，取消刀补，关冷却液
N051　M30；　　　　　　　　　　　　　　　机床停止并复位，程序结束（返回程序开头）

2.6 数控铣床的程序编制

数控铣床的应用非常广泛，它可以进行平面铣削、型腔铣削、轮廓铣削、复杂型面铣削，也可以进行钻削、镗削、螺纹切削等孔加工，还可以进行两至五轴联动的各种平面轮廓和复杂曲面形状零件的加工。数控加工中心机床、柔性制造单元、柔性制造系统等都是在数控铣床的基础上发展起来的。

2.6.1 数控铣床工艺分析

1. 确定加工内容

确定数控铣床的加工内容时，应从需要性和经济性两个方面考虑，通常选择下列对象为其加工内容：零件上的曲线轮廓，特别是由数学表达式描述的非圆曲线和列表曲线等复杂轮廓；已给出数学模型的空间曲面；形状复杂、尺寸繁多、划线与检测较困难的部位；使用普通铣床难以观察、难以测量和难以控制进给的内外凹槽加工；采用数控铣削能显著提高生产率和降低劳动强度的零件加工工作。

2. 选择加工路线

数控铣床铣削零件的外轮廓时应采用切向切入、切出，尽量采用逆铣，以避免进给停顿。铣削零件的内轮廓时最好采用圆弧切入、切出，尽可能不留刀痕。铣削型腔时可先平行切削，再环形切削。铣削曲面时常采用行切法（图 2-36）进行加工，尽可能使刀具与被加工表面之间的切点轨迹平行排列，其行距可根据零件的加工精度来确定。对于某些复杂曲面，可能需要采用三坐标联动或多坐标联动方式进行加工，如图 2-37 所示。

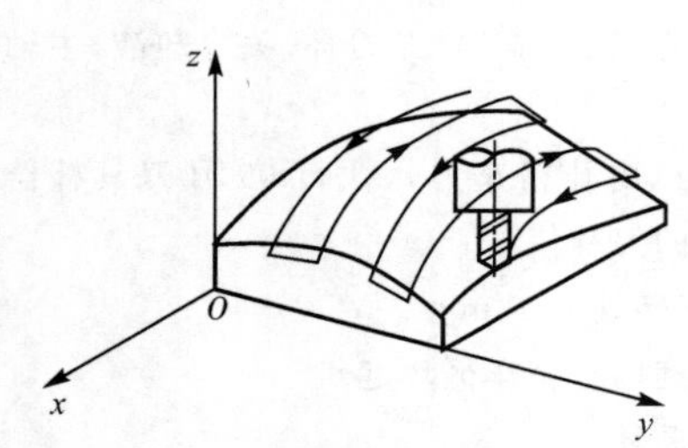

图 2-36　行切法加工

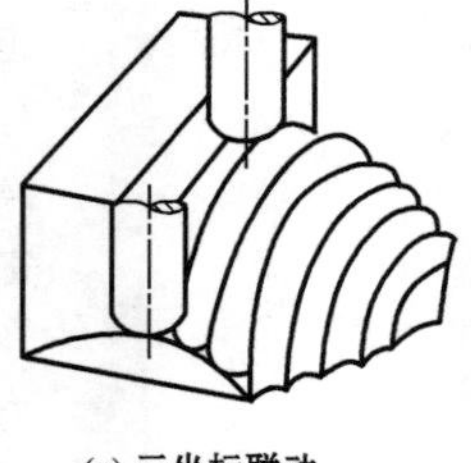

(a) 三坐标联动

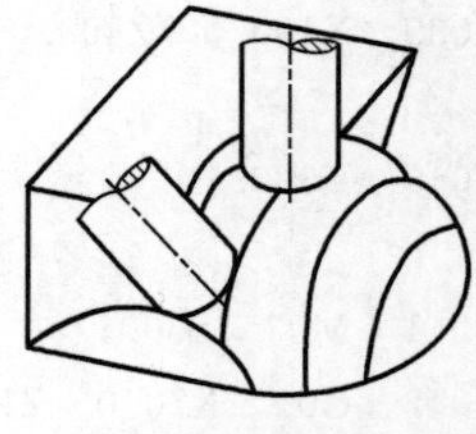

(b) 多坐标联动

图 2-37　三坐标或多坐标联动行切法加工

3. 夹具和刀具

数控铣床的夹具可根据被加工零件的批量来选择。对单件、小批量、工件尺寸较大的模具加工来说，一般可将工件直接安装在机床工作台台面上，通过调整法实现定位与夹紧。数控铣床采用的刀具要根据被加工零件的材质、尺寸、形状、表面质量要求、热处理状态、切削性能及加工余量等因素综合考虑，尽可能选择刚性好、耐用度高的高速切削刀具。

2.6.2 数控铣床编程基础

1. 数控铣床的主要功能

各类数控铣床所配置的数控系统，除一些特殊功能不相同外，其主要功能基本相同。

(1)点位控制功能

点位控制功能可使刀具准确快速定位，实现对位置精度要求很高的孔系加工。

(2)连续轮廓控制功能

连续轮廓控制功能可以实现直线插补、圆弧插补及非圆曲线的加工。

(3)刀具半径补偿功能

刀具半径补偿功能可以不必考虑所用刀具的实际尺寸，仅仅根据零件图纸上标注的工件轮廓尺寸来编程，从而减少了编程时复杂数值计算的工作量。

(4)刀具长度补偿功能

刀具长度补偿功能可以自动补偿刀具的长短，以适应加工时对刀具长度尺寸自动调整的要求。

(5)比例及镜像加工功能

比例加工功能是指可将编好的加工程序按指定的比例，由机床数控系统自动改变坐标值之后执行。镜像加工功能又称为轴对称加工功能，是指当零件形状关于某坐标轴对称时，只需要编制某一个或两个象限的程序，然后通过镜像加工功能实现其余象限内的轮廓加工。

(6)旋转功能

旋转功能可将编好的加工程序在加工平面内旋转任意角度之后执行。

2. 数控铣床编程常用指令

(1)绝对编程和相对编程指令——G90、G91

在编程时如果程序指定了G90，则后续坐标都采用绝对坐标值方式进行编程；如果指定了G91，则都采用相对坐标值方式编程。G90、G91都是模态指令。一般开机状态默认为G90方式。

(2)工件坐标系设定指令——G92

G92指令的功能，是将工件坐标系原点设定在相对于刀具起始点位置(当前位置)的空间某一点上。其程序段格式为

G92 X__ Y__ Z__ ;

X、Y、Z后面的数字为刀具在工件坐标系中的坐标值。例如

G92 X20 Y10 Z10 ;

如图2-38所示，该指令设定的工件坐标系原点位于距离刀具当前位置点 $X=-20$，$Y=-10$，$Z=-10$ 的位置上。

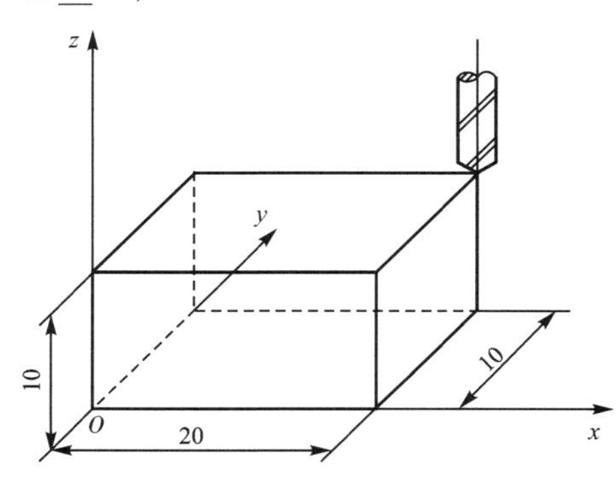

图2-38 G92设定工件坐标系

除了可以用G92指令设定工件坐标系外，在铣削加工编程中还可采用另一组坐标系设定指令，即G54～G59设定工件坐标系。如图2-39所示，G53为机床坐标系，它是数控机床制造厂

设定的固有的坐标系，一般此坐标系是不允许变动的；操作者在采用 G54～G59 指令进行实际加工之前，应测量各工件坐标系原点相对于 G53 机床坐标系原点的偏置值，MDI 手动输入机床数控系统，设定工件坐标系。

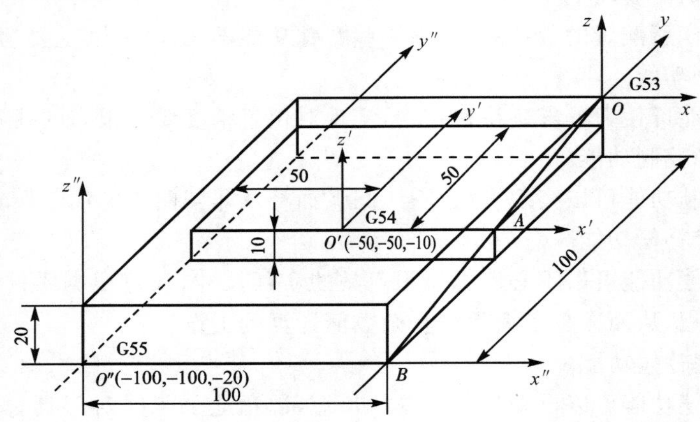

图 2-39 相对于 G53 采用 G54、G55 设定工件坐标系

相对于 G53 机床坐标系的原点 O，对于每一个原点偏置值，可分别对应 G54、G55、G56、G57、G58、G59 指令，一共可以设定 6 个工件坐标系。有些数控系统还可以设定更多的工件坐标系，供编程人员选用。

(3)刀具快速点定位与插补指令——G00、G01、G02、G03

(4)刀具半径补偿建立与取消指令——G41、G42、G40

(5)刀具长度补偿建立与取消指令——G43、G44、G49

(6)比例缩放/取消指令——G51、G50

有些数控铣床的控制系统可以对被加工零件进行按比例加工，从而简化程序。这一功能常用于形状相似的零件。其程序段格式为

G51 X__ Y__ Z__ P__ ；

式中，X、Y、Z 为比例中心的绝对坐标值，P 为缩放系数，范围为 0.001～999.999。执行该指令后，后续程序段中的所有坐标值，均相对于比例中心缩放了 P 倍。

(7)子程序调用功能

为了简化编程，当工件上有相同的重复加工内容时，常采用子程序调用的方法进行编程。调用子程序的程序叫作主程序。子程序的编号与一般程序基本相同，只是程序结束字为 M99，表示子程序结束，并返回调用子程序的主程序。调用子程序的程序段格式为

M98 P<u>××××</u> <u>××××</u> ；

式中，M98 表示调用子程序，P 表示具体的调用情况。P 后共有 8 位数字，后 4 位数字表示所调用的子程序号，前 4 位数字表示调用子程序的次数。前 4 位数字可以省略，省略时表示子程序只调用一次。

3. 铣削编程实例(FANUC 系统)

【例 2-3】 在数控铣床上加工如图 2-40 所示零件的环形槽，毛坯为 70 mm×70 mm×16 mm 板材，工件材质为 45 钢，六个面已经过粗加工，要求编制数控铣削精加工程序。

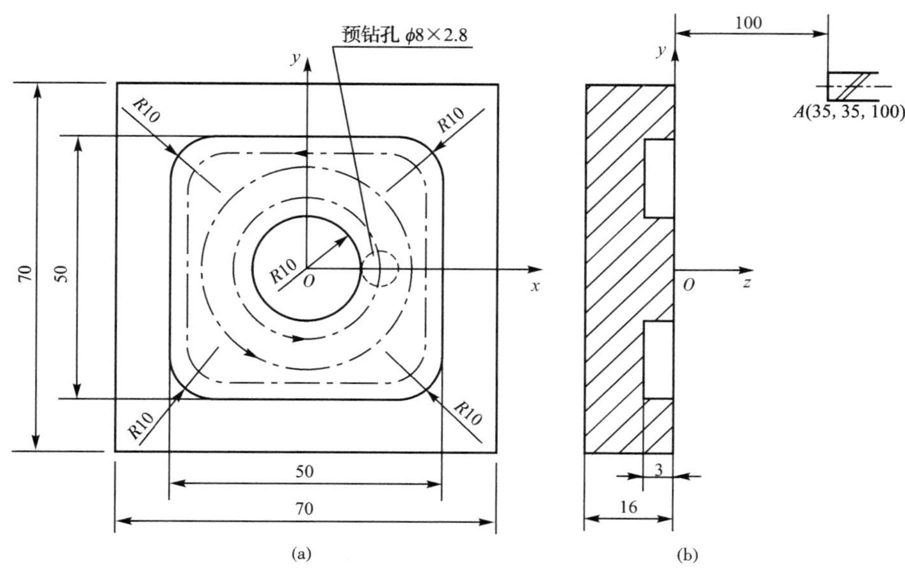

图 2-40 铣削加工零件示例

(1)工艺分析

工件以已加工过的底面为定位基准,以机用台虎钳夹紧两侧面固定于铣床工作台上。加工时先完成两个圆轨迹,再加工 50 mm×50 mm 带有圆角的正方形凹槽,切削深度为 3.0 mm。工件坐标系原点设在工件表面的中心点处。采用直径为 8 mm 的平底指状立铣刀,主轴转速为 600 r/min,进给速度为 80 mm/min。

(2)该零件的数控铣削加工程序为

```
%
O1000                                        程序号
N010  G90  G92  X35.0  Y35.0  Z100.0;        工件坐标系设定(刀具位于 A 点)
N020  S600  M03;                             主轴正转,600 r/min
N030  G00  X14.0  Y0  Z1.0  M08;             快速点定位,下刀接近工件,开冷却液
N040  G01  Z-3.0  F80;                       加工进到槽深 3 mm,进给速度为 80 mm/min
N050  G03  X14.0  Y0  I-14.0  J0;            加工圆轨迹 ϕ36 mm
N060  G01  X20.0;
N070  G03  X20.0  Y0  I-20.0  J0;            加工圆轨迹 ϕ48 mm
N080  G41  G01  X25.0  Y0  D01;              加工槽的外轮廓,建立刀具半径补偿
N090  Y15.0;                                 以下均为加工槽的外轮廓程序
N100  G03  X15.0  Y25.0  I-10.0  J0;
N110  G01  X-15.0;
N120  G03  X-25.0  Y15.0  I0  J-10.0;
N130  G01  Y-15.0;
N140  G03  X-15.0  Y-25.0  I10.0  J0;
N150  G01  X15.0;
N160  G03  X25.0  Y-15.0  I0  J10.0;
N170  G01  Y0;
N180  G00  Z100.0;                           提刀
```

```
N190  G40  X35.0  Y35.0;          取消刀补,返回 A 点
N200  M30;                        机床停止并复位,程序结束(返回程序开头)
```

2.7 加工中心的程序编制

加工中心(Machining Center)简称 MC,它将铣、镗、钻、攻螺纹等多项功能集中在一台数控机床上,一次装夹可完成多面、多部位、多工序自动加工,是适用于高精度大型复杂零件加工的高效率、高度自动化数控机床。加工中心所配置的数控系统各有不同,各种数控系统的编程格式也有一定的区别,但是编制程序的方法和过程是基本相同的。以下以配置 FANUC 系统的加工中心为例展开讨论。

2.7.1 加工中心编程基础

1. 加工中心的分类

加工中心从外观上可分为立式、卧式、龙门式和复合加工中心。立式加工中心的主轴铅垂放置,垂直于水平工作台,主要适用于加工板材类、壳体类工件,也可用于加工模具等。卧式加工中心的主轴水平放置,它的工作台大多配有由伺服电动机驱动的数控回转台,借助于数控回转台可实现工件一次装夹多面切削,特别适合于箱体类工件的加工。龙门式加工中心具有龙门式结构,主轴大多铅垂放置,除自动换刀装置外还有可更换的主轴头附件,能够一机多用,适合于大型复杂零件加工。复合加工中心又称五面体加工中心,是指在一台加工中心上有立、卧两个主轴,或者有一个可绕水平轴做 90°俯仰摆动的主轴头,因而在工件一次装夹条件下可完成除安装面之外其余五个面的全部加工。

2. 加工中心的特点

加工中心带有刀库和自动换刀装置,能自动识别和更换刀具,可在一次装夹中连续完成铣、钻、扩、铰、镗、攻螺纹等加工,工序高度集中。加工中心还带有可自动摆角主轴,可以在工件一次装夹后,完成多个平面和多个角度位置的加工,获得较高的定位精度和加工精度。许多加工中心还带有可交换自动工作台,当一个工作台上的工件正在加工时,另一个工作台可以实现工件的装夹,从而使辅助时间与机动时间重合,大大提高数控机床的开机率。加工中心能实现三轴或多轴联动控制,能够完成高难度复杂曲面的加工;加工中心除具有直线插补和圆弧插补功能外,还具有多种加工固定循环指令、刀具半径自动补偿功能、刀具长度自动补偿功能以及加工过程的图形显示、人机对话、故障自动诊断等功能。

3. 最适合加工的对象

加工中心最适合加工形状复杂、工序繁多、精度要求较高、普通机床需要多次装夹和调整才能完成加工的零件。其主要加工对象有以下五类:

(1)箱体类零件,如汽车发动机缸体、变速箱体、柴油机缸体、机床床头箱、主轴箱、齿轮泵壳体等。

(2)复杂曲面类零件,如叶轮、螺旋桨、型腔模具、覆盖件模具等。

(3)异形件,如形状不规则的试制零件、特殊模具等。

(4)盘套板类零件,如带法兰的轴套、带键槽或方头的转轴、各种电机端盖等。

(5)有特殊加工要求的零件,如金属表面刻字、刻线、刻图案以及需要在加工中心上加装

高频电火花装置、高速磨头装置等才能完成的特殊零件。

4. 加工中心数控编程特点

(1)加工中心可以实现多工序加工,因此可根据零件特征及加工内容设定多个工件坐标系。在编程时通过合理选用相应的坐标系,可以达到简化编程的效果。

(2)当零件加工工序较多时,为了便于程序调试,主程序中一般只安排换刀程序及子程序的调用,而将各工序具体加工内容分别安排到不同的子程序中。这种安排方式便于按工序内容编写独立的加工程序,也便于程序调试时对加工顺序进行调整。

(3)多数加工中心都规定了固定的换刀点位置,各运动部件只有移动到该位置,才能开始换刀动作。因此,编制自动换刀程序时要留出足够的换刀空间,以避免换刀时刀具与零件或机床发生碰撞事故。

(4)不同的加工中心,其换刀过程是不完全一样的,通常选刀和换刀可分开进行。在编写加工中心程序时,选刀动作可以与机床的机动加工时间重合,即可利用切削加工的时间进行选刀;选刀后,再利用 M06 指令让各运动部件快速移动到换刀点执行换刀动作;换刀完毕后方可执行下一程序段的加工内容。选刀和换刀程序段的格式为

N010　T02;　　　选 02 号刀

N020　M06;　　　主轴动作换 02 号刀

(5)对于位置精度要求较高的孔系加工,要特别注意各孔的加工顺序与加工路线的安排。为了减少热变形和切削力变形对工件精度的不良影响,加工时应掌握先粗后精、先面后孔等工艺原则。

(6)注意检查零件图纸表达的准确性和完整性,尺寸标注应尽量采用统一的设计基准,尽可能化为双向公差,以便简化编程和保证零件的加工精度。

2.7.2 加工中心的固定循环指令

为了提高加工中心编程的效率,FANUC 系统设计了多种固定循环功能,将典型孔加工常用的固定、连续动作用一条 G 指令来表达,这就是孔加工点位固定循环指令。

1. 孔加工点位固定循环指令概述

孔加工点位固定循环指令能完成的工作有钻孔、钻深孔、锪孔、攻螺纹、镗孔等。如图 2-41 所示,这些固定循环通常包括下列 6 个基本动作:

(1)主轴在 xOy 平面内准确定位于某一点(x,y)。

(2)主轴快速下移到 R 平面(R 平面是主轴快速下移与工作进给的转换位置平面)。

(3)实现孔的切削加工。

(4)完成孔底动作(包括暂停、主轴反转等)。

(5)主轴向上返回到 R 平面。

(6)主轴向上快速返回到起始点。

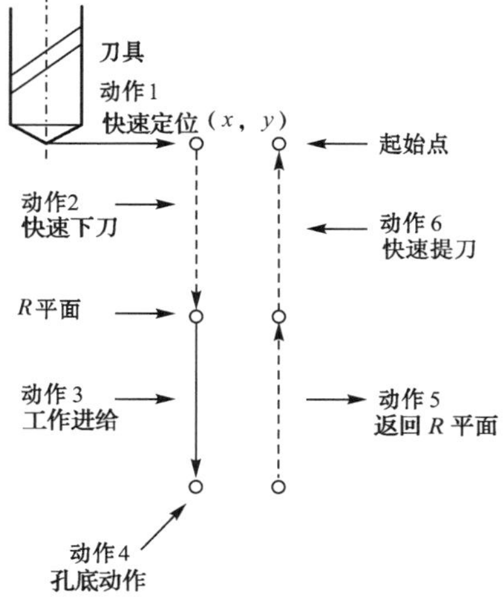

图 2-41　孔加工点位固定循环的 6 个基本动作

孔加工点位固定循环的程序段格式为

G90/G91　G98/G99　G73～G89　X__　Y__　Z__　R__　Q__　P__　F__　L__;

式中 G90/G91——绝对坐标编程或增量坐标编程；

G98/G99——完成加工之后返回到起始平面或返回到 R 平面；

G73～G89——各种不同的孔加工方式，如钻孔、分级进给钻深孔、镗孔等；

X，Y——被加工孔的位置坐标；

Z——被加工孔的孔底坐标(孔的深度)；

R——快速进给终点平面的坐标，增量方式时为起始点到 R 平面的距离；绝对方式时为 R 平面的绝对坐标值；

Q——钻深孔时每次的进给深度/G76 时刀尖的偏移量；

P——孔底暂停的时间；

F——切削进给速度；

L——循环次数。

固定循环指令通常由 G80 或 a 组续效性 G 代码撤销。

2. 高速钻削深孔循环指令——G73

G73 指令用于高速钻削深孔，在钻削时采取间断进给的固定循环方式，钻进一小段后，稍做回退再钻进，如此反复进行，有助于断屑，避免钻头被切屑卡阻折断，适用于塑性材料钢件或铝件的深孔加工。如图 2-42 所示为高速钻深孔加工的过程，其中：Q 为每次钻削的一小段的深度，在编程时指定；d 为断屑回退量，由机床数控系统的系统参数设定。

高速钻深孔固定循环的程序段格式为

G98/G99 G73 X__ Y__ Z__ R__ Q__ F__；

式中：G98 表示钻孔达总深度之后，钻头退回到起始平面位置，如图 2-42(a)所示；G99 表示钻孔达总深度之后，钻头仅返回到 R 平面位置，如图 2-42(b)所示。

【例 2-4】 某工件的外形如图 2-43 所示，工件材质为 45 钢，工件厚度为 60 mm，需要钻 5 个 ϕ8 mm 的通孔，用加工中心进行加工，试编制数控加工程序。

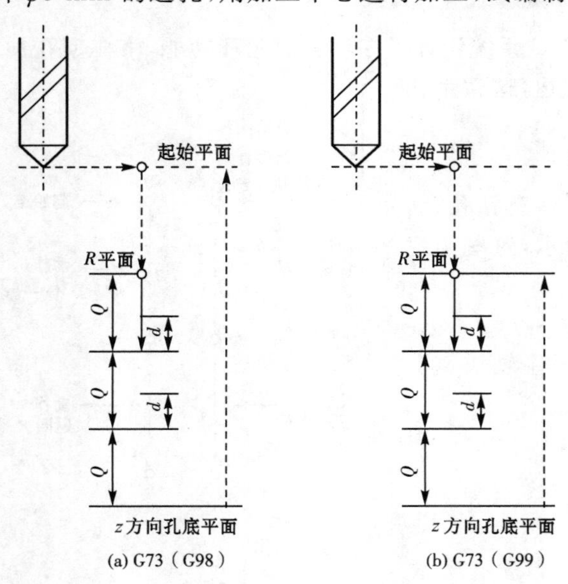

图 2-42 高速钻深孔加工的过程

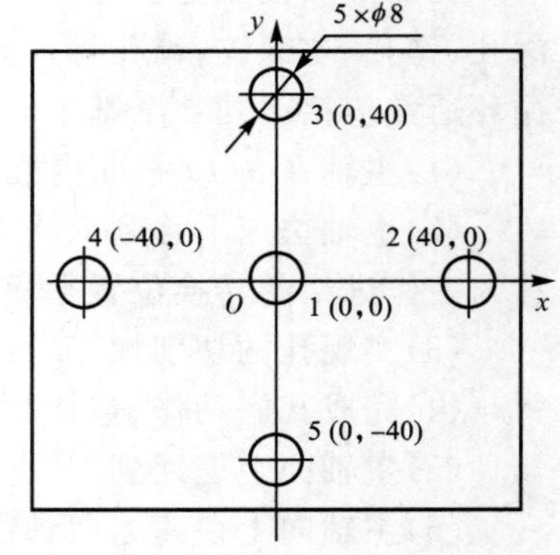

图 2-43 高速钻深孔循环示例

显然，这属于钢件钻深孔加工问题，我们采用 G73 固定循环指令进行编程。

```
%
O0016                                                   程序号
N010  G54  G90  G00  Z60.0;                             选择坐标系,钻头快移到z方向起始点
N020  M03  S600;                                        主轴正转,600 r/min
N030  G98  G73  X0  Y0  Z-65.0  R5.0  Q5.0  F50;        选择高速钻深孔方式,钻通1号孔
N040  X40.0  ;                                          钻通2号孔
N050  X0  Y40.0;                                        钻通3号孔
N060  X-40.0  Y0;                                       钻通4号孔
N070  X0  Y-40.0;                                       钻通5号孔
N080  G00  Z60.0;                                       返回z方向起始点
N090  M05;                                              主轴停止
N100  M30;                                              程序结束(返回开头)
```

3. 攻螺纹固定循环指令——G74、G84

G74 用于左旋螺纹加工,动作过程为:开始切削螺纹时主轴反转,向下进给;攻完螺纹后进给暂停,主轴停止;然后主轴正转,向上退刀返回到 R 平面;主轴停止,快速回退到起始平面。程序段格式为

G74　X＿　Y＿　Z＿　R＿　P＿　F＿　;

G84 用于右旋螺纹加工,动作过程为:主轴正转进刀,反转退刀,正好与 G74 指令中的主轴旋向相反,其他运动均与 G74 指令相同。程序段格式为

G84　X＿　Y＿　Z＿　R＿　P＿　F＿　;

在上述指令 G74、G84 中,F 指定螺纹的导程。攻螺纹时值得注意的是,在切削螺纹期间修调速率无效,直到攻螺纹固定循环结束。

4. 主轴定向停止精镗孔加工固定循环指令——G76

G76 用于精镗孔加工,镗削至孔底时,主轴定向准确停止,刀尖偏移离开被加工表面,然后退刀。这一组动作可确保退刀时刀具不损伤已加工表面。程序段格式为

G98/G99　G76　X＿　Y＿　Z＿　R＿　Q＿　P＿　F＿　;

式中,Q 指定刀尖的偏移量,一般为正数,移动方向由机床参数设定。此指令的加工过程包括以下步骤:

(1)在 xOy 平面内快速定位。

(2)沿 z 方向快速移动到 R 平面。

(3)向下以给定的进给速度精镗孔。

(4)在孔底,主轴定向准确停止。

(5)刀具横向偏移离开被加工表面。

(6)刀具从孔内快速退刀。

如图 2-44 所示为 G76 主轴定向停止精镗孔固定循环指令的工作示意图。

5. 钻孔固定循环指令——G81、G82、G83

G81 固定循环指令通常用于钻削通孔,或者用于中心钻定位孔。使用 G81 指令时,刀具快速移动到 R 平面,从 R 平面开始以工进速度进给。钻孔到达所需深度后,主轴继续旋转,在孔底处不停留,立即快速退回至起始平面(G98 方式下)或快速回退到 R 平面(G99 方式下)。G81 程序段格式为

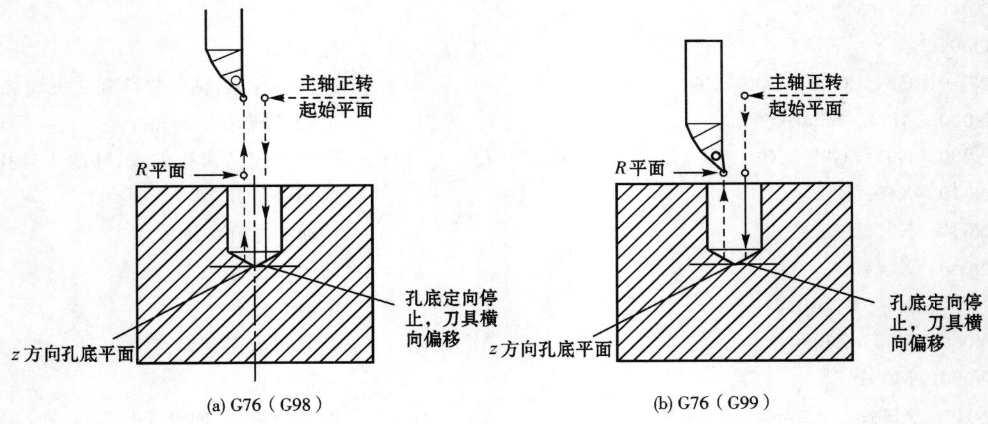

图 2-44 G76 精镗孔固定循环指令的工作过程

G98/G99 G81 X__ Y__ Z__ R__ F__ ;

G82 是带孔底停留功能的钻孔固定循环，一般用于孔底要求平整、孔深要求准确的不通孔钻削。与 G81 的不同之处是钻孔到达孔底后主轴继续旋转但进给暂停，经过停留时间 P(s)之后钻头快速退回至起始平面(G98 方式下)或快速退回到 R 平面(G99 方式下)。该指令适用于盲孔、沉孔、螺纹底孔等加工。G82 程序段格式为

G98/G99 G82 X__ Y__ Z__ R__ P__ F__ ;

G83 是分级进给钻深孔固定循环指令，该指令采用了最可靠的断屑和排屑措施，使钻头得到了有效保护，特别适合于深长孔及脆性材料铸铁件深孔的钻孔加工。G83 与 G73 指令的区别是：使用 G83 指令时，每次钻头钻进 Q 深度后都退回到 R 平面，以确保切屑完全被排出到孔外，然后再进行第二次进给，这样做更有利于钻深孔时的断屑和排屑。如图 2-45 所示，第二次进给时为了防止发生碰撞，钻头快进至前一孔底端面 d 处，即转换为工进，如此反复循环，直至钻达全部孔深。G83 程序段格式为

G98/G99 G83 X__ Y__ Z__ R__ Q__ F__ ;

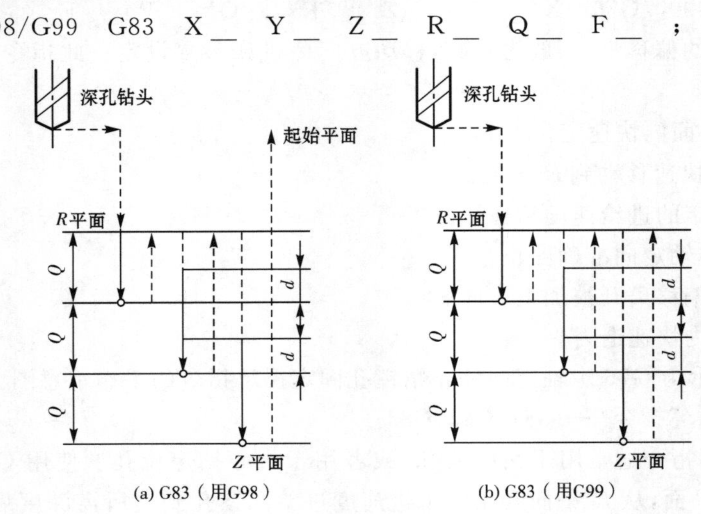

图 2-45 分级进给钻深孔循环指令 G83

用 G98 表示加工完成后，钻头快速退回到起始平面；用 G99 表示加工完成后，钻头先退

回到 R 平面，再快速退回到起始平面。Q 为每次进给量(单次钻进深度)；d 为系统参数设定的安全距离。

6. 镗孔固定循环指令——G86

G86 镗孔固定循环规定：镗孔达到所要求的深度后，主轴停止旋转(M05)，然后沿轴向快速退刀；退刀完成后按原来的旋向再次自动开启主轴。与 G81 指令相比较，除主轴停止旋转及再次自动开启之外，其余动作都相同。G86 程序段格式为

G86 X__ Y__ Z__ R__ F__ ;

2.7.3 应用示例

【例 2-5】 使用加工中心机床，加工如图 2-46 所示端盖零件上的各孔，试编制数控加工程序。

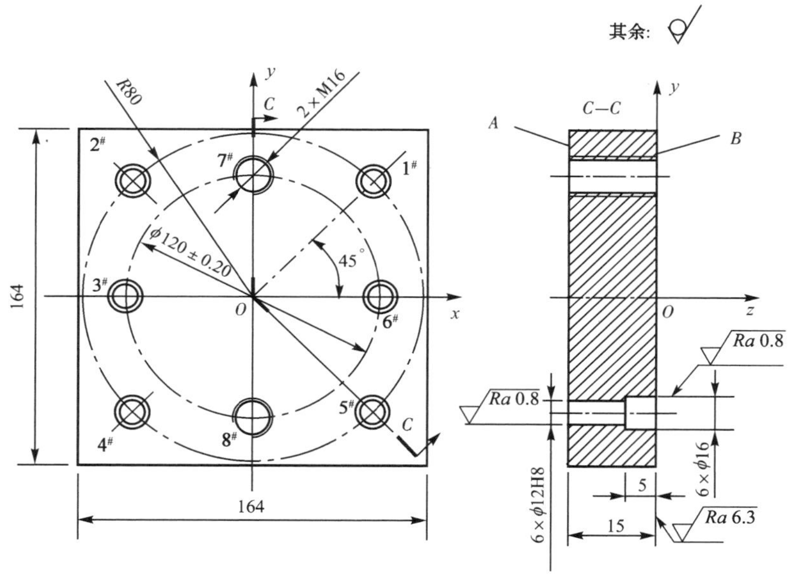

图 2-46 端盖零件图

(1)工艺分析

根据图纸要求，该零件有多个通孔、沉孔、螺纹孔需要加工，可选择 A 面为定位基准面，用虎钳装夹，用两块平行垫铁将工件垫起高出钳口约 2 mm，以便一次装夹完成所有孔的加工。工件的 x 方向和 y 方向原点选在工件中心，z 方向原点选在工件上表面，快速进给切换点(R 点)选在工件表面上方 2 mm 处，对刀点选在 z 方向原点上方 400 mm 处。

加工中需要用到的刀具为：ϕ3 mm 中心钻(T01)、ϕ10 mm 麻花钻头(T02)、ϕ11.85 mm 扩孔钻(T03)、ϕ12H8 铰刀(T04)、ϕ16 mm 锪孔钻(T05)、ϕ14 mm 麻花钻头(T06)、M16 机用丝锥(T07)。刀具长度补偿号分别为 H01、H02……H06 和 H07。

该零件的加工路线如下：钻/扩/铰 6×ϕ12H8 通孔和钻/锪同轴沉孔→钻 2×M16 螺纹底孔→攻 2×M16 螺纹孔。

(2)加工程序

```
%
O1600                                         程序号
N010  G90  G92  X0  Y0  Z400.0;               工件坐标系设定
N020  T01  M06;                               换01号刀(中心钻)
N030  G00  X60.0  Y0;                         6#孔快速定位
N040  G43  Z4.0  H01  S1000  M03;             刀具长度补偿,开主轴,正转,1 000 r/min,下刀
N050  G98  G81  Z-5.0  R2.0  F50;             固定循环,钻中心孔
N060  M98  P0005;                             调用子程序,钻1#~5#中心孔
N070  G00  G49  Z350.0  M05;                  取消刀具长度补偿,主轴停转,提刀
N080  T02  M06;                               换02号刀(麻花钻头φ10 mm)
N090  X60.0  Y0;                              6#孔快速定位
N100  G43  Z4.0  H02  S600  M03;              刀具长度补偿,开主轴,正转,600 r/min,下刀
N110  G98  G81  Z-18.0  R2.0  F75;            钻φ10 mm孔固定循环
N120  M98  P0005;                             调用子程序,粗钻1#~5#φ10 mm孔
N130  G00  G49  Z350.0  M05;                  取消刀具长度补偿,主轴停转,提刀
N140  T03  M06;                               换03号刀(扩孔钻φ11.85 mm)
N150  X60.0  Y0;                              6#孔快速定位
N160  G43  Z4.0  H03  S300  M03;              刀具长度补偿,开主轴,正转,300 r/min,下刀
N170  G98  G81  Z-19.0  R2.0  F45;            扩φ11.85 mm孔固定循环
N180  M98  P0005;                             调用子程序,扩1#~5#φ11.85 mm孔
N190  G00  G49  Z350.0  M05;                  取消刀具补偿,主轴停转,提刀
N200  T04  M06;                               换04号刀(铰刀φ12H8)
N210  X60.0  Y0;                              6#孔快速定位
N220  G43  Z4.0  H04  S50  M03  M08;          刀具长度补偿,开主轴,开冷却液,下刀
N230  G98  G81  Z-17.0  R2.0  F45;            铰φ12H8孔固定循环
N240  M98  P0005;                             调用子程序,铰1#~5#φ12H8孔
N250  G00  G49  Z350.0  M05  M09;             取消刀具长度补偿,主轴停转,关冷却液,提刀
N260  T05  M06;                               换05号刀(锪孔钻φ16 mm)
N270  X60.0  Y0;                              6#孔快速定位
N280  G43  Z4.0  H05  S500  M03;              刀具长度补偿,开主轴,正转,500 r/min,下刀
N290  G98  G82  Z-5.0  R2.0  P2500  F45;      锪φ16 mm沉孔固定循环
N300  M98  P0005;                             调用子程序,锪1#~5#φ16 mm沉孔
N310  G00  G49  Z350.0  M05;                  取消刀具长度补偿,主轴停转,提刀
N320  T06  M06;                               换06号刀(麻花钻头φ14 mm)
N330  X0  Y60.0;                              7#孔快速定位
N340  G43  Z4.0  H06  S500  M03;              刀具长度补偿,开主轴,正转,500 r/min,下刀
N350  G99  G81  Z-20.0  R2.0  F40;            钻φ14 mm孔固定循环,7#孔位
N360  X0  Y-60.0;                             钻φ14 mm孔固定循环,8#孔位
N370  G00  G49  Z350.0  M05;                  取消刀具长度补偿,主轴停转,提刀
N380  T07  M06;                               换07号刀(机用丝锥M16)
N390  X0  Y60.0;                              7#孔快速定位
N400  G43  Z10.0  H07  S50  M03  M08;         刀具长度补偿,主轴慢速正转,开冷却液,下刀
```

N410 G99 G84 Z−20.0 R8.0 F2;	攻螺纹固定循环，7# 孔位
N420 X0 Y−60.0;	攻螺纹固定循环，8# 孔位
N430 G00 G49 Z350.0 M05 M09;	取消刀具长度补偿，主轴停转，关冷却液，提刀
N440 G91 G28 Z0;	z 方向返回参考点
N450 G28 X0 Y0;	x、y 方向返回参考点
N460 M30;	机床停止并复位，程序结束(返回开头)
P0005	子程序号
N10 X56.57 Y56.57;	1# 孔位
N20 X−56.57;	2# 孔位
N30 X−60.0 Y0;	3# 孔位
N40 X−56.57 Y−56.57;	4# 孔位
N50 X56.57;	5# 孔位
N60 M99;	返回主程序

2.8 程序编制中的数学处理

程序编制中数学处理的任务，主要是根据被加工零件的轮廓特征和加工精度要求，进行基点坐标和节点坐标的计算。当采用自动编程时，因自动编程软件中已有各种数学模型与算法，故无须人工计算；当采用手工编程时，除不太复杂的基点计算及较简单的节点计算外，其余都必须借助计算机进行辅助计算。

2.8.1 直线与圆弧平面轮廓的基点计算

基点是指被加工零件轮廓上简单几何要素(直线、圆弧等)的交点或切点。基点坐标的计算比较简单，用普通数学中的几何、三角函数、联立方程等方法不难求解。

2.8.2 非圆曲线的节点计算

生产中经常会遇到阿基米德螺线、抛物线、椭圆、双曲线等由非圆曲线轮廓构成的零件，由于大多数数控机床的数控系统只具有直线插补与圆弧插补的功能，无法使用基本指令直接编程，故常用多条微小的直线段或圆弧段去逼近非圆曲线。非圆曲线与逼近线段的交点称为节点。在进行非圆曲线轮廓编程时，通常按节点划分程序段。逼近线段的近似区间愈大，则误差 δ 愈大，节点数愈少，相应地程序段也就愈少。但逼近线段的逼近误差 δ 不得大于加工方法所允许的最大逼近误差 $\delta_{允}$。一般情况下，$\delta_{允}$ 取被加工零件公差的 1/10～1/5。

以下简介常用的直线逼近与圆弧逼近的数学处理方法。

1. 等间距直线逼近的节点计算

等间距直线逼近如图 2-47 所示。已知方程 $y=f(x)$，根据给定的间距 Δx 可取一系列 x_i，将 x_i 代入 $y=f(x)$ 即可求得对应的 y_i。这一系列 (x_i, y_i) 即各逼近线段的端点坐标。根据这一系列 (x_i, y_i) 即可编制直线逼近轮廓的数控加工程序。这是最简单的一种节点计算方法。

等间距直线逼近时 Δx 的取值大小与曲线上任意点的切线斜率和所允许的最大逼近误

差 $\delta_{允}$ 有关，通常先取 $\Delta x=0.1$ mm 试算并校验，一般要求 $\delta \leqslant \delta_{允}$。

虽然等间距直线逼近的节点计算法比较简单，但由于 Δx 为定值，所以当曲线的切线斜率变化较大且 $\delta_{允}$ 较小时，所编制的程序段的数量就会过多过繁。

2. 等步长直线逼近的节点计算

等步长直线逼近如图 2-48 所示，它是使所有逼近线段的长度相等，即 $ab=bc=cd=de=$……由于曲线各处的曲率不等，所以用相等步长截取节点后，最大误差 δ_{max} 必然出现在轮廓曲线的曲率半径最小处（图 2-48 中的 de 段）。当曲线各处的曲率半径相差较大时，等步长直线逼近法所求得的节点数就会过多，所以该方法适用于曲率半径变化不大的非圆曲线的节点计算。

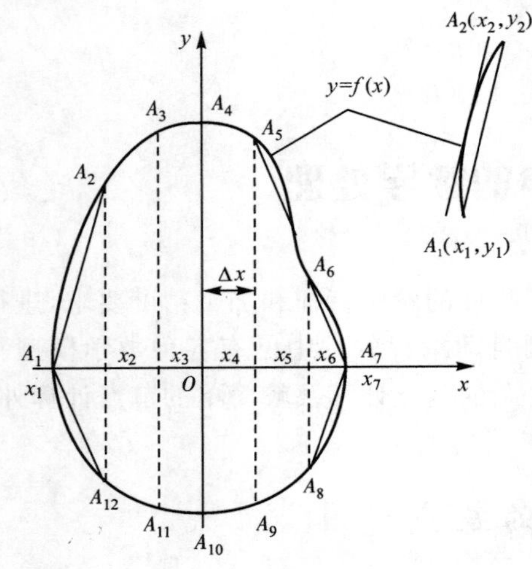

图 2-47 等间距直线逼近

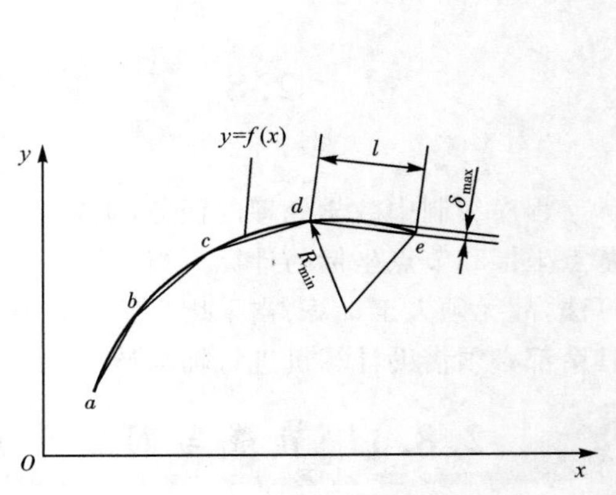

图 2-48 等步长直线逼近

3. 等误差直线逼近的节点计算

等误差直线逼近的节点计算方法可以使所有逼近线段的逼近误差都相等，且等于预先确定的数值，该方法如图 2-49 所示。

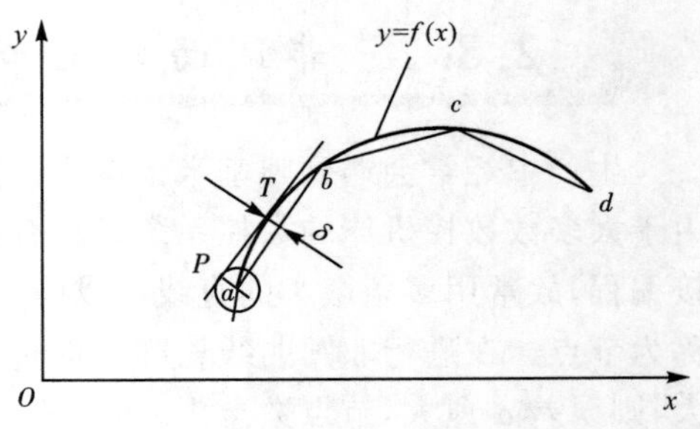

图 2-49 等误差直线逼近

(1)根据零件的加工图纸要求，确定直线逼近时的逼近误差 δ。

(2)以轮廓曲线的起点 a 为圆心，δ 为半径画小圆。

(3)作小圆和轮廓曲线的外公切线 PT。

(4)作线段 $ab /\!/ PT$，与轮廓曲线相交于 b，b 即所求的节点。

(5)以 b 为圆心，δ 为半径画小圆，重复步骤(2)～(4)，即可求得所需要的一系列节点 c、d……

对于曲率变化较大的轮廓曲线，采用等误差直线逼近的节点计算方法所求得的节点数最少，但计算的过程比较烦琐。

4. 圆弧逼近的节点计算

以圆弧线段逼近非圆曲线也可以求得非圆曲线的节点，具体方法有许多种。例如：三点圆法是通过三个已知节点求圆，并编制一个圆弧程序段；相切圆法是通过四个已知节点分别作两个相切的圆，并编制两个圆弧程序段。这两种方法都需要先用直线逼近方法求出各节点，再求出各圆，计算比较烦琐。此外还有曲率圆法，这是一种等误差的圆弧逼近方法。在非圆曲线的直线逼近和圆弧逼近中，由于直线逼近的节点计算方法比较简便，故较多采用。

2.8.3 列表曲线的拟合方法

列表曲线是指所加工的零件轮廓在图纸上没有给出曲线方程，只是以表格形式给出了曲线上有限个特征点的坐标值，这些特征点（列表点）称为“型值点”，这样的曲线称为“列表曲线”。飞机的机翼、机头罩、发动机的叶片、各种模具及样板等，都是实际生产（特别是航空工业生产）中常见的列表曲线轮廓零件。

对列表曲线轮廓零件进行数控编程时，如果型值点密集到不至于影响所加工曲线精度的程度，则可以在相邻列表点之间用直线段或圆弧段连接，直接进行编程；如果给出的型值点比较稀疏，则需要对列表曲线进行处理，增加新的节点，这项工作称为列表曲线的拟合。

列表曲线拟合的一般方法是二次逼近法：根据已知型值点拟合出插值方程（常称第一次拟合或第一次逼近），再根据插值方程用直线段或圆弧段求得新的节点及其坐标数据（常称第二次拟合或第二次逼近），其逼近计算与处理非圆曲线节点计算的方法基本相同。

插值方程应能满足以下要求：应通过各型值点，并与列表曲线的凸凹性一致；应尽可能简单，最多是三次方程；为使相邻曲线段光滑连接，在连接点处应有一阶导数连续和二阶导数连续。此外，为便于曲线的拟合，需要对给出的列表点进行“光顺”处理，即找出误差比较大的“坏点”，并予以修正。

列表曲线的拟合方法，早期有牛顿插值法、拉格朗日插值法等，后来又发展了不少新的拟合方法。目前在生产中常用的有三次样条法、三次参数样条法、双圆弧样条法、圆弧样条法数学方法。

1. 牛顿插值法

一般用相邻两个列表点建立二次方程拟合。此方法计算简单，但曲线段连接处的一阶导数不连续，仅用于列表曲线本身比较平滑的场合。

2. 三次参数样条法

所谓样条，是指用压铁对一根弹性细梁加力，使梁通过给定的型值点而模拟出具有力学特性的曲线。在两个支点间的样条函数是一个以二阶导数为系数的三次样条函数，且其一阶导数和二阶导数都是连续的。将分段的三次样条曲线递推到整个型值点范围，便可拟合出整条三次样条曲线。有了样条函数，即可用直线逼近或圆弧逼近的方法计算出各节点的坐标值。

三次样条具有一阶导数连续和二阶导数连续的特点，是一种较好的拟合方法。但由于三次样条函数是建立在小挠度梁曲线基础上的，所以在处理大挠度曲线时会产生较大的误差，甚至会出现多余的拐点；另外其所拟合的曲线随坐标的变化而变化，不具有几何不变性。改善这些缺陷的一种有效方法是采用三次参数样条法。

三次参数样条也是分段的三次多项式，且一阶导数连续、二阶导数连续，整体光滑，只是采用参数方程描述。三次参数样条曲线与坐标系的选择无关，具有几何不变性，而且能对大挠度甚至封闭曲线进行拟合，生产中被广泛应用。

3. 双圆弧样条法

所谓双圆弧样条法，是指在每两个型值点间用两段彼此相切的圆弧来拟合一个给定的列表曲线，或对已知的三次样条曲线进行第二次逼近计算。其数学处理简单，节点数少，分段曲率相等，总体上为一阶导数连续光滑，可满足数控加工要求，是一种较好的方法。

4. 圆弧样条法

圆弧样条法是我国发展的一种较简单的拟合方法。该方法是过每一型值点作一段圆弧，使相邻两段圆弧在相邻两型值点连线的中垂线上的某一点处相切，利用所构成的两段连续圆弧即圆弧样条曲线来拟合一个给定的列表曲线。

圆弧样条法的优点是：总体上属于一阶导数连续光滑、分段曲率相等的圆弧；圆弧几何特性不随坐标而变，具有几何不变性，可处理大挠度曲线；采用圆弧一次性逼近列表曲线，节点数少，计算简单。圆弧样条法的不足之处是：由于二阶导数不连续，所以只适用于曲率变化不大，比较平滑的列表曲线的拟合处理。

2.8.4 列表曲面数学处理简介

列表曲面又称自由曲面，通常是指一些比较复杂的异型曲面，如电话机外壳、手机外壳等型腔模具的成形工作表面。在零件图纸上一般不给出曲面的数学方程表达式，只列表给出曲面上某些点的三维坐标值(x_i，y_i，z_i)，以列表数据的方式来描述被加工曲面的轮廓特征。

与列表曲线的数学处理方法相类似，这时要设法找出曲面的方程来近似描述该列表曲面，然后进行节点坐标的计算。

列表曲面常用双参数的参数方程或矢量方程描述：

参数方程　$x=x(u,v)$　$y=y(u,v)$　$z=z(u,v)$

矢量方程　$\boldsymbol{r}=\boldsymbol{r}(\boldsymbol{u},\boldsymbol{v})$

列表曲面的拟合方法，请参阅有关参考资料。

浅谈数控自动编程

2.9 自动编程技术概要

2.9.1 自动编程原理

高效率地编制数控加工程序是推广数控技术的关键，但传统的手工编程方法复杂、烦琐，容易出错，难以检查，不能充分发挥数控加工的优势，更无法胜任复杂形状零件的编程。数控编程自动化是发展现代数控技术的主要趋势。

自动编程也称为计算机辅助自动编程，即程序编制工作的大部分或全部由计算机完成，如进行坐标值计算、编写零件加工程序单等，有时甚至能实现计算机辅助工艺处理(CAPP)。自动编程编出的程序还可通过计算机检验刀具运动轨迹，或通过专用数控加工仿真软件来检查程序的正确性并及时修改，大大减轻了编程人员的劳动强度，极大地提高了编程效率和正确率，同时解决了许多手工编程无法解决的复杂零件的编程难题。工作表面形状越复杂、工艺过程越烦琐的零件，计算机自动编程加工的优势就愈明显。

自动编程是通过计算机数控自动编程系统实现的。数控自动编程系统的一般工作过程如图 2-50 所示。

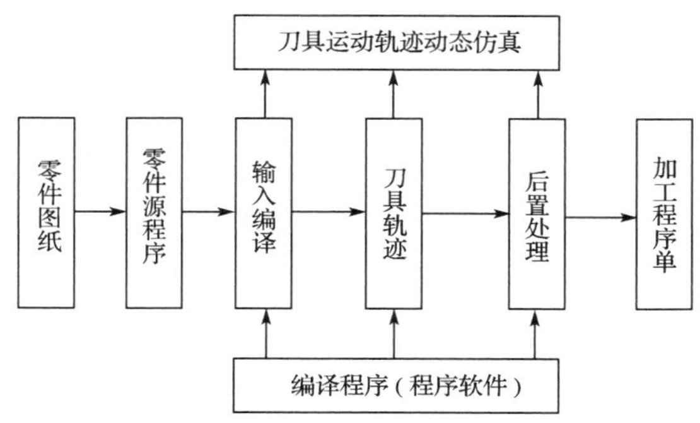

图 2-50 数控自动编程系统的一般工作过程

自动编程的方法和主要类型有多种，例如基于 APT 语言的自动编程、图形交互式自动编程（基于 CAD/CAM 技术的自动编程）、语音式自动编程和实物反求式自动编程等。当前，基于 CAD/CAM 技术的图形交互式自动编程得到越来越广泛的使用，已经成为制造行业当前和未来数控技术发展的重点。

2.9.2 基于 APT 语言的自动编程

1. APT 语言的种类

为了使数控编程人员从烦琐的手工编程工作中解脱出来，人们一直在研究各种自动编程技术，其中以美国的 APT(Automatically Programmed Tools)语言系统为最具代表性、流行最广、影响最深的数控加工自动编程语言系统。

美国 1955 年研制成功的 APT-Ⅰ型系统，只能处理简单的曲线，如直线、圆弧等；1958 年研制成功的 APT-Ⅱ型系统能进行平面曲线轮廓自动编程；1961 年研制成功的 APT-Ⅲ型系统能进行三至五轴空间曲面轮廓的自动编程；1970 年研制成功的 APT-Ⅳ型系统能进行自由曲面轮廓自动编程和完成多种后置处理格式，并可实现联机和图形输入。APT 语言系统经过多次改进，在 20 世纪 70 年代发展成熟，成为当时普遍使用的自动编程系统。APT 语言系统的编程语言词汇较多，定义的几何类型也较全面，后置处理程序有 1 000 多个。但基于 APT 语言的自动编程需要以大型计算机为运行平台，其硬件设备价格昂贵，系统软件庞大，运行成本极高，当时主要在航空、造船等大型行业中获得应用。

20 世纪 60 年代以 APT 语言系统为基础，世界各国都竞相发展了带有本国特色的专业性更强的 APT 衍生语言，如德国的 EXAPT 系统、法国的 IFAPT-P 系统、日本的 FAPT 系统以及我国的 SKC 系统等。这些自动编程语言系统具有不同的特色，更适应零件加工的特点和用户的需求。在使用 APT 语言系统进行自动编程时，编程人员仍然需要从事烦琐的源程序编写工作，但由于使用了计算机代替人的劳动来完成繁重的数值计算任务，并省去了编写程序清单的烦琐工作，所以可将数控编程的效率提高数十倍以上。

2. APT 语言自动编程系统的基本思路

(1)工件不动而刀具移动

APT 语言系统中计算刀具轨迹时,先将工件坐标系固定在适当位置,并且假定工件不动而刀具移动完成数控加工。这样计算出来的刀路轨迹称为 CL 数据(Cutter Location Data),或者称为 CL 文件,它是数控加工时刀位点坐标的一般解。

(2)直线近似

APT 语言系统中假设刀具只能沿直线运动。当所需刀具运动轨迹为曲线时,假设必须采用一系列首尾相连的微直线段逼近曲线,即采用直线近似方式,使近似误差控制在指定的精度范围内。

(3)三个控制面

APT 语言系统中用三个互相垂直正交的假想平面(图 2-51)来确定刀具沿微小直线段移动进行数控加工的运动轨迹,它们是导动面(DS)、零件面(PS)和停止面(CS)。

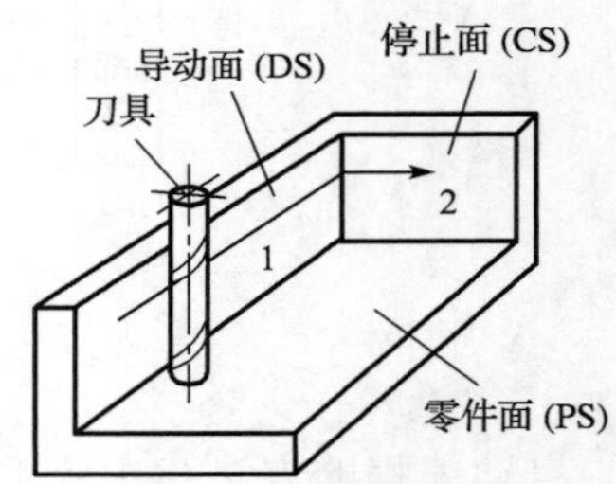

图 2-51 APT 系统的三个控制面

3. APT 语言源程序的组成

APT 语言源程序包括以下三大部分信息:操作信息;零件几何信息;刀具运动信息。

使用 APT 语言编写零件几何信息的源程序示例如图 2-52 所示。

```
P0 = POINT/0,0
P1 = POINT/-3,18
P2 = POINT/10,-5
C1 = CIRCLE/CENTER,P1,RADIUS,8
C2 = CIRCLE/CENTER,P2,P0
L1 = LINE/P1,P2
P3 = POINT/YSMALL,INTOF,L1,C1
L2 = LINE/P3,LEFT,TANTO,C2
```

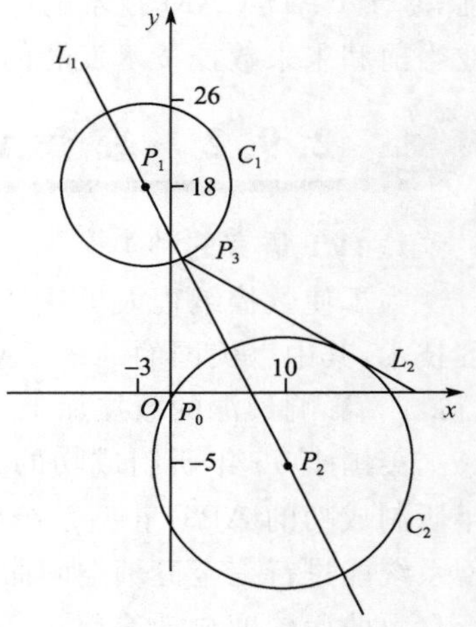

图 2-52 APT 编程示例

该示例中的 POINT(点)、CIRCLE(圆)、RADIUS(半径)、CENTER(圆心)、LINE(线)、YSMALL(Y 小)、INTOF(相交)、LEFT(左)、TANTO(相切)等均为 APT 语言的词。P_0、P_1、P_2 各点均由坐标轴 x、y 定义。圆 C_1 由圆心 P_1 和半径 8 定义。圆 C_2 由圆心 P_2 和圆通过点 P_0 的位置关系定义。直线 L_1 通过点 P_1 和点 P_2。点 P_3 是直线 L_1 和圆 C_1 的两个交点中 y 坐标值偏小的点。直线 L_2 是通过点 P_3,且与圆 C_2 左切(由点 P_3 向圆 C_2 看,直线 L_2 位于圆 C_2 的左侧)的一条切线。

APT 语言源程序中的操作信息,详细说明工件名称、程序编号、所用机床、刀具名称、刀具形状、刀具尺寸、刀具角度、工件的加工精度公差范围、机床的操作功能等。APT 语言源程序中的运动信息,详细规定刀具的运动途径、机床的加工过程以及加工的工艺环境条件等。当零件的源程序全部写完时,最后要写上结束语句。

4. 后置处理程序

计算机根据源程序计算所得的 CL 文件是假设工件静止、刀具移动而求出的刀路一般解，它不一定完全符合特定数控机床的实际工作情况，因此需要根据所使用机床的特点对一般解进行处理。把一般解转化为可供特定数控机床（特定数控系统）执行操作的数控程序，这项工作称为后置处理，它由专门的后置处理程序完成。

后置处理程序可将刀路数据文件（CL 文件）和相应的切削条件、辅助信息等合并综合，处理转化成用户数控系统可识读执行的指令集和程序格式，制作数控程序带，并打印出数控加工程序单。用户数控系统的种类繁多，生产中的后置处理程序通常有上千种之多。

2.9.3 图形交互式自动编程（基于 CAD/CAM 技术的自动编程）

1. 基本原理

图形交互式自动编程以 CAD 技术为前提，编程的核心是刀位点的计算。

基于 CAD/CAM 技术的自动编程采用人机对话方式通过屏幕菜单驱动，具有形象、直观、高效及容易掌握等优点。编程时先利用计算机完成零件的 2D 或 3D 造型（CAD），或通过软件的数据接口共享已有的 CAD 结果——几何模型。几何模型包含了数控编程所需要的完整零件表面的全部几何信息，而 CAM 软件可利用这些几何信息和随后输入的加工参数生成刀具加工轨迹；对加工轨迹进行计算机数控加工仿真后，选择不同的后置处理文件即可得到特定机床所需的数控加工程序。

2. 工作内容与步骤

图形交互式自动编程是建立在 CAD 和 CAM 技术基础上的，其工作内容与步骤与语言式自动编程有所不同，以下参照图 2-53 对图形交互式自动编程的一般工作流程进行介绍。

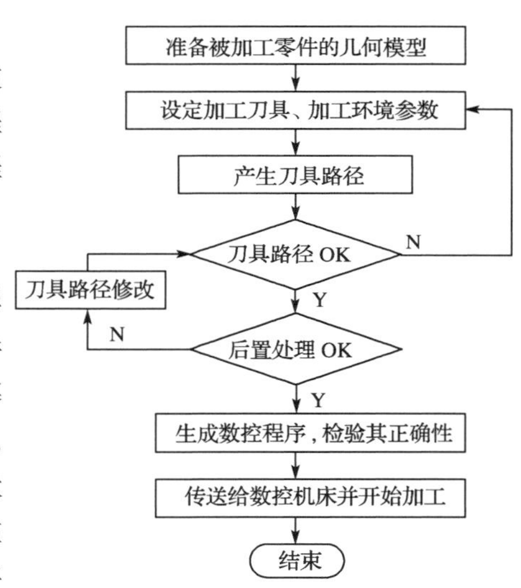

图 2-53 CAM 系统工作流程

（1）几何造型

几何造型是利用图形交互自动编程软件的图形构建、编辑修改、曲线曲面造型等有关指令，将零件被加工部位的几何图形准确地绘制在计算机屏幕上，同时在计算机内自动形成零件图形的数据文件。这就相当于 APT 语言编程中，用源程序的几何形状信息语句定义零件几何图形的全过程。其不同点在于，它并非用语言描述，而是用计算机绘图的方法将零件的图形数据输入计算机。这些图形数据是下一步刀具轨迹计算的依据。在自动编程过程中，软件将根据加工要求自动提取这些数据，进行分析、判断和必要的数学处理，以形成数控加工的刀路轨迹 CL 数据。图形数据的准确性直接影响编程结果的准确性，因此要求几何造型必须准确无误。

（2）刀具轨迹生成（前置处理）

刀具轨迹生成是复杂形状零件数控编程中最重要的内容，能否生成有效的刀具轨迹直接决定了加工的可能性、质量与效率。刀具轨迹生成的首要目标是使所生成的刀具轨迹能满足无干涉、无碰撞、连续光滑、切削平稳等要求，同时，还应满足通用性好、稳定性好、编程效率高、代码量小等要求。

生成刀具路径的工作是面向屏幕上的图形采用人机交互方式进行的。首先在刀具路径生成的菜单中选择所需的子菜单，然后根据屏幕提示，用光标选择相应的图形目标，点取相应的坐标点，输入所需的各种参数。自动编程软件将自动从图形文件中提取编程所需的信息，进行分析、判断，计算节点坐标，并将其转换为刀具位置数据，存入指定的刀路文件中或直接进行后置处理，生成数控加工程序，同时在屏幕上显示出刀具路径的图形。

(3)后置处理

后置处理是数控加工自动编程技术的重要内容，它将前置处理生成的通用刀具路径数据转换成适用于具体数控机床操作的数控加工程序。后置处理对于保证加工质量、加工效率及机床可靠运行具有重要作用。后置处理的目的是形成数控加工工程文件。由于各种数控机床使用的数控系统不同，所以所用的数控加工程序的指令代码及格式也有所不同。在进行后置处理前，编程人员应根据具体数控机床的指令代码集、程序的格式以及数据圆整方案等事先编辑定义，由自动编程软件在执行后置处理命令时按设计文件定义的内容，自动输出符合所指定的数控机床程序格式要求的数控加工文件。

(4)数控加工仿真

由于零件形状的特征差异以及加工环境的复杂多样性，要确保所生成的加工程序不存在任何问题十分困难，其中最主要的工作重点是采取措施防止加工过程中的过切与欠切以及防止机床各部件之间的干涉碰撞等，因为对于高速切削加工，这些问题常常是致命的。因此，实际加工前采取一定的措施对加工程序进行检验并修正是十分必要的。数控加工仿真通过软件模拟加工环境、刀具路径及材料切除过程来检验并优化加工程序，具有柔性好、成本低、效率高且安全可靠等特点，是提高数控编程效率与编程质量的重要措施。

(5)数控程序输出

由于图形交互式自动编程软件在编程过程中可以在计算机内部自动生成刀具轨迹图形文件和数控加工文件，所以程序的输出可以通过计算机的各种外部设备进行。例如，使用打印机可以打印输出数控加工程序单，并可在程序单上绘制出刀具轨迹图，使机床操作者更加直观地了解加工的走刀过程；使用纸带穿孔机可将数控加工程序制作成 8 单位穿孔纸带，提供给带有光电阅读机读带装置的数控机床使用；对于有标准通信接口的机床数控系统，可以将数控机床和编程计算机直接联机，由计算机将自动编程获得的数控加工程序直接传送给机床数控系统。

2.9.4 自动编程的主要特点

与手工编程相比，自动编程具有以下主要特点：

1. 数学处理能力强

对轮廓形状不是由简单直线、圆弧组成的复杂零件，特别是空间曲面零件，以及几何要素虽不复杂，但程序量很大的零件编程，计算工作通常相当烦琐，难以采用手工编程。而自动编程借助于大型工程应用软件强大的数学处理能力，使刀具轨迹的计算快速而准确。自动编程系统还能处理手工编程难以胜任的二次曲面和特种曲面的数控加工程序编制。

2. 快速、自动生成数控加工程序

完成刀具运动轨迹的计算之后，自动编程系统的后置处理程序能在极短时间内自动生成数控加工程序，且不会出现语法错误。

3. 后置处理程序简单灵活

同一个零件在不同的数控机床上加工，如果机床配置的数控系统不同，其数控加工程序也不同。但由于前置处理可以通用，所以自动编程中的数学处理、轨迹计算可以一致。只要改变后置处理程序，就能自动生成适用于不同数控系统的数控加工程序。后置处理程序简单灵活，极大地拓宽了自动编程系统的使用范围。

4. 程序自检、纠错能力强

手工编程时，可能出现书写笔误、计算错误、程序格式错误等，单靠人工检查既费时又费力。应用计算机辅助自动编程技术后，程序错误主要来自原始数据不正确而导致的刀具运动轨迹误差，或刀具与工件的干涉，或刀具与机床相撞，等等。自动编程能够借助于计算机在屏幕上对数控程序进行加工仿真，逼真地显示刀具加工轨迹和所得零件加工轮廓，及时修改发现的问题，快速方便。自动编程在计算出刀具轨迹后应立即进行加工仿真，确定无误再进行后置处理，以保证所编程序的正确性。

5. 便于实现与数控系统的通信

手工编制的数控加工程序，一般必须手工一次性地输入数控系统，控制数控机床进行加工。当数控加工程序很长，而数控系统的缓存区容量有限，不足以一次性容纳整个数控加工程序时，必须对数控加工程序进行分段处理、分批输入，麻烦且易出错。而自动编程系统可以利用计算机和数控系统的通信接口，实现编程系统和数控系统的在线通信，经通信接口或通信介质直接将自动生成的程序输入数控系统，可以实现边输入边加工，提高了编程效率，缩短了生产周期。

2.9.5 常用自动编程软件简介

近年来，随着半导体技术和计算机图形学技术的飞速发展，微型计算机与各种数控装置的通信技术日趋成熟，数控自动编程越来越多地采用 CAD/CAM 软件。常用的 CAD/CAM 自动编程软件主要有：

1. Pro/Engineer

Pro/Engineer(简称 Pro/E)软件是美国 PTC 公司开发的 CAD/CAE/CAM 软件，以其参数化、基于特征、全关联等概念而闻名。包括从产品的概念设计、详细设计、工程图、工程分析、模具直至数控加工的产品开发全过程，它功能强大，在我国使用广泛。

(1)Pro/E 的 CAD 功能

Pro/E 的 CAD 功能主要具有简单零件设计、装配设计、设计文档(绘图)和复杂曲面的造型等功能，具有从产品模型生成模具模型的所有功能；可直接从实体模型生成全关联的工程视图，包括尺寸标注、公差、注释等；提供三坐标测量仪的软件接口，可将扫描数据拟合成曲面，完成曲面光顺和修改；提供图形标准数据库交换接口以及 Pro/E 与 CATIA 软件的图形直接交换接口。

(2)Pro/E 的 CAM 功能

Pro/E 的 CAM 功能主要具有提供车削加工、二至五轴铣削加工、电火花线切割、激光切割等功能。加工模块能自动识别零件毛坯和成品的特征。当特征发生修改时，系统能自动修改加工轨迹。现在 Pro/E 能提供最佳刀具轨迹控制和智能化刀具轨迹创建,允许编程人员控制整体的刀具轨迹直到最细节的部分。

2. Unigraphics

Unigraphics(简称 UG)是美国 UGS 公司发布的 CAD/CAE/CAM 一体化软件。除产品设计功能外,其 2D 出图功能、模具加工功能及与 PDM(产品数据管理,Product Data Management)之间的紧密结合,使其广泛运用在汽车业、航天业、模具加工及设计业、医疗器材产业等领域。国内外已有许多科研院所和厂家选择 UG 作为企业的 CAD/CAM 系统。

(1)UG 的 CAD 功能

UG 提供给用户十分灵活的复合建模功能,包括实体建模、曲面建模、线框建模和基于特征的参数建模。无论装配图还是零件图设计,都从三维实体造型开始,可视化程度很高。三维实体生成后,可自动生成二维视图,如三视图、轴测图、剖视图等。其三维 CAD 是参数化的,一个零件尺寸的修改,可使相关零件产生相应的变化。

UG 软件还具有人机交互方式下的有限元解算程序,可以进行应变、应力及位移分析,还可以对二维、三维机构进行复杂的运动学分析和设计仿真。

(2)UG 的 CAM 功能

UG 拥有一个功能强大、实用、柔性的 CAM 系统。能提供二至四轴联动车削加工,具有粗车、多次走刀、精车、车沟槽、车螺纹和中心钻孔等功能;能提供二至五轴联动或更高档的铣削加工,如型芯和型腔铣削;能提供粗切单个或多个型腔,沿任意形状切去大量毛坯材料以及加工出型芯的全部功能,这些功能对加工模具和型腔特别有用。

UG 具有多种图形文件接口,可用于复杂形体的造型设计,特别适于大型企业和科研单位使用。

3. Mastercam

Mastercam 是由美国 CNC 软件公司推出的基于 PC 平台的 CAD/CAM 软件,它具有很强的加工功能,尤其在对复杂曲面自动生成数控加工代码方面具有独到的优势。Mastercam 对硬件环境的要求不高、操作灵活、易学易用且价格较低,受到中小企业的欢迎,是目前世界上安装套数最多的 CAD/CAM 系统。该软件可应用于二至五轴联动镗铣加工、车削加工、二至四轴联动切割加工、钣金下料、火焰切割等。

4. Cimatron

Cimatron 是以色列 Cimatron 公司推出的一个面向制造的专门针对模具行业设计开发的 CAD/CAM 系统,使用统一的数据库,完成产品的结构设计、零件设计,输出设计图纸,或根据零件的三维模型进行手工或自动的模具分模,再对凸、凹模进行自动的 NC 加工,输出加工的 NC 代码。

Cimatron 的 CAD 功能融合了线框造型、曲面造型和实体造型,允许用户方便地处理获得的数据模型或进行产品的概念设计。在整个工具设计过程中,Cimatron 提供了一套集成工具,帮助用户实现模具的分型设计、进行设计变更的分析与提交、生成模具滑块与嵌件、完成工具组件的详细设计和电极设计。

Cimatron 的 CAM 功能支持具有高速铣削功能的两轴半至五轴联动铣削加工,生成的 NC 刀具轨迹安全、优质、高效。

5. CATIA

CATIA 最早由法国达索飞机公司于 1978 年推出，并不断发展，目前已经成为应用最广泛的 CAD/CAE/CAM 集成软件之一，该系统广泛用于航空工业和汽车工业等领域。它采用特征造型和参数化造型技术，允许自动指定或由用户指定参数化设计、几何或功能化约束的变量式设计。根据其提供的 3D 线架，用户可以精确地建立、修改与分析 3D 几何模型。其曲面造型功能包含了高级曲面设计和自由外形设计，用于处理复杂的曲线和曲面定义，并有许多自动化功能，包括分析工具，加速了曲面设计的过程。

6. Power MILL

Power MILL 是英国 DELCAM 公司开发的功能强大、加工策略丰富的专业化三维 CAD/CAM 软件。它采用全新的中文 Windows 用户界面，提供完善的加工策略，帮助用户产生最佳的加工方案，从而提高加工效率，减少手工修整，快速产生粗、精加工路径，并且任何方案的修改和重新计算几乎在瞬间完成，可缩短 85%的刀具路径计算时间，可对二至五轴联动的数控加工包括刀柄、刀夹进行完整的干涉检查与排除。它具有集成一体的加工实体仿真功能，方便用户在加工之前了解整个加工过程及加工结果，节省加工时间。Power MILL 系统的菜单结构非常合理，它提供了从粗加工到精加工的全部选项，还提供了刀具路径动态模拟和加工仿真，可以直观地检查和查看刀具路径，最适于对复杂形体的产品、零件、模具的设计和制造。

7. CAXA-ME 制造工程师

CAXA-ME 制造工程师是由我国北京北航海尔软件有限公司研制开发的全中文、面向数控铣床和加工中心的三维 CAD/CAM 软件。它既具有线框造型、曲面造型和实体造型的设计功能，又具有生成二至五轴联动加工代码的数控加工功能，可用于加工具有复杂三维曲面的零件。其特点是易学易用、价格较低，已在国内众多企业和科研院所得到应用。

2.9.6 自动编程技术的新进展

数控自动编程技术的发展十分迅速，各种新型的自动编程软件和编程方法不断涌现，以下介绍几种自动编程技术的新方法。

1. 在线自动编程

在线自动编程是在生产车间的数控机床上，由数控机床操作者使用数控机床 CRT 屏幕的图形显示对话功能直接进行人机对话编程，目前在数控车床、数控铣床上已有简单应用。下面以数控车床上的编程为例来说明在线自动编程方法和系统的概念。

在数控机床屏幕上用图形人机对话的方式输入被加工工件的毛坯图形和尺寸；在毛坯图形上给出最终零件的图形和尺寸，选定机床坐标系、机床原点、工件坐标系、换刀点位置并确定所用的刀具；在零件图上指明需要数控加工的部位，确定加工工序，给定所用切削工艺参数，在零件图与毛坯图上选定走刀路线、走刀次数；最后系统根据这些输入条件进行自动计算，必要时可采用人机对话方式现场修改工序内容和走刀路线，对工序进行增删和编辑。这样就无须生成控制介质，在车间的数控机床上便能按所确定的加工工序、加工路线和工艺参数自动生成数控加工程序，加工出所要求的产品。根据需要也可以将调试成功的上述加工程序存贮在磁盘或穿孔纸带上，以便保存，或作为再次加工时的输入。

在线自动编程方法无须专用的编程计算机系统，在数控机床加工某一种零件的同时，可以利用计算机的强大计算能力编制下一种加工零件的数控程序，编程直观、方便、迅速、省时，是一种有发展前景的编程方法。但受现场操作者的技术水平和车间环境条件等的限制，在线编程方法目前还只能编制一些较简单零件的数控加工程序。

2. 实物自动编程

由机器零件或实物模型通过精密测量自动获取数控加工所需数据并自动编制数控加工程序，这种编程方法称为实物自动编程，它是一种无尺寸、无图纸的数字化技术自动编程方法，通常也称为反求工程。

实物自动编程方法应配备一台三坐标测量机或激光扫描仪，用于模型或实物的尺寸测量。测头沿着零件轮廓移动，测出实物或模型的尺寸，测得的原始数据输入计算机后进行测头补偿、坐标转换及数据处理，从而得到零件轮廓点、刀位点的坐标数据，再经过后置处理即可得到所需的数控加工程序。

用实物自动编程的方法，可以编制二维和三维零件的加工程序。实物自动编程加工出来的零件精度，主要取决于对原实物轮廓进行精密自动测量所获得的精度，它一般适用于轮廓型面光滑过渡、精度要求不太高的无尺寸轮廓零件或尺寸繁多的点位系统零件。

3. 语音自动编程

语音自动编程是指利用人的自然声音作为输入介质，用头戴式送话器或小型话筒直接与计算机对话，命令计算机自动编制出零件数控加工程序的一种方法。语音自动编程系统编程时，编程人员只需对着话筒讲出所需指令即可。编程前应使系统“熟悉”编程人员的“声音”，即首次使用该系统时，编程人员必须对着话筒讲出该系统约定的各种词汇和数字，让系统记录下来并转换成计算机可以接受的数字命令。这种自动编程系统无疑会大大提高数控编程的效率，若与数控机床相连接，还能用语音实时控制加工。语音自动编程系统在国内已进入试验阶段。

4. 视觉自动编程

一般的自动编程系统都必须由人来阅读、理解零件图纸，将图纸上的信息通过人机对话方式输入计算机以实现自动编程。视觉自动编程系统是采用计算机视觉功能自动阅读和理解图纸，由计算机识读理解和记录处理图纸上的点、线、弧、圆等几何线段的各种信息，由编程人员在编程过程中实时确定加工工艺，指定起刀点、下刀点和换刀点，由计算机自动计算出刀位点的有关坐标值，经后置处理就可以得到所需零件的数控加工程序。

视觉自动编程系统的工作过程是：首先由图样扫描器（常用的 CCD 传感器扫描仪或扫描鼓）扫描图纸，取得一幅图像；对该图像进行预处理，校正图像的几何畸变和灰度畸变，将它转化为易处理的二维图像，同时进行断口校正、几何交点部分检测、细线化处理，以消除输入部分分辨率的影响；然后分离并识别图样上的文字、符号、线段等元素，记忆它们之间的关系，对线条进行矢量化处理，并用直线或曲线拟合得到端点和节点；将有关信息综合处理，确定图样中每条线段的意义及其尺寸大小，进行编程处理及刀位点的坐标计算。经过上述一系列工作，再进行适当的后置处理，就能输出数控加工程序单或穿孔纸带。

视觉自动编程系统的特点是不需要人工书写任何源程序，编程人员只需事先拟定工艺路线和输入有关的工艺参数即可，编程操作简单、速度快、效率高，实现了数控编程的高度自动化。但由于计算机视觉功能的局限性，所以目前视觉自动编程系统只可编制比较简单的二维零件的加工程序。

5. 模块化的多功能自动编程系统

模块化的多功能自动编程系统不仅能够对任意平面零件进行编程，并且具有复杂曲面的编程功能；不仅能够进行图形的几何处理，而且同时具有工艺处理功能，可自动确定合理的工艺参数(CAPP)；不仅具有 APT 数控语言输入方式，还能够采用图形输入方式；该系统还提供了 CAD 接口以及与数控加工系统直接通信的功能。

模块化自动编程系统采用模块化的程序结构，包括使用 APT 数控语言编程方式的车削、铣削、线切割、复杂模具型腔(三至五轴联动)加工、激光加工、点位编程等模块，同时还具有交互式图形输入模块、人机对话方式编程模块、自学模块、故障自诊断模块等。

思考题与习题

2-1 试解释下列名词：基点、节点、刀位点、控制介质、脉冲当量、G 代码、固定循环、工件坐标系设定、混合编程、刀具半径补偿功能、模态指令、续效性。

2-2 如何确定数控机床的坐标轴及其正方向？

2-3 数控编程有哪两种方法？试说明数控机床手工编程和自动编程各有哪些工作内容和步骤。

2-4 画简图表示数控车床、数控立式铣床、数控卧式镗床各坐标轴的分布。

2-5 试举例说明绝对值编程与增量值编程的区别。

2-6 什么是机床坐标系？什么是工件坐标系？两者之间是什么关系？

2-7 试说明 G90、G91、G92 指令的用法。

2-8 试说明 G00 与 G01、G02、G03 指令的主要区别。

2-9 如何判定 G02、G03 指令圆弧插补的顺、逆方向？如何表示圆心位置的坐标？

2-10 什么是字地址可变长度程序段格式？它有什么优点？

2-11 某数控机床说明书中的程序段格式为：

N4 G2 X±53 Y±53 Z±53 F2 S3 T2 M2 LF，试说明各字符的意义。

2-12 什么是数控加工的走刀路线？确定走刀路线时通常要考虑哪些问题？

2-13 常用的 CAD/CAM 软件有哪些？各自的特点是什么？

2-14 自动编程中的后置处理有什么作用？

2-15 试述刀具半径补偿与长度补偿的应用场合及补偿方法。

2-16 加工中心适合加工哪些零件？加工中心的编程特点是什么？

2-17 直线逼近非圆曲线的节点计算方法有哪几种？分别适用于什么场合？

2-18 如图 2-54 所示零件，先粗车去除大量的毛坯余量后再进行精车，试分别编写其粗车和精车加工的数控程序。

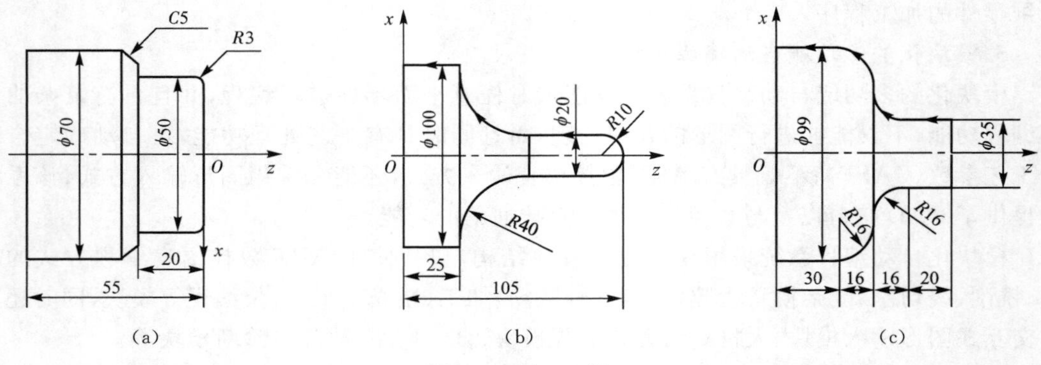

图 2-54 题 2-18 图

2-19 如图 2-55 所示的零件，试编写采用端面粗车指令进行粗车后，再进行螺纹车削的数控加工程序。

2-20 如图 2-56 所示的零件，试编写其外圆柱面粗车、精车和内孔精车及螺纹车削的数控加工程序。(1.5×M60 内螺纹的小径为 ϕ58.4 mm)。

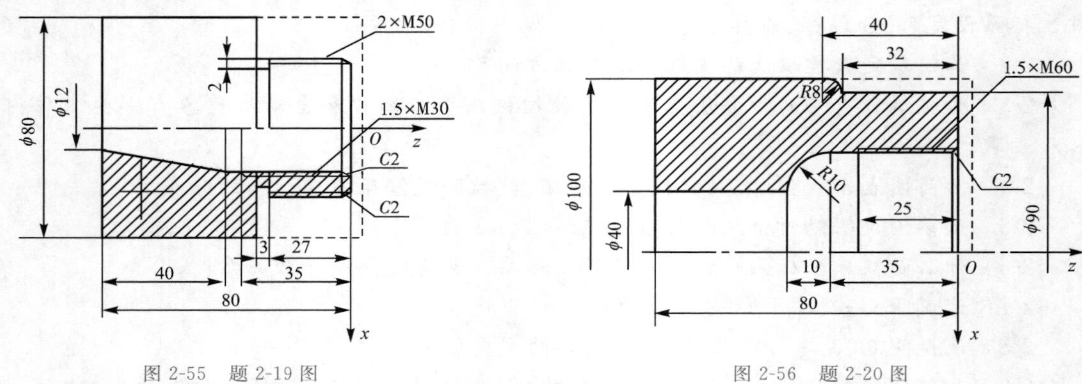

图 2-55 题 2-19 图　　　　图 2-56 题 2-20 图

2-21 如图 2-57 所示为平面曲线零件，厚度为 5 mm，加工过程为先铣削外形，然后钻孔和镗孔，试用直线插补指令、圆弧插补指令、钻孔循环指令和镗孔循环指令分别编写它们的数控加工程序。

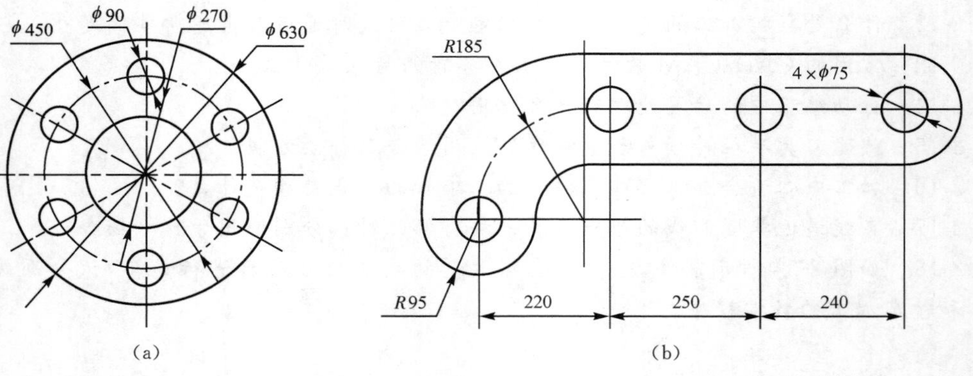

图 2-57 题 2-21 图

第3章

计算机数控系统

3.1 概述

计算机数控系统

计算机数控系统简称 CNC 系统，它是一种高速、高精度的位置控制系统，主要由硬件和软件两大部分组成。软件在硬件的支持下运行，硬件离开软件便无法工作，两者缺一不可。计算机数控系统的核心部件是 CNC 控制装置。

CNC 系统通过系统软件配合系统硬件，对数控机床的程序输入、数据处理、插补运算、信息输出、控制执行等全部工作过程进行严密合理的控制和管理，使数控机床按照预先编制和输入的数控加工程序进行自动加工。

3.1.1 CNC 系统的组成

CNC 系统一般由数控程序、输入和输出设备、CNC 控制装置、主轴驱动装置和进给伺服驱动装置（包括检测单元）等组成。图 3-1 所示为 CNC 系统的结构框图。

在图 3-1 所示的 CNC 系统结构框图中，数控系统主要是指 CNC 控制装置。CNC 控制装置由数控系统硬件和数控系统软件构成的专用计算机以及可编程控制器 PLC 组成，其中，专用计算机主要处理机床轨迹运动的数字控制，PLC 主要处理机床开关量的逻辑控制。

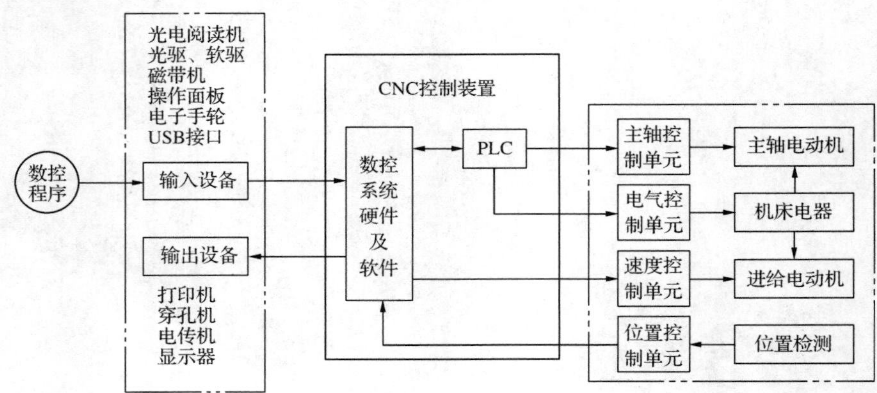

图 3-1 CNC 系统的结构框图

3.1.2 CNC 系统的功能和工作过程

1. CNC 系统的功能

CNC 系统有多种品牌系列和型号规格，特色各异，通过软件可以实现很多功能。CNC 系统的功能包括基本功能和选择功能：基本功能是数控系统必备的功能，选择功能是供用户根据所购机床的特别用途进行选配的功能。CNC 系统的功能水平主要反映在 G 功能（G 指令代码）和 M 功能（M 指令代码）上。根据数控机床的类型、用途、档次的不同，CNC 系统的功能有很大差别，下面介绍其主要功能。

（1）控制功能

CNC 系统的控制功能是指 CNC 装置可控制轴数和可同时控制联动轴数，它是反映 CNC 系统功能水平的两个主要指标，也是档次之分的重要依据。“可控制轴数”包括机床的移动轴和回转轴、基本轴和附加轴等，它与机床的运动部件一一对应，数控机床的可控制轴数越多，机床的机械部分就越庞大复杂，但只要这些轴的运动相互无关，实现控制还是比较简单的。“可同时控制联动轴数”是反映数控机床自动化水平的关键性指标，通过多轴联动控制才可以完成复杂轮廓的加工。通常情况下，数控车床需要两轴/两联动控制；数控铣床需要三轴/两轴半联动控制或三轴/三联动控制；数控加工中心机床需要多轴/三联动控制或多轴/多联动控制。数控机床可同时控制的联动轴数越多，对 CNC 装置的功能要求就越高，CNC 系统就越复杂，对计算机的运算速度和性能要求就越高。

（2）G 功能

G 功能也称准备功能，用来指明机床下一步如何动作。准备功能包括基本移动、平面选择、坐标设定、刀具补偿、固定循环、公英制转换等指令。ISO 标准规定：用字母 G 加两位数字表示 G 功能。西门子公司的 CNC 装置（如 840D、802D）用字母 G 加三位数字表示某一准备功能。在使用 G 功能指令代码时，还有模态（续效性）代码和非模态（非续效性）代码之分。

（3）插补功能

插补功能用于对零件轮廓加工的控制，它可用软件实现，也可用硬件实现。由于轮廓控制的实时性要求很强，有时候软件插补的计算速度难以满足要求，则可将插补功能分为粗插补和精插补，粗插补用软件实现，精插补用硬件电路完成，以节省 CPU 机时。

(4)进给功能

进给功能用 F 指令代码直接给出各进给轴的进给速度。进给功能有多种表达方式：

①切削进给速度。指定刀具切削时的移动进给速度，单位为 mm/min，如 F100 表示刀具移动速度为 100 mm/min。对于回转轴，以每分钟进给的角度数值来指定刀具的转动进给速度。

②同步进给速度。以主轴每转进给的毫米数指定刀具的移动进给速度，如 0.02 mm/r。该速度表示主轴的转速与刀具的进给速度之间有严格的传动比关系，所以只有主轴上装有位置编码器的数控机床才能指定同步进给速度，常用于数控车床切削螺纹的编程等。

③快速进给速度：机床部件能够达到的最高移动速度，用 G00 指令代码表示。它的数值由机床制造厂家在出厂前设定，用户不可改变，但可通过操作面板上的快移倍率开关进行分挡选用。

④进给倍率。数控机床的操作面板上设置了进给倍率开关，进给倍率可在 0～200%分挡无级调整，每挡间隔 10%。借助倍率开关不必修改数控加工程序就可以在生产现场实时调整刀具的进给速度，有助于提高切削加工的生产率和防止发生意外事故。

(5)主轴功能

主轴功能是指定主轴转速的功能。主轴功能包括以下几方面：

①主轴转速的编码方式。一般用 S 指令代码指定，地址符 S 后加两位或四位阿拉伯数字表示，单位为 r/min 或 mm/min。

②主轴恒线速功能。该功能可以在切削加工直径发生变化时自动地改变瞬时转速来保持刀具切削线速度恒定不变。该功能主要用于大直径端面的车削和磨削加工，可以明显提高工件端面的切削加工质量。

③主轴定向准停功能。该功能可以使机床主轴在某一指定的径向位置准确停止。加工中心机床必须具备主轴准停功能，主轴准确停止之后，机械手才可以实施自动换刀动作。

(6)M 功能

M 功能用来指定主轴的启动/停止/换向、切削液的开启/关闭、刀库的转动/停止等，属于机床开关量的控制。它用 M 指令代码后加两位数字表示。现代数控机床一般用 PLC 实现 M 功能，各种型号的数控装置具有的 M 功能差别很大，而且有许多 M 功能是各制造厂家自定义的。

(7)刀具功能

刀具功能用来选择所需的新刀具，刀具功能字以地址符 T 为首，后加两位或四位数字，代表即将使用的新刀的刀具编号及新刀的刀补号。

(8)补偿功能

补偿功能通过现场输入 CNC 装置存储器中的补偿量，根据编程轨迹重新计算刀具中心运动轨迹的坐标尺寸，从而加工出符合要求的工件。补偿功能主要有以下几种：

①刀具的尺寸补偿。如刀具长度补偿、刀具半径补偿和刀尖圆弧半径补偿。这些功能可以补偿刀具磨损量，可以补偿多刀自动换刀时的尺寸差异，大大简化了编程。

②丝杠的螺距误差补偿、反向间隙补偿和热变形补偿。通过事先检测出并输入 CNC 系统中的丝杠螺距误差和反向间隙误差等，在实际加工中由 CNC 系统控制进行自动补偿，

从而提高数控机床的加工精度的功能。

(9)字符、图形显示功能

CNC 控制器可以适配多种显示装置,通过软件和硬件接口实现字符和图形的显示。通常可以显示程序、参数、补偿量、坐标位置、故障信息、人机对话编程菜单、零件图样及刀具实际运动轨迹的坐标等。

(10)自诊断功能

为了防止故障的发生或在发生故障后可以迅速查明故障的类型和部位,缩短停机时间,CNC 系统中设置了各种诊断程序。不同的 CNC 系统所设置的诊断程序是不同的,诊断的水平也不同。自诊断程序一般可以包含在系统程序中,在系统运行过程中进行自我检查和自动诊断,也可以作为服务性程序在系统运行前或故障停机后进行诊断,查找故障的部位。有的 CNC 系统还可以实现远程通信诊断。

(11)通信功能

为了适应柔性制造系统(FMS)和计算机集成制造系统(CIMS)的需求,CNC 装置通常具有 RS232C、RS485、USB 等通信接口,有的还备有 DNC 接口,也有的 CNC 系统还可以通过制造自动化协议(MAP)接入工厂的通信网络。

(12)人机交互图形编程功能

为了提高编程效率,现代 CNC 系统一般都要求具有人机交互图形编程功能。有这种功能的 CNC 系统可以根据零件图样直接编制数控加工程序,即编程人员只需输入图样上简单表示的几何尺寸就能自动地计算出全部交点、切点和圆心坐标,自动生成加工程序。有的 CNC 系统可根据引导图和显示说明进行对话式编程,并具有自动工序选择、刀具和切削条件的自动选择等人工智能。有的 CNC 系统还备有用户宏程序功能等。

2. CNC 系统的工作过程

(1)输入

输入 CNC 控制装置的数据通常有零件加工程序、机床参数和刀具补偿参数。由于机床参数一般在机床出厂时或在用户安装调试时已经设定好,所以输入 CNC 系统的主要是零件加工程序和刀具补偿参数。数据输入方式有纸带输入、键盘输入、磁盘输入、USB 接口输入、上位计算机 DNC 通信输入等。

数据输入时先将零件加工程序一次性全部输入 CNC 控制装置的内部存储器中,加工时 CPU 再从存储器中把数控加工程序逐条读出运行处理。具体方式是:在机床执行前一程序段加工的同时,CPU 读取后一程序段进行综合处理并发出控制指令,但由于机床此时正在执行前一段加工,故后一条指令不会被接收;直到前一程序段加工完毕之后,机床空闲下来才会接收后一条指令和执行后一程序段的加工,空闲下来的 CPU 立即转而读取第三条程序段进行综合处理,……,如此反复交替进行。可见,该方式是 CPU 一边逐条读取加工程序段进行综合处理、一边逐条发出控制指令指挥机床完成加工的方式。

(2)译码

译码以数控加工程序段为单位进行处理。CPU 把一条程序段中零件的轮廓信息(起点、终点、直线或圆弧等),F、S、T、M 等指令信息按一定的语法规则解释(编译)成计算机能够识别的数据形式,并以一定的数据格式存放在指定的内存专用区域。编译过程中还要进行语法检查,发现错误立即报警。

(3)刀具补偿

刀具补偿包括刀具半径补偿和刀具长度补偿。刀具补偿是指为了方便编程工作，可将加工程序输入与刀具参数输入分别进行，在编程时不考虑刀具的具体尺寸，仅按零件轮廓轨迹来编写加工程序；在现场加工时 CNC 系统按预先存储的刀具尺寸数据，采用刀具补偿功能把零件的轮廓轨迹自动转换成刀具中心相对于工件的运动轨迹，然后进行加工。

刀具半径补偿包括 B 刀补和 C 刀补两种刀具半径补偿功能。在较高档次的 CNC 系统中一般应用 C 刀补，因为 C 刀补能够实现程序段之间的自动转接和过切削自动判断等功能。

(4)进给速度处理

数控加工程序给定的刀具移动速度是在合成运动方向上的速度，即 F 代码的指令值。进给速度处理要进行的工作，首先将合成运动速度分解为各进给坐标方向的分速度，为插补时计算各进给坐标的行程量做准备；另外，对于机床允许的最低和最高速度限制以及数控机床的自动加速和减速等控制，也需要在这里进行处理。

(5)插补

零件数控加工程序段中的刀具行程信息是有限的，如对于加工直线的程序段，仅给定线段的起点和终点坐标；对于加工圆弧的程序段，除给定圆弧的起点和终点坐标外，还给定其圆心坐标或圆弧半径值。如果要进行轨迹加工，必须对这一条已知起点和终点的曲线自动进行“数据点密化”的工作，这就是插补。插补在每个规定的插补周期内进行一次，每次插补计算出一个微小的线段数据；经过若干插补周期后，才可能插补完一条数控加工程序段，也就是完成了该程序段加工起点到加工终点的“数据点密化”工作。

(6)位置控制

位置控制的原理如图 3-2 所示。位置控制的主要工作内容是在每个采样周期内，将插补计算出的理论位置值与实际位置反馈值进行比较，用其差值控制进给电动机。位置控制可由软件完成，也可由硬件完成。在位置控制中通常还要完成位置回路的增益调整、坐标方向的螺距误差补偿和反向间隙补偿等工作，以提高数控机床的定位精度。

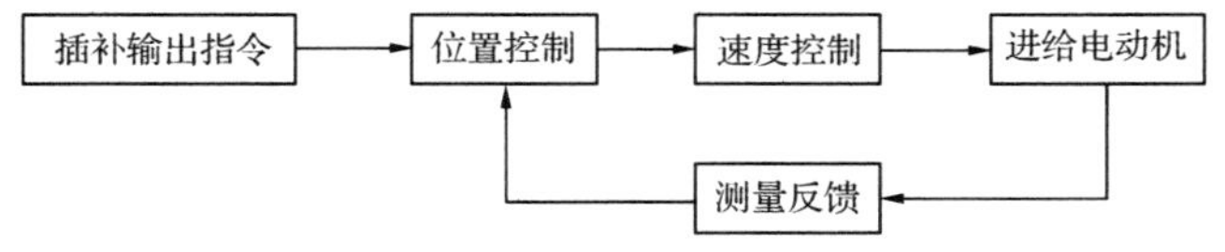

图 3-2 位置控制的原理

(7)I/O 处理

CNC 系统的 I/O 处理是指 CNC 系统与数控机床之间的信息传递和交换的通道。其作用一方面是将机床运动过程中的有关参数输入 CNC 系统中；另一方面是将 CNC 系统的输出命令(如换刀、主轴变速、开切削液等)转换为执行机构的控制信号，实现对数控机床开关量的控制。

(8)显示

CNC 系统的显示功能主要是为操作者提供方便。显示装置有 LED 显示器、CRT 显示器和 LCD 显示器等，一般位于数控机床的操作面板上。操作面板上通常有零件程序的显示、参数的显示、刀具位置显示、机床状态显示、报警信息显示等。有些 CNC 装置中还有刀具加工轨迹的静态和动态模拟的加工图形显示。

上述 CNC 系统的工作流程如图 3-3 所示。

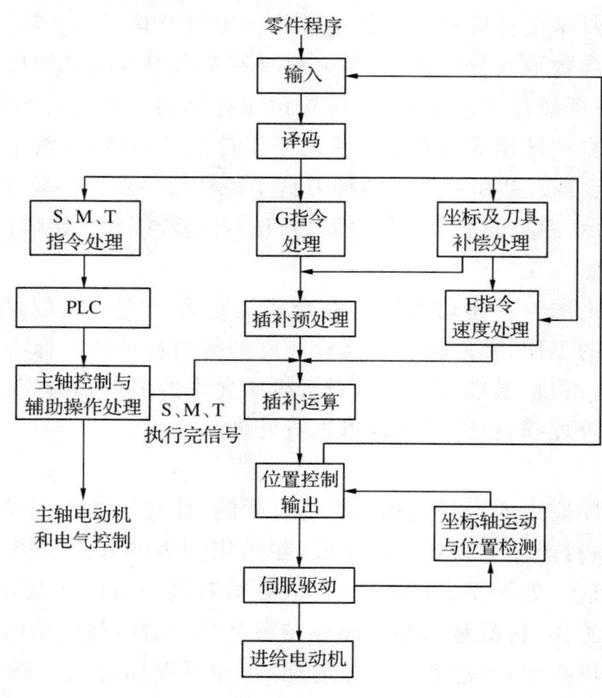

图 3-3 CNC 系统的工作流程

3.2 CNC 系统的硬件结构

从 CNC 系统使用的 CPU 及结构来分，CNC 系统硬件结构可分为单微处理器硬件结构和多微处理器硬件结构两大类。单微处理器硬件结构的数控系统功能相对较弱，在早年初期的 CNC 系统和目前某些经济型 CNC 系统中被采用；多微处理器硬件结构的数控系统功能强大，可以满足现代数控机床高进给速度、高加工精度和高复杂功能水平的要求，能够满足 FMS 和 CIMS 运行的需要，在现代数控机床生产系统中得到了极其广泛的应用。

3.2.1 单微处理器硬件结构

在单微处理器硬件结构中，整个 CNC 装置只有一个 CPU，通过总线与存储器、输入/输出(I/O)接口及其他接口与机床本体相连，对存储、插补运算、输入/输出、CRT 显示等功能进行集中控制和处理，构成一个完整的 CNC 装置。单微处理器硬件结构框图如图 3-4 所示。

单微处理器(CPU)是该 CNC 装置的核心，主要完成控制和运算两方面的任务。控制功能包括：内部控制、对零件加工程序的输入/输出控制、对机床加工现场状态信息的记忆控制等；运算功能包括：运算器不断读取存储器提供的数据按需要完成一系列数据处理工作，并将运算结果送回存储器保存。CPU 通过对运算结果的判断，设置状态寄存器的相应状态。控制器从存储器中依次读取数控加工程序段的指令，经过译码，按顺序发出执行操作的控制信号，使加工指令得以执行。控制器又接收执行部件发回来的反馈信息，将程序段中的

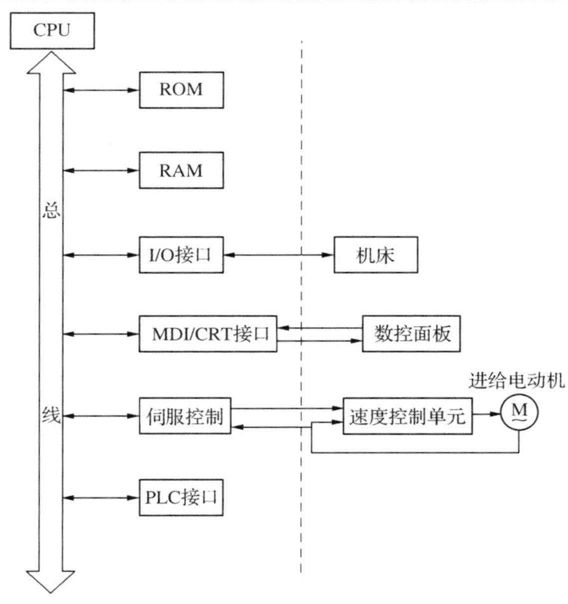

图 3-4 单微处理器硬件结构框图

指令与这些反馈信息进行比较，根据两者的比较结果来决定数控机床下一步的动作。

单微处理器硬件结构中 CPU 的性能和档次，可以根据数控机床实时控制的需要和处理速度的要求，按字长、数据宽度、寻址能力、运算速度等适当选用。在经济型 CNC 系统中，常采用 8 位或 16 位微处理器芯片。中高档的 CNC 系统则通常采用 16 位、32 位甚至 64 位的微处理器芯片。

单微处理器硬件结构的 CNC 系统通常采用总线结构。总线是微处理器赖以工作的物理导线，按其功能可以分为三组总线，即数据总线(DB)、地址总线(AB)和控制总线(CB)。数据总线为各部分之间传送数据，数据总线的位数和传送的数据宽度相等，采用双方向线；地址总线传送的是地址信号，与数据总线结合使用，以确定数据总线上传输的数据来源或目的地，采用单方向线；控制总线传输的是一些控制信号，如数据传输的读写控制、中断复位等信号，采用单方向线。

CNC 装置中的存储器包括只读存储器(ROM)和随机存储器(RAM)两类。系统程序存放在可擦除的只读存储器(EPROM)中，由生产厂家固化，即使断电，程序也不会丢失。通常系统程序只能由 CPU 读出，不能写入；若要改变 EPROM 中的内容，必须用紫外线抹除之后方可重新写入。运算的中间结果、需要显示的数据、运行中的状态、标志信息等存放在 RAM 中，RAM 中的信息可以随时被 CPU 读或写，但断电后信息也随之消失。加工的零件程序、机床参数、刀具参数等存放在有后备电池的 CMOS RAM 中，或者存放在磁泡存储器中，这些信息在这种存储器中能随机读出，还可以根据操作需要写入或修改，断电后，信息仍然保留。

CNC 装置中的位置控制单元主要对数控机床进给运动的坐标轴位置进行控制。坐标轴位置控制是数控机床上实时性要求最高的控制，不仅对单个轴的运动和位置的精度有严格要求，在多轴联动时，还要求各坐标轴移动有很好的动态配合。位置控制的硬件一般采用大规模专用集成电路位置控制芯片或控制模板实现。

CNC 系统接收指令信息的输入有多种形式，如光电式纸带阅读机、磁带机、磁盘驱动器、计算机通信接口等形式，以及利用数控面板上的键盘操作进行手动数据输入(MDI)和利用机床操作面板上的手动按钮进行开关量信息的输入。所有这些输入都要由相应的接口来实现。同理,CNC系统的输出信息也有多种,如程序的纸带穿孔机输出和电传机输出、字符与图形显示的显示器输出、位置伺服控制和机床强电控制指令的输出等,同样要由相应的接口来实现。

CNC装置和机床之间的信号传输是通过输入/输出接口电路来完成的。信号经接口电路送至系统寄存器的某一位,CPU定时读取寄存器状态,经数据滤波后加以相应处理。同时,CPU定时向输出接口送出相应的控制信号。I/O接口电路可以起到电气隔离的作用,防止干扰信号引起误动作。一般在接口电路中采用光电耦合器或继电器,将CNC装置的弱电与数控机床的强电加以电气隔离。

单微处理器硬件结构的特点是:该CNC数控系统只有一个CPU,采用集中控制、分时处理的方式来实现系统的全部功能,为了追求整体效果最佳,考虑到受微处理器字长、寻址功能和运算速度等非逻辑因素的限制,往往需要使用最高档、最先进的CPU,其价格极其昂贵;但由于半导体芯片技术发展太快,最高档的CPU很快就可能会落伍甚至被淘汰,故其系统功能很难保持最优,适用于低档、经济型数控场合。

3.2.2 多微处理器硬件结构

现代数控机床的CNC系统大多采用多微处理器硬件结构。在这种结构中,有两个或两个以上能够控制系统总线或主存储器进行工作的CPU,每个CPU完成系统中规定的一部分功能,独立执行程序,它与单微处理器硬件结构相比,大大提高了计算机的运行处理速度。

多微处理器硬件结构的CNC系统采用模块化设计,模块之间有明确的符合工业标准的接口,彼此间可以进行信息交换。采用这样的模块化结构,缩短了CNC系统的设计制造周期,配置灵活、结构紧凑,具有良好的适应性和扩展性。多微处理器硬件结构的CNC系统每个CPU分管各自的任务模块,如果某个模块出了故障,其他模块仍能照常工作,并且插接式模块的更换很方便,可以迅速排除故障使系统所受的影响减到最低程度。多微处理器硬件结构的CNC系统运行可靠,性价比高,适用于高精度、高进给速度、多轴控制的数控机床。

1. 典型多微处理器硬件结构

(1)共享总线多微处理器硬件结构

共享总线多微处理器硬件结构以总线为中心,把组成CNC装置的各个功能部件划分为带有CPU的主模块和不带CPU的从模块,各模块以系统总线相连,其结构框图如图3-5所示。在共享总线多微处理器硬件结构中,只有主模块可以控制总线,且在某一时刻只能有一个主模块占用总线。

共享总线多微处理器硬件结构由于有多个主模块,所以可能遇到同时发出中断请求产生争用总线的问题。为了解决这一矛盾,该系统专门设有总线仲裁电路,按照每一个主模块担负任务的重要性程度预先排定各自的优先级别顺序,在多个主模块因争用总线而发生冲突时,总线仲裁电路依据主模块优先级别的高低做出判断,最后决定由优先级别相对较高的主模块优先使用总线。

共享总线多微处理器硬件结构的缺点是多个主模块共享总线,可能出现总线的"竞争"冲突使数据传输效率降低;总线一旦出现故障,可能会影响整个CNC装置的性能。但由于它具有结构简单、价格适中、系统配置灵活、实现容易等优点,所以被广泛采用。

(2)共享存储器多微处理器硬件结构

共享存储器多微处理器硬件结构通常采用多端口共享存储器来实现各微处理器之间的

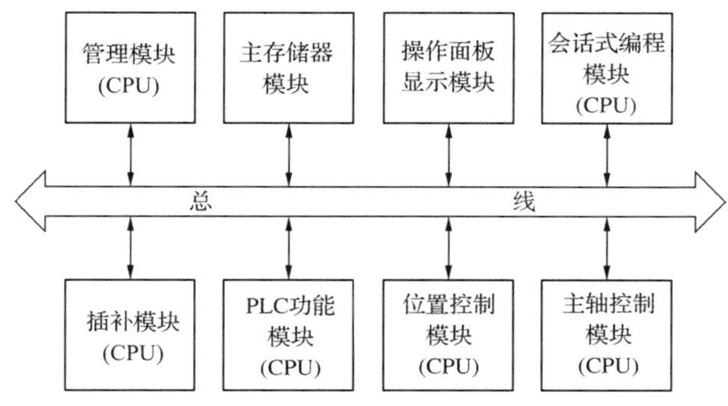

图 3-5　共享总线多微处理器硬件结构框图

连接与信息交换，由多端口控制逻辑电路解决访问冲突，其结构框图如图 3-6 所示。在共享存储器多微处理器硬件结构中，每个端口都配有一套数据、地址、控制线以供端口访问，各个主模块都有权控制使用多端口共享存储器。当多个模块同时请求使用多端口共享存储器时，由多端口逻辑控制电路来控制和解决访问冲突，此时只要多端口共享存储器的容量有空闲，一般就不会发生冲突。由于引起冲突的可能性较小，数据传输效率较高，结构也不太复杂，所以被广泛采用。但当 CNC 数控系统的功能十分复杂、要求 CPU 数量增多时，可能会因存储器容量有限导致争用多端口共享存储器而造成信息传输的阻塞，降低系统的效率，使其扩展功能较为困难。

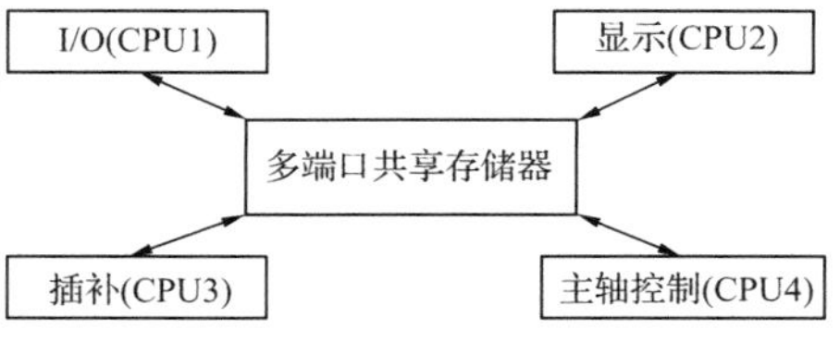

图 3-6　共享存储器多微处理器硬件结构框图

2. 多微处理器硬件结构的基本功能模块

(1)管理模块

该模块是管理和组织整个 CNC 系统工作的模块，主要功能包括：初始化、中断管理、总线仲裁、系统出错识别和处理、系统硬件与软件诊断等。

(2)插补模块

该模块用于零件程序的译码、刀具补偿、坐标位移量计算、进给速度处理等预处理，然后进行插补计算，并给定各坐标轴的位置值。

(3)位置控制模块

将坐标位置给定值与由位置检测装置反馈的实际位置值进行比较并获得差值，进行自动加/减速、回基准点、对伺服系统滞后量进行监视和漂移补偿，最后得到速度控制的模拟电压(或速度的数字量)，去驱动进给伺服电动机。

(4)PLC 模块

零件程序的开关量(S、T、M)信号和机床面板接收的信号在 PLC 模块中进行逻辑处理，实现机床电气设备的启动、停止，刀具交换，转台分度，工件计数、运转时间计数等。

(5)命令与数据输入/输出模块

指零件程序、参数和数据，各种操作指令的输入/输出以及显示所需要的各种接口电路。

(6)存储器模块

指存储数据的主存储器以及模块数据传送用的共享存储器。

3.2.3 开放式数控系统

1.开放式数控系统的由来

传统的数控系统大多以专用计算机为基础，其软件和硬件对用户都是封闭的。由于技术保密和降低成本等原因，长期以来各数控设备生产厂商的数控产品软硬件模块、编程语言、人/机交互界面各不相同，零部件之间不能互换或互不兼容，世界各大主流数控系统制造厂商在数控系统的硬件结构、实时操作系统、数据通信协议等方面实施技术垄断、市场垄断甚至技术服务垄断，使数控系统的最终用户无法对生产中使用的数控设备进行功能扩展、系统维护以及升级换代，这种封闭式的数控系统严重挫伤了数控最终用户的积极性，从根本上破坏了推广普及数控技术的潜在市场，严重制约了数控技术的发展。

为了适应现代化制造系统进步和发展的需要，克服封闭式数控系统所暴露出来的弊端，20 世纪 80 年代末人们开始进行开放式数控系统的研究。根据美国电气与电子工程师协会(IEEE)的定义，开放式数控系统必须具备互操作性、可移植性、可缩放性和可互换性的特点，使得各个功能模块能通过定义了的标准通信协议接口 API(Application Program Interface)来相互交换信息并相互操作。同时，系统还应具备一个实时的配置系统，使得各个功能模块无论在系统运行之初还是运行过程之中都能够被灵活地配置。鉴于 PC 已经成为微型计算机的事实标准，其开放的体系结构和丰富的软、硬件资源已经成为现代开放式数控系统的重要基础。

我国于 20 世纪 90 年代初开始着手研究上述问题，2002 年 6 月正式颁布了《机械电气设备开放式数控系统第 1 部分：总则》(GB/T 18759.1—2002)国家标准，并于 2003 年 1 月 1 日正式生效。虽然这仅仅是 ONC(开放式数控)标准的总则，远没有达到真正意义上全部 ONC 标准的制订，但它已经是一个具有较为完整系统框架的体系标准。

2.开放式数控系统的主要优点

开放式数控系统的本质特征是开放性，其含义是数控系统的开发可以在统一的平台上面向机床厂家和最终用户，可以通过修改、增加或减裁功能模块形成系列化，并可将最终用户的特殊用法集成到数控系统中，实现不同品种、不同档次的开放式数控系统。与传统的封闭式数控系统相比，开放式数控系统具有如下优点：

(1)面向未来开放

由于软、硬件接口遵循公认标准，所以扩展或升级的软、硬件资源很容易被现有系统所采纳、吸收和兼容。这意味着系统的开发费用将大大降低，系统性能可以持续改善，可靠性可不断提高，产品生命周期将大大延长。

(2)应用软件移植性好

开放式数控系统的应用软件与底层软硬件的支撑无关，便于多方位软件设计人员针对相同被控对象，在不同的运行环境下并行开发应用软件，可采用软件工程方法实现软件的模块化和复用，从而有效地解决数控系统应用软件的产业化，加快应用软件的开发。

(3)网络集成便捷

开放式数控系统采用标准总线和通信网络协议，可接入计算机网络，作为网络加工中的加工设备和通信站点，便于制造网络集成。

(4)人/机界面友好

开放式数控系统采用通用型人/机界面，符合人/机工程学的要求，操作方便、易于观察、交互性好。

(5)编程语言标准化

开放式数控系统采用统一性、标准化的数控加工编程语言,可以从根本上解决封闭式数控系统编程指令不统一的问题,可以大大减少编程工作量。

(6)系统灵活性强

开放式数控系统允许用户根据实际需要扩展或裁减系统,用户可以从低级控制器开始,逐步扩充系统的功能,提高系统的性能。用户也可在系统中融入自己的技术诀窍,创造出具有自己特色的产品。

(7)可增强市场竞争力

开放式数控系统通用性强,便于批量生产,可有效地保证数控系统的可靠性,并降低制造成本,增强市场竞争力。

3.3 CNC 系统的软件结构

3.3.1 CNC 系统软件结构的特点

CNC 系统软件是为完成 CNC 系统的各项功能而专门设计和编制的一种专用软件,又称为系统程序。CNC 系统程序的管理作用类似于计算机操作系统的功能。不同的 CNC 装置,其功能和控制方案也不同,因此各 CNC 系统软件在结构上和规模上差别较大,各厂家的软件互不兼容。数控系统是按照事先编制好的控制程序来实现各种控制功能的,而控制程序是根据用户对数控系统所提出的各种要求进行设计的。在设计 CNC 系统软件之前必须细致地分析被控制对象的特点和对控制功能的要求,决定采用哪一种计算方法。在确定好控制方式、计算方法和控制顺序后,应将信息处理流程用框图描述出来,形成一个明确而又清晰的轮廓。CNC 系统的软件结构具有如下特点:

1. 软、硬件逻辑功能的等价性

在 CNC 系统中,多数软件和硬件在逻辑功能上可以是等价的,即数控机床由硬件完成的工作,原则上也可以由软件来完成,但是它们各有特点:软件是程序,设计灵活,修改方便,价格相对较低,应变能力很强,但运行软件程序占用 CPU 资源使整机的反应速度变慢;硬件是芯片电路,反应速度较快,但专用芯片的价格相对较高,功能不易改变,应变能力较差。在 CNC 系统功能中,采用软件与硬件的分配比例是由性价比决定的。一般说来,软件结构首先要受到硬件结构的限制,而且现代 CNC 系统中的软、硬件功能界面并不是固定不变的,而是随着软、硬件的水平、成本以及 CNC 系统所具有的性能不同而变化。

在 CNC 装置中,系统功能的实现方法大致分为三种情况:第一种情况是由软件完成输入和插补准备,硬件完成插补和位置控制;第二种情况是由软件完成输入、插补准备和插补,硬件完成位置控制;第三种情况是由软件完成输入、插补准备、插补和位置控制等全部工作。CNC 装置软件和硬件的界面关系如图 3-7 所示。

2. CNC 系统的多任务性

在工业自动化生产中,CNC 系统作为一个独立的数字运算控制器,其多任务性表现在它必须完成系统管理和系统控制两大任务。其中,系统管理包括:输入、I/O 处理、通信、显示、诊

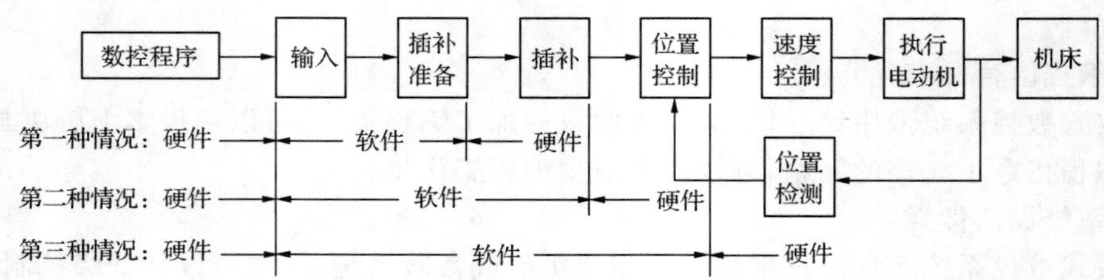

图 3-7 CNC 装置软件和硬件的界面关系

断以及加工程序的编制管理等程序，系统控制包括：译码、刀具补偿、速度处理、插补和位置控制等程序。图 3-8 所示为 CNC 系统任务分解图。

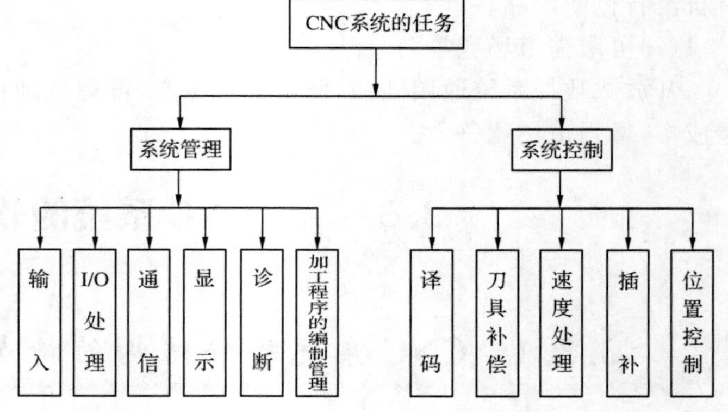

图 3-8 CNC 系统任务分解

由图 3-8 可知：从逻辑上讲，CNC 系统的任务可视为一个个单独的功能模块，各模块之间存在着一定的耦合关系；从时间上讲，各功能模块之间存在着时序配合问题，在许多情况下，某些功能模块必须协调运行完成。例如，为了便于操作人员及时掌握 CNC 系统的工作状态，管理软件中的显示模块必须与控制模块同时运行；当 CNC 系统处于连续加工工作方式时，管理软件中的程序输入模块必须与加工控制模块同时运行；而加工控制模块运行时，控制模块中某些相应的处理模块也必须同时运行。又如，为了保证切削加工过程的连续性和被加工零件表面的完整性，即刀具在相邻程序段间不停顿，控制模块中的译码、刀具补偿、速度处理模块必须与插补模块同时协调运行，而插补模块又必须与位置控制模块同时运行等。CNC 系统这种复杂的多任务并行处理关系如图 3-9 所示，其中具有并行处理关系的两模块之间用双向箭头连接来表示。

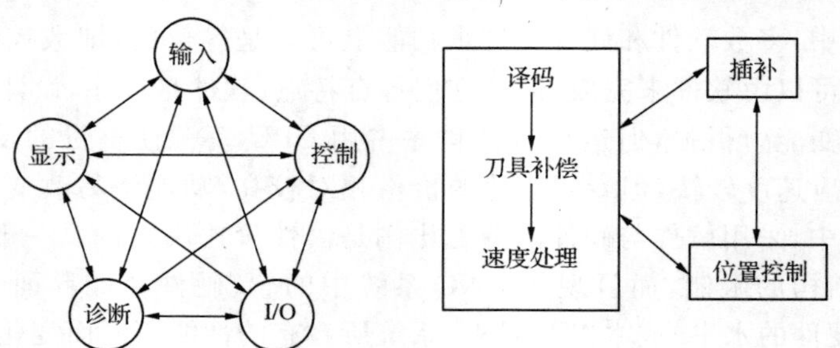

图 3-9 CNC 系统的多任务并行处理关系

事实上，CNC 系统软件融合了现代计算机软件技术中的多项研究成果，其中最突出的是多任务并行处理和实时中断处理技术。

3. 多任务并行处理

多任务并行处理是指计算机在同一时刻或同一时间间隔内完成两种或两种以上性质相同或不相同的工作。多任务并行处理的优点是可以提高 CNC 系统的运行速度。多任务并行处理可分为“资源重复”法、“时间重叠”法和“资源共享”法等并行处理方法。

目前在 CNC 装置的硬件结构中，广泛使用“资源重复”的并行处理技术，例如：采用多微处理器硬件结构来提高数控系统的工作速度；而在 CNC 装置的软件结构中，提高系统运行速度目前主要是采用“资源分时共享”和“时间重叠流水并行处理”方法。

(1)资源分时共享方法

在单微处理器硬件结构的 CNC 装置中，只有一个 CPU 控制实现系统的全部功能，需要采用 CPU 资源分时共享的方法来解决多任务同时运行问题。基本方法是在一定的时间间隔(通常称为时间片断)内，根据系统各项任务实时性要求的紧迫程度，规定各项任务占用 CPU 的时间长度，使它们按照规定的顺序和规则来分时共享 CPU 资源。在此需要解决两个问题：一是各项任务何时占用 CPU，二是各项任务占用 CPU 时间的长短。

图 3-10 为分时共享占用 CPU 工作时间的示意图。假设某 CNC 装置的软件功能有三项任务，即位置控制模块、插补运算模块以及背景程序模块，这三项程序模块的优先级别逐渐降低，其中位置控制模块的优先级别最高，其次是插补运算模块，背景程序模块的优先级别最低。按系统约定：每 4 ms 执行一次位置控制任务，每 8 ms 执行一次插补运算任务，这两项任务都由定时中断激活；当位置控制与插补运算都不需要执行时，则自动执行背景程序。按照这种方法，从系统约定的每一个单位时间片断(8 ms 或 16 ms)来看，一个 CPU 在单位时间内好像是同时处理了三项任务，但在任何时刻实际上只有一项任务占用 CPU。由此可知，资源分时共享并行处理方法只是宏观意义上的。若从微观意义上看，每项任务实际上是分时占用 CPU 的工作时间的。

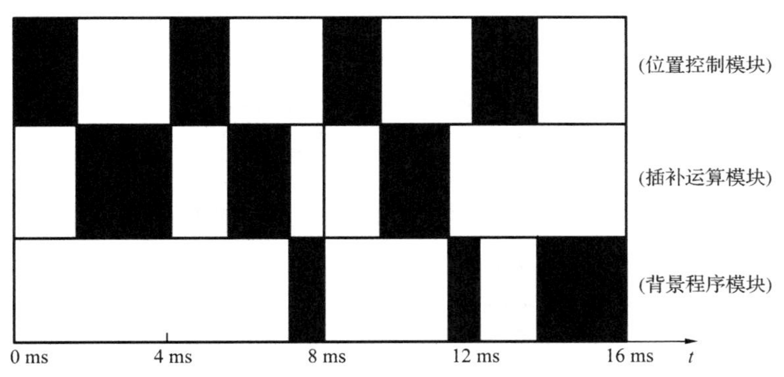

图 3-10 分时共享占用 CPU 工作时间

(2)时间重叠流水并行处理方法

在多微处理器结构的 CNC 装置中，根据各项任务之间的关联程度，常采用以下两种处理方法：其一，如果各项任务之间的关联程度不高，可将各项任务分别安排一个专用 CPU 来专门处理，并且使各项任务同时执行，此即所谓的“并发式处理”方法；其二，如果各项任务之间的关联程度较高，即某一项任务的输出是另一项任务的输入，则需要采用“流水并行处理”方法。

数控机床连续自动切削加工零件时，刀具运动轨迹的数据转换过程由“程序段输入、插补准备、插补运算、位置控制”四个子过程组成。在多微处理器结构的 CNC 装置中，虽然每个子过程由自带 CPU 的专用子模块处理，但由于前一模块的输出是后一模块的输入，四个子过程之间相互严重相关。设每个子过程的处理时间分别为 Δt_1、Δt_2、Δt_3、Δt_4，则处理一条数控加工程序段所需总时间为 $t=\Delta t_1+\Delta t_2+\Delta t_3+\Delta t_4$。如果采用图 3-11(a)所示的时间顺序流水处理方式工作，CNC 装置依次读取和逐条处理每一数控加工程序段时，由于每条程序段均需要处理四个子过程，又因为四个子过程之间严重相关，某一子模块运行时其余三个子模块必须等待，这就使 CNC 装置输出的位置控制数据变得支离破碎，使相邻两输出数据之间具有较长的时间间隔 t。这种时间间隔 t 反映到数控机床加工过程中就是刀具走刀的时走时停，将会使加工速度变得很慢，还会严重影响加工精度，甚至损坏切削刀具。显然，这种情况在数控加工工艺上是绝对不被允许的。消除这种时间间隔的措施是采用图 3-11(b)所示的时间重叠流水并行处理方式，将自带 CPU 的四个专用子模块的运行时间合理地重叠起来，使四个专用子模块同时工作，以资源重复为代价来换取时间上的节约，以空间复杂性来换取加工的快速性。显而易见，采用时间重叠流水并行处理方法，可以大大提高数控机床的工作速度和加工精度。

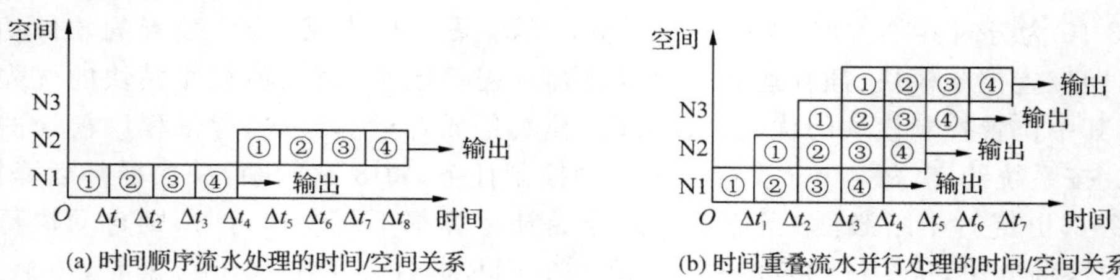

图 3-11　时间重叠流水并行处理方法的时间/空间关系

时间重叠流水并行处理的工作过程实例参见表 3-1。假设某 CNC 装置共有三个 CPU：CPU1 专门执行译码、CPU2 专门执行刀补、CPU3 专门执行插补运算及输出数据。刚开始在 Δt_1 时间，该 CNC 装置仅有 CPU1 读入并执行第一程序段的译码①，其余 CPU 均处于空闲状态；到了 Δt_2 时间，CPU1 改为读入并执行第二程序段的译码②，CPU2 开始工作读入并执行第一程序段的刀补①，CPU3 空闲；到了 Δt_3 时间，CPU1 再次改为读入并执行第三程序段的译码③，CPU2 改为执行第二程序段的刀补②，CPU3 开始工作执行第一程序段的插补运算及输出数据①；从 Δt_4 时间开始，三个 CPU 均保持不停顿工作状态，分头处理各自负责的专项工作，并且都将各自的计算结果同步向后传输，所以在 Δt_4、Δt_5、Δt_6、………，每个 Δt 时间段均有插补运算所得的数据输出，从而保证了数控机床切削加工走刀运动的连续性。可见采用这种方法，可以大大提高 CNC 系统的处理速度。

表 3-1　时间重叠流水并行处理的工作过程实例

CPU 功能	Δt_1	Δt_2	Δt_3	Δt_4	Δt_5
译码(CPU1)	译码①	译码②	译码③	译码④	译码⑤
刀补(CPU2)		刀补①	刀补②	刀补③	刀补④
插补运算及输出数据(CPU3)			插补运算及输出数据①	插补运算及输出数据②	插补运算及输出数据③

4. 实时中断处理

CNC 系统软件结构的另一个特点是实时中断处理。CNC 系统程序以零件加工为对象，每个程序段中有许多子程序，它们按照预定的顺序反复执行，各步骤间关系十分密切，有许多子程序实时性很强，这就决定了中断成为整个系统不可缺少的重要组成部分。CNC 系统的中断管理主要由硬件完成，而系统的中断类型决定了软件结构模式。

CNC 系统的中断类型如下：

(1)外部中断

主要有纸带光电阅读机中断、外部监控中断(如急停、量仪到位等)和键盘、操作面板输入中断等。前两种中断的实时性要求很高，将它们放在较高的中断优先级别上，而键盘和操作面板输入中断则放在稍低的中断优先级别上，在有些 CNC 系统中，甚至采用查询的方式来处理它。

(2)内部定时中断

内部定时中断主要有插补周期定时中断和位置采样定时中断。在有些 CNC 系统中将两种定时中断合二为一。但在处理时，总是先处理位置控制，然后处理插补运算。

(3)硬件故障中断

它是各种硬件故障检测装置发出的中断。如存储器出错、定时器出错、插补运算超时等。

(4)程序性中断

它是程序中出现异常情况时的报警中断。如各种溢出、清零等。

3.3.2 CNC 系统的软件结构模式

CNC 系统的软件结构模式取决于系统采用的中断类型。在常规的 CNC 系统中，有前后台型和中断驱动型以及功能模块化软件结构模式。

1. 前后台型软件结构

在前后台型软件结构中，程序模块被分为两大部分：前台程序和后台程序。CNC 系统规定，前台程序的实时性要求高于后台程序，前台程序可以打断后台程序的运行。一部分实时性要求强的程序模块，如插补运算、伺服控制、机床的 I/O 控制、异常情况处理、外部设备管理等作为前台程序。前台程序是一个实时中断服务程序，前台程序的执行由实时中断或外部中断产生，因此它们实质上是实时中断和外部中断的中断服务程序，用于实现与机床加工动作直接相关的功能。后台程序又称为背景程序，它是一个自动循环执行程序，CNC 装置中一些实时性要求不高的功能，如零件加工程序输入/输出管理、程序的编辑、零件加工程序的译码、插补预处理、系统状态的显示、程序管理等，均由后台程序承担。

前后台型软件结构的原理框图如图 3-12 所示：程序一经启动，首先经过初始化，接着便进入后台程序自动循环，同时开放前台程序定时中断，每隔一定时间间隔前台发生一次中断。在后台程序运行的过程中，前台的实时中断程序不断地定时插入，执行完毕后立即返回后台程序，如此密切配合、循环往复，共同完成 CNC 数控系统的全部功能。

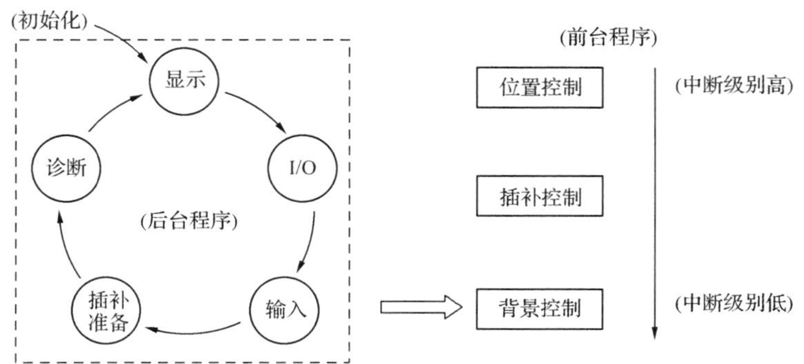

图 3-12 前后台型软件结构的原理框图

值得注意的一点是，在前台程序两次执行之间必须为后台程序保留足够的执行时间，否则后台程序无法执行。如果前台程序执行时间长于中断产生的间隔，就会引起中断重叠，造成失步等错误。

2. 中断驱动型软件结构

中断驱动型软件结构的控制程序实际上是一个多重中断系统，该系统中的插补运算、位置控制、程序输入/输出、CRT 显示、开关状态扫描等操作，都是通过识别不同的中断并执行对应的中断服务程序来实施的。图 3-13 所示为典型的中断驱动型软件结构的原理框图。除了初始化和中断管理程序之外，这种结构的软件没有主程序。FANUC 7M 系统控制软件就采用了中断驱动型软件结构。

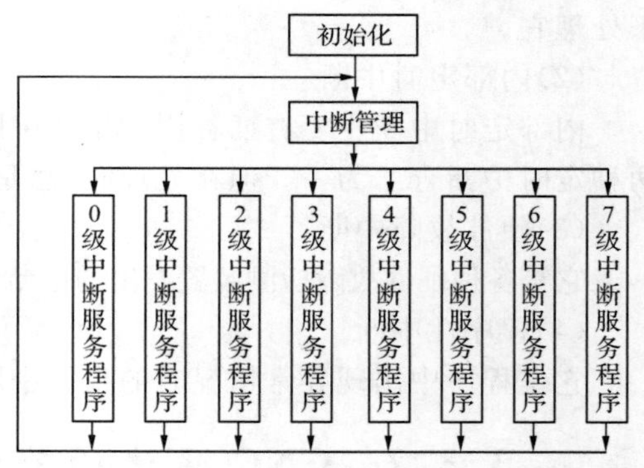

图 3-13　中断驱动型软件结构的原理框图

表 3-2 给出了 FANUC 7M 系统中不同优先级别的 8 个中断功能，其优先级别从低至高依次排列为 0 级到 7 级。FANUC 7M 系统的中断请求有两个来源：一个是由时钟和其他外部设备产生的中断请求信号，称为硬件中断请求；另一个是由程序产生的中断请求信号，称为软件中断请求。中断驱动型软件系统规定：优先级别高的中断可以打断优先级别低的中断服务程序的执行。虽然第 7 级中断（故障报警）的优先级别最高，但在数控机床正常切削加工零件时第 7 级中断不用，于是第 6 级中断（伺服系统位置控制）就获得了最高优先级别，这是因为数控机床在正常切削加工零件时的伺服控制实时性最强，绝对不能耽误。FANUC 7M 系统的第 0 级中断（CRT 显示）请求由硬件（接地）产生，因此第 0 级中断请求始终存在，在没有其他更高级别的中断请求出现时，CNC 系统就总是响应第 0 级中断，执行第 0 级中断服务程序进行 CRT 显示。从这种意义上看，第 0 级中断的服务程序相当于前后台型软件结构中的后台程序。此外，由于软件中断的存在，一个中断服务程序可以用设置适当的软件中断请求的方式激活其他中断服务程序，这就起到了传递控制标志、协调各个中断程序执行顺序的作用。

表 3-2　　FANUC 7M 系统的各级中断功能

中断级别	主要功能	中断源
0	CRT 显示	硬件（接地）
1	译码、刀具中心轨迹计算等	软件 16 ms 定时
2	键盘及面板输入扫描、输入/输出信息处理等	软件 16 ms 定时
3	外部操作面板和电传打字机处理	硬件
4	插补计算、终点判别及转段处理	软件 8 ms 定时
5	阅读机中断	硬件或软件
6	伺服系统位置控制	4 ms 硬件时钟
7	故障报警	硬件

比较以上两种不同结构的 CNC 控制软件，两者各有优缺点。相对来说，中断驱动型软件结构比较好，便于程序修改和功能扩充，有利于向多微处理器 CNC 数控系统发展；但这种结构的程序可读性较差，因为不容易从某一个或某几个独立的中断程序来了解 CNC 控制软件的总体全貌。前后台型软件结构因为具有后台程序，可以很方便地了解 CNC 系统的层次结构，因此程序可读性较好；但前后台型的软件结构一般适合单微处理器集中式控制，对 CPU 的性能要求特别高而导致价格高昂，因为半导体芯片技术更新太快，昂贵高档的 CPU 很容易过时被淘汰，这就使前后台型软件结构的 CNC 数控系统的性能很难保持最优。

3. 功能模块化软件结构

为了提高 CNC 数控系统处理的实时性和并行性任务的速度与能力，目前已经越来越多地采用多微处理器硬件结构，以便使数控装置的功能进一步增强，结构更加紧凑，更适用于多轴控制、高速进给、高精度和高效率切削加工的数控系统。

多微处理器的 CNC 装置多采用模块化结构，每个微处理器分管各自的任务，形成特定的功能模块；相应的控制软件也已模块化，形成功能模块化的软件结构，将其固化在对应的硬件功能模块中，使各功能模块之间有明确的软硬件接口。

如图 3-14 所示的功能模块化软件结构主要由三大模块组成，即人机通信（MMC）模块、数控通道（NCK）模块、可编程控制器（PLC）模块。每个模块都是一个专用的微处理器系统，三者可以互相通信。各模块的功能见表 3-3。

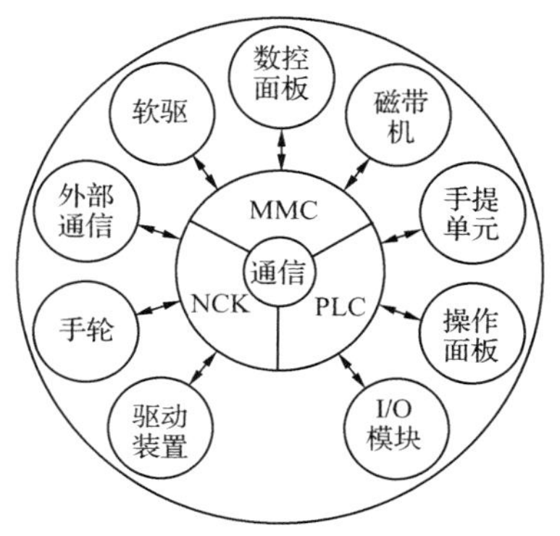

图 3-14 功能模块化软件结构

表 3-3 功能模块化软件结构三大模块的功能

模 块	功能说明
MMC 模块	完成与数控面板、软盘驱动器及磁带机之间的连接，实现操作、显示、编程、诊断、调机、仿真加工及维修等功能
NCK 模块	完成程序段准备、插补运算、位置控制等功能。可与驱动装置、手轮连接；可与外部 PC 进行通信，实现各种数据变换；还可构成柔性制造系统时的信息传递、转换和处理等
PLC 模块	完成机床的逻辑控制，通过选用通信接口实现联网通信。可连接机床操作面板、手提单元（便携式移动操作单元）和 I/O 模块等

3.4 插补原理与计算

3.4.1 概 述

在数控机床加工过程中，刀具是一步一步移动的。刀具移动一步的最小距离叫脉冲当量，脉冲当量是刀具所能移动的最小单位。从理论上讲，刀具的运动轨迹是折线，而不是光滑的曲线。因此，刀具不能严格地按照设计图纸规定的曲线运动，只能以折线近似地替代所需加工的零件廓形。

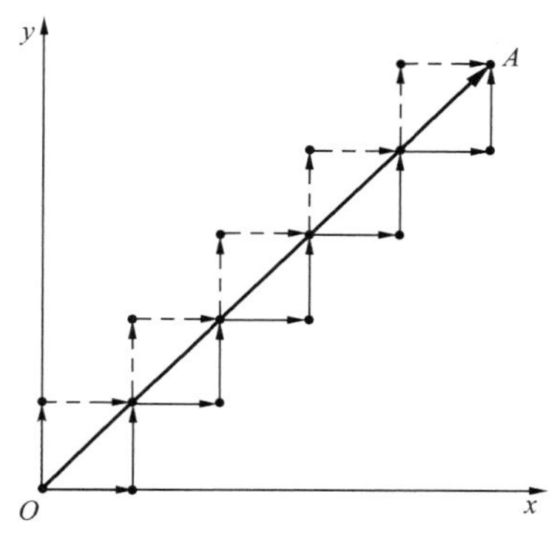

图 3-15 插补轨迹

例如，所要加工的零件廓形是线段 OA（图 3-15），用数控机床加工该零件廓形时，可以让刀具沿着图中的细实线进给，即先让刀具沿 x 轴走一步，再让刀具沿 y 轴走一步，直至终点 A；也可以让刀具沿图中的细虚线进给，即先让刀具沿 y 轴走一步，然后沿 x 轴走一步，直到终点 A。

数控加工时刀具沿什么样的折线轨迹进给，由机床的数控系统确定。数控系统依特定方法确定刀具运动轨迹的过程叫插补，所依据的方法叫插补方法。

根据输出信号方式，插补方法可分为脉冲插补法和增量插补法。前者在插补计算后输出的是脉冲序列，如逐点比较插补法和数字积分插补法。后者输出的是增量，如数字增量插补法，又称为数据采样法。也可根据被插补曲线的几何形状对插补方法进行分类，如直线插补法、圆弧插补法、抛物线插补法、高次曲线插补法等。大多数数控机床只有直线插补和圆弧插补功能。实际的零件廓形可能既不是直线，也不是圆弧，这时，必须先对零件廓形进行直线-圆弧拟合，用多段直线和圆弧近似地替代零件廓形，然后才能进行加工。

数控系统中，完成插补工作的装置叫插补器。早期的数控系统使用硬件插补器，它主要由数字电路构成，结构复杂，成本高。现在的数控系统多采用软件插补器，它主要由微处理器组成，通过编程就可完成不同的插补任务。软件插补器结构简单，灵活易变。

3.4.2 逐点比较插补法

1. 逐点比较插补法的原理

(1)基本思路

逐点比较插补法的基本思路：计算机读取刀位点当前位置的坐标值，通过计算，比较刀具当前位置坐标与所加工曲线的相对关系，由计算机判断确定下一步刀具运动的方向，并指挥数控机床执行加工。

(2)偏差函数

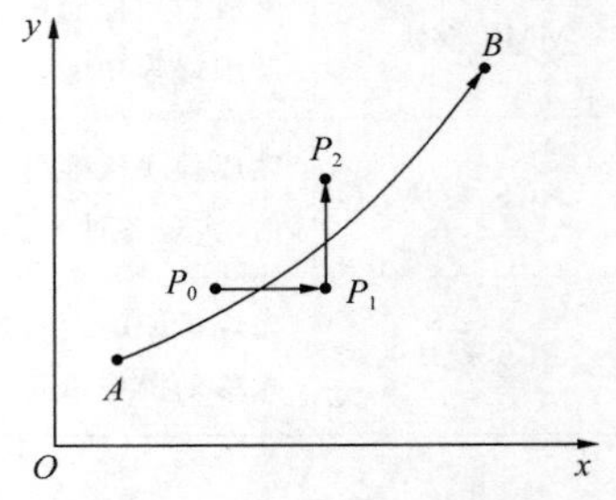

图 3-16 刀位点与插补线段

如图 3-16 所示：为了便于计算机判断刀位点与插补线段的相互位置关系，根据曲线 AB 的形状，首先需要专门构建一个函数 $F=F(x,y)$，使函数式中的 (x,y) 数值等于数控机床刀具当前位置点 P(P 点又称为“刀位点”)的坐标，还要使函数 $F=F(x,y)$ 的函数值符号与刀位点的对应位置满足表 3-4 所示的对应关系。

表 3-4 偏差函数值符号与刀位点位置的对应关系

偏差函数值 $F(x,y)$	刀位点位置
$F>0$	刀位点在曲线的上方
$F=0$	刀位点在曲线上
$F<0$	刀位点在曲线的下方

由于函数 $F=F(x,y)$ 的数值符号严格对应刀位点 P 与曲线 AB 的相互位置关系，因此称函数 $F=F(x,y)$ 为“偏差函数”。

(3)四个节拍

逐点比较插补法的工作循环过程，包括“偏差计算、符号判别、进给方向、终点判断”四个节拍。各节拍的功能分别为：

①偏差计算：根据刀位点的当前位置坐标(x,y)，计算偏差函数$F=F(x,y)$的值。

②符号判别：提取偏差函数值的符号正、负、零并加以判别，以确定刀位点相对于被加工曲线的相对位置。

③进给方向：根据符号判别的结果确定下一步刀具运动的方向，指挥数控机床执行加工，使刀具沿着这个方向进给一步更靠近插补线段的终点。在图 3-16 中，P_0点的偏差函数值$F(x_0,y_0)$大于零，表明刀位点P_0在曲线AB的上方，为了让刀具靠近曲线并向终点B靠拢，显然应当让刀具沿$+x$方向走一步；若偏差函数值小于零，则表明刀具在曲线AB的下方（图 3-16 中的P_1点），应让刀具沿$+y$方向走一步。

④终点判断：终点判断的目的是判断是否到达终点。若已经到达终点，则停止插补；若没有到达终点，再回到第一拍。

逐点比较插补法的四个节拍顺序运行一次称为一个工作循环，每一个工作循环可以使刀具向曲线终点移动一步，如此不断重复上述循环过程，就能够加工出所需要的轮廓形状。

2. 逐点比较法直线插补

(1)偏差函数

如图 3-17 所示，OA是要插补的某一条线段，起点为$O(0,0)$，终点为$A(x_A,y_A)$。数控机床刀具的当前位置为刀位点$P(x,y)$。由P点向x轴作垂线，与线段OA交于点$K(x,\bar{y})$，交点K的横坐标与刀位点P的横坐标同为x，交点K的纵坐标为$\bar{y}=\frac{y_A}{x_A}x$。为了进行插补，定义一个偏差函数：

$$F=(y-\bar{y})x_A \tag{3-1}$$

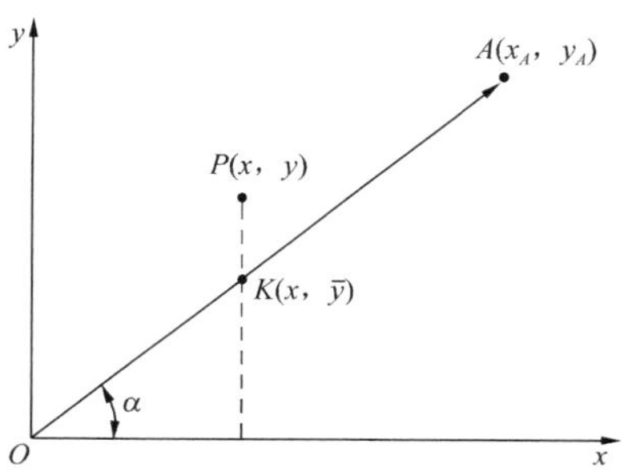

图 3-17 直线插补的偏差函数

将$\bar{y}$代入式(3-1)，得：

$$F=(y-\frac{y_A}{x_A}x)x_A=x_Ay-y_Ax \tag{3-2}$$

考察式(3-2)的函数值与图 3-17 线段的对应关系知：当$F>0$时，刀位点P在线段的上方；当$F=0$时，刀位点P在线段上；当$F<0$时，刀位点P在线段的下方。可见，式(3-2)可以作为逐点比较法直线插补时的偏差函数。

(2)进给方向与偏差计算

①插补之前$(F=0)$

由数控机床切削加工的现场情况可知，在插补开始前，刀具已经到达插补线段的起点O，或者说刀位点已经在插补线段上。由表 3-4 的对应关系知，此时偏差函数的数值为：

$$F_0=0 \tag{3-3}$$

由于刀具已经在插补线段上，无论刀具沿坐标轴朝哪个方向运动，都会使刀具偏离插补线段，使偏差函数的绝对值加大，但是，若刀具不做进给运动就无法进行后续切削加工。为了使切削加工得以持续进行，故将$F=0$的情况归入$F>0$的情况一并讨论。

②刀位点在线段上方$(F>0)$

如图 3-18(a)所示，设某时刻刀具运动到点$P_1(x_i,y_i)$，该点的偏差函数值为：

$$F_i=x_Ay_i-y_Ax_i>0 \tag{3-4}$$

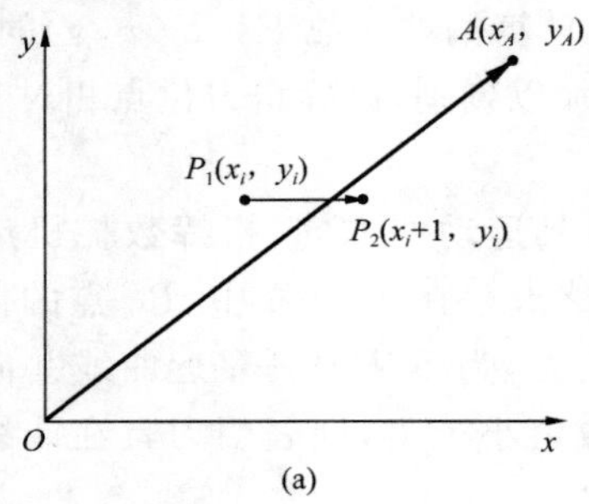

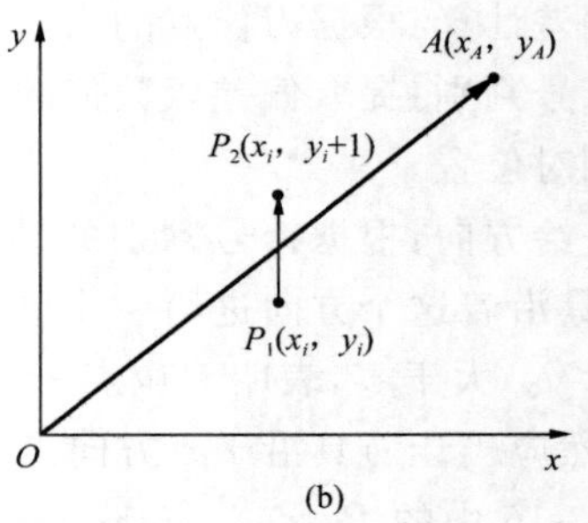

图 3-18 直线插补的进给方向

经简单判断知，因 $F_i>0$，刀具位于线段的上方，故刀具应沿 $+x$ 方向走一步，到达 $P_2(x_i+1,y_i)$ 点。此时，刀具在 P_2 点的偏差函数值为：

$$F_{i+1}=x_A y_{i+1}-y_A x_{i+1}=x_A y_i-y_A(x_i+1)=(x_A y_i-y_A x_i)-y_A$$

利用式(3-4)可以得到递推公式：

$$F_{i+1}=F_i-y_A \tag{3-5}$$

③刀位点在线段下方($F<0$)

如图 3-18(b)所示，设某时刻刀具运动到点 $P_1(x_i,y_i)$，该点的偏差函数值 $F_i<0$，说明刀具位于插补线段的下方，应沿 $+y$ 方向走一步，到达 $P_2(x_i,y_i+1)$ 点。此时，刀具在 P_2 点的偏差函数值为：

$$F_{i+1}=x_A y_{i+1}-y_A x_{i+1}=x_A(y_i+1)-y_A x_i=(x_A y_i-y_A x_i)+x_A$$

同理，利用式(3-4)可以得到递推公式：

$$F_{i+1}=F_i+x_A \tag{3-6}$$

表 3-5 给出了逐点比较法直线插补的进给方向与偏差计算。

表 3-5　　直线插补的进给方向与偏差计算

偏差情况	进给方向	偏差计算
$F_i\geqslant 0$	$+x$	$F_{i+1}=F_i-y_A$
$F_i<0$	$+y$	$F_{i+1}=F_i+x_A$

表 3-5 所示方法与直接计算刀位点坐标值的方法相比较，由于仅采用了加法递推公式，在计算过程中只用加/减法，不用乘/除法，因此计算机的运算简便、速度加快。该递推法只用到了插补线段终点的坐标 $A(x_A,y_A)$，在插补过程中不需要计算和保留刀具的瞬时位置坐标，大大减少了计算机的工作量，缩短了计算时间，提高了插补速度。

(3)终点判断

由于插补误差的存在，刀具的运动轨迹有可能不通过直线的终点 $A(x_A,y_A)$。因此，在插补过程中不可能把刀具坐标值与终点坐标值是否相等作为到达插补终点的判断依据。根据分析，可以改用刀具沿 x、y 两轴所走的插补总步数来判断插补线段是否加工完毕。

如图 3-18 所示，刀具从直线起点 O 出发，插补移动到直线终点 $A(x_A,y_A)$，沿 x 轴应走的插补总步数为 x_A，沿 y 轴应走的插补总步数为 y_A。可见，加工完线段 OA，刀具沿 x、y 两坐标轴应走的插补总步数为

$$N=x_A+y_A \tag{3-7}$$

在逐点比较法直线插补中，每一个插补循环结束后刀具只能走一步。也就是说，每次插补循环后刀具只能沿 x 轴走一步，或者只能沿 y 轴走一步，插补循环数 i 与刀具已走的总步数相等。这样，就可以根据插补循环数 i 是否等于刀具应走的总步数 N 来判断终点，即判断逐点比较法直线插补加工完毕的条件为

$$i=N \tag{3-8}$$

(4)逐点比较法直线插补例题

例 3-1 如图 3-19 所示，数控机床切削加工某零件上的线段 OA，直线的起点在坐标原点 $O(0,0)$，直线的终点为 $A(8,6)$。试用逐点比较法对该直线进行插补，并画出插补轨迹。

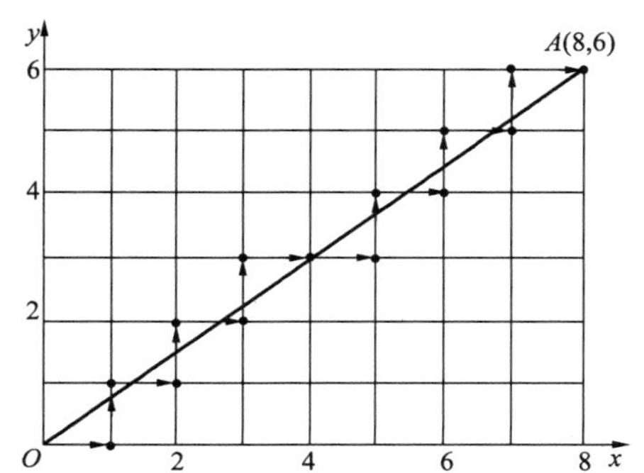

图 3-19 逐点比较法直线插补及插补轨迹

解：①计算插补总步数：由式(3-7)知，若要插补完这条线段 OA，刀具沿 x、y 两坐标轴应走的插补总步数为：

$$N=x_A+y_A=8+6=14$$

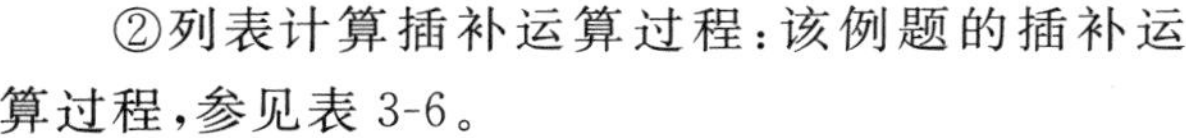

②列表计算插补运算过程：该例题的插补运算过程，参见表 3-6。

③用坐标纸画出插补轨迹：该例题的插补运动轨迹如图 3-19 所示。

表 3-6 **逐点比较法直线插补运算过程**

插补序号	符号判别	进给方向	偏差计算	终点判断
0			$F_0=0$	$i=0$
1	$F_0=0$	$+x$	$F_1=F_0-y_A=0-6=-6$	$i=0+1=1<N$
2	$F_1=-6<0$	$+y$	$F_2=F_1+x_A=-6+8=2$	$i=1+1=2<N$
3	$F_2=2>0$	$+x$	$F_3=F_2-y_A=2-6=-4$	$i=2+1=3<N$
4	$F_3=-4<0$	$+y$	$F_4=F_3+x_A=-4+8=4$	$i=3+1=4<N$
5	$F_4=4>0$	$+x$	$F_5=F_4-y_A=4-6=-2$	$i=4+1=5<N$
6	$F_5=-2<0$	$+y$	$F_6=F_5+x_A=-2+8=6$	$i=5+1=6<N$
7	$F_6=6>0$	$+x$	$F_7=F_6-y_A=6-6=0$	$i=6+1=7<N$
8	$F_7=0$	$+x$	$F_8=F_7-y_A=0-6=-6$	$i=7+1=8<N$
9	$F_8=-6<0$	$+y$	$F_9=F_8+x_A=-6+8=2$	$i=8+1=9<N$
10	$F_9=2>0$	$+x$	$F_{10}=F_9-y_A=2-6=-4$	$i=9+1=10<N$
11	$F_{10}=-4<0$	$+y$	$F_{11}=F_{10}+x_A=-4+8=4$	$i=10+1=11<N$
12	$F_{11}=4>0$	$+x$	$F_{12}=F_{11}-y_A=4-6=-2$	$i=11+1=12<N$
13	$F_{12}=-2<0$	$+y$	$F_{13}=F_{12}+x_A=-2+8=6$	$i=12+1=13<N$
14	$F_{13}=6>0$	$+x$	$F_{14}=F_{13}-y_A=6-6=0$	$i=13+1=14=N$(结束)

(5)直线插补的计算机程序框图

图 3-20 是逐点比较法直线插补的计算机程序框图。图中 i 是插补序号，F_i 是第 i 个插

补循环中偏差函数的值，(x_A, y_A)是待插补线段的终点坐标，N 是插补加工完该线段刀具应走的插补总步数。插补时钟的频率为 f，它用于控制计算机插补的节奏。

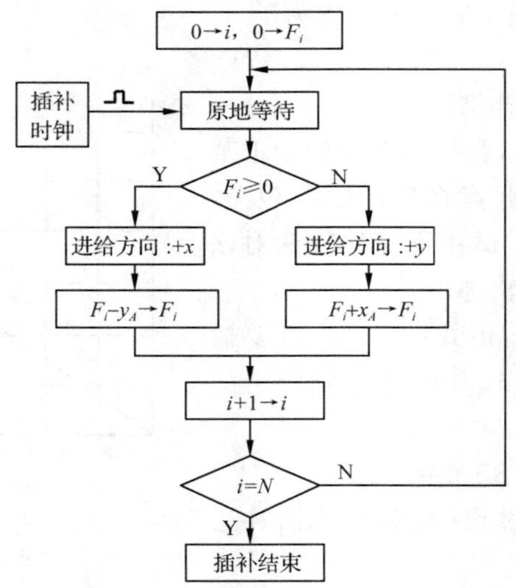

图 3-20　逐点比较法直线插补的计算机程序框图

插补之前，刀具位于插补线段的起点，此时的偏差函数值 $F_0=0$。因为还没有开始进行插补，所以此时的插补循环序号 i 也为零。

在每一个插补循环开始时，插补器先进入"原地等待"状态。当插补时钟电路发出一个插补时钟脉冲后，插补器跳出等待状态，向下运行。这样，插补时钟电路每发出一个插补时钟脉冲，就触发插补器进行一次插补循环，从而可以用插补时钟脉冲的频率来控制插补的速度，这也就控制了数控机床刀具切削加工零件的进给速度。

插补器跳出"原地等待"状态后，先进行偏差函数值的符号判别。由表 3-5 可知，若偏差函数值 $F_i \geqslant 0$，刀具的进给方向应为 $+x$，进给一步后新的偏差函数值变成 $F_i - y_A$；若偏差函数值 $F_i < 0$，刀具的进给方向应为 $+y$，进给一步后新的偏差函数值为 $F_i + x_A$。

(6)四个不同象限的直线插补计算

为了进行四个象限的逐点比较法直线插补，可以将第Ⅰ象限直线插补方法做适当处理后，推广到其余不同的象限。在进行此类偏差函数的计算时，无论是对终点在哪个象限的直线进行插补，一律采用线段终点坐标的绝对值代入偏差函数式进行计算。由此，可以得到在四个不同象限中逐点比较法直线插补的计算规律，见表 3-7。由表 3-7 可知：当刀位点位于直线上时，规定偏差函数的值 $F=0$；当刀位点不在直线上且偏向 y 轴一侧时，规定偏差函数的值 $F>0$；当刀位点不在直线上且偏向 x 轴一侧时，规定偏差函数的值 $F<0$。由表 3-7 还可知，当 $F \geqslant 0$ 时，若刀位点在第Ⅰ、Ⅳ象限内应该走 $+x$ 方向，若刀位点在第Ⅱ、Ⅲ象限内应该走 $-x$ 方向；当 $F<0$ 时，若刀位点在第Ⅰ、Ⅱ象限内应该走 $+y$ 方向，若刀位点在第Ⅲ、Ⅳ象限内应该走 $-y$ 方向。同理，可以将各线段终点坐标的绝对值之和作为插补总步数的数值，将其输入插补总步数计数器内用于进行终点判断。

表 3-7　　四个不同象限的逐点比较法直线插补计算规律

图示	不同象限线型（下标表示象限）	$F_i \geqslant 0$ 时，进给方向	$F_i < 0$ 时，进给方向	偏差计算公式
	L_{I}	$+x$	$+y$	$F_i \geqslant 0$ 时：$F_{i+1}=F_i-\lvert y_A\rvert$ $F_i<0$ 时：$F_{i+1}=F_i+\lvert x_A\rvert$
	L_{II}	$-x$	$+y$	
	L_{III}	$-x$	$-y$	
	L_{IV}	$+x$	$-y$	

3. 逐点比较法圆弧插补

(1)偏差函数

如图 3-21 所示，$\overset{\frown}{AB}$ 是要插补的某一段圆弧，圆弧的圆心在坐标原点 $O(0,0)$，起点为 $A(x_A,y_A)$，终点为 $B(x_B,y_B)$，圆弧半径为 R。数控机床切削刀具的当前位置为刀位点 $P(x,y)$。

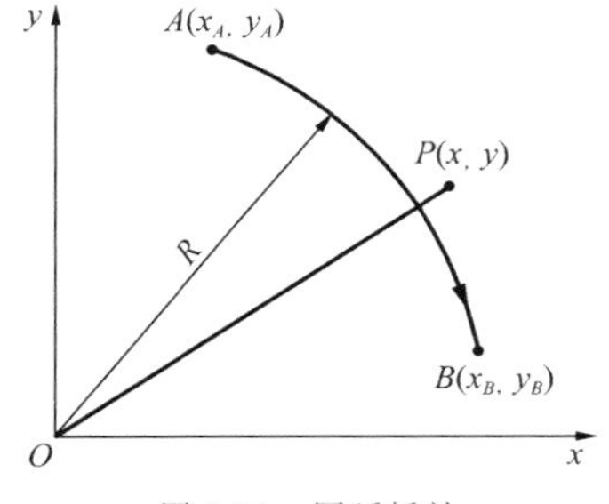

图 3-21　圆弧插补

逐点比较法圆弧插补时，用刀位点 P 至圆弧中心 O 的距离 $\overline{OP}$ 与圆弧的半径 R 进行比较，以此为依据判断刀具下一步的进给方向。故偏差函数定义为：

$$F=\overline{OP}^2-R^2 \tag{3-9}$$

为了计算方便，将 $\overline{OP}=\sqrt{x^2+y^2}$ 代入式(3-9)，得：

$$F=x^2+y^2-R^2 \tag{3-10}$$

将式(3-10)中函数值 F 的±符号与图 3-21 中刀位点 P 相对于圆弧的位置相比较知：当 $F>0$ 时，刀位点在圆弧外；当 $F=0$ 时，刀位点在圆弧上；当 $F<0$ 时，刀位点在圆弧内。可见，式(3-10)可以作为逐点比较法圆弧插补时的偏差函数。表 3-8 归纳了逐点比较法圆弧插补时偏差函数值符号与刀位点位置的对应关系。

表 3-8　　偏差函数值与刀位点位置的对应关系

偏差函数值 $F(x,y)$	刀位点位置
$F>0$	刀位点在圆弧外
$F=0$	刀位点在圆弧上
$F<0$	刀位点在圆弧内

(2)进给方向与偏差计算

圆弧插补可分为顺圆圆弧插补与逆圆圆弧插补两种，插补方向与时钟的指针走向一致称为顺圆圆弧插补，反之称为逆圆圆弧插补。数控机床加工这两种圆弧时，切削刀具的走刀方向不同，偏差函数的计算过程也不相同。以下对这两种圆弧分别进行讨论。

①顺圆插补

(a)插补之前($F=0$)。

在圆弧插补之前，刀位点已经到达圆弧的起点 A。由于点在圆弧上，根据表 3-8 的对应关系知，此时的偏差函数值为：

$$F_0=0 \tag{3-11}$$

为了便于进行插补计算，将其归入到 $F>0$ 的情况一并讨论。

(b)刀位点在圆外($F>0$)。

设某时刻刀具运动到 $P_i(x_i,y_i)$ 点，该点的偏差函数为：

$$F_i=x_i^2+y_i^2-R^2 \tag{3-12}$$

若 $F_i \geqslant 0$，由表 3-8 知刀位点在圆外或圆上。根据图 3-22(a)所示，为了让刀位点靠近圆弧并朝圆弧终点 B 进给，应当让刀具沿 $-y$ 方向走一步，到达 $P_{i+1}(x_i,y_i-1)$点。此时刀具在 P_{i+1} 点的偏差函数为：

$$F_{i+1}=x_{i+1}^2+y_{i+1}^2-R^2=x_i^2+(y_i-1)^2-R^2=(x_i^2+y_i^2-R^2)-2y_i+1 \tag{3-13}$$

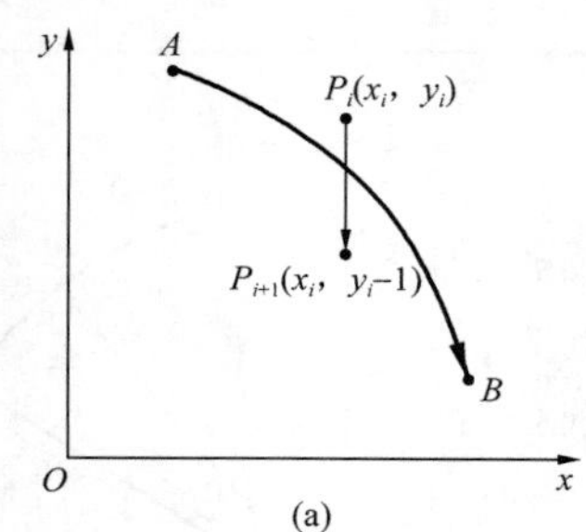

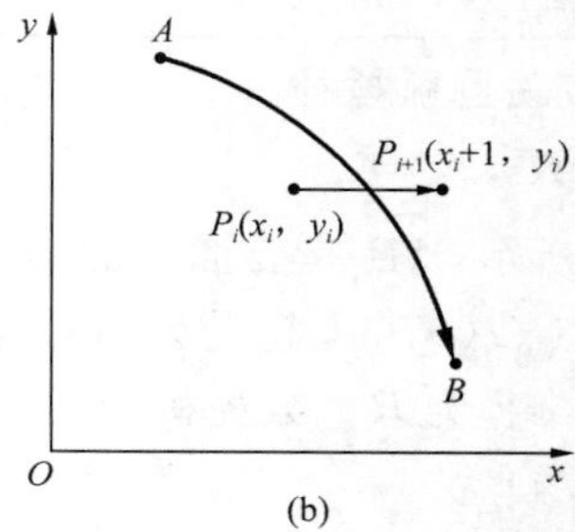

图 3-22 顺圆插补的进给方向

把式(3-12)代入式(3-13)，可化简得到递推公式：

$$F_{i+1}=F_i-2y_i+1 \tag{3-14}$$

(c)刀位点在圆内($F<0$)。

若 $F_i<0$，由表 3-8 可知刀位点 $P_i(x_i,y_i)$在圆弧内。根据图 3-22(b)所示，应当让刀具沿 $+x$ 方向走一步，到达 $P_{i+1}(x_i+1,y_i)$点。经简单计算可知，此时刀具在 P_{i+1} 点的坐标值为 $P_{i+1}(x_i+1,y_i)$。可见，此时刀具在 P_{i+1} 点的偏差函数为：

$$\begin{aligned}F_{i+1}&=x_{i+1}^2+y_{i+1}^2-R^2=(x_i+1)^2+y_i^2-R^2\\&=(x_i^2+y_i^2-R^2)+2x_i+1\end{aligned}$$

把式(3-12)代入上式，可得递推公式：

$$F_{i+1}=F_i+2x_i+1 \tag{3-15}$$

式(3-11)、式(3-14)、式(3-15)组成了顺圆插补时偏差函数的递推公式。与偏差函数的直接计算公式(3-10)相比较，由于递推公式只采用了加/减法运算(乘 2 可用两次加来实现)而不采用乘法运算或乘方运算，所以计算简便，计算机的运算速度很快。

逐点比较法顺圆插补的规律和计算公式见表 3-9。

表 3-9 顺圆插补的规律和计算公式

符号判别	插补简图	进给方向	偏差计算	坐标计算
$F_i \geqslant 0$	y A P_i P_{i+1} B O x	$-y$	$F_{i+1}=F_i-2y_i+1$	$x_{i+1}=x_i$； $y_{i+1}=y_i-1$
$F_i<0$	y A P_{i+1} P_i B O x	$+x$	$F_{i+1}=F_i+2x_i+1$	$x_{i+1}=x_i+1$； $y_{i+1}=y_i$

②逆圆插补

下面讨论对第一象限逆时针圆弧 $\widehat{AB}$ 进行逆圆插补。设某时刻刀具运动至刀位点 $P_i(x_i,y_i)$，该点对应的偏差函数值为 $F_i=x_i^2+y_i^2-R^2$。若 $F_i\geqslant 0$，表明刀具在圆弧上或在圆弧外，为了使刀具靠近圆弧并且向圆弧终点 B 进给，应当让刀具沿 $-x$ 方向走一步(参见图 3-23(a))，到达点 $P_{i+1}(x_i-1,y_i)$。可见，此时刀具在 P_{i+1} 点的偏差函数为：

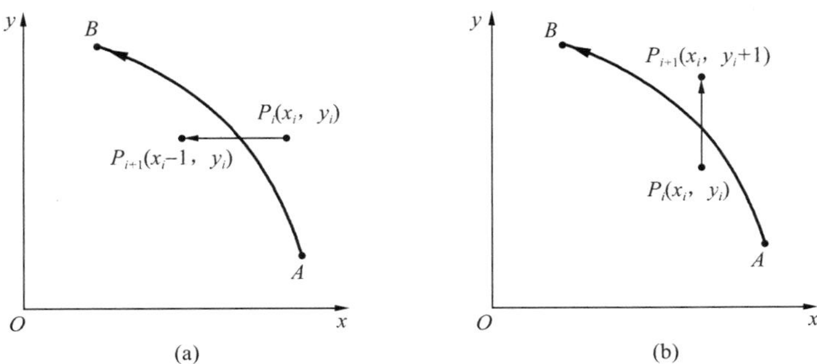

图 3-23 逆圆插补的进给方向

$$F_{i+1}=x_{i+1}^2+y_{i+1}^2-R^2=(x_i-1)^2+y_i^2-R^2$$
$$=(x_i^2+y_i^2-R^2)-2x_i+1 \tag{3-16}$$

把式(3-12)代入式(3-16)，可得递推公式：

$$F_{i+1}=F_i-2x_i+1 \tag{3-17}$$

同理，若某时刻刀位点 $P_i(x_i,y_i)$ 所对应的偏差函数值 $F_i<0$，说明刀位点在圆弧内，根据图 3-23(b)可知，刀具应沿 $+y$ 方向进给一步，到达点 $P_{i+1}(x_i,y_i+1)$，此时刀具在 P_{i+1} 点的偏差函数为：

$$F_{i+1}=x_{i+1}^2+y_{i+1}^2-R^2=x_i^2+(y_i+1)^2-R^2$$
$$=(x_i^2+y_i^2-R^2)+2y_i+1 \tag{3-18}$$

把式(3-12)代入式(3-18)，可得递推公式：

$$F_{i+1}=F_i+2y_i+1 \tag{3-19}$$

式(3-11)、式(3-17)、式(3-19)组成了逆圆插补时偏差函数的递推公式。逐点比较法逆圆插补的规律和计算公式见表 3-10。

表 3-10　　逆圆插补的规律和计算公式

符号判别	插补简图	进给方向	偏差计算	坐标计算
$F_i\geqslant 0$	y B P_i P_{i+1} A O x	$-x$	$F_{i+1}=F_i-2x_i+1$	$x_{i+1}=x_i-1$； $y_{i+1}=y_i$
$F_i<0$	y B P_{i+1} P_i A O x	$+y$	$F_{i+1}=F_i+2y_i+1$	$x_{i+1}=x_i$； $y_{i+1}=y_i+1$

(3)终点判断

采用逐点比较法圆弧插补加工一段圆弧 $\widehat{AB}$，若起点为 $A(x_A,y_A)$，终点为 $B(x_B,y_B)$，则切削刀具沿 x 轴应当走 $|x_B-x_A|$ 步，沿 y 轴应当走 $|y_B-y_A|$ 步，所以切削刀具应

走的总步数为：

$$N=|x_B-x_A|+|y_B-y_A| \tag{3-20}$$

该公式对顺圆插补和逆圆插补都是适用的。所以，逐点比较法圆弧插补终点判断的条件为：当插补循环的次数 i 与插补总步数 N 相等时，即

$$i=N \tag{3-21}$$

时，说明圆弧已经加工到达终点。

(4)逐点比较法圆弧插补例题

下面以顺时针圆弧插补为例，讨论圆弧插补例题的解法及插补运算的计算机程序框图。对于逆时针圆弧插补，其插补运算的方法及计算机程序框图可以参照顺时针圆弧插补的方法进行，但需要注意的是，逆时针圆弧插补的偏差函数以及刀位点的运动规律也都有所不同。

例 3-2 试用逐点比较法对图 3-24 中的顺圆弧 $\overset{\frown}{AB}$ 进行圆弧插补，圆弧的起点为 $A(1,7)$，终点为 $B(7,1)$。完成插补运算，画出刀具的运动轨迹，并绘制插补运算的计算机程序框图。

解：由式(3-20)知，加工完这段圆弧，需要的插补循环次数为：

$N=|x_B-x_A|+|y_B-y_A|=|7-1|+|1-7|=12$

本例题的插补运算过程见表 3-11。

表 3-11 **顺圆插补的运算过程**

插补序号	符号判别	进给方向	偏差计算	坐标计算	终点判断
0			$F_0=0$	$x_0=x_A=1$ $y_0=y_A=7$	$i=0$
1	$F_0=0$	$-y$	$F_1=F_0-2y_0+1$ $=0-2\times7+1=-13$	$x_1=x_0=1$ $y_1=y_0-1=6$	$i=0+1=1<N$
2	$F_1=-13<0$	$+x$	$F_2=F_1+2x_1+1$ $=-13+2\times1+1=-10$	$x_2=x_1+1=2$ $y_2=y_1=6$	$i=1+1=2<N$
3	$F_2=-10<0$	$+x$	$F_3=F_2+2x_2+1$ $=-10+2\times2+1=-5$	$x_3=x_2+1=3$ $y_3=y_2=6$	$i=2+1=3<N$
4	$F_3=-5<0$	$+x$	$F_4=F_3+2x_3+1$ $=-5+2\times3+1=2$	$x_4=x_3+1=4$ $y_4=y_3=6$	$i=3+1=4<N$
5	$F_4=2>0$	$-y$	$F_5=F_4-2y_4+1$ $=2-2\times6+1=-9$	$x_5=x_4=4$ $y_5=y_4-1=5$	$i=4+1=5<N$
6	$F_5=-9<0$	$+x$	$F_6=F_5+2x_5+1$ $=-9+2\times4+1=0$	$x_6=x_5+1=5$ $y_6=y_5=5$	$i=5+1=6<N$
7	$F_6=0$	$-y$	$F_7=F_6-2y_6+1$ $=0-2\times5+1=-9$	$x_7=x_6=5$ $y_7=y_6-1=4$	$i=6+1=7<N$
8	$F_7=-9<0$	$+x$	$F_8=F_7+2x_7+1$ $=-9+2\times5+1=2$	$x_8=x_7+1=6$ $y_8=y_7=4$	$i=7+1=8<N$
9	$F_8=2>0$	$-y$	$F_9=F_8-2y_8+1$ $=2-2\times4+1=-5$	$x_9=x_8=6$ $y_9=y_8-1=3$	$i=8+1=9<N$
10	$F_9=-5<0$	$+x$	$F_{10}=F_9+2x_9+1$ $=-5+2\times6+1=8$	$x_{10}=x_9+1=7$ $y_{10}=y_9=3$	$i=9+1=10<N$
11	$F_{10}=8>0$	$-y$	$F_{11}=F_{10}-2y_{10}+1$ $=8-2\times3+1=3$	$x_{11}=x_{10}=7$ $y_{11}=y_{10}-1=2$	$i=10+1=11<N$
12	$F_{11}=3>0$	$-y$	$F_{12}=F_{11}-2y_{11}+1$ $=3-2\times2+1=0$	$x_{12}=x_{11}=7$ $y_{12}=y_{11}-1=1$	$i=11+1=12=N$ (结束)

本例题的刀具运动轨迹如图 3-24 所示。

(5)圆弧插补的计算机程序框图

逐点比较法圆弧插补的计算机程序框图如图 3-25 所示：图 3-25(a)为顺圆插补的计算机程序框图，图 3-25(b)为逆圆插补的计算机程序框图。图中 i 是插补序号，(x_i, y_i) 是刀位点的坐标，F_i 是偏差函数，N 是插补完该圆弧时刀位点沿 x、y 轴应走的插补总步数。

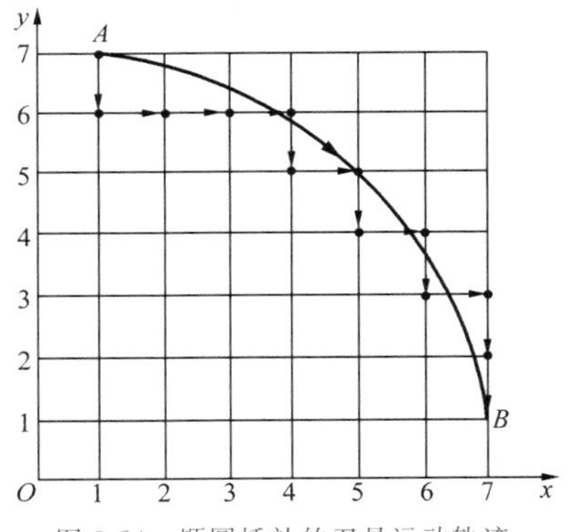

图 3-24 顺圆插补的刀具运动轨迹

(6)四个象限内不同圆弧的插补计算

上面仅讨论了位于第一象限的逐点比较法圆弧插补，实际上，被加工圆弧所在的象限不同，或圆弧的顺、逆方向不同，则插补公式和进给方向均有不同。如图 3-26 所示，圆弧有八种情况，为了叙述方便，用 SR1、SR2、SR3、SR4 分别表示第Ⅰ、第Ⅱ、第Ⅲ、第Ⅳ象限的顺圆弧，用 NR1、NR2、NR3、NR4 分别表示第Ⅰ、第Ⅱ、第Ⅲ、第Ⅳ象限的逆圆弧。八种圆弧的刀位点进给方向如图 3-27 所示。

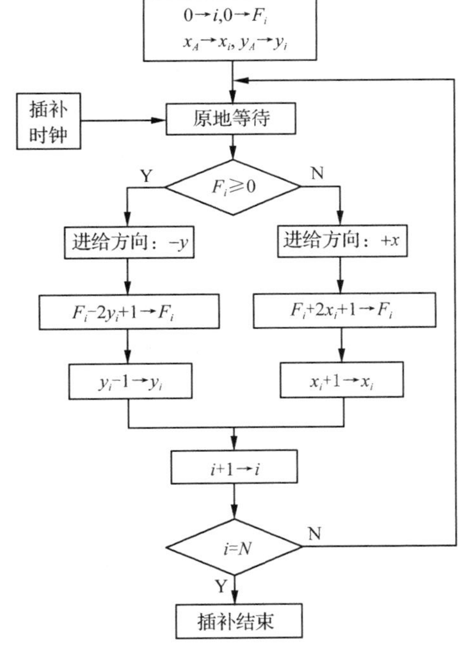

(a) 顺圆插补计算机程序框图

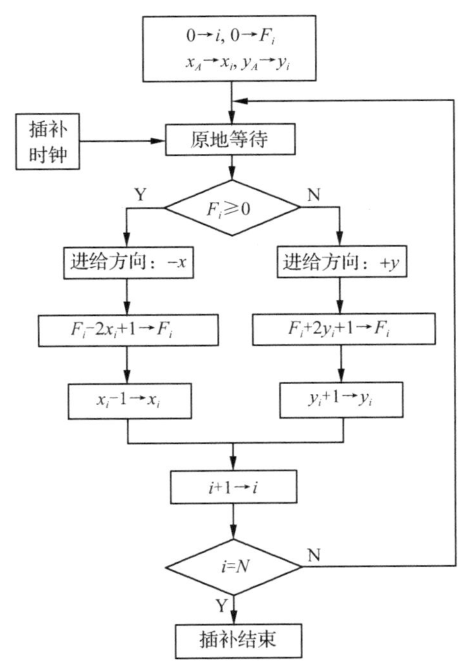

(b) 逆圆插补计算机程序框图

图 3-25 逐点比较法的圆弧插补计算机程序框图

(7)圆弧插补的自动过象限问题

所谓圆弧自动过象限，是指圆弧的起点和终点不在同一象限内。如图 3-28 所示，圆弧 $\overset{\frown}{AC}$ 的起点在第Ⅰ象限，终点在第Ⅱ象限，由于不同象限内圆弧插补的规律不同，因此如果圆弧插补没有自动过象限功能，则不能用一段程序完成该圆弧的加工。对于这种复杂情况，可以有两种处理方法。

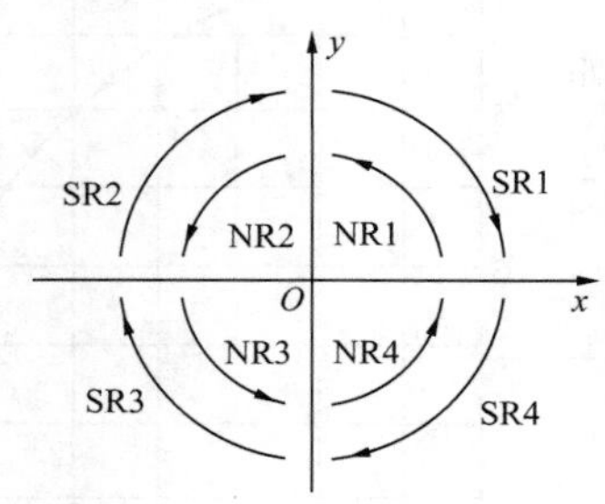

图 3-26 位于四个象限内的八种圆弧

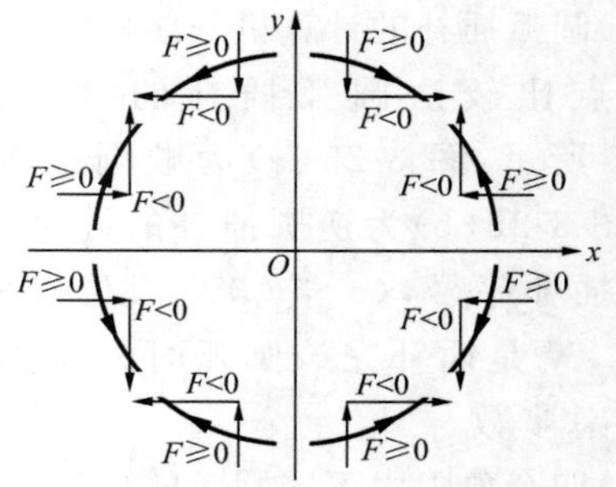

图 3-27 八种圆弧的刀位点进给方向

①按象限分段编程加工

以逆圆弧插补为例。如图 3-28 所示，可将图中的 $\overset{\frown}{AC}$ 逆圆弧分为两段：第Ⅰ象限内的 $\overset{\frown}{AB}$ 逆圆弧和第Ⅱ象限内的 $\overset{\frown}{BC}$ 逆圆弧。然后再按不同象限内的圆弧插补方法，分别编制各段圆弧的数控加工程序。这种处理方法可靠，但相对增加了数控编程的工作量。

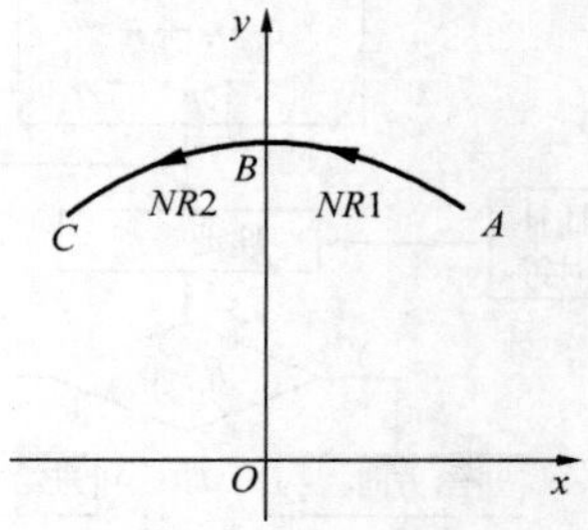

图 3-28 按象限分段编程加工

②按整段圆弧编程加工

如果需要一次性编制整段跨象限圆弧的数控加工程序，则在圆弧插补的计算过程中必须考虑自动过象限问题。圆弧插补过象限时有一个显著特点：圆弧与坐标轴恰好相交，此时刀位点计算的两个坐标值中必有一个为零。所以，判断圆弧插补是否需要考虑自动过象限问题，只需要检查刀位点的坐标值是否有一个为零即可。

因为圆弧过象限后，插补圆弧段的线型种类就改变了，所以刀位点的进给方向和偏差函数的计算方法也相应改变。以图 3-28 为例，逆时针圆弧段 $\overset{\frown}{AC}$ 在 B 点处出现过象限问题，当 $\overset{\frown}{AC}$ 圆弧插补越过 B 点进入第Ⅱ象限后，该圆弧就由 NR1 的 $\overset{\frown}{AB}$ 逆圆弧改变成为 NR2 的 $\overset{\frown}{BC}$ 逆圆弧，由表 3-12 可知，相对应的圆弧插补计算公式和刀具进给方向规律也改变了。

表 3-12 四个不同象限内逐点比较法的圆弧插补计算规律

符号判别：$F_i \geqslant 0$			
圆弧线型	进给方向	偏差计算	坐标计算
SR2、NR3	$+x$	$F_{i+1}=F_i+2x_i+1$	$y_{i+1}=y_i;x_{i+1}=x_i+1$
SR4、NR1	$-x$	$F_{i+1}=F_i-2x_i+1$	$y_{i+1}=y_i;x_{i+1}=x_i-1$
SR3、NR4	$+y$	$F_{i+1}=F_i+2y_i+1$	$x_{i+1}=x_i;y_{i+1}=y_i+1$
SR1、NR2	$-y$	$F_{i+1}=F_i-2y_i+1$	$x_{i+1}=x_i;y_{i+1}=y_i-1$
SR1、NR4	$+x$	$F_{i+1}=F_i+2x_i+1$	$y_{i+1}=y_i;x_{i+1}=x_i+1$
SR3、NR2	$-x$	$F_{i+1}=F_i-2x_i+1$	$y_{i+1}=y_i;x_{i+1}=x_i-1$
SR2、NR1	$+y$	$F_{i+1}=F_i+2y_i+1$	$x_{i+1}=x_i;y_{i+1}=y_i+1$
SR4、NR3	$-y$	$F_{i+1}=F_i-2y_i+1$	$x_{i+1}=x_i;y_{i+1}=y_i-1$

在逐点比较法圆弧插补的自动过象限的处理过程中，象限的转换是有一定规律的：当圆弧起点在第Ⅰ象限时，逆时针圆弧过象限后转换的顺序是 NR1→NR2→NR3→NR4→NR1，每过一次象限，象限顺序号递加 1，到达第Ⅳ象限向第Ⅰ象限过象限时，象限的顺序号自动从 4 变为 1；顺时针圆弧过象限的转换顺序是 SR1→SR4→SR3→SR2→SR1，每过一次象限，象限的顺序号递减 1；到达第Ⅰ象限转向第Ⅳ象限时，象限的顺序号自动从 1 变为 4。

(8)不同坐标平面内的逐点比较法插补问题

前面所述的逐点比较法插补，都是在 Oxy 平面内讨论的。对于其他平面内的逐点比较法插补，可采用坐标变换方法来实现。例如，用 y 代替 x，用 z 代替 y，即可实现 Oyz 平面内的直线插补和圆弧插补；用 z 代替 y 而 x 坐标不变，即可实现 Oxz 平面内的直线插补与圆弧插补。

3.4.3 数字积分插补法

数字积分插补法又称为数字微分分析法(Digital Differential Analyzer)，简称 DDA 法。数字积分插补法可以实现一次、二次、甚至高次曲线的插补，只要输入不多的几个数据，就能加工出圆弧等形状较为复杂的轮廓曲线。数字积分插补法的特点是运算速度快，脉冲分配均匀，易于实现多坐标轴联动控制等，应用比较广泛。

1. 数字积分插补法的原理

数字积分插补法的基本原理是建立在数字积分器(又称为数字微分分析器)基础上的：如图 3-29 所示，函数 $X=f(t)$ 曲线下方从 $t=0$ 到 t 所包围的面积，可用积分公式表达

$$S=\int_0^t f(t)\,\mathrm{d}t \tag{3-22}$$

如果将时间域$[0,t]$划分成间隔为 Δt 的 n 个子区间，则当 Δt 足够小时，可得到积分公式的近似表达

$$S=\int_f^t f(t)\,\mathrm{d}t \approx \sum_{i=1}^{n} X_{i-1}\Delta t \tag{3-23}$$

式中，X_i 为 $t=t_i$ 时 $f(t)$ 的值。若取 Δt 为单位时间，即 $\Delta t=1$(相当于一个脉冲周期的时间)，则上式简化为

$$S=\sum_{i=1}^{n} X_{i-1} \tag{3-24}$$

由此，函数的积分运算，转化成了变量的求和运算。

2. 数字积分法直线插补

设在 Oxy 平面上有一直线段 OA 进行插补，如图 3-30 所示，直线段的起点为坐标原点 O，直线段的终点 A 的坐标为(X_e,Y_e)，则该直线的方程为

$$Y=\frac{Y_e}{X_e}X \tag{3-25}$$

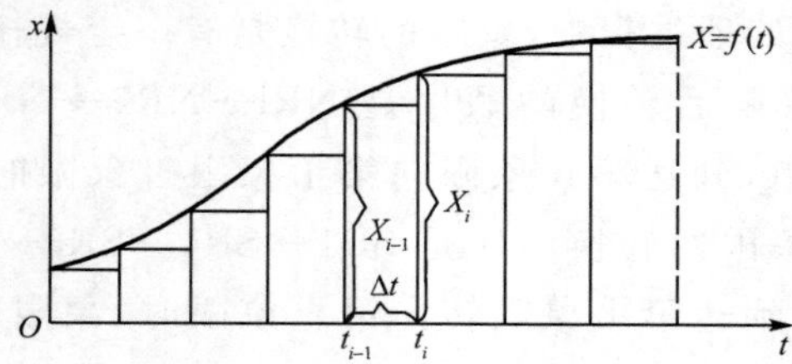

图 3-29 数字积分法插补的基本原理

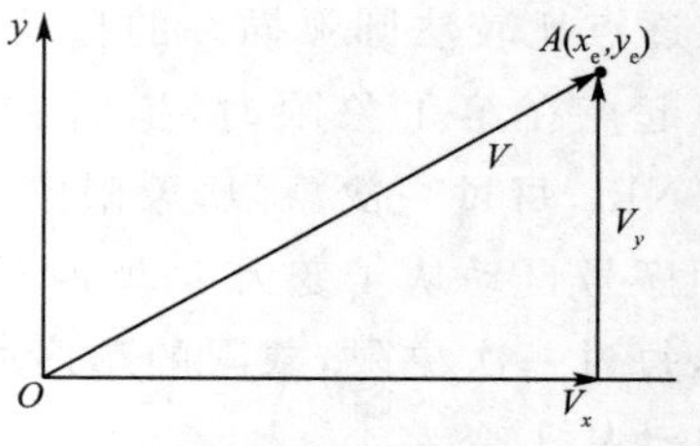

图 3-30 数字积分法直线插补原理

将式(3-25)化为时间 t 的参量方程

$$\begin{aligned} X &= KX_e t = v_x t \\ Y &= KY_e t = v_y t \end{aligned} \tag{3-26}$$

式(3-26)中，K 为比例系数，v_x 和 v_y 分别表示动点在 X 轴和 Y 轴方向的分速度。显然，上式的微分形式为

$$\begin{aligned} \mathrm{d}X &= KX_e \mathrm{d}t \\ \mathrm{d}Y &= KY_e \mathrm{d}t \end{aligned} \tag{3-27}$$

对式(3-27)积分，并用求和公式近似表达为

$$\begin{aligned} X &= \int \mathrm{d}X = \int_0^t KX_e \Delta t = K\sum_{i=1}^{n} X_e \Delta t = K\sum_{i=1}^{n} X_e \\ Y &= \int \mathrm{d}Y = \int_0^t KY_e \mathrm{d}t = K\sum_{i=1}^{n} Y_e \Delta t = K\sum_{i=1}^{n} Y_e \end{aligned} \tag{3-28}$$

综上，得到如图 3-31 所示的数字积分法直线插补器原理图。

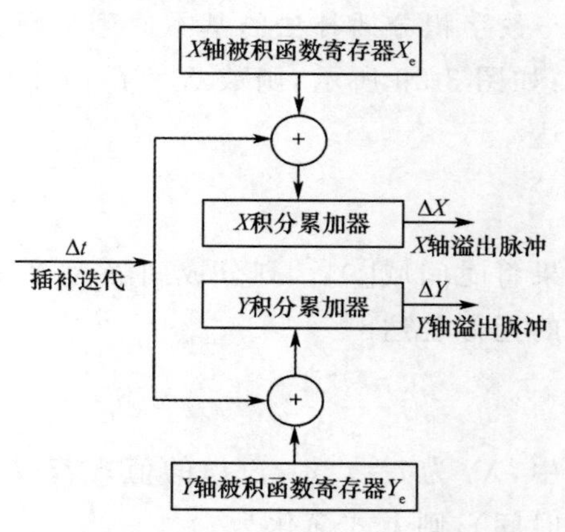

图 3-31 数字积分法直线插补器原理图

数字积分法直线插补器由两个数字积分器组成，每个坐标轴需要一个积分器，每个积分器都包括累加器和被积函数寄存器两部分。两个被积函数寄存器中分别存放终点坐标值 Xe 和 Y_e。Δt 相当于插补控制脉冲源发出的控制信号，每隔一个时间间隔 Δt，发出一个插补控制脉冲，控制被积函数的值 X_e 和 Y_e 向各自的累加器中累加一次。设累加器为 N 位，则累加器容量为 2^N，累加器最大存数为 2^N-1。当计满 2^N 时，累加器必然发生溢出，即产生一个溢出脉冲。X 轴和 Y 轴溢出的脉冲分别作为驱动 X 轴和 Y 轴的进给脉冲。剩余在累加器中的存数总是小于 2^N，称之为积分余数。经过 m 次累加后，X 和 Y 的积分值(累加值)为

$$\begin{aligned} X &= K\sum_{i=1}^{m} X_e = \frac{mX_e}{2^N} \\ Y &= K\sum_{i=1}^{m} Y_e = \frac{mY_e}{2^N} \end{aligned} \tag{3-29}$$

式(3-29)右端商的整数部分表示溢出的脉冲数，而余数部分存放在累加器中，即有下

面的关系

$$积分值=溢出脉冲数+积分余数$$

当累加次数 $m=2^N$ 时，动点(X,Y)到达终点(X_e,Y_e)，即

$$X=X_e$$
$$Y=Y_e$$

由上可知，数字积分法直线插补的终点判断比较简单：只要设置一个位数为 N 位的终点计数器，用来记录累加次数，当终点计数器记满 2^N 时，停止运算，插补结束。

例 3-3 设有第一象限直线段 OA，如图 3-32，起点为原点 O，终点为 $A(10,5)$，累加器和寄存器的位数为 4 位。试用数字积分法进行插补计算，并画出插补轨迹。

解：插补计算过程如表 3-13 所示，插补轨迹如图 3-32 所示。

表 3-13　数字积分法第一象限直线插补的计算过程

脉冲个数	积分值		进给方向	积分修正		终点判别
	$X=X+X_e$	$Y=Y+Y_e$		$X=X-2^4$	$Y=Y-2^4$	
0	0	0				$m=0$
1	0+10=10	0+5=5				$m=1<2^4$
2	10+10=20	5+5=10	$+X$	20−16=4		$m=2<2^4$
3	4+10=14	10+5=15				$m=3<2^4$
4	14+10=24	15+5=20	$+X,+Y$	24−16=8	20−16=4	$m=4<2^4$
5	8+10=18	4+5=9	$+X$	18−16=2		$m=5<2^4$
6	2+10=12	9+5=14				$m=6<2^4$
7	12+10=22	14+5=19	$+X,+Y$	22−16=6	19−16=3	$m=7<2^4$
8	6+10=16	3+5=8	$+X$	16−16=0		$m=8<2^4$
9	0+10=10	8+5=13				$m=9<2^4$
10	10+10=20	13+5=18	$+X,+Y$	20−16=4	18−16=2	$m=10<2^4$
11	4+10=14	2+5=7				$m=11<2^4$
12	14+10=24	7+5=12	$+X$	24−16=8		$m=12<2^4$
13	8+10=18	12+5=17	$+X,+Y$	18−16=2	17−16=1	$m=13<2^4$
14	2+10=12	1+5=6				$m=14<2^4$
15	12+10=22	6+5=11	$-X$	22−16=6		$m=15<2^4$
16	6+10=16	11+5=16	$+X,+Y$	16−16=0	16−16=0	$m=16=2^4$

用与逐点比较法相同的处理方法，把符号与数据分开，取数据的绝对值作为被积函数，取符号作为进给方向控制信号处理，便可对四个象限的直线进行插补。

3. 数字积分法圆弧插补

以图 3-33 所示第一象限逆圆弧插补为例。设圆弧的圆心在坐标原点，起点为 $A(X_0,Y_0)$，终点为 $B(X_e,Y_e)$，半径为 r。圆的参量方程可表示为

$$X=r\cos t$$

$$Y = r\sin t$$

对 t 求微分，并由比例关系得 X 和 Y 方向的速度分量

$$v_x = \frac{\mathrm{d}X}{\mathrm{d}t} = -KY$$

$$v_y = \frac{\mathrm{d}Y}{\mathrm{d}t} = KX$$

写成微分形式

$$\mathrm{d}X = -KY\mathrm{d}t$$
$$\mathrm{d}Y = KX\mathrm{d}t$$

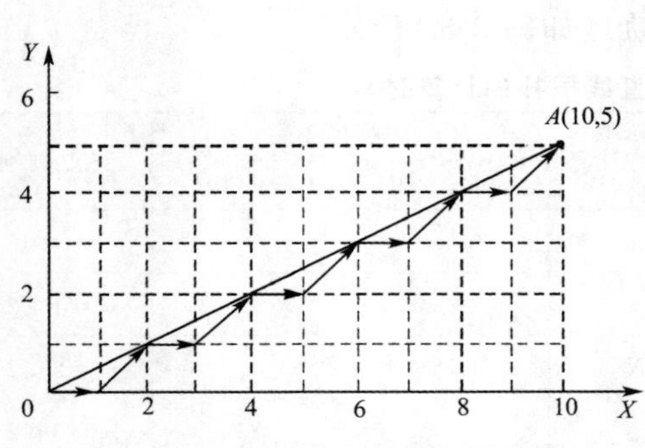

图 3-32 数字积分法第一象限直线插补轨迹

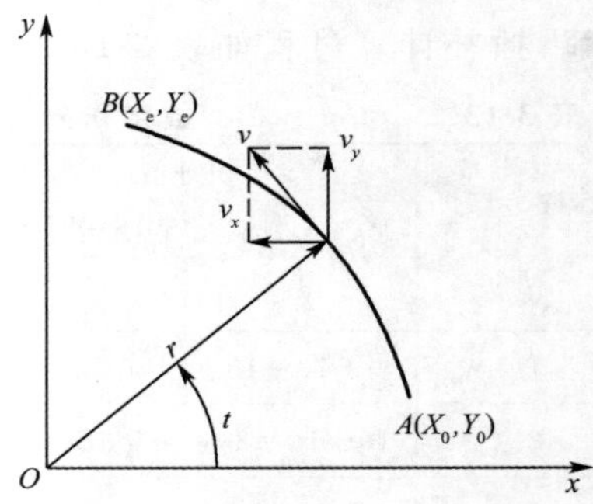

图 3-33 数字积分法圆弧插补

设比例系数 $K=1/2^N$，其中 2^N 为 N 位累加器的容量。用累加近似积分

$$X = -K\int_0^t Y\mathrm{d}t = -K\sum_{i=1}^{n} Y_i \Delta t = -\frac{1}{2^N}\sum_{i=1}^{n} Y_i$$

$$Y = K\int_0^t X\mathrm{d}t = K\sum_{i=1}^{n} X_i \Delta t = \frac{1}{2^N}\sum_{i=1}^{n} X_i$$

上式表明，圆弧插补时 X 轴的被积函数值等于动点 Y 坐标的瞬时值，而 Y 轴的被积函数值等于动点 X 坐标的瞬时值。由此构成如图 3-34 所示的数字积分法圆弧插补器原理图。

第一象限逆圆弧插补原理如下：

(1)运算开始时，X 轴和 Y 轴被积函数寄存器中分别存放 Y 和 X 的初值 Y_0 和 X_0。

(2)X 轴被积函数寄存器累加(对 Y 轴的动点坐标值累加)得出的溢出脉冲作为进给脉冲发到 $-X$ 方向；而 Y 轴被积函数寄存器累加(对 X 轴的动点坐标值累加)得出的溢出脉冲作为进给脉冲发到 $+Y$ 方向。

(3)当 X 方向发出进给脉冲时，Y 轴被积函数寄存器内容应减 1；当 Y 方向发出进给脉冲时，X 轴被积函数寄存器内容应加 1。

(4)设置 X 轴和 Y 轴的终点判别计数器，其中存放初值分别为 $|X_e - X_0|$ 和 $Y_e - Y_0|$。因为两轴不一定同时到达终点，所以各轴分别判别终点，进给一步减 1，当计数器减为 0 时，该轴停止进给。两轴计数器都减到 0 时，即达到终点，停止插补。

例 3-4 设有第一象限逆圆弧 AB，如图 3-35，起点为 $A(5,0)$ 终点为 $B(0,5)$，累加器和寄存器的位数为 3 位。试用数字积分法进行插补计算，并画出插补轨迹。

解：插补计算过程如表 3-14 所示，插补轨迹如图 3-35 所示。

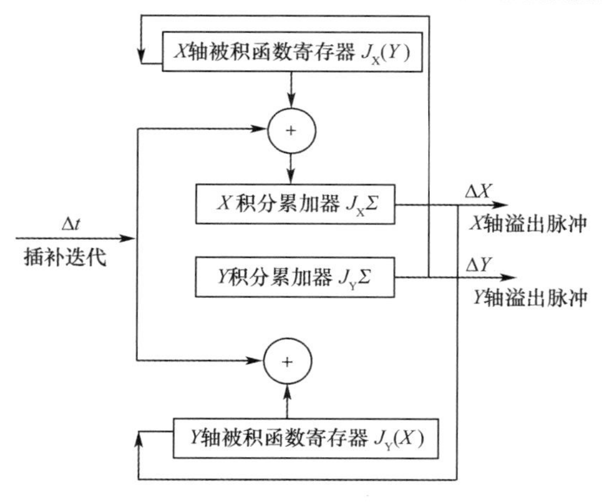

图 3-34　数字积分法圆弧插补器原理图

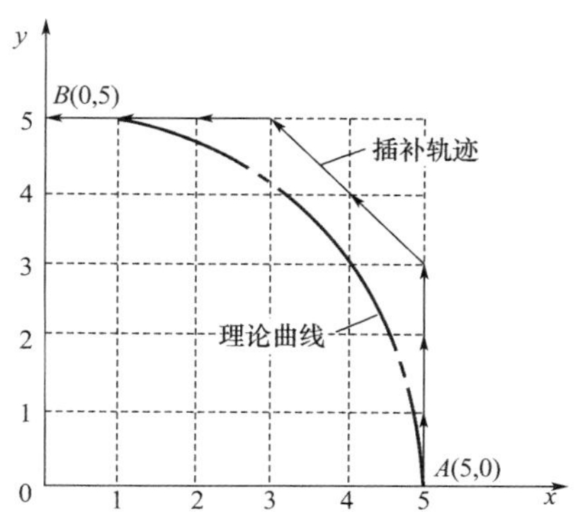

图 3-35　数字积分法第一象限逆圆弧插补轨迹

表 3-14

脉冲个数	积分运算		进给方向	积分修正		坐标计算		终点判别	
	$J_X\Sigma+J_X\to J_X\Sigma$ X 积分器	$J_Y\Sigma+J_Y\to J_Y\Sigma$ Y 积分器		$J_X\Sigma-8\to J_X\Sigma$ X 积分器	$J_Y\Sigma-8\to J_Y\Sigma$ Y 积分器	$J_Y-1\to J_Y$ $(X-1\to X)$	$J_X+1\to J_X$ $(Y+1\to X)$	$\Sigma\Delta X$	$\Sigma\Delta Y$
0	0	0				5	0		
1	0+0=0	0+5=5							
2	0+0=0	5+5=10	+Y		10−8=2	5	0+1=1	1	
3	0+1=1	2+5=7							
4	1+1=2	7+5=12	+Y		12−8=4	5	1+1=2		2
5	2+2=4	4+5=9	+Y		9−8=1	5	2+1=3		3
6	4+3=7	1+5=6							
7	7+3=10	6+5=11	−X，+Y	10−8=2	11−8=3	5−1=4	3+1=4	1	4
8	2+4=6	3+4=7							
9	6+4=10	7+4=11	−X，+Y	10−8=2	11−8=3	4−1=3	4+1=5	2	5
10	2+5=7								
11	7+5=12		−X	12−8=4		3−1=2	5	3	
12	4+5=9		−X	9−8=1		2−1=1	5	4	
13	1+5=6								
14	6+5=11		−X	11−8=3		1−1=0	5	5	

与逐点比较法类似，将进给方向的正负直接由进给驱动程序处理，而用动点坐标的绝对值进行累加，则可以对四个象限的逆、顺圆弧进行插补。因为插补时用坐标的绝对值，所以坐标值的修改要看动点进给运动使进给坐标绝对值是增大还是减小，来确定被积函数寄存器内容是加 1 还是减 1。圆弧插补的坐标修改及进给方向的关系如表 3-15 所示。

表 3-15

圆弧走向	顺圆弧				逆圆弧			
所在象限	1	2	3	4	1	2	3	4
Y 值修改（X 轴被积函数寄存器修改）	−1	+1	−1	+1	+1	−1	+1	−1
X 值修改（Y 轴被积函数寄存器修改）	+1	−1	+1	−1	−1	+1	−1	+1
Y 轴进给方向	−Y	+Y	+Y	−Y	+Y	−Y	−Y	+Y
X 轴进给方向	+X	+X	−X	−X	−X	−X	+X	+X

3.4.4 数据采样插补法

1. 数据采样插补法的原理

数据采样插补法(亦称时间分割法)的基本原理是根据用户程序给定的进给速度 F 以及根据插补算法确定的插补周期 T,将给定轮廓曲线分割为一系列微小直线段,即轮廓步长或进给步长 l。第一个插补周期进行一次插补运算,可计算出每个插补周期内各个坐标的进给量,即轮廓步长沿各坐标轴的投影分量,如 ΔX、ΔY 等,从而得出下一插补点的指令位置。计算机定时对坐标的实际位置进行采样,并把采样得到的实际位置与插补计算得到的指令位置进行比较,将得出的位置误差送到伺服系统进行位置控制,使实际位置跟随指令位置。

插补周期可以等于采样周期,也可以是采样周期的整数倍。插补周期的选择受插补精度和插补运算速度的限制。轮廓步长 l 等于编程进给速度 F 与插补周期 T 的乘积,即 $l=FT$。对于给定 F,T 越大,则 l 也越大。而 l 是插补圆弧的内接弦线长度,l 越大,则插补误差(用弦线逼近圆弧产生的误差)也越大。所以,插补周期 T 不能过大。另一方面,插补周期应大于插补运算时间与完成其他实时任务(如位置控制、监控等)所需时间之和。所以,插补周期 T 也不能过小。插补周期一般是固定的,且 $T=8\sim10$ ms 左右。

2. 数据采样法直线插补

设要插补如图 3-36 所示的直线段 OA,直线段起点为坐标原点,终点为 $A(X_e,Y_e)$,动点沿直线段的进给速度为 F,插补周期为 T,则每个插补周期的进给步长为

$$l=FT$$

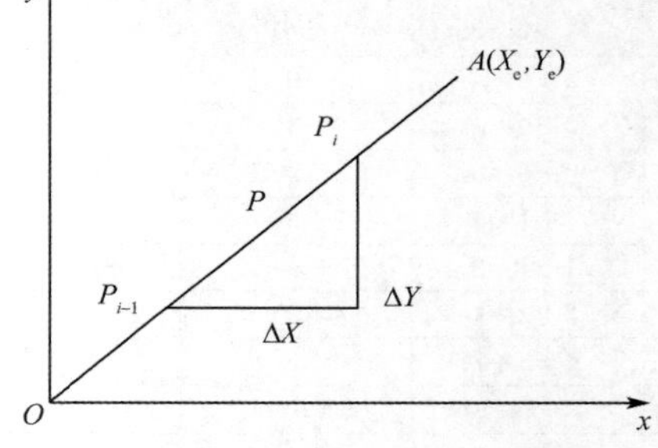

图 3-36 数据采样法第一象限直线插补

将直线段视为一矢量,则其方向余弦为

$$\cos\alpha=\frac{X_e}{\sqrt{X_e^2+Y_e^2}}$$

$$\cos\beta=\frac{Y_e}{\sqrt{X_e^2+Y_e^2}}$$

要使动点以速度 F 从 O 到 A 沿给定直线作插补运动,必须使动点 $P_{i-1}(X_{i-1},Y_{i-1})$ 在每一个插补周期 T 内进给到 $P_i(X_i,Y_i)$ 时的坐标增量 ΔX 和 ΔY,满足

$$\Delta X=l\cos\alpha=\frac{FT}{\sqrt{X_e^2+Y_e^2}}X_e=KX_e$$

$$\Delta Y=l\cos\beta=\frac{FT}{\sqrt{X_e^2+Y_e^2}}Y_e=KY_e$$

式中,系数 K 称为进给率,其值在数据预处理的速度处理中确定。由此可得动点 $P_i(X_i,Y_i)$ 的坐标为

$$X_i=X_{i-1}+\Delta X$$

$$Y_i=Y_{i-1}+\Delta Y$$

数据采样法直线插补的过程分为两步。第一步是插补准备(预处理),计算在插补运算

过程中固定不变的常值,如系数 K。这一步在一个程序段里只进行一次,是实时插补计算的必要准备。第二步是动点坐标 X_i 和 Y_i 的实时插补计算,它在每个插补周期里执行一次。这样分两步处理,减轻了实时处理的任务。

3. 数据采样法圆弧插补

圆弧插补时,动点在一个插补周期运动的轨迹仍是直线段,这个直线段常作为弦线逼近圆弧。与直线插补类似,数据采样法圆弧插补也必须根据加工指令中的进给速度 F 和插补周期 T 计算出轮廓步长或进给步长 $l=FT$。圆弧插补计算就是以 l 为圆弧上相邻两个插补点 P_{i-1} 和 P_i 之间的弦长,计算由前一个插补点 $A(X_{i-1},Y_{i-1})$ 到下一个插补点 $B(X_i,Y_i)$ 时各坐标轴的进给量 ΔX 和 ΔY。

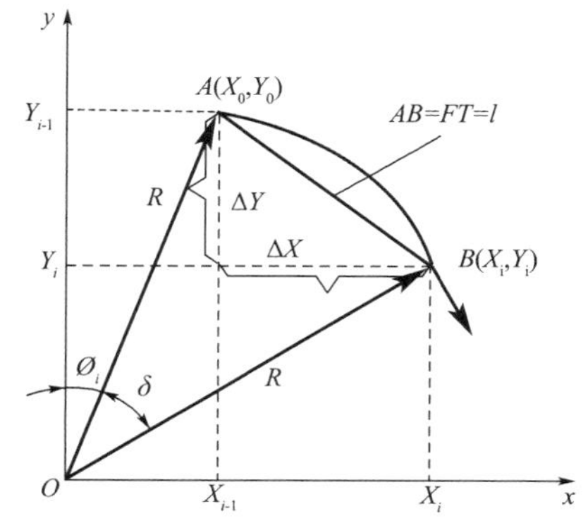

图 3-37　数据采样法第一象限顺圆弧插补

以第一象限顺圆弧插补为例,如图 3-37 所示,圆弧的圆心在坐标原点,圆弧起点为 $A(X_0,Y_0)$,终点为 $B(X_i,Y_i)$,半径为 R,弦长 $AB=l=FT$,弦 AB 所对应的圆心角为 δ。插补点 $B(X_i,Y_i)$ 的坐标可计算如下

$$X_i=X_{i-1}+\Delta X=R\sin(\phi_i+\delta)=R\sin\phi_i\cos\delta+R\cos\phi_i\sin\delta=X_{i-1}\cos\delta+Y_{i-1}\sin\delta$$

$$Y_i=Y_{i-1}-\Delta Y=R\cos(\phi_i+\delta)=R\cos\phi_i\cos\delta-R\sin\phi_i\sin\delta=Y_{i-1}\cos\delta-X_{i-1}\sin\delta$$

取 $\sin\delta\approx\delta$,$\cos\delta\approx 1$,则

$$X_i=X_{i-1}+Y_{i-1}\delta$$
$$Y_i=Y_{i-1}-X_{i-1}\delta$$

其中,$\delta=l/R=FT/R$。

4. 数据采样法的粗插补与精插补

(1)粗插补

前面已经介绍,数据采样插补法沿给定轮廓曲线按一定算法将曲线分割成一系列微小直线段,并且这个过程可分成如下三步完成。

第一步——插补准备。预先计算插补过程中可能用到的一些常量,为后续的插补运算做好准备。例如 $l=FT$、$K=FT/\sqrt{X_i^2+Y_i^2}$ 等,并且这些常量对于某一个给定程序段来讲,只要计算一次,以后在该程序段的插补过程中可以重复使用。

第二步——插补计算。根据零件轮廓类型的相应插补计算法,插补出一系列动点坐标值和相应的位置增量值。主要包括 ΔX_i、ΔY_i、X_i、Y_i 四个值。这个插补计算过程在每一个插补周期均要执行一次,并将输出送给位置环软件使用,然后控制刀具进给到该插补点处。

第三步——终点判断。在每次插补计算完成后,必须进行终点判断,并且在到达终点后,还必须在相应单元设置数控加工程序段插补完成的标志,便于 CNC 系统软件作相应的处理。

(2)精插补

按上述步骤粗插补出的一系列微小直线段相对于 CNC 系统的脉冲当量来讲仍然是很大的,因此有必要再进一步进行细化,即在粗插补出的相邻两个插补点之间再插入若干中间点,使轮廓误差减小。最直观最典型的一种粗/精插补思路是,在粗插补的输出处再设置一个脉冲增量式插补器,它将每次粗插补得到的位置增量值 ΔX_i 和 ΔY_i 看作起点为(0,0),终点为$(\Delta X_i,\Delta Y_i)$的微小直线段进行脉冲增量插补，然后将此插补结果以脉冲形式提供给位置控制环，作为给定量来控制刀具完成进给，具体如图 3-38 所示。

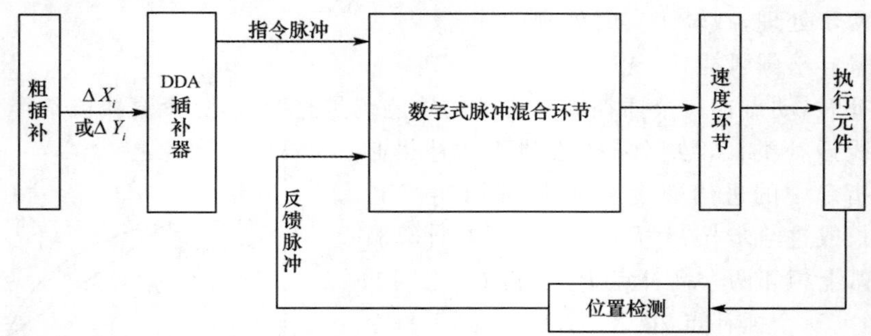

图 3-38 数据采样法插补控制原理框图（Ⅰ）

显然，图中用于精插补的脉冲增量插补器（这里使用 DDA 法插补）既可以用软件实现，也可以用硬件实现，这要根据 CNC 系统的具体情况来综合选择。

除此之外，还可以采用图 3-39 所示的原理框图来完成数据采样插补法的插补输出控制。此时，位置控制软件将粗插补输出结果即位置命令值 D_C 与实际反馈位置值 D_F 相比较，获得跟踪误差 $\Delta D=D_C-D_F$。然后进行位置环的增益放大和零漂处理后，进行 D/A 转换，从而形成速度环的给定值。再与实际反馈的速度值相综合，形成控制量，经功率放大驱动电动机带动刀具进给到所要求的位置。

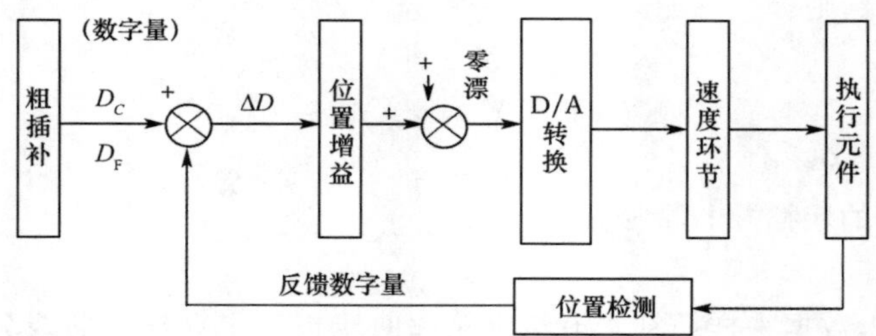

图 3-39 数据采样法插补控制原理框图（Ⅱ）

另外，为了进一步提高系统的精度与响应速度，有时取插补周期为位置控制周期的 2 倍，那么每个插补周期得到的增量值应提供给两个位置控制周期内使用，并且每次取粗插补输出位置增量值的一半当作位置环的给定值。显然，如此处理后相当于起点(0,0)和终点$(\Delta X_i,\Delta Y_i)$之间插入了一个中间点$(\Delta X_i/2,\Delta Y_i/2)$，然后利用伺服系统本身对指令信号的跟踪能力和它的均匀性来实现精插补，同时提高了刀具进给速度的平稳性和位置环的快速响应性。

3.5 刀具补偿原理

3.5.1 刀具半径补偿的概念

在数控机床轮廓加工过程中，由于刀具总有一定的半径（如铣刀半径或线切割钼丝半径等），刀具中心轨迹并不等于零件实际轮廓轨迹。切削加工过程中应使刀具的中心轨迹偏离轮廓轨迹一个刀具半径值，这种刀具偏移习惯上称为刀具半径补偿。这就是说，数控机床进行轮廓加工编程时，必须考虑刀具半径尺寸的大小。刀具半径补偿的作用就是：借助计算机把数控加工程序中的零件轮廓轨迹，自动转换成加工现场所需的刀具中心轨迹。

以图 3-40 所示的轮廓铣削加工为例，若在数控铣床上采用半径为 r 的圆柱立铣刀周铣轮廓为 A 的零件，刀具中心需要偏向外方沿着轮廓轨迹 A 的等距线 B 移动。当数控机床不具备刀具半径补偿功能时，需要人工根据零件轮廓 A 的参数和刀具的半径 r 值计算出刀具中心轨迹 B，然后再编制程序进行加工，这项工作将是十分烦琐复杂的。

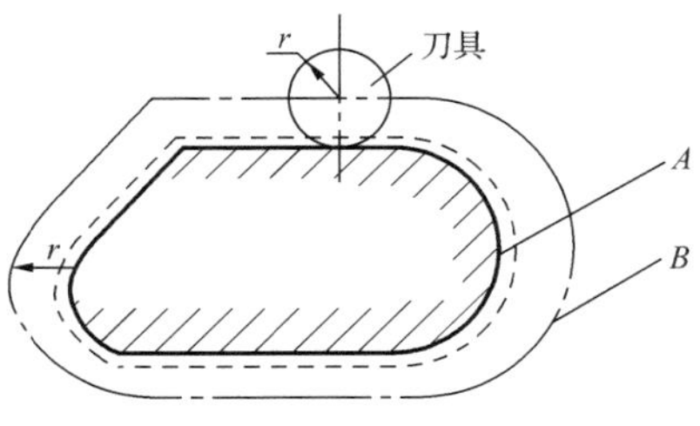

图 3-40 刀具半径补偿

在现代 CNC 装置中，一般都具备刀具半径补偿功能。现代数控机床加工编程时，编程员可以仅根据零件的实际轮廓尺寸编程，而将加工余量、刀具长度、刀具半径等参数值改由操作者现场输入存储器中，供计算机在数控加工过程中调用，由 CNC 系统自动控制补偿，从而正确地加工出所需零件轮廓。这种以零件轮廓加工程序和现场输入的偏置值为依据，自动生成所需刀具中心轨迹的功能称为刀具半径补偿功能。刀具半径补偿功能可以大大简化数控编程工作，在刀具耗损、重磨、换新之后尺寸改变时，不必修改数控加工程序，只需在刀具补偿参数存储器中输入变化后的相应刀具值即可。另外，刀具半径补偿功能还可以满足机械加工工艺的某些特殊要求。例如，为了达到一定的加工精度，加工零件需要多次加工循环完成，这时可以通过逐次改变刀具半径补偿值的办法，调整每次的进给量，以达到利用同一程序实现粗、精加工循环的目的。

在加工中心机床和数控车床等多刀机床上，加工一个零件往往要更换好几把刀具。由于每把刀具的长度不同，需要编制不同的加工程序，增加了编程的困难。为了简化零件的数控编程，应当使数控程序与刀具形状、刀具尺寸尽量无关，因此 CNC 装置除了具有刀具半径补偿功能外，还具有刀具长度补偿功能。诸如多刀具长度尺寸的自动协调、刀具长度方向的磨耗修正等等，都可以利用刀具长度补偿功能加以自动补偿。

3.5.2 刀具半径补偿的工作过程

刀具半径补偿工作通常在指定的二维坐标平面内进行。如图 3-41 所示，刀具半径补偿的执行过程分为三个步骤：刀补建立、刀补进行、刀补撤消。

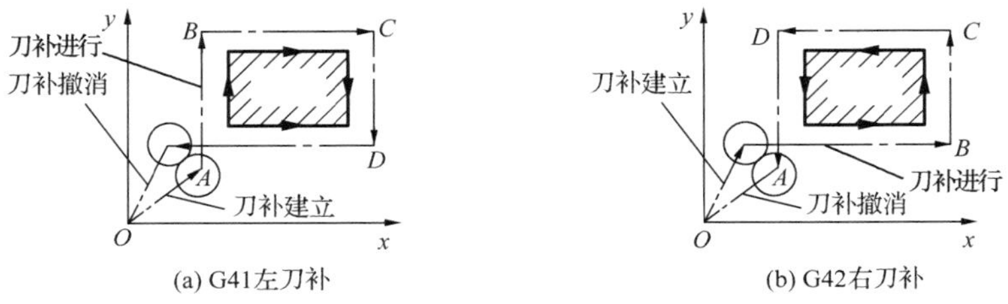

图 3-41 刀具半径补偿的工作过程

1. 刀补建立

刀具从起刀点（坐标原点 O）出发，沿图 3-41 中的点划线 OA 接近工件，即刀具中心从起刀点沿斜线逐渐过渡到偏离一个刀具半径值的距离，在零件轮廓轨迹的基础上，刀具中心

斜向左(G41)或斜向右(G42)偏移一个偏置量。在刀补建立的过程中,编程指令只能用 G00 或 G01,而且不能进行零件切削加工。

2. 刀补进行

刀具补偿进行期间,刀具中心轨迹始终偏离编程轨迹一个刀具半径的距离。在此状态下进行切削加工,G00、G01、G02、G03 都可使用。

3. 刀补撤消

刀具撤离工件,沿斜线返回起刀点。即刀具中心轨迹从偏离一个刀具半径值,过渡到与编程轨迹中心重合。同样,在该过程中只能用 G00、G01 指令,而且不能进行零件切削加工。显然,它是刀补建立的逆过程(图 3-41 中的点划线)。

3.5.3 数控加工刀具补偿实用方法

1. 数控钻孔的刀具长度补偿方法

数控机床钻孔时,因钻头磨耗、折损等原因需要修磨或更换,装刀长度将发生改变。此时采用刀具长度补偿功能,可以不必频繁修改数控加工程序中的孔深坐标,仅通过刀具长度补偿指令,伸长或缩短一个刀补值来补偿钻头长度尺寸的变化,以保证孔深精度。

刀具长度补偿指令由 G43(伸长)、G44(缩短)以及补偿值寄存器地址 H*i* 代码指定。如图 3-42 所示,钻头磨损后长度缩短了 *a* mm,可采用刀具长度补偿功能 G43(自动伸长补偿),现场将刀补值 *a* 存入 H01 长度补偿值寄存器内,按下面程序段加工,即可保证孔深尺寸不变。

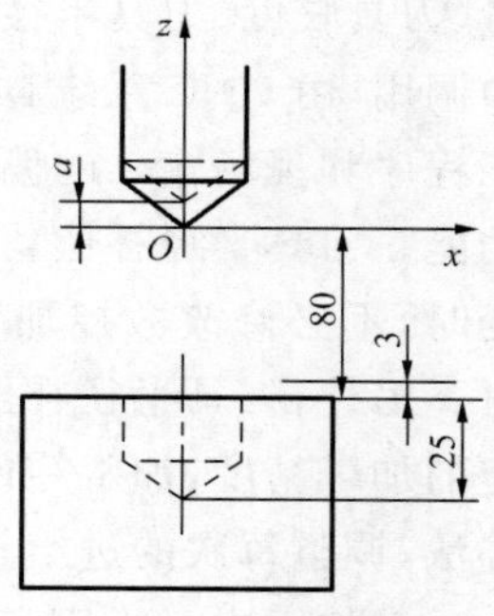

图 3-42 钻头的长度补偿

```
N005  G91  G00  G43  Z-77.0  H01;
N010  S500  M03;
N015  G01  Z-28.0  F100;
N020  G04  P2000;
N025  G00  Z105.0  H00;
```

钻孔开始之前执行 N005 程序段,钻头的实际快速下刀行程等于编程值加上刀补值 *a*,补偿了钻头的磨损量;钻孔结束执行 N025 程序段,用 H00 取消刀补值。采用该方法可以使数控钻孔加工变得十分方便。

2. 数控车削的刀具补偿方法

数控车床或数控车削中心机床的数控回转刀架有四方刀架、六角刀架、轴向装刀的动力转塔刀架等多种。在数控车床刀架上,可以安装四把、六把或更多把刀具,还可以按 CNC 数控装置的指令实现不停车自动换刀车削。在数控车削加工过程中,需要用到 *x* 轴、*z* 轴两个坐标方向的刀具长度补偿功能和刀尖圆弧半径补偿功能。

(1)车刀长度补偿方法

如图 3-43 所示,假设刀尖圆弧半径为零,车床数控系统控制的是数控刀架基准点 *Q* 的坐标位置,但在复杂轮廓车削过程中是采用多把车刀的刀尖点 P_i 依次完成工件轮廓表面的车削工作。为了协调统一,需要使用刀具长度补偿功能来实现刀尖轨迹与刀架基准点之间的转换,将各刀尖点 P_i 的坐标转换为数控刀架基准点 *Q* 的坐标。

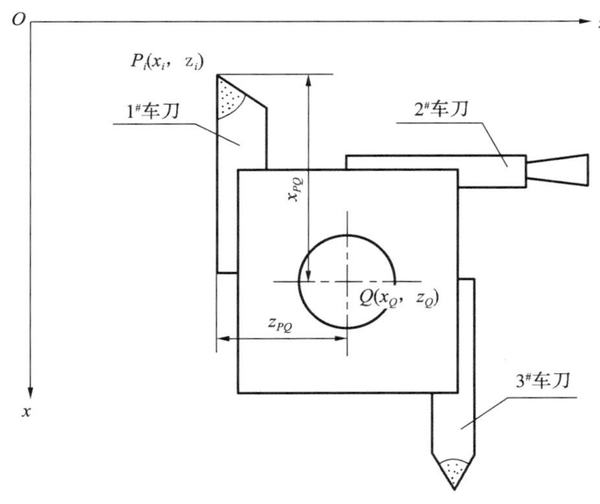

图 3-43 车刀长度补偿的坐标转换计算

坐标转换的方法如下：数控加工时，在数控车床上利用车刀长度测量装置，精确测量车刀刀尖点 P_i 相对于数控车床刀架基准点 Q 的相对坐标值(x_{PQ}, z_{PQ})，将测得值（注意符号）存入对应的刀具补偿值寄存器中；设车刀刀尖点的工件坐标系坐标值为 $P_i(x_i, z_i)$，数控车床刀架基准点的工件坐标系坐标值为 $Q(x_Q, z_Q)$，则

$$x_Q = x_i - x_{PQ}, z_Q = z_i - z_{PQ} \tag{3-30}$$

车床数控系统根据式(3-30)对加工程序中的零件轮廓轨迹进行计算补偿后，就能通过控制刀架基准点 $Q(x_Q, z_Q)$ 运动规律的方法，来实现零件轮廓的数控自动加工。

(2)车刀刀尖圆弧半径补偿方法

数控车床加工编程时，通常是按刀尖"点"的运动轨迹来编制数控加工程序，即工件轮廓与假想刀尖重合。但实际生产中由数控加工工艺知，为了改善工件的表面质量和提高刀具的耐用度寿命，常将车刀刀尖刃磨成一个半径 r 在 0.4～1.6 mm 之间的刀尖圆弧（参见图 3-44），所以数控车削时实际起作用的切削"点"是刀尖圆弧与工件轮廓线的某一切点。当车削内孔、外圆、端面等与数控车床轴线平行或垂直的表面时，该切点的位置相对固定，刀尖圆弧半径尺寸不会影响加工尺寸。但在数控车削复杂曲线轮廓表面时，由于实际切点的位置随工件轮廓变化而随机变动，就会引起被加工表面的形状误差和尺寸误差，造成过切削或欠切削的现象。所以在高精度数控车削锥面、倒角或高精度车削圆弧面时，需要对车刀的刀尖圆弧半径进行补偿。

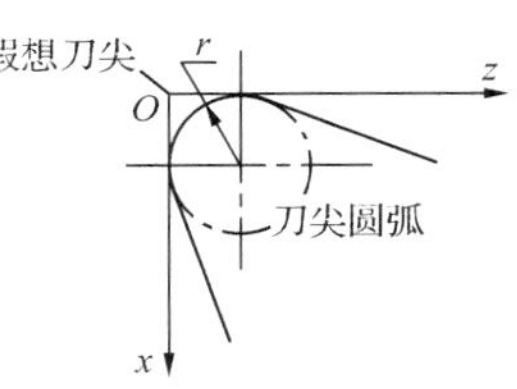

图 3-44 车刀刀尖圆弧

大多数现代数控车床都具有刀具圆弧半径补偿指令(G41、G42、G40)，编程人员可直接按工件的轮廓尺寸编程，加工时操作人员事先将车刀的刀尖圆弧半径值 R 和"理想刀尖方位号"现场输入 CNC 数控系统，数控计算机会根据补偿值控制车刀自动与工件轮廓偏离一个刀尖圆弧半径值 R，使车刀刀尖的圆弧切削刃与工件轮廓保持理想相切，从而加工出所需的高精度工件轮廓。

理想刀尖的"方位"是指车刀刀尖圆弧中心相对于理想刀尖的位置关系，它由车削时的实际切削情况决定。后置刀架数控车床的“理想刀尖方位号”如图 3-45(a)所示，前置刀架的相关规定如图 3-45(b)所示。

值得注意的是，由于车刀刀尖的圆弧半径很小（常用值为 0.2 mm、0.4 mm、0.6 mm、0.8 mm、1.0 mm 等），它对车削加工精度的影响甚微，只有在与坐标轴不平行的特高精度轮廓表面的数控车削时才考虑调用。

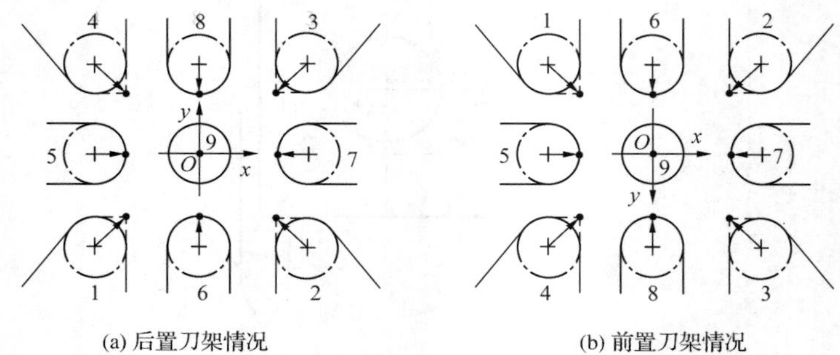

图 3-45　理想刀尖方位号

3. 数控轮廓铣削的刀具补偿方法

一般来说，数控铣床常使用指状立式铣刀进行零件轮廓的铣削加工。当立式铣刀磨损后需要拆下修磨或者更换新刀时，往往需要使用刀具半径补偿和刀具长度补偿功能。

轮廓铣削时的刀具半径补偿过程如图 3-41 所示，刀补建立时刀具沿斜线接近工件到达正确位置，然后数控机床进入刀补切削运行工况，待轮廓切削加工完毕后刀补撤消，刀具沿斜线返回起刀点。刀具半径补偿有左刀补和右刀补之分：假想站在刀具位置面向刀具前进方向看，刀具在零件轮廓的左侧时称为刀具半径左补偿，用 G41 表示；反之，称为刀具半径右补偿，用 G42 表示。根据规定，用 G40 撤消刀具半径补偿指令。

轮廓铣削时的刀具长度补偿，与图 3-42 类似，可参见相关说明。

3.5.4　两种不同的刀具半径补偿功能

数控机床有两种不同的刀具半径补偿功能：一种称为 B 刀具半径补偿功能，另一种称为 C 刀具半径补偿功能。B 刀具半径补偿功能比较简单，早年和低档数控机床常采用；C 刀具半径补偿功能比较完善，现代数控机床常采用。采用不同的刀具半径补偿功能，数控切削加工所得的效果明显不同。

1. B 刀具半径补偿功能

B 刀具半径补偿功能简称 B 刀补。B 刀补是早年比较基本的刀具半径补偿，它仅根据一条程序段的要求，进行刀具中心轨迹的偏移计算。对于加工直线段轮廓时，B 刀补后得到的刀具中心轨迹是一条与轮廓直线段平行且长度相等的直线段；对于加工圆弧段轮廓时，B 刀补后得到的刀具中心轨迹是一条与工件轮廓圆弧同心、所对圆心角相等但半径不同的圆弧段。由于 B 刀补不可能考虑相邻线段之间的转接情况，所以使用 B 刀补的前提条件是，要求被加工零件的两条相邻轮廓线段之间必须满足是采用相切的连接方式，否则如图 3-46 所示，执行 B 刀补后在相邻轮廓线段的相交转接部位可能出现刀具中心轨迹的不连续（A′

与B′之间不连续)或不平顺(C″附近不平顺,出现交叉重叠)的缺陷,可能导致零件报废。

如果被加工零件的两相邻轮廓线不满足圆角过渡条件,对于只具备B刀补功能的CNC数控机床和系统,编程人员必须事先估计并进行人为处理。以图3-46为例:当右刀补(G42)之后出现刀具中心轨迹不连续(在$A'C'$和$C'B'$位置处出现间断点)时,必须在该间断点位置人为增加一段过渡圆弧$\widehat{A'B'}$,使刀具正确完成轮廓切削加工;当左刀补(G41)之后刀具中心轨迹出现交叉点C''时,问题就更麻烦,不但要事先修改零件图纸将直角轮廓C改变为圆角过渡轮廓$\widehat{AB}$弧段,还要使圆弧$\widehat{AB}$的半径明显大于切削刀具的半径,否则会发生加工困难,甚至出现过切现象。显然,这种只具备B刀具半径补偿功能的CNC数控机床和系统,对编程人员来说是很不方便的。

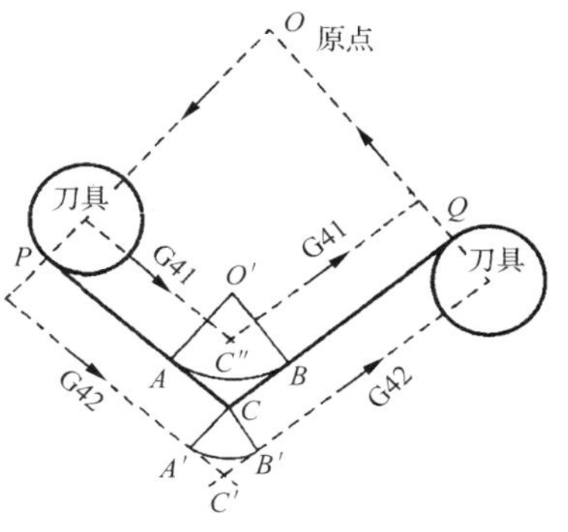

图3-46 B刀补的交叉点和间断点

2. C刀具半径补偿功能

C刀具半径补偿功能简称C刀补。C刀补的特点是:CNC数控系统计算完本段刀具中心轨迹后,提前将下一段轮廓的数控加工程序读入,然后根据本段轮廓与下一段轮廓之间转接的具体情况,对本段刀具中心轨迹做适当的修正,最后得到加工本段轮廓的正确刀具中心轨迹。如图3-46所示,在采用C刀补数控加工时,相邻两段轮廓刀具中心轨迹之间允许以直线相交方式连接,由数控系统根据相邻被加工轮廓的几何特征和切削刀具的半径偏置值自动计算出刀具中心轨迹的转接交点C'和C'',然后再对本段轮廓的刀具中心轨迹作伸长或缩短的修正。由于可以采用计算机自动处理相邻轮廓之间的转接情况,C刀补方法的尖角工艺性明显优于B刀补,特别是在内轮廓表面加工时,C刀补可以实现过切自动预报,从而可靠地避免了过切现象的产生。

以上两种刀具半径补偿的计算机处理方法有很大的区别:B刀补方法在确定刀具中心轨迹时,采用的是读一段、算一段、再走一段的处理方法,这就无法预计下一段轮廓加工轨迹对本段刀具中心轨迹的影响,所以必须附加人为处理;C刀补方法是一次性对相邻两段轮廓的数控加工程序进行处理,先预处理本段,再根据下一段的加工进给方向来确定本段刀具中心轨迹的段间过渡状态,从而完成本段的刀补运算,接着又从程序缓存器中读取再下一段轮廓的数控加工程序,用于计算第二段加工轮廓的刀具补偿中心轨迹,……,以后按照这种方法反复进行下去,直至程序加工结束为止。

3.5.5 C刀补程序段间的转接情况分析

在数控机床加工时,随着前后两段编程轨迹的连接方式不同,零件相邻轮廓线有以下几种转接方式:直线与直线转接、直线与圆弧转接、圆弧与圆弧转接等。根据被加工零件相邻两程序段轨迹的矢量夹角α(两编程轨迹在交点处非加工侧的夹角)和刀具半径补偿左、右方向的不同,C刀补可以有缩短型、伸长型、插入型转接等过渡方式。

1. 直线与直线转接

图3-47所示为直线与直线转接进行左刀具半径补偿(G41)的情况。图3-47(a)和

图 3-47(b)为缩短型转接；图 3-47(c)为伸长型转接；图 3-47(d)、图 3-47(e)为插入型转接。图中的编程轨迹为 OA→AF。

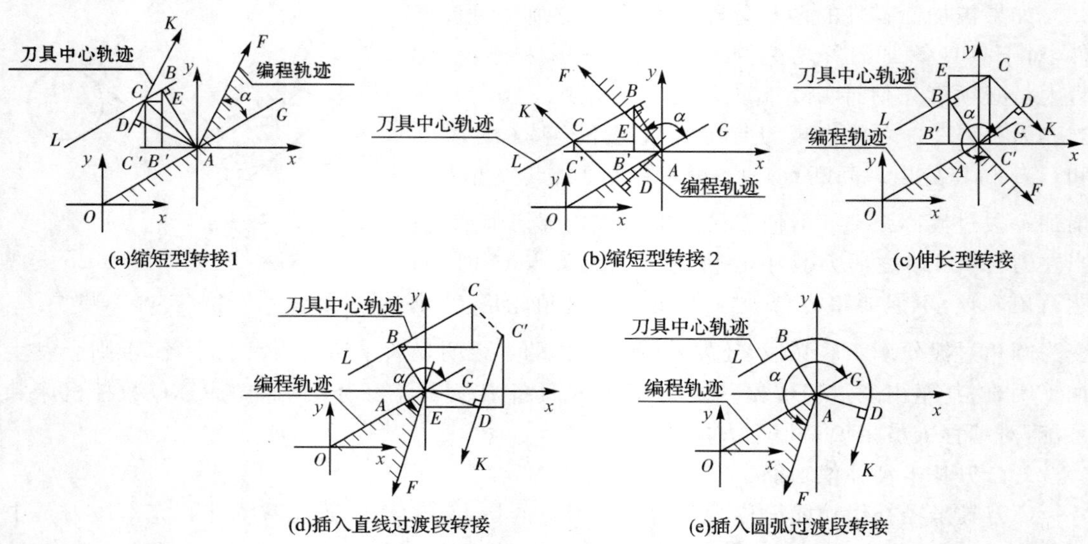

(a)缩短型转接1　(b)缩短型转接 2　(c)伸长型转接

(d)插入直线过渡段转接　(e)插入圆弧过渡段转接

图 3-47　直线与直线转接进行左刀补

图 3-48 是直线与直线转接进行右刀具半径补偿(G42)的情况。图 3-48(a)为伸长型转接；图 3-48(b)、图 3-48(c)为缩短型转接；图 3-48(d)、图 3-48(e)为插入型转接。图中的编程轨迹为 OA→AF。

在同一坐标平面内直线转接直线时，当第一段编程矢量逆时针旋转到第二段编程矢量的夹角 α 在 0°～360°变化时，相应刀具中心轨迹的转接将顺序地按上述三种方式进行。

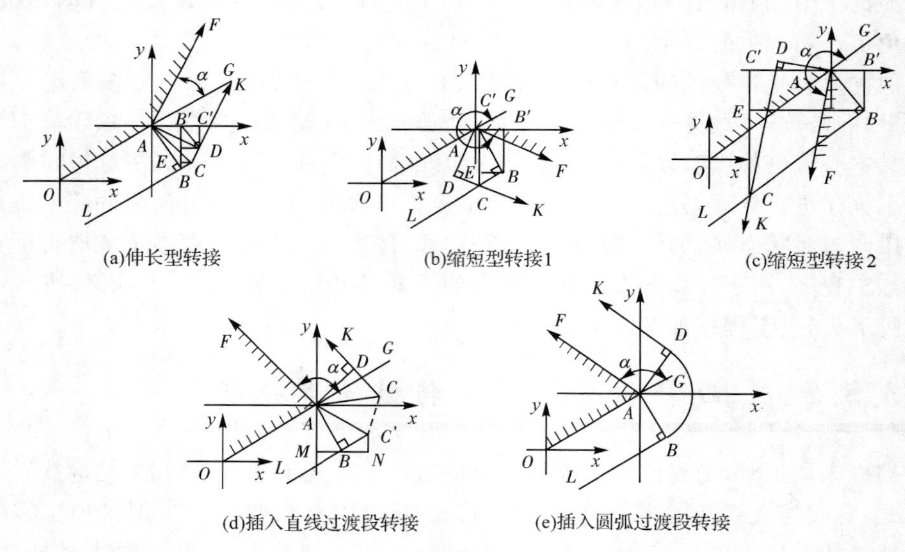

(a)伸长型转接　(b)缩短型转接1　(c)缩短型转接 2

(d)插入直线过渡段转接　(e)插入圆弧过渡段转接

图 3-48　直线与直线转接进行右刀补

2. 圆弧与圆弧转接

同直线转接直线时一样，圆弧转接圆弧时转接类型的区分也可通过两圆的起点和终点

半径矢量的夹角 α 的大小来判断。但是，为了分析方便，往往将圆弧等效于直线处理。

在图 3-49 中，当编程轨迹为 $\widehat{PA}$ 圆弧转接 $\widehat{AQ}$ 圆弧时，$\overrightarrow{O_1A}$、$\overrightarrow{O_2A}$ 分别为终点和起点半径矢量，若为 G41(左)刀补，α 角将为 $\angle GAF$，即

$$\alpha=\angle XO_2A-\angle XO_1A=\angle XO_2A-90^\circ-(\angle XO_1A-90^\circ)=\angle GAF$$

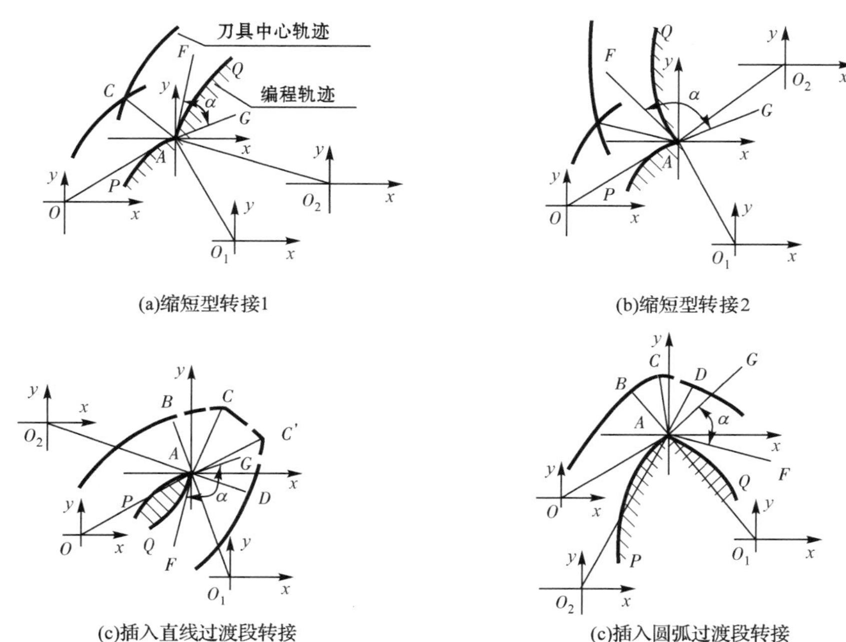

图 3-49 圆弧或直线与圆弧转接

比较图 3-47 和图 3-49，它们转接方式的分类和判别是完全相同的，即当左刀具半径补偿顺圆接顺圆 G41 G02/G41 G02 时，它们的转接类型的判别等效于左刀具半径补偿直线转接直线 G41 G01/G41 G01。

3. 直线与圆弧转接

图 3-49 还可以视为直线与圆弧转接，亦即 G41 G01/G41 G02(OA 直线接 $\widehat{AQ}$ 圆弧)和 G41 G02/G41 G01($\widehat{PA}$ 圆弧接 AF 直线)。因此，它们的转接类型的判别也等效于直线转接直线 G41 G01/G41 G01。

按以上分析可知，以刀具半径补偿方向、等效规律及 α 角变化的三个条件，各种轨迹间的转接类型是不难区分的。

3.5.6 C 刀补工作过程示例

下面以一个零件的数控加工实例来说明 C 刀补的工作过程。如图 3-50 所示，数控系统完成从 O 点到 E 点轮廓加工轨迹的 C 刀补工作过程如下：

(1)读入 OA，判断出是 C 刀补建立，继续读入下一段。

(2)读入 AB，因为矢量夹角 $\angle OAB<90^\circ$，且又是右刀补(G42)，由图 3-48(d)可知，此段间转接的过渡形式是插入型。则计算出点 a、b、c 的坐标值，并输出直线段 Oa、ab、bc，供

插补程序运行。

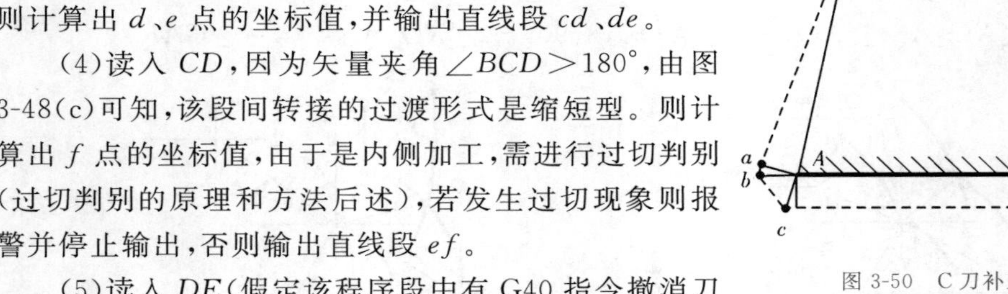

(3)读入 BC,因为矢量夹角$\angle ABC<90°$,同理,由图 3-48(d)可知,该段间转接的过渡形式也是插入型。则计算出 d、e 点的坐标值,并输出直线段 cd、de。

(4)读入 CD,因为矢量夹角$\angle BCD>180°$,由图 3-48(c)可知,该段间转接的过渡形式是缩短型。则计算出 f 点的坐标值,由于是内侧加工,需进行过切判别(过切判别的原理和方法后述),若发生过切现象则报警并停止输出,否则输出直线段 ef。

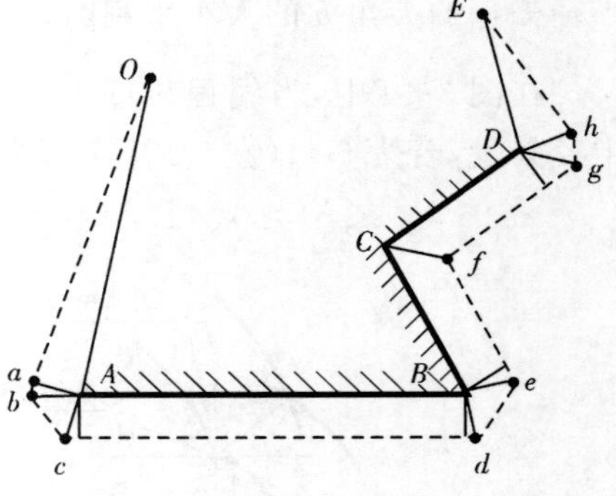

图 3-50　C 刀补工作过程

(5)读入 DE(假定该程序段中有 G40 指令撤消刀补),因为矢量夹角 $90°<\angle CDE<180°$,尽管是刀补撤消段,由图 3-48(d)可知,该段间转接的过渡形式是插入型。则计算出 g、h 点的坐标值,然后输出直线段 fg、gh、hE。至此,C 刀补工作结束。

由以上工作过程可知,具有 C 刀补功能的数控机床和 CNC 数控系统,可以自动判断被加工零件轮廓相邻程序段之间的转接情况,自动计算出符合数控加工要求的刀具半径补偿中心轨迹,全部工作不需要任何人工干预,所以 C 刀补又称为智能刀补,它在现代数控加工中获得了极其重要的应用。C 刀补在进行刀具半径补偿计算时,首先要判断矢量夹角 α 的大小,然后决定转接过渡方式的种类和求算各交点的坐标。其中,α 角的大小可以根据被加工零件轮廓两相邻编程矢量(轨迹)的夹角来确定。

3.5.7　数控加工过程中的过切判别原理

C 刀补能够避免发生过切现象,是指若编程人员因某种原因编制出了肯定要产生过切的加工程序时,数控系统在运行加工的过程中能够提前发出报警信号,避免过切事故的发生。下面就过切判别原理进行讨论。

1. 直线加工时的过切判别

当被加工零件的轮廓为直线段且存在内角转接时,若切削加工的刀具半径选用过大,就可能产生过切现象。如图 3-51 所示,零件轮廓编程轨迹为 $AB\rightarrow BC\rightarrow CD$,$B'$为对应于 AB 程序段与 BC 程序段的 C 刀补后的刀具中心轨迹交点。当读入编程轨迹 CD 时,C 刀补需要对上段轮廓轨迹 BC 进行修正,确定刀具中心应从 B'点移到 C'点。显然,这时必将产生如图阴影部分所示的过切区域。

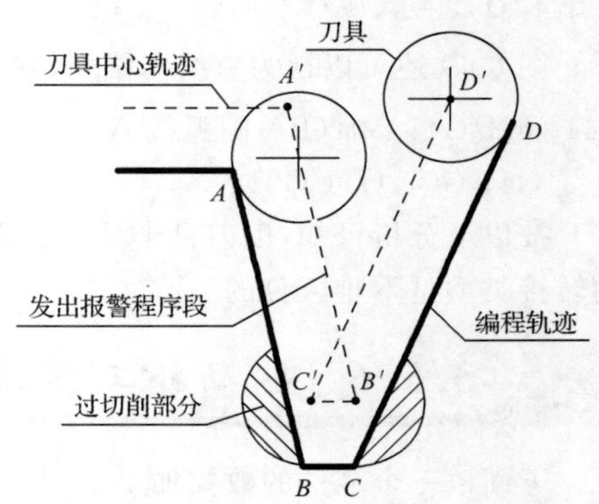

图 3-51　直线加工时的过切判别

在直线加工时是否会产生过切,可以简单地通过编程矢量及与其相对应的刀具中心矢量的标量积的正负来进行判别。具体做法如下:在图 3-51 中,BC 为编程矢量,$B'C'$为 BC 相对应的刀具中心矢量,α 为它们之间的夹角。则:

标量积

$$\overrightarrow{BC} \cdot \overrightarrow{B'C'} = |\overrightarrow{BC}| \ |\overrightarrow{B'C'}| \cos\alpha$$

显然，当 $\overrightarrow{BC} \cdot \overrightarrow{B'C'} < 0(90° < \alpha < 270°)$ 时，刀具就要背向编程轨迹移动，造成过切。在图 3-51 中，因为 $\alpha = 180°$，所以必定产生过切现象。

2. 圆弧加工时的过切判别

在圆弧内轮廓加工时，若选用的刀具半径过大，超过了所需加工的轮廓圆弧半径，那么就会产生如图 3-52(a)所示的过切现象。

对图 3-52(a)所示的刀具半径过大导致过切的情况，通过分析可知，只有当圆弧加工的指令为 G41 G03(图示的走刀方向)或 G42 G02(图示相反的走刀方向)时，才会产生过切现象；若加工指令为 G41 G02 或 G42 G03，即进行外轮廓切削时，就不会产生过切的现象。分析这两种情况，可以得到刀具半径大于所需加工的圆弧半径时的过切判别流程，如图 3-52(b)所示。

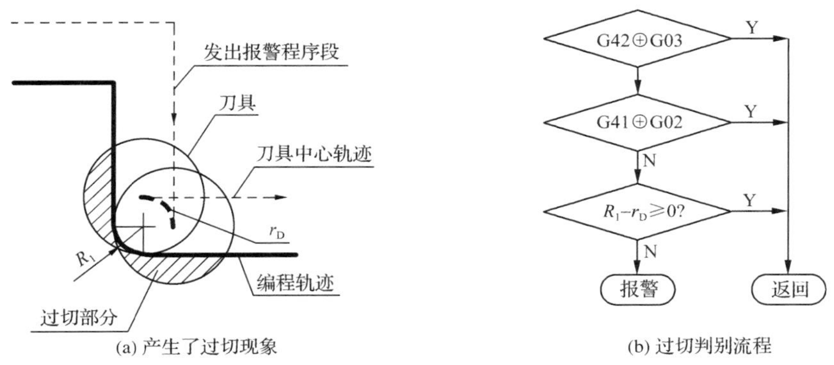

(a) 产生了过切现象　　(b) 过切判别流程

图 3-52　圆弧加工时的过切判别

在实际加工中，还有各种各样的过切情况。通过上面的分析可知，过切现象都是发生在过渡形式为缩短型的情况下，因而可以根据这一原则来判断发生过切的条件，并据此设计过切判别程序。

3.6　数控机床中常用的 PLC

3.6.1　PLC 在数控机床中的作用

在数控机床中有两类控制信息：一类是机床进给运动坐标轴的位置控制信息，如控制工作台的前、后、左、右移动，主轴箱的上、下移动，工作台围绕某一直线坐标轴的旋转运动等等。这些位置控制信息是依据插补计算的理论值与检测反馈的实际值比较后所得到的差值来确定的，是借助伺服进给系统中的电动机运转来实现的。位置控制的核心作用是保证加工零件轮廓轨迹的正确性，除点位控制加工方式之外，数控机床各坐标轴的运动都必须相互保持极其严格的比例关系，这一类位置控制信息由 CNC 数控系统进行处理，称为"CNC 数控"。

另一类控制信息是对机床开关量信号的顺序控制，也就是以 CNC 数控系统内部和机床上的各行程开关、传感器、按钮、继电器等开关信号的状态为条件.并按照预先规定的逻辑顺序，在数控机床运行过程中对诸如主轴的开停、换向，刀具的更换，工件的夹紧、松开，液压、冷却、润滑及运行等状态进行控制。开关量顺序控制的目的是按加工的需要来控制数控机床的辅助动作，让数控机床接受以二进制代码表达的 S、T、M 等功能指令，经过信号处理，控制机床执行装置完成相应的机械顺序开关动作。

在普通机床上，长期以来这一类开关量信号的顺序控制是由“继电器逻辑电路”(简称 RLC)来完成，由机床制造厂自行设计、制造和安装。但在实际应用中，RLC 存在一些难以克服的缺点，如：只能解决开关量的简单逻辑运算、定时、计数等有限几种功能的控制，难以实现复杂的逻辑运算、算术运算、数据处理等数控机床所需的特殊功能控制；此外，继电器、接触器等元器件的体积较大，每个元器件上的工作触点有限，当机床受控对象较多或控制动作顺序较复杂时，RLC 需要使用大量元器件而导致整个系统的体积大、功耗高、可靠性差。

PLC 是由计算机简化而来的电子装置，为适应顺序控制的要求，PLC 省去了计算机的一些数字运算功能，而强化了逻辑运算功能，是一种介于继电器控制和计算机控制之间的自动控制装置。在数控机床上使用 PLC 代替继电器逻辑控制，克服了上面的缺点，使数控机床开关量顺序控制的控制功能、响应速度和可靠性大大提高。

3.6.2 数控机床常用的 PLC 类型

数控机床常用的 PLC 可分为两类，一类是“内嵌型”(build-in type)PLC，另一类是“独立型”(stand-alone type)PLC。

1. 内嵌型 PLC

内嵌型 PLC 是指 PLC 包含在 CNC 系统中，它从属于 CNC 系统成为集成化系统不可分割的一部分，PLC 与 CNC 计算机之间的信号传送在 CNC 装置内部即可实现，PLC 与 MT(机床本体)之间的信号传送则可通过 CNC 系统的输入/输出接口电路实现。

内嵌型 PLC 与继电器逻辑电路相比，具有响应速度快、控制精度高、可靠性高、柔性好和易与计算机联网等优点。内嵌型 PLC 的 CNC 系统框图如图 3-53 所示。

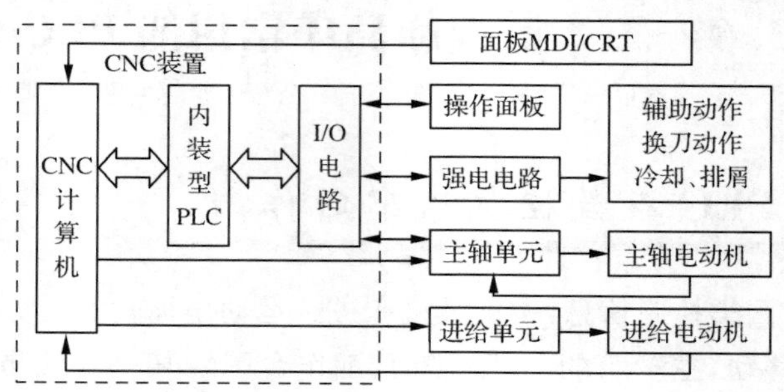

图 3-53 内嵌型 PLC 的 CNC 系统框图

内嵌型 PLC 的特点如下：

(1)内嵌型 PLC 实际上是 CNC 装置带有的 PLC 功能，一般是作为一种基本的或可选择的功能提供给用户。内嵌型 PLC 的性能指标(如：输入/输出点数、程序最大步数、每步执行时间、程序扫描周期、功能指令数目等)是根据所从属的 CNC 系统的规格、性能、适用机床的类型等确定，其硬件和软件部分都是作为 CNC 系统的基本功能或附加功能与 CNC 系统其他功能统一设计、制造的。

(2)在系统的具体结构上,内嵌型 PLC 可与 CNC 计算机共用 CPU,也可以单独使用一个 CPU;硬件控制电路可与 CNC 计算机其他电路制作在同一块印刷板上,也可以单独制成一块附加板,当 CNC 装置需要附加 PLC 功能时,再将此附加板插装到 CNC 装置上;内嵌 PLC 一般不单独配置输入/输出接口电路,而是使用 CNC 系统本身的输入/输出电路;内嵌型 PLC 的控制电路及部分输入/输出电路所用电源由 CNC 装置提供,不需另备电源。

(3)采用内嵌型 PLC,扩大了 CNC 系统内部直接处理的窗口通信功能,可以使用梯形图编辑和传送等高级控制功能且造价低,提高了 CNC 装置的性价比。

(4)一般来说,采用内嵌型 PLC 省去了 PLC 与 CNC 计算机之间的连线,具有结构紧凑、可靠性好、安装和操作方便等优点,相对于在拥有 CNC 装置后另行配购一台通用型 PLC 作为控制器的情况而言,无论在技术上还是经济上对用户来说都是有利的,尤其适用于单机数控设备的应用场合。

2. 独立型 PLC

独立型 PLC 完全独立于 CNC 装置,具有完备的硬件和软件功能,能够独立完成规定的控制任务。独立型 PLC 的 CNC 系统框图如图 3-54 所示。

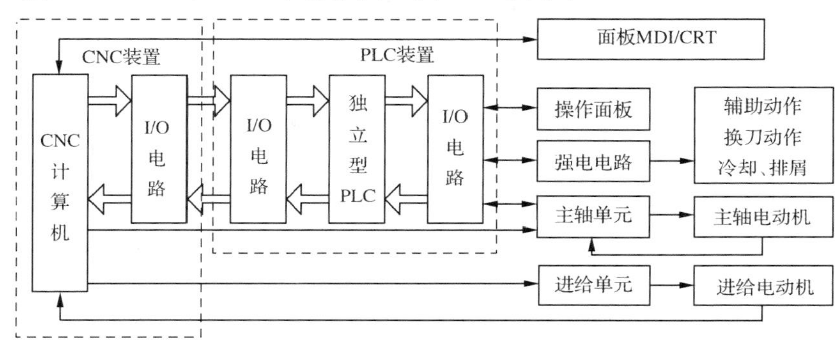

图 3-54 独立型 PLC 的 CNC 系统框图

独立型 PLC 的特点如下:

(1)独立型 PLC 一般采用积木式模块化结构或插板式结构,各功能电路多做成独立的模块或印刷电路插板,具有安装方便、功能易于扩展和变更等优点,可根据数控机床对控制功能的要求灵活选购或自行开发。

(2)独立型 PLC 的输入、输出点数可以通过 I/O 模块或插板的增减灵活配置。有的独立型 PLC 还可通过多个远程终端连接器构成有大量输入、输出点的网络,以实现大范围的集中控制。

(3)在性价比方面,独立型 PLC 比不上内嵌型 PLC。总体来讲,内嵌型 PLC 价格低廉性能尚好,单微处理器的 CNC 系统采用居多;而独立型 PLC 因为具有较强的数据处理、通信和自诊断功能,成为 CNC 计算机与上级计算机联网的重要设备,所以在整体性能要求较高的多微处理器 CNC 系统、FMS 系统、FA 系统和 CIMS 系统中广泛采用。

3.6.3 PLC 的基本结构

PLC 实质上是一种工业控制用的专用计算机,PLC 系统与微型计算机结构基本相同,也是由硬件系统和软件系统两大部分组成。

1. PLC 的硬件结构

通用型 PLC 的硬件基本结构如图 3-55 所示，主要由中央处理单元 CPU、存储器、输入/输出(I/O)模块及电源组成。各部分之间均通过总线(分电源总线、控制总线、地址总线和数据总线)连接，各部件的作用如下。

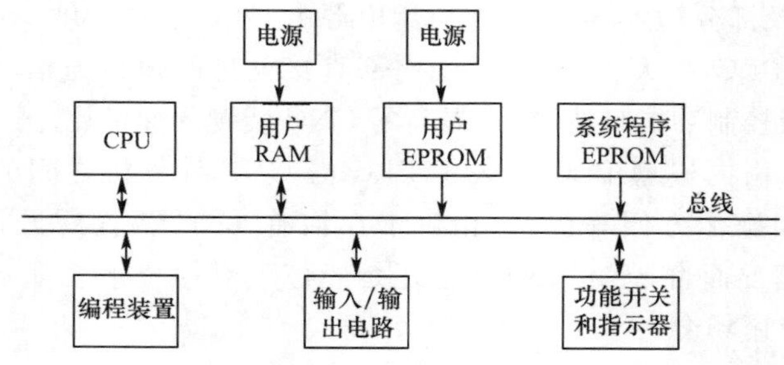

图 3-55 通用型 PLC 的硬件基本结构

(1)中央处理单元 CPU。CPU 是 PLC 的核心部分，它按 PLC 中系统程序赋予的功能，接收并存储从编程器键入的用户程序和数据；用扫描方式查询现场输入装置的各种信号状态或数据，并存入输入过程状态寄存器中；诊断电源及 PLC 内部电路工作状态和编程过程中的语法错误等；在 PLC 进入运行状态后，从存储器逐条读取用户程序，经过命令解释后，按指令规定的任务产生相应的控制信号，开启关闭有关的控制电路；分时、分道地执行数据的存取、传送、组合、比较和变换等动作，完成用户程序中规定的逻辑运算和算术运算等任务；根据运算结果，更新有关标志位的状态和输出状态寄存器的内容，再由输出状态寄存器的位状态或数据寄存器的有关内容实现输出控制、制表打印、数据通信等功能。这些都是在 CPU 的控制下完成的。PLC 常用的 CPU 主要采用通用微处理器、单片机或双极型位片式微处理器。

(2)存储器。PLC 存储器用来存储数据和程序，它包括随机存取存储器(RAM)和只读存储器(ROM)。

PLC 配有系统程序存储器和用户程序存储器，系统程序存储器用来存储监控程序、模块化应用功能子程序和各种系统参数等，一般使用 EPROM；用户程序存储器用作存放用户编制的梯形图等程序，一般使用 RAM，若程序不经常修改，也可写入 EPROM 中。

(3)输入/输出(I/O)模块。I/O 模块是 CPU 与现场 I/O 设备或其他外部设备之间的连接部件。PLC 提供了各种操作电平和输出驱动能力的 I/O 模块供用户选取。I/O 模块要求具有抗干扰性能，并与外界绝缘，故多数都采用光电隔离回路、消抖动回路、多级滤波等措施。I/O 模块可以制成各种标准模块，根据输入、输出点数来增减和组合。I/O 模块还配有各种发光二极管来指示各种运行状态。

(4)电源。PLC 配有开关式稳压电源的电源模块，用来对 PLC 的内部电路供电。

(5)编程器。编程器用作用户程序的编制、编辑、调试和监视，还可以通过其键盘去调用和显示 PLC 的一些内部状态和系统参数。它经过接口与 CPU 联系，完成人机对话。编程器分简易型和智能型两种。简易型编程器只能在线编程，它通过一个专用接口与 PLC 连接。智能型编程器既可在线编程又可离线编程，还可远离 PLC 借助现场控制站的相应接口进行编程，它有许多应用程序软件包，功能齐全，适应的编程语言和方法也较多。

2. PLC 的软件系统

PLC 软件系统是指 PLC 所使用的各种程序的集合，它包括系统程序和用户程序。

(1)系统程序。系统程序包括监控程序、编译程序及诊断程序等。由 PLC 生产厂家固化在 EPROM 中，用户不能干预。

(2)用户程序。用户程序是用户根据现场控制的需要，用 PLC 的编程语言编制的应用程序，用以实现各种控制要求。对于数控机床来说，PLC 中的用户程序已由机床制造厂固化到用户 EPROM 中，机床用户不需进行写入和修改，只是当机床发生故障时，根据机床厂提供的梯形图和电气原理图，来查找故障点，进行维修。

3.6.4 PLC 用户程序的编制方法

由于 PLC 的硬件结构不同，功能也不尽相同，因此用户程序的编制方法也不同。具体编程时，应根据所选用的 PLC 进行编程，下面介绍两种常用的编程方法。

1. 梯形图编程

梯形图(Ladder Diagram)是用图形符号来表示电气控制任务的，如图 3-56 所示。该梯形图由表示常开接点、常闭接点和继电器线圈(PLC 存储器的某一位，或称“软继电器”)的相应符号及地址构成，它们按一定的逻辑关系(如图 3-56 中的并联为“或”关系，串联为“与”关系)组成了一个顺序控制程序。

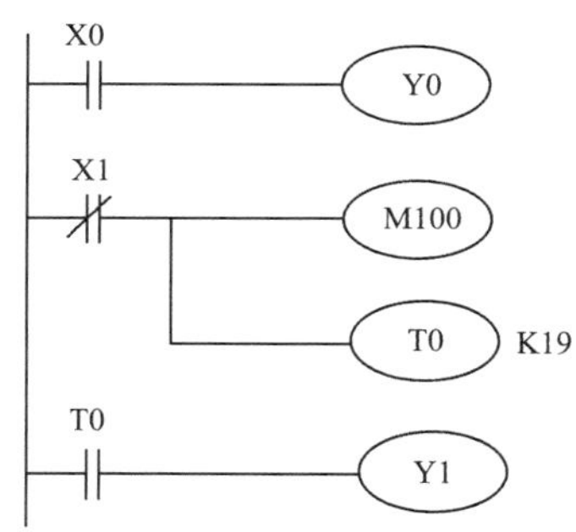

图 3-56 PLC 的梯形图

由图 3-56 可知，梯形图与传统的继电器电路图相似，只是梯形图的母线没有电源，因而分析梯形图工作状态时，可用一种虚拟的“能量流”进行，能量流只能从左向右流动，只能从上向下流动。梯形图描述了电路工作的顺序和逻辑关系。

2. 语句表编程

语句表也称为指令表(Instruction List)，指令表的每一条语句由操作码和操作数两部分组成，操作码表示要执行的功能类型，操作数表示到哪里去操作。如图 3-56 所示的梯形图程序，可以一一对应表示为功能完全相同的语句表程序

步序	指令	地址
0	LD	X0
1	OUT	Y0
2	LDI	X1

```
3    OUT    M100
4    OUT    T0
            K19
7    LD     T0
8    OUT    Y1
```

指令表语句的操作码 LD、OR、AND、OUT…分别为：取、或、与、写…，而 X0、Y0、X1、M100…为操作数。这种编程方法紧凑、系统化，但比较抽象，有时先用梯形图表达，然后写成相应的指令语句输入。

3.6.5 PLC 的工作方式

PLC 的基本工作方式是对用户程序的循环扫描并顺序执行。PLC 接通电源开始运行后，立即进行自诊断，自诊断通过后，CPU 对用户存储器的程序进行扫描，扫描从 0000H 地址所存的第一条用户程序开始，顺序进行到最后一个地址，形成一个扫描循环，周而复始。每扫描一个周期，CPU 进行输入点状态采集，用户程序逻辑解算、相应输入状态的更新和 I/O 执行。

PLC 对用户程序的循环扫描执行过程可分为输入采样、程序执行、输出刷新三个阶段。输入采样阶段是以扫描方式，顺序读入所有输入端的开关状态，并存入输入映像寄存器中。接着转入程序执行阶段，即按梯形图逻辑自左向右，自上向下，对每条指令进行扫描，并从输入映像区读入相应输入状态，进行逻辑运算。运算结果送入输出映像寄存器。当指令全部执行完毕，即进入输出刷新状态，此时 CPU 将输出映像寄存器的状态转至输出锁存电路，再驱动相应的输出继电器线圈接通或断开，实现对外界执行元件的控制。

需要注意的是，在输入状态扫描采样完成后，进入后两个阶段时，若输入信号状态发生了变化，这时输入映像区的状态并不会发生变化，这种新状态只能在下一轮扫描采样阶段才能被读入输入映像区。

由于输入/输出模块滤波器的时间常数、输出电器的机械滞后以及执行程序时按工作周期进行等原因，会使输入/输出响应出现滞后现象，对于一般工业控制设备来说，这种滞后现象是允许的。但一些设备的某些信号要求做出快速响应，因此，有些 PLC 采用高速响应的输入/输出模块，也有的将顺序程序分为快速响应速度的高级程序和一般响应速度的低级程序两类。

3.6.6 PLC 控制数控机床 M、S、T 功能的实现

在数控机床中 PLC 主要是控制实现 M、S、T 等数控机床加工的辅助功能指令。

1. M 功能的实现

PLC 完成的 M 功能(辅助功能)是很广泛的。根据不同的 M 代码，可控制主轴的正反转及停止，主轴齿轮箱的变速，切削液的开、关，卡盘的夹紧和松开，以及自动换刀装置、机械手取刀和归刀等运动。辅助功能通常用 M00～M99 指令指定。CNC 装置送出 M 代码进入 PLC，经 PLC 的译码处理后，输出对应的开关量 0 或 1 来控制相应动作的开/关和启/停。

2. S 功能的实现

以往主轴转速用 2 位代码指定，而现在在 PLC 中可较容易地用 4 位或 5 位代码直接指定

转速(单位为 r/min)。CNC 装置送出 S 代码进入 PLC,经过 PLC 内的 D/A 变换和限位控制后,输出±10 V 模拟电压给主轴电动机伺服系统。如果 S 用二位代码编程(S00～S99),则在 D/A 变换前还应经过译码、数据转换,将 00～99 转换为对应的转速。为了提高主轴转速的稳定性,增大转矩,调整转速范围,还可增加 1～2 级机械变速挡。主轴换挡一般通过 PLC 的 M 代码功能来实现。

3. T 功能的实现

PLC 控制为加工中心自动换刀的管理带来了极大的方便。自动换刀控制方式有固定存取换刀方式和随机存取换刀方式,它们分别采用刀座编码制和刀具编码制。刀座编码的 T 功能处理过程是:CNC 装置送出 T 代码进入 PLC,PLC 经过译码,在数据表内检索,找到 T 代码指定的新刀座号在数据表中的地址,并与现行刀座号进行判别比较,如不符合,则将刀库回转指令发送给刀库控制系统,直到刀库定位到新刀座号位置时,刀库停止回转,并准备换刀。

思考题与习题

3-1 什么是 CNC 系统?

3-2 CNC 装置的主要功能有哪些?

3-3 单微处理器结构和多微处理器结构各有何特点?

3-4 常规的 CNC 装置软件有哪几种结构模式?

3-5 数控机床常用的程序输入方法有哪几种?各有何特点?

3-6 可编程控制器(PLC)与传统的继电器逻辑控制器(RLC)相比有什么区别?PLC 的主要功能有哪些?

3-7 何谓插补?主要有哪几种插补算法?各有什么特点?

3-8 试述逐点比较法的四个节拍。

3-9 利用逐点比较法插补直线 AB,起点为 $A(0,0)$,终点为 $B(4,5)$,试写出插补计算过程,画出插补轨迹和插补的计算机框图。

3-10 利用逐点比较法插补圆弧 AB,起点为 $A(4,0)$,终点为 $B(0,4)$,试写出插补计算过程,画出插补轨迹和插补的计算机框图。

3-11 试推导出逐点比较法插补Ⅰ象限顺圆弧的偏差函数递推公式,并写出插补圆弧 AB 的计算过程,设轨迹的起点为 $A(0,6)$,终点为 $B(6,0)$,画出其插补轨迹和插补的计算机框图。

3-12 何谓刀具半径补偿?其执行过程如何?

3-13 B 刀具补偿与 C 刀具补偿有何区别?

第4章 数控机床的伺服系统和常用驱动元件

4.1 数控机床的伺服系统

伺服系统

4.1.1 伺服系统的概念

伺服(Servo)系统又叫随动系统，是以机床运动部件(如工作台、主轴和刀具等)的位置和速度作为控制量的自动控制系统。根据实现方法的不同，可以分为机械随动(仿形)系统、液压伺服系统、电气伺服系统等。目前的数控机床均采用电气伺服系统。

在数控机床中，伺服系统的作用在于接收来自数控装置的进给脉冲信号，经过一定的信号变换及电压、功率放大，驱动机床运动部件实现运动，并保证动作的快速性和准确性。如果将 CNC 装置比作是发布命令的“大脑”，伺服系统就是数控机床的“四肢”，它能够准确地执行来自 CNC 装置的运动指令。

数控机床的伺服系统包括进给伺服系统和主轴伺服(驱动)系统。进给伺服系统是以机械位移(位置控制)为直接控制目标的自动控制系统，用来保证加工轮廓。主轴伺服系统则以速度控制为主，一般只满足主轴调速及正、反转功能，提供切削过程中需要的转矩和功率。当要求机床有螺纹加工、准停和恒线速度加工等功能时，还需要对主轴提出相应的位置控制要求。

伺服系统由伺服电动机、伺服驱动装置、位置检测装置等组成。伺服驱动装置的主要功能是功率放大和速度调节，将弱信号转换为强信号，并保证系统的动态性能。伺服电动机用来将电能转换为机械能，拖动机械部件移动或转动。本章主要介绍伺服电动机、伺服驱动装置的基本原理。

4.1.2 数控机床对进给伺服系统的要求

随着数控技术的发展，对伺服系统提出了更高的要求，主要表现在以下方面：

1. 精度高

伺服系统控制数控机床的速度和位移输出，为保证加工质量，要求它有足够高的定位精度和重复定位精度。一般要求定位精度和重复定位精度为±0.01～±0.001 mm，高档设备可达±0.1 μm。

2. 响应快

要求伺服系统在跟随指令信号时不仅跟随误差要小，而且响应要快，达到最大稳定速度的时间要短。现代数控机床的插补时间都在 20 ms 以内，这就要求伺服系统达到最大稳定速度这一过渡过程的前沿要陡，斜率要大。快速响应是伺服系统动态品质的标志之一，它反映系统的跟随精度，直接影响轮廓的加工精度和表面质量。

3. 调速范围宽

调速范围是指最高进给速度和最低进给速度之比。由于加工所用刀具、被加工工件材料以及加工要求各不相同，所以若要保证数控机床在任何情况下都能得到最佳切削条件，伺服系统就必须要有足够的调速范围，并且运转稳定。一般要求调速比为 1∶10 000，最低稳定运转速度 $n_{min}\leqslant 0.1$ r/min。

4. 负载特性硬

伺服系统在不同的负载情况下或切削条件发生变化时，应使进给速度保持恒定，即负载特性硬，抗扰动能力强。尤其在低速时，还要求伺服系统能输出较大的转矩。

4.1.3 进给伺服系统的分类

进给伺服系统按有无位置检测和反馈进行分类，可分为开环伺服系统和闭环伺服系统两大类。

1. 开环伺服系统

开环伺服系统即没有位置反馈的系统，如图 4-1 所示。在数控机床上它由步进电动机或电液脉冲马达驱动。数控系统发出的指令脉冲信号经驱动电路控制和功率放大器后，使步进电动机转动，通过齿轮箱的变速齿轮和滚珠丝杠螺母副驱动执行件(工作台或刀架)移动。数控系统发出一个指令脉冲，机床执行件相应移动的距离称为脉冲当量。开环伺服系统的位移精度主要取决于步进电动机的角位移精度、齿轮和丝杠螺母副等传动件的传动间隙和制造精度、机械系统的摩擦阻尼特性等各方面因素。故开环伺服系统的位移精度较低，其定位精度一般为±0.02 mm，当采用螺距误差补偿和传动间隙补偿后，定位精度可以提高到±0.01 mm。由于步进电动机性能的限制，开环伺服系统的进给速度也受到限制，当脉冲当量为 0.01 mm 时，进给速度约为 5 m/min。

开环伺服系统一般包括脉冲频率变换、脉冲分配、功率放大、步进电动机、变速齿轮、滚珠丝杠螺母副、导轨副等组成环节。开环伺服系统的结构较简单，调试、维修都很方便，工作可靠，成本低廉；但精度较低，低速运动时不够平稳，高速运动时扭矩小，且容易丢步，故一般用在中、低档数控机床及普通机床的数控改造上。

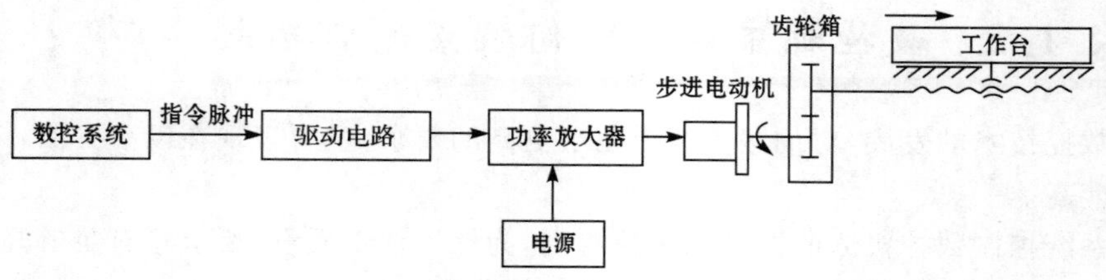

图 4-1 开环伺服系统简图

2. 闭环伺服系统

闭环伺服系统是基于反馈控制原理进行工作的，即通过位置检测装置采样并与 CNC 系统发出的位置指令进行比较，根据所得到的差值来控制伺服机构工作。闭环伺服系统采用直流伺服电动机或交流伺服电动机作为驱动元件，根据位置检测元件的安装部位不同，又可分为全闭环和半闭环两种形式。

(1)全闭环伺服系统

全闭环伺服系统的位置检测元件安装在机床工作台或刀架上，如图 4-2 所示，其反馈信号取自工作台或刀架的实际位移量，所以系统传动链的误差、环内各元件的误差以及运动中造成的误差都可以得到补偿，大大提高了系统的跟随精度和定位精度。目前全闭环伺服系统的定位精度可达 ±0.001～±0.005 mm，最先进的全闭环伺服系统定位精度可达 ±0.1 μm。但是全闭环伺服系统环内所包含的很多机械传动部件的刚度、传动间隙和摩擦阻尼特性都是变化的，有些还是非线性的，这给全闭环伺服系统的调整和稳定带来了许多困难。因此，采用全闭环方式时必须增大机床刚性，改善滑动面摩擦特性，减小传动间隙。全闭环伺服系统的设计和调整都有较大的技术难度，价格也较昂贵，故只在大型、精密数控机床上采用。

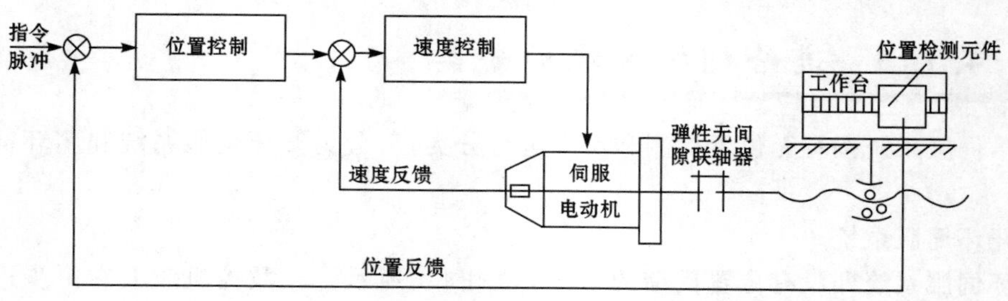

图 4-2 全闭环伺服系统简图

(2)半闭环伺服系统

半闭环伺服系统如图 4-3 所示，其位置检测元件不是安装在工作台上，而是安装在电动机轴上(一般电动机生产商已安装好)，用以精确控制电动机的角位移量，然后通过滚珠丝杠等传动机构，将角度转换成工作台或刀架的直线位移量。这样系统由电动机输出轴至工作台或刀架之间的误差(如联轴器误差、丝杠的弹性变形及螺距误差、导轨副的摩擦阻尼等)没有得到系统的补偿。因此，在数控机床上，半闭环伺服系统只反馈补偿了进给传动系统的部分误差，所以其精度比全闭环伺服系统要低一些；但由于这种系统舍弃了传动系统的刚性和非线性的摩擦阻尼等，故系统调试较容易，稳定性也较好。它采用高分辨率的测量元件，可以获得比较令人满意的精度和速度，特别是制造伺服电动机时，都将测速发电机、旋转变压器(或脉冲编码器)直接安装在伺服电动机轴的尾部，减少机床制造时的安装、调试麻烦，结构也比较简单，故这种系统被广泛应用于中小型数控机床上。

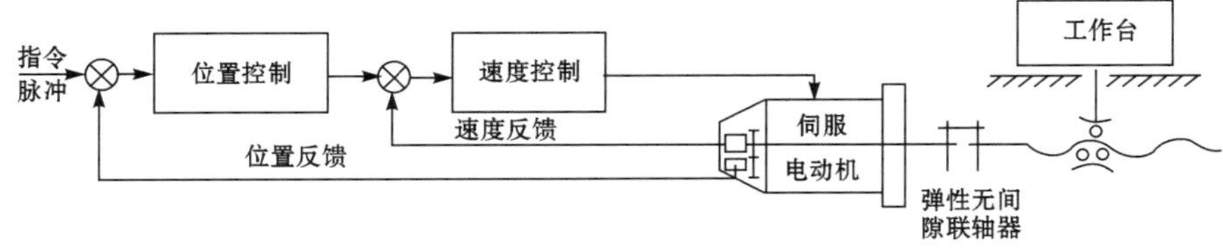

图 4-3 半闭环伺服系统简图

4.2 数控机床的驱动电动机

驱动电动机是数控机床伺服系统的动力部件，它根据控制系统发来的进给指令信号，产生相应的角位移或直线位移，驱动数控机床的执行部件实现所需的运动。用于驱动数控机床各坐标轴进给运动的称为进给电动机；用于驱动机床主运动的称为主轴电动机。图 4-4 所示为数控机床驱动常用电动机的种类。

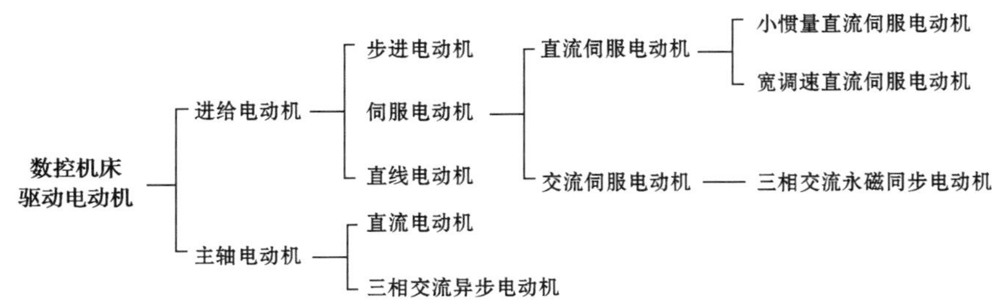

图 4-4 数控机床驱动常用电动机的种类

4.2.1 步进电动机

步进电动机是一种用电脉冲信号进行控制，并将电脉冲信号转换成相应机械角位移量的机电执行元件。当输入一个电脉冲时，电动机的转轴就转过一个相应的角度，该角度称为步距角。这种控制电动机的运动方式与连续旋转的普通电动机不同，它是步进式运动的，所以称为步进电动机。步进电动机的角位移量与输入电脉冲的个数成正比，在时间上与输入脉冲基本同步。

1. 步进电动机的种类和工作原理

步进电动机的种类繁多。从结构上看，它分为反应式和励磁式；按定子相数可分为单相、两相、三相、四相、五相、六相、八相，各相绕组可在定子上径向排列，也可在定子的轴向上分段排列。

反应式步进电动机转子上无绕组，且均匀分布若干个齿，定子上有励磁绕组，由定子励磁绕组产生反应力矩。按输出力矩的大小，又分为伺服步进电动机和功率步进电动机。伺服步进电动机输出力矩较小，一般为 0.01～0.1 N·m，只能驱动线切割机床等小型负载，功率式步进电动机输出力矩在 10 N·m 以上，可以直接驱动较大的负载。励磁式步进电动机与反应式步进电动机相比，只是转子上多了励磁绕组，工作原理与反应式步进电动机相似。目前反应式步进电动机应用较为广泛，如在经济型数控机床和旧设备改造中广泛采用。下面以三相反应式步进电动机为例，介绍步进电动机的工作原理。

三相反应式步进电动机由定子、定子绕组和转子组成，其结构如图 4-5 所示。其定子上有六个磁极，每两个相对的磁极组成一相，分成 A、B、C 三相，每个磁极上有励磁绕组。转子上无绕组，有周向均布的齿，电动机依靠磁极对齿的吸合进行工作。当某相定子绕组通电后，便能吸引转子，使转子转过一个角度，该角度称为步距角。根据定子三相绕组的通电顺序，三相反应式步进电动机的工作方式可分为三相三拍（或称三相单三拍）工作方式、三相双三拍工作方式和三相单双六拍工作方式。

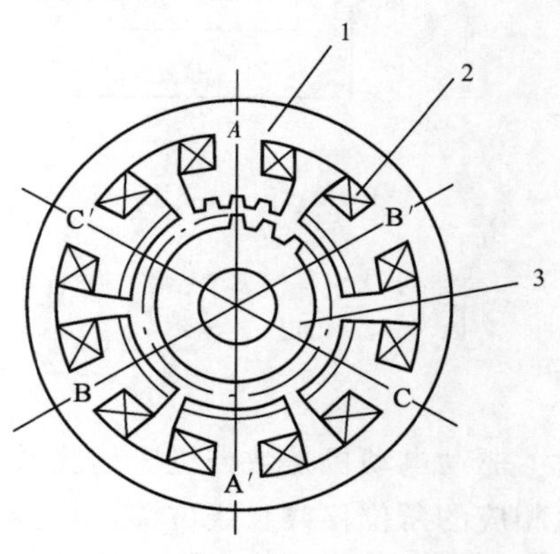

图 4-5　三相反应式步进电动机结构示意图
1—定子；2—定子绕组；3—转子

（1）三相单三拍工作方式

为简化分析，假设步进电动机转子上只有 4 个齿。在图 4-6 中，设 A 相通电，A 相绕组的磁力线为保持磁阻最小，给转子加电磁力矩，使磁极 A 与相邻转子的 1、3 齿对齐；接下来若 B 相通电，A 相断电，磁极 B 又将距它最近的 2、4 齿吸引过来与之对齐，使转子按逆时针方向旋转 30°；下一步 C 相通电，B 相断电，磁极 C 又吸引转子的 1、3 齿与之对齐，使转子又按逆时针方向旋转 30°，依此类推。若定子绕组按 A→B→C→A→… 的顺序通电，转子就一步步地按逆时针方向转动，每步 30°。若定子绕组按 A→C→B→A→… 的顺序通电，则转子就一步步地按顺时针方向转动，每步仍然旋转 30°。显然，单位时间内通入的电脉冲数越多，即电脉冲频率越高，电动机转速越高。因而只要控制输入脉冲的数量、频率和通电绕组的相序，就可获得所需转角、转速及旋转方向。

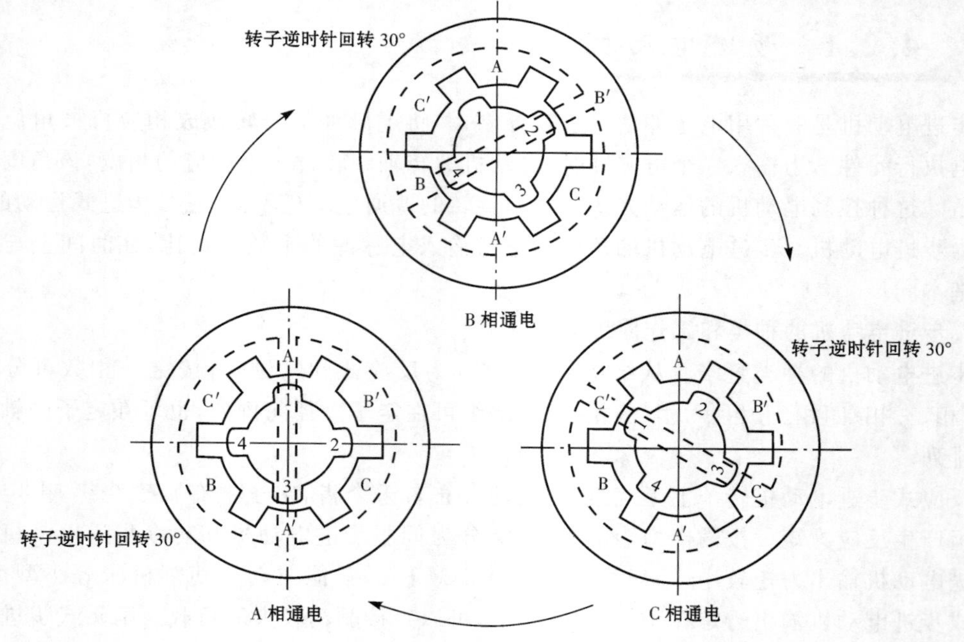

图 4-6　三相反应式步进电动机三相单三拍工作原理

从一相通电换接到另一相通电的过程，称为一拍。每一拍转子转过一个步距角。这种三相励磁绕组依次单独通电运行，换接三次完成一个通电循环的控制方式，称为三相单三拍工作方式。这里“三拍”是指一个循环内换接了三次，即 A、B、C 三拍。三相单三拍工作方式每次只有一相励磁绕组通电吸引转子，容易使转子在平衡位置附近产生振荡，运行稳定性较差。另外，在切换绕组电源时的通、断瞬间容易造成失步。

(2)三相双三拍工作方式

因三相单三拍通电方式容易产生失步和振荡，故在实际工作过程中多采用三相双三拍工作方式，即定子绕组的通电顺序为 AB→BC→CA→AB→…或 AC→CB→BA→…前一种通电顺序转子按逆时针方向旋转，后一种通电顺序转子按顺时针方向旋转，此时有两对磁极同时与转子的两对齿进行吸引，每步仍然旋转 30°。步进电动机在三相双三拍工作的过程中始终保持有一相定子绕组通电，所以工作比较平稳。

(3)三相单双六拍工作方式

如果按 A→AB→B→BC→C→CA→A→…(转子按逆时针方向转动)或 A→AC→C→CB→B→BA→A→…(转子按顺时针方向转动)的顺序通电，换接六次完成一个通电循环，则称之为三相单双六拍工作方式，其工作原理如图 4-7 所示。在这种工作方式下，电动机运转过程中也始终有一相定子绕组通电，运转比较平稳，并且其步距角是三相三拍工作方式下步距角的一半(每步旋转 15°)，步进精度有所提高。

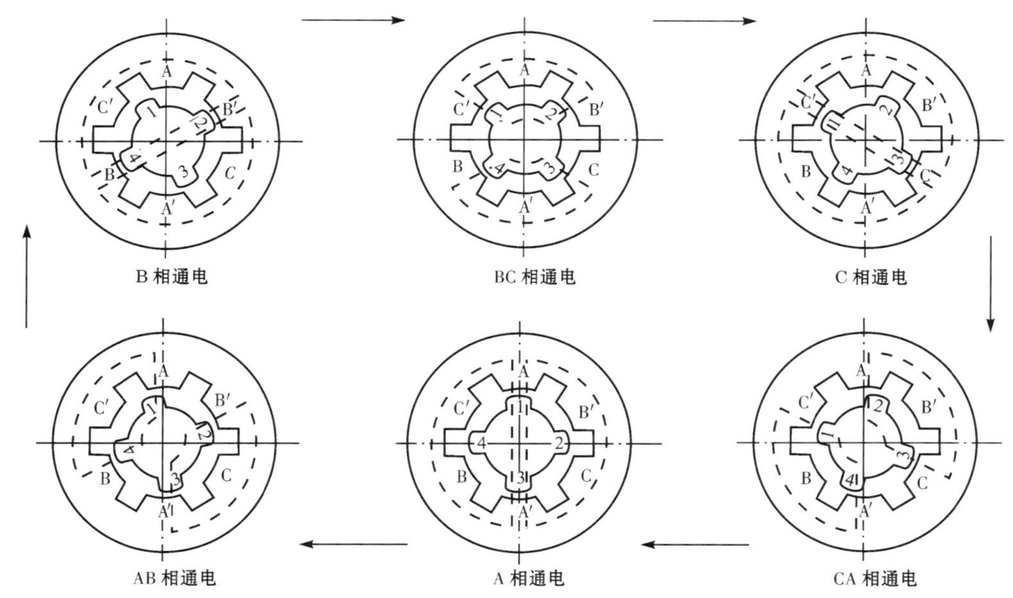

图 4-7 三相反应式步进电动机三相单双六拍工作原理

实际应用的步进电动机的转子齿数很多，因为齿数越多，步距角越小，所能达到的位置精度越高。通常的步距角是 3°、1.5°或 0.75°。为此，需要在定子磁极上也制成同样大小的小齿，这些齿的齿距与转子的齿距相同，如图 4-8 所示。当某一相定子磁极的小齿与转子上的小齿对齐时，其他两相定子磁极的小齿都与转子上的小齿错开一定的角度。按照相序，各定子磁极的齿依次与转子的齿错开齿距的 $1/m$(m 为电动机的相数)。这样，每次定子绕组通电状态改变时，转子只转过齿距的 $1/m$（如三相三拍）或 $1/(2m)$（如三相六拍），即达到新的平衡位置。例如转子上有 40 个齿，则相邻两个齿的齿距是 $(360°/40)=9°$。若定子每个磁极上制成 5 个小齿，当转子齿和 A 相磁极小齿对齐时，如图 4-8 所示，B 相磁极小齿则沿逆时针方向超前转子齿 1/3 齿距角，即超前 3°，而 C 相磁极小齿则沿逆时针方向超前转子

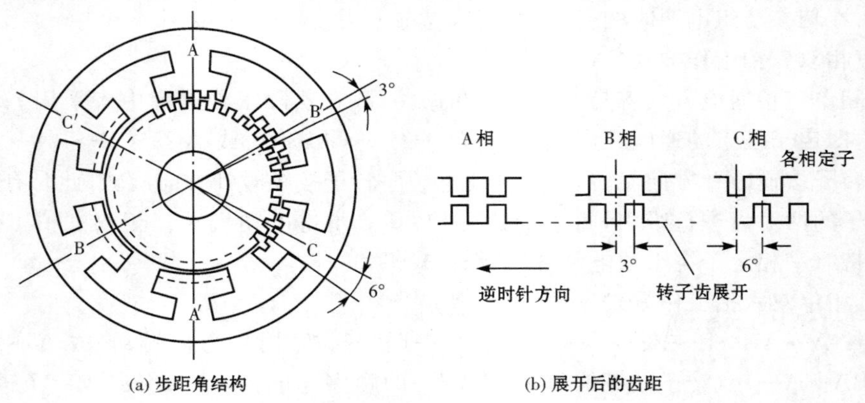

图 4-8　三相反应式步进电动机的步距角结构及展开后的齿距

齿 6°。按照此结构，当励磁绕组按 A→B→C→A→… 的顺序以三相单三拍方式通电时，转子按逆时针方向旋转，步距角为 3°；当按 A→AB→B→BC→C→CA→A→… 的顺序以三相单双六拍方式通电时，步距角为 1.5°。如果通电顺序相反，则步进电动机将沿顺时针方向转动。

2. 步进电动机的特点

(1)步进电动机受脉冲的控制，其转子的角位移量和转速严格地与输入脉冲的数量和脉冲频率成正比，改变通电顺序可改变步进电动机的旋转方向。

(2)维持控制绕组的电流不变，电动机便停在某一位置上不动，即步进电动机有自整角能力，不需要机械制动。

(3)有一定的步距精度，没有累积误差。

(4)效率低，拖动负载的能力不强，脉冲当量（步距角）不能太大，调速范围不大，最高输入脉冲频率一般不超过 18 kHz。

3. 步进电动机的主要特性

(1)步距角和步距误差

当步进电动机输入一个脉冲信号后，转子相应转过的角度称为步距角，即

$$\alpha=\frac{360°}{mzk} \tag{4-1}$$

式中　α——步距角，(°)；

m——定子励磁绕组相数；

z——转子齿数；

k——通电系数，若连续两次通电相数相同，则 $k=1$；若不同，则 $k=2$。

步进电动机一转内各实际步距角与理论步距角之间存在误差，将误差的最大值定义为步距误差。它的大小受制造精度、齿槽分布的均匀程度和气隙均匀程度等因素影响。步进电动机的静态步距误差通常在 10′左右。

(2)静态矩角特性

静态是指步进电动机某相定子绕组通直流电,转子处于不动时的定位状态。这时,该相对应的定子齿与转子齿对齐,转子上没有转矩输出,如图 4-9(a)所示。如果在电动机轴上外加一个负载转矩 T',则步进电动机转子就按一定方向转过一个小角度 θ 后重新稳定。则此时转子所受的电磁转矩 T 和负载转矩 T' 相平衡,称 T 为静态电磁转矩,角度 θ 称为失调角。描述步进电动机单相通电的静态电磁转矩 T 与失调角 θ 之间关系的特性曲线称为静态矩角特性,如图 4-9(e)所示。该特性上的电磁转矩最大值称为最大静转矩,它对应的失调角 $\theta=\pm\frac{\pi}{2}$,分别如图 4-9(b)、图 4-9(d)所示。当转子齿中心线对准定子槽中心线,即 $\theta=\pi$ 时,定子上相邻两齿对转子上的该齿具有大小相同、方向相反的拉力,此时的电磁转矩等于零,故称该位置为步进电动机的一个不稳定平衡点,如图 4-9(c)所示。

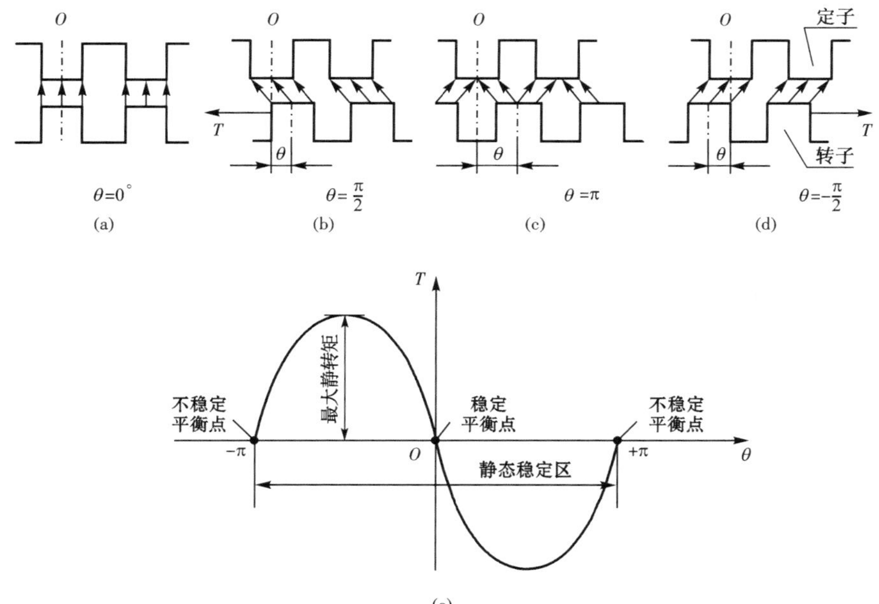

图 4-9　步进电动机的静态矩角特性

最大静转矩是反映步进电动机承受变负载能力的重要指标。最大静转矩越大,步进电动机带负载的能力越强,运行的快速性和稳定性越好。在静态稳定区内,当外加转矩消除时,转子在电磁转矩作用下,仍能回到稳定平衡点 $\theta=0°$ 的位置。

(3)启动频率

空载时,步进电动机由静止状态突然启动,并进入不丢步的正常运行时所允许的最高频率,称为启动频率或最高空载启动频率,它是反映步进电动机快速启动性能的重要指标。若启动时指令脉冲频率大于启动频率,步进电动机就不能正常工作。步进电动机在负载(尤其是惯性负载)作用下的启动频率比空载要低,而且,随着负载加大(在允许范围内),启动频率会进一步降低。

(4)连续运行频率

步进电动机启动以后,其运行速度能跟踪指令脉冲频率连续上升而不丢步的最高工作频率，称为连续运行频率，其值远大于启动频率。连续运行频率是决定定子绕组通电状态最高变化频率的参数，它决定了步进电动机的最高转速。

(5)矩频特性与动态转矩

矩频特性 $T=F(f)$ 描述步进电动机连续稳定运行时，输出转矩与连续运行频率之间的关系，如图 4-10 所示。该特性上每一个频率对应的转矩称为动态转矩。当连续运行频率超过最高频率时，步进电动机便无法工作。

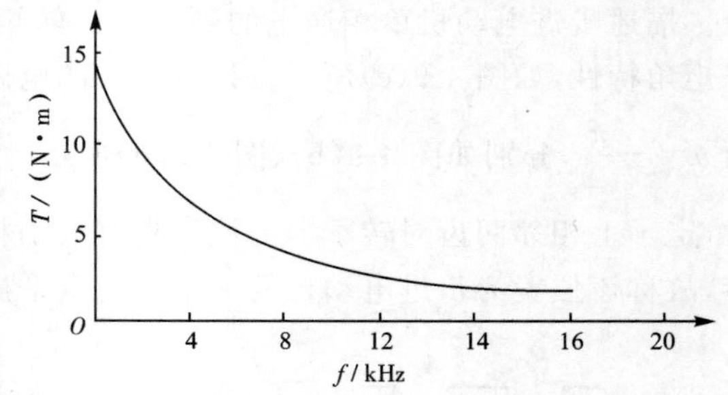

图 4-10 步进电动机的矩频特性

4. 步进电动机的选择

在选用步进电动机时，应根据驱动对象的转矩、精度和控制特性来选择。

(1)首先应确定步进电动机的类型。数控机床中常使用的步进电动机有反应式和永磁反应式。反应式步进电动机的价格低于永磁反应式步进电动机，但性能上不如永磁反应式步进电动机，实际选用时要权衡其性价比。

(2)根据机床的加工精度要求，选择进给轴的脉冲当量，如 0.01 mm 或 0.005 mm。

(3)根据所选步进电动机的步距角、丝杠的螺距以及所要求的脉冲当量，计算减速齿轮的降速比。

采用减速齿轮具有如下优点：容易配置出所要求的脉冲当量；减小工作台和丝杠折算到电动机轴上的惯量；增大工作台的推力。但采用减速齿轮会带来额外的传动误差，使机床的快速移动速度降低，而且它自身又引入了附加的转动惯量，这些均应引起注意。

根据所要求的脉冲当量 δ，齿轮减速比 $i=Z_1/Z_2$ 的计算公式为(参见图 4-11)

$$i=\frac{360^\circ\delta}{\alpha\cdot h} \tag{4-2}$$

式中 α——步进电动机的步距角，(°)；

δ——脉冲当量，mm；

h——丝杠导程，mm。

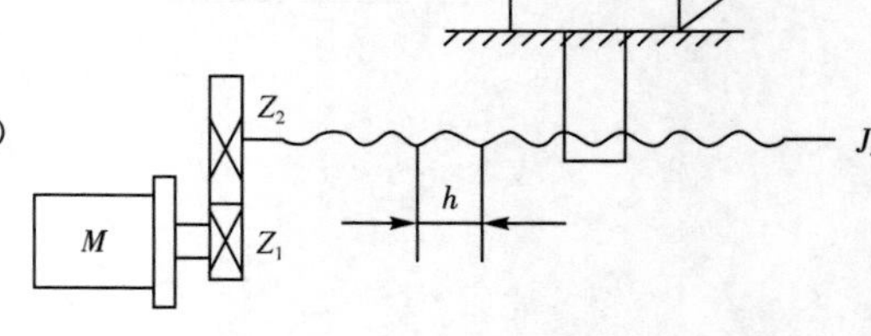

图 4-11 步进电动机驱动工作台的典型结构

(4)电动机以最高运转速度工作时，由矩频特性决定的电动机输出转矩要大于负载转矩，并留有余量。通常负载转矩应为步进电动机最大静转矩的 20%～30%或更小。

(5)步进电动机的启动频率与负载转矩和惯量有很大关系。通常步进电动机的带载启动频率应小于空载启动频率的一半。

4.2.2 伺服电动机

在数控机床的闭环或半闭环进给伺服系统中，主要采用交、直流伺服电动机作为驱动元件。20 世纪 70 年代至 80 年代中期，以直流伺服电动机为主，到 80 年代后期，交流伺服电动机逐渐成为主流。

1. 伺服电动机的性能

为了满足数控机床对伺服系统的要求，伺服电动机应具备良好的性能。

(1)从最低速到最高速，伺服电动机要能够平稳运转，转矩波动要小，尤其在低速时，如 1 r/min 或更低速时，仍有平稳的速度而无爬行现象。而当电动机停止运动(零速)时，电动机的电磁转矩要能锁住伺服系统，以满足定位精度的要求。

(2)伺服电动机应具有较长时间的过载能力，以满足低速大转矩的要求。因为数控机床重切削大多在低速情况下进行，这就要求伺服电动机不仅要有较大的转矩输出，而且还能在数分钟之内过载 4～6 倍而不损坏。

(3)为了满足快速响应的要求，伺服电动机应有较小的转动惯量和较大的堵转转矩，并具有尽可能小的时间常数和启动电压。

(4)伺服电动机应具有频繁启动、制动和正、反转的能力。

2. 直流伺服电动机

为了满足数控机床伺服系统的要求，直流伺服电动机必须具有较高的力矩/惯量比，由此产生了小惯量直流伺服电动机和宽调速直流伺服电动机。这两类电动机的定子磁极都是永磁体，大多采用新型的稀土永磁材料，具有较大的矫顽力和较高的磁能积，因此抗去磁能力大为提高，体积大为缩小。

(1)直流伺服电动机的工作原理

直流伺服电动机的工作原理与一般直流电动机基本相同，都是建立在电磁力和电磁感应的基础上的。为了分析简便，可把复杂的直流电动机结构简化为如图 4-12(a)所示的结构，其电路原理如图 4-12(b)所示。直流电动机具有一对磁极 N 和 S，电枢绕组只是一个线圈，线圈两端分别连在两个换向片上，换向片上压着电刷 A 和 B。将直流电源接在电刷之间使电流通入电枢线圈。由于电刷 A 通过换向片总是与 N 极下的有效边(切割磁力线的导体部分)相连，电刷 B 通过换向片总是与 S 极下的有效边相连，因此电流方向应为：N 极下

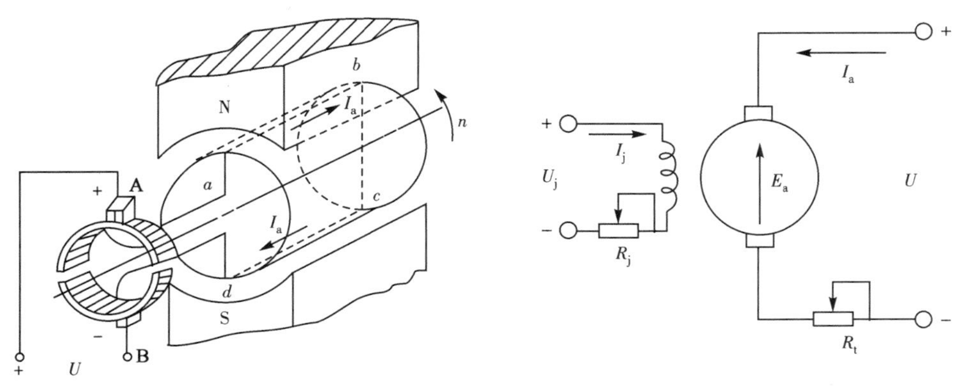

(a) 直流电动机的结构　　(b) 直流电动机的电路原理

图 4-12　直流电动机的结构与工作原理

的有效边中的电流总是一个方向(在图 4-12(a)中由 $a \to b$)，而 S 极下的有效边中的电流总是另一个方向(在图 4-12(a)中由 $c \to d$)，这样才能使两个边上受到的电磁力的方向保持协调一致，电枢因此转动。有效边受力方向可用左手定则判断：伸开左手，让磁力线穿过手心，四指指向电流方向，与四指垂直的拇指方向即电磁力的方向。当线圈的有效边从 N(S)极

下转到 S(N)极下时,其中电流的方向必须同时改变,以使电磁力的方向不变,而这也必须通过换向器才能得以实现。

电动机电枢线圈通电后在磁场中因受力而转动,同时,电枢转动后,因导体切割磁力线而产生反电动势 E_a,其方向总是与外加电压的方向相反(由右手定则判断)。直流电动机电枢绕组中的电流与磁通 Φ 相互作用,产生电磁力和电磁转矩。其中电磁转矩为

$$T = K_m \Phi I_a \tag{4-3}$$

式中 T——电磁转矩,N·m;

Φ——一对磁极的磁通,Wb;

I_a——电枢电流,A;

K_m——电磁转矩常数。

电枢转动后产生的反电动势为

$$E_a = K_e \Phi n \tag{4-4}$$

式中 E_a——反电动势,V;

n——电枢的转速,r/min;

K_e——反电动势常数。

作用在电枢上的电压 U 应等于反电动势与电枢压降之和,故电压平衡方程为

$$U = E_a + I_a R_a \tag{4-5}$$

式中,R_a 为电枢电阻,Ω。

由式(4-4)和式(4-5)可得

$$n = \frac{U - I_a R_a}{K_e \Phi} \tag{4-6}$$

由式(4-6)可知,调节直流电动机的转速有以下三种方法:

①改变电枢电压 U　即当电枢电阻 R_a、磁通 Φ 都不变时,通过附加的调压设备调节电枢电压 U。一般都将电枢的额定电压向下调低,使电动机的转速 n 由额定转速向下调低,调速范围很宽,作为进给驱动的直流伺服电动机常采用这种方法。

②改变磁通 Φ　调节激磁回路的电阻 R_j,如图 4-12(b)所示,使励磁回路电流 I_j 减小,磁通 Φ 也减小,使电动机的转速由额定转速向上调高。这种方法由于励磁回路的电感较大,导致调速的快速性变差,但速度调节容易控制,数控机床主传动用的直流伺服电动机常采用这种方法调速。

③在电枢回路中串联调节电阻 R_t　此时转速的计算公式变为

$$n = \frac{U - I_a (R_a + R_t)}{K_e \Phi} \tag{4-7}$$

这种方法电阻上的损耗大,且转速只能调低,故不经济。

(2)小惯量直流伺服电动机

小惯量直流伺服电动机是通过减小电枢的转动惯量来提高力矩/惯量比的,其力矩/惯量比要比普通直流电动机大 40～50 倍。小惯量直流伺服电动机的转子与一般直流电动机的区别在于:一是转子长而直径小,从而得到较小的惯量;二是转子是光滑无槽的铁芯,用绝缘黏合剂直接把线圈黏在铁芯表面上。小惯量直流伺服电动机机械时间常数小(可以小于 10 ms),响应快,低速运转稳定而均匀,能频繁启动与制动。但由于其过载能力低,并且自

身惯量比机床相应运动部件的惯量小，因此必须配置减速机构与丝杠相连接才能和运动部件的惯量相匹配，这样就增加了传动链误差。小惯量直流伺服电动机在早期的数控机床上得到广泛应用，目前在数控钻床、数控冲床等点位控制的场合应用较多。

(3)宽调速直流伺服电动机

宽调速直流伺服电动机又称大惯量直流伺服电动机，其结构如图 4-13 所示，它是通过提高输出力矩来提高力矩/惯量比的。具体措施包括：一是增加定子磁极对数并采用高性能的磁性材料，如稀土钴等材料以产生强磁场，该磁性材料性能稳定且不易退磁；二是在同样的转子外径和电枢电流的情况下，增加转子上的槽数和槽的截面积。因此，电动机的机械时间常数和电气时间常数都有所减小，这样就提高了快速响应性。目前数控机床广泛采用这类电动机构成闭环进给系统。

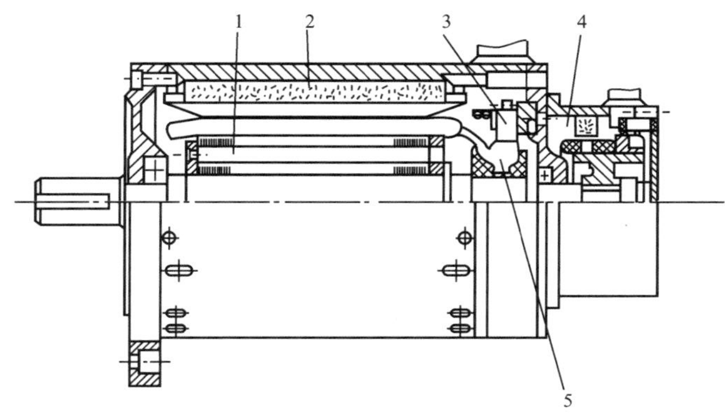

图 4-13 宽调速直流伺服电动机结构简图

1—转子；2—定子；3—电刷；4—测速发电机；5—换向器

在结构上，这类电动机采用了内装式的低纹波的测速发电机(图 4-13)。测速发电机的输出电压作为速度环的反馈信号，使电动机在较宽的范围内平稳运转。除测速发电机外，还可以在电动机内部安装位置检测装置，如光电编码器或旋转变压器等。当伺服电动机用于垂直轴驱动时，电动机内部可安装电磁制动器，以克服滚珠丝杠垂直安装时的非自锁现象。

大惯量直流伺服电动机的机械特性如图 4-14 所示。

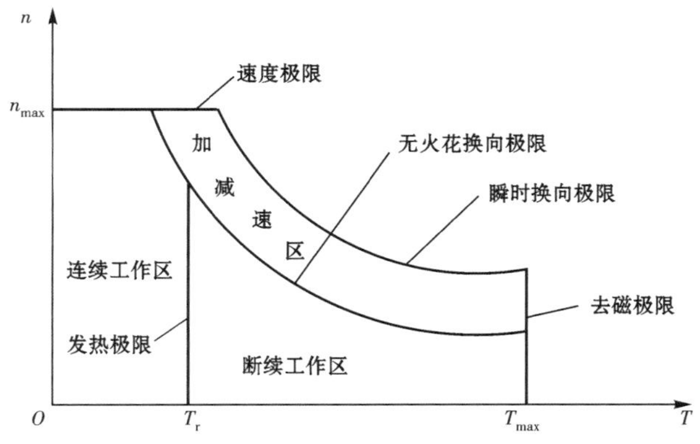

图 4-14 大惯量直流伺服电动机的机械特性

在图 4-14 中，T_r 为连续工作转矩，T_{max} 为最大转矩。在连续工作区，电动机通以连续工作电流，可长期工作，连续电流值受发热极限的限制。在断续工作区，电动机处于接通—断开的断续工作方式，换向器与电刷工作于无火花的换向区，可承受低速大转矩的工作状态。在加减速区，电动机处于加减速工作状态，如启动、制动。启动时，电枢瞬时电流很大，所引起的电枢反应会使磁极退磁和换向产生火花，因此，电枢电流受去磁极限和瞬时换向极限的限制。

宽调速直流伺服电动机能提供大转矩的意义在于：

①能承受的峰值电流和过载能力高　瞬时转矩可达额定转矩的 10 倍，可满足数控机床对其加/减速的要求。

②具有大的力矩/惯量比，快速性好　由于电动机自身惯量大，外部负载惯量相对来说较小，因此伺服系统的调速与负载几乎无关，从而大大提高了抗机械干扰的能力。

③低速时输出力矩大　这种电动机能与丝杠直接相连，省去了齿轮等传动机构，提高了机床进给传动精度。

④调速范围大　与高性能伺服驱动单元组成速度控制系统时，调速比超过 1∶10 000。

⑤转子热容量大　电动机的过载性能好，一般能过载运行几十分钟。

3. 交流伺服电动机

由于直流伺服电动机具有优良的调速性能，因此长期以来，在调速性能要求较高的场合，直流伺服电动机一直占据主导地位。但是由于它的电刷和换向器的磨损，有时会产生火花，电动机的最高速度受到限制，且直流伺服电动机结构复杂，成本较高，所以在使用上受到一定的限制。而近年来交流伺服电动机的飞速发展，不仅克服了直流伺服电动机结构上存在整流子、电刷维护困难、造价高、寿命短、应用环境受限等缺点，同时又充分发挥了交流伺服电动机坚固耐用、经济可靠、动态响应好、输出功率大等优点。因此，在越来越多的场合，交流伺服电动机已逐渐取代直流伺服电动机。

交流伺服电动机分为交流永磁式伺服电动机和交流感应式伺服电动机。交流永磁式伺服电动机相当于交流同步电动机，常用于进给伺服系统；交流感应式伺服电动机相当于交流异步电动机，常用于主轴伺服系统。

(1)三相交流永磁同步电动机的工作原理

数控机床用于进给驱动的交流伺服电动机大多采用三相交流永磁同步电动机，它由定子、转子和检测元件三部分组成。三相交流永磁同步电动机的结构如图 4-15 和图 4-16 所示。定子具有齿槽，槽内嵌有三相绕组，其形状与普通感应电动机的定子结构相同。但为了改善伺服电动机的散热性能，齿槽呈多边形，且无外壳。转子由多块永久磁铁和冲片组成。这种结构的转子特点是气隙磁密度较高，极数较多。转子磁铁磁性材料的性能直接影响伺服电动机的性能和外形尺寸。现在一般采用第三代稀土永磁合金——钕-铁-硼(Nd-Fe-B)合金，它是一种最有前途的稀土永磁合金。

三相交流永磁同步电动机的工作原理与电磁式同步电动机的工作原理基本相同，即定子磁场三相绕组产生的空间旋转磁场和转子磁场相互作用，使定子磁场带动转子一起旋转。所不同的是转子磁极不是由转子的三相绕组产生，而是由永久磁铁产生。其工作过程是当定子三相绕组通以交流电后，产生一个旋转磁场，这个旋转磁场以同步转速 n_s 旋转，如图 4-17 所示。根据磁极同性相斥、异性相吸的原理，定子旋转磁场与转子永久磁场的磁极相互吸引，并带动转子一起旋转。因此转子也将以同步转速 n_r 旋转。当转子轴上加外负载转矩时，转子磁极的轴线将与定子磁极的轴线相差一个 θ 角，若负载增大，则 θ 也随之增大。只要外负载不超过一定限度，转子就会与定子旋转磁场一起同步旋转，即

$$n_r = n_s = 60f/p \tag{4-8}$$

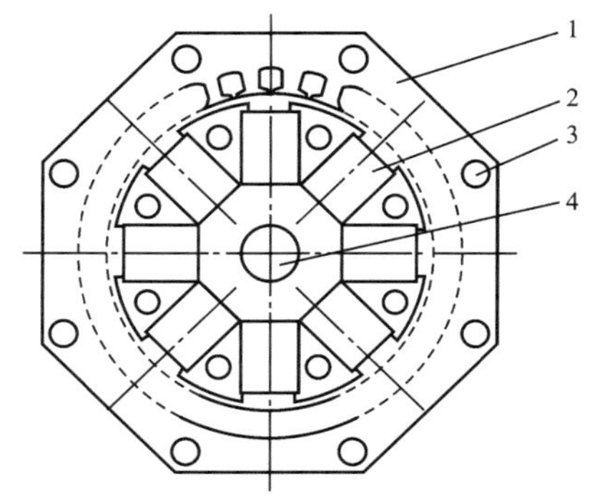

图 4-15　三相交流永磁同步电动机的横剖面

1—定子；2—永久磁铁；3—轴向通气孔；4—转轴

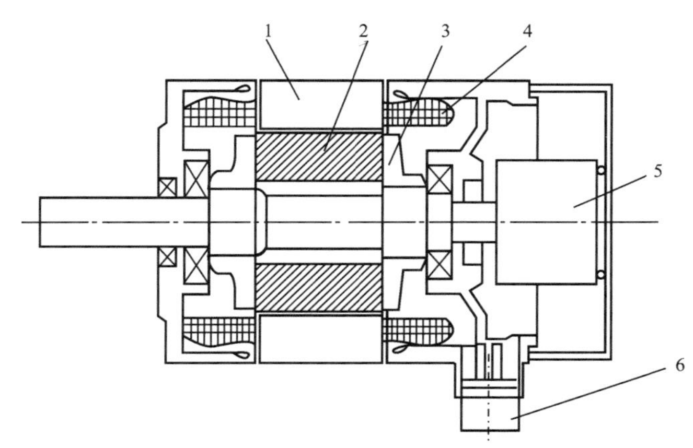

图 4-16　三相交流永磁同步电动机的纵剖面

1—定子；2—转子；3—压板；4—定子三相绕组；5—脉冲编码器；6—出线盒

式中　f——交流电源的频率，Hz；

p——定子和转子的磁极对数；

n_r——转子转速，r/min；

n_s——同步转速，r/min。

由式(4-8)可知，三相交流永磁同步电动机转速由电源频率 f 和磁极对数 p 所决定。

当负载超过一定极限后，转子不再按同步转速旋转，甚至可能不旋转，这就是同步电动机的失步现象，此负载的极限称为最大同步转矩。

(2)交流永磁同步电动机的性能

交流永磁同步电动机的机械特性曲线如图 4-18 所示。

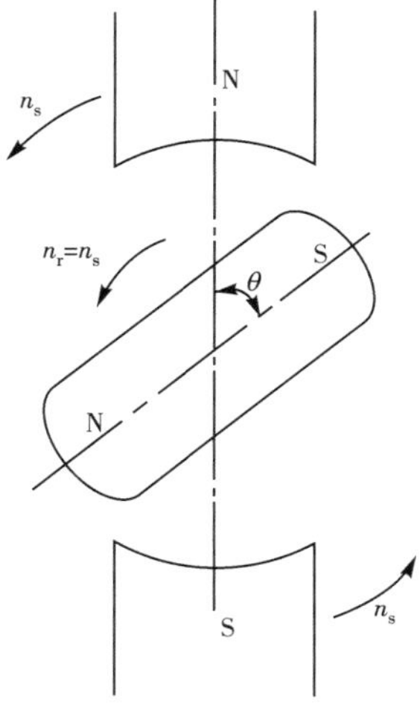

图 4-17　三相交流永磁同步电动机的工作原理

在连续工作区，转速与转矩的输出组合都可长时

间连续运行；在断续工作区，电动机可间断运行。交流伺服电动机的机械特性比直流伺服电动机要硬；断续工作范围更大，尤其是在高速区，这有利于提高电动机的加/减速能力。

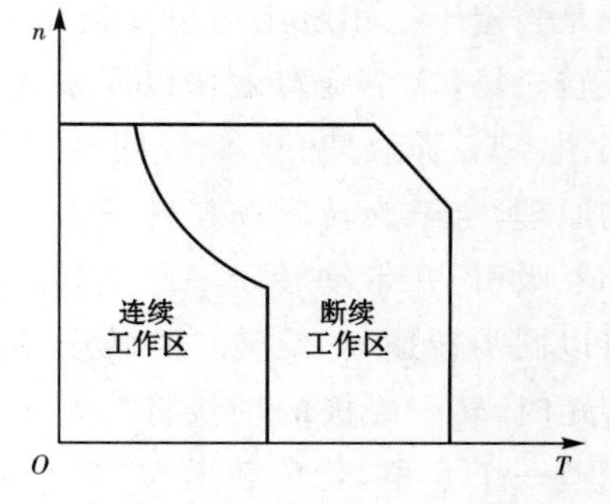

图 4-18 交流永磁同步电动机的机械特性曲线

交流永磁同步电动机的缺点是启动困难，这是由于电动机转子本身存在惯量及定子与转子之间的转速差过大所致。因而在电动机的设计中应尽量设法降低转子惯量，并在速度控制单元中采取先低速、后高速的控制方法，以解决启动问题。

和异步电动机相比，同步电动机转子有磁极，在很低的频率下也能运行，因此，在相同的条件下，同步电动机的调速范围比异步电动机要宽。同时，同步电动机比异步电动机对转矩扰动具有更强的承受力，能做出更快的响应。

(3)交流伺服电动机的主要特性参数

①额定功率　电动机长时间连续运行所能输出的最大功率为额定功率，在数值上约为额定转矩与额定转速的乘积。

②额定转矩　电动机在额定转速以下长时间工作所能输出的转矩为额定转矩。

③额定转速　额定转速由额定功率和额定转矩决定。

④瞬时最大转矩　电动机所能输出的瞬时最大转矩为瞬时最大转矩。

⑤最高转速　电动机的最高工作转速为最高转速。

⑥转子惯量　电动机转子上总的转动惯量为转子惯量。

需要指出的是，在数控机床高速化发展的今天，采用直线电动机直接驱动工作台的驱动方式已经成为当前一个重要的选择方向。直线电动机的固定部件(永久磁钢)与机床的床身相连接，运动部件(绕组)与机床的工作台相连接，其运动轨迹为直线，因此在进给伺服驱动中省去了联轴节、滚珠丝杠螺母副等传动环节，使机床运动部件的快速性、精度和刚度都得到了提高。有关内容将在第 5 章介绍。

4.2.3 主轴电动机

1. 主轴电动机应具备的性能

为满足数控机床对主轴驱动的要求，主轴电动机应具备以下性能：

(1)电动机功率大，且在大的调速范围内速度稳定，恒功率调速范围较宽。

(2)在断续负载下电动机转速波动小。

(3)加/减速时间短。

(4)温升低，噪声和振动小，可靠性高，寿命长。

(5)电动机过载能力强。

2. 直流主轴电动机

当采用直流电动机作为主轴电动机时，直流主轴电动机的主磁极不是永磁式，而是采用铁芯加励磁绕组，以便进行调磁调速的恒功率控制。为改善磁场分布，有的主轴电动机在主磁极上除励磁绕组外还有补偿绕组；为改善换向特性，磁极之间还有换向极。直流主轴电动机的过载能力一般约为额定值的 1.5 倍。

3. 交流主轴电动机

交流主轴电动机采用三相交流异步电动机，它是基于感应式电动机的结构而专门设计的，其工作原理与普通感应式电动机的工作原理相同。电动机的总体结构由定子和转子构成，定子上有固定的三相绕组，转子结构与普通感应式电动机相同。通常为增加输出功率，缩小电动机体积，采用定子铁芯在空气中直接冷却的方式，没有机壳，且在定子铁芯上制有通气孔，电机外形多呈多边形。电机轴尾部安装了检测用的编码器，用于主轴定位及 C 轴进给控制。

由电机学原理可知，在三相交流异步电动机定子绕组上通入三相交流电后，在电动机气隙中产生一个旋转磁场，其旋转速度被称为同步转速 n_s。转子绕组中必须要有一定大小的电流以产生足够的电磁转矩带动负载，而转子绕组中的电流是由旋转磁场切割转子绕组而感应产生的。要产生一定数量的电流，转子转速 n_r 必须低于磁场转速 n_s，即

$$n_r = n_s(1-s) = \frac{60f}{p}(1-s) \tag{4-9}$$

式中 f——交流电源的频率，Hz；

p——定子和转子的磁极对数；

n_r——转子转速，r/min；

n_s——同步转速，r/min；

s——转速滑差率。

主轴驱动目前主要有两种形式，一是主轴电动机带齿轮变速箱换挡变速，以增大传动比，增加主轴功率，满足切削加工的需要；二是主轴电动机通过同步齿形带或皮带驱动主轴，该类主轴电动机又称宽域电动机或强切削电动机，具有恒功率宽、调速比大等特点。采用强切削电动机后，无须机械变速，主轴箱内省去了齿轮和离合器，主轴箱实际上成了主轴支架，简化了主轴驱动系统。

交流主轴电动机恒转矩与恒功率调速范围之比约为 1∶3，过载能力为额定值的 1.2～1.5 倍，过载时间从几分钟到半小时不等。

为了满足数控机床切削加工的特殊要求，近年来出现了一些新型主轴电动机，如液体冷却主轴电动机和内装式主轴电动机等。

(1)液体冷却主轴电动机

为解决大功率主轴电动机的散热问题，采用液体(润滑油)强迫冷却法能使电动机在保持小体积的条件下获得大的输出功率。图 4-19 为一种液体冷却主轴电动机的结构示意图。它的特点是在电动机外壳和前端盖中间有一条独特的油路通道，通以强迫循环润滑油来冷却电动机的绕组和轴承。由于液体冷却的效果比通风冷却的效果好得多，所以电动机可在 20 000 r/min 的高速状态下连续运行。这类电动机的恒功率调速范围也很宽。

(2)内装式主轴电动机

图 4-20 为一种内装式主轴电动机的结构示意图。它由空心轴转子、带绕组的定子和检测器三部分组成,是一种机床主轴与主轴电动机合为一体的结构,电动机转子轴本身就是机床回转主轴,而定子被并入主轴头内,所以称为内装式。这种结构取消了机床主轴箱,既简化了主轴驱动机构,又降低了噪音和共振。内装式主轴电动机在数控机床的主轴驱动中得到了越来越多的应用。

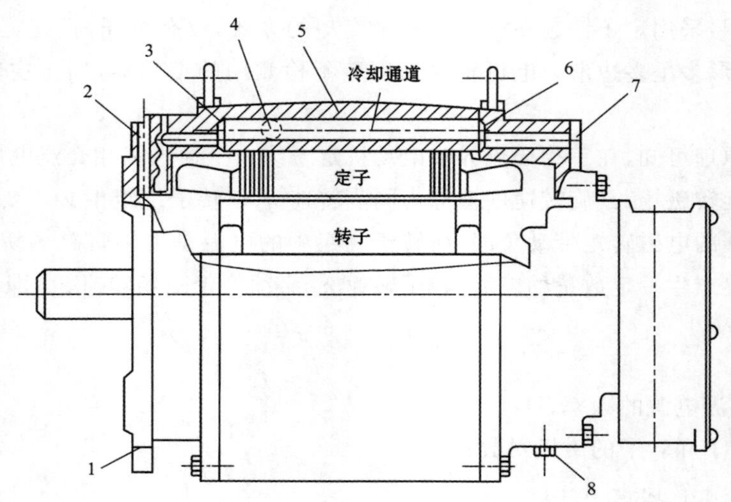

图 4-19 液体冷却主轴电动机的结构示意图

1、8—油/空气出口;2—油/空气入口;3、6—O 形圈;4—冷却油入口;5—定子外壳;7—通道挡板

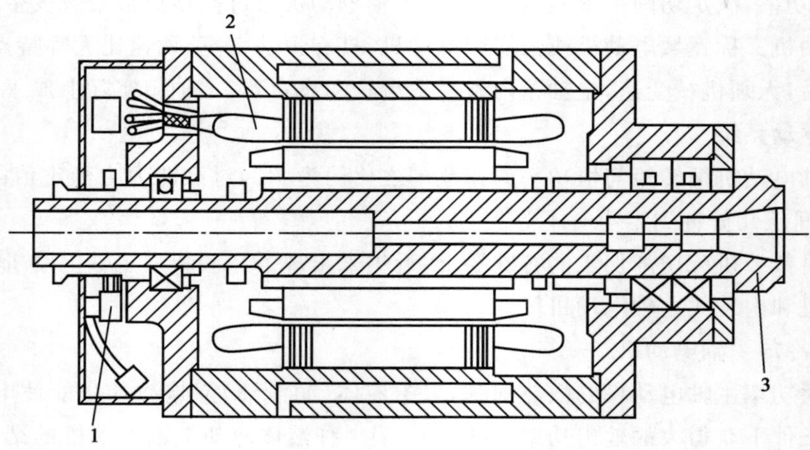

图 4-20 内装式主轴电动机的结构示意图

1—检测器;2—带绕组的定子;3—空心轴转子/主轴

4.3 数控机床的驱动装置

驱动装置接受数控系统输出的速度控制信号，输出电能驱动电动机。由于驱动装置用于对驱动电机的速度控制，故有时也称其为速度控制单元或速度单元；又因为驱动装置是伺服系统中的功率放大部分，故又可称其为伺服驱动单元或伺服放大器。数控机床中各类驱动电机的驱动装置见表 4-1。

表 4-1　数控机床中各类驱动电机的驱动装置

部　位	驱动电动机	驱动装置
进给	步进电动机	单电压供电、高低压切换供电、细分驱动等
	直流伺服电动机	脉宽调制(PWM)
		晶闸管控制(SCR)
	交流伺服电动机	他控变频控制
		自控变频控制
主轴	直流主轴电动机	晶闸管控制(SCR)
	交流主轴电动机	通用变频器控制
		矢量变换变频控制

4.3.1 步进驱动装置

步进电动机的驱动装置要解决两个问题，即脉冲分配控制和功率放大。脉冲分配控制有硬件和软件两种实现方法：如用硬件实现，则实现这一功能的硬件称为环形分配器（简称硬环分）；如用软件实现，则称为软环分。

由此，步进电动机的驱动装置可分为两类：一类驱动装置本身包括环形分配器，数控装置只要发出脉冲即可，每一个脉冲即对应电动机转过的一个固定角度；另一类驱动装置没有环形分配器，脉冲分配需由数控装置中的计算机软件完成，即由数控装置直接控制步进电动机各绕组的通、断电。

1. 脉冲分配控制

脉冲分配控制用于控制步进电动机的通电运行方式，其作用是将数控装置送来的一系列指令脉冲按照一定的顺序和分配方式处理，以控制各相绕组的通电、断电。数控机床上采用的步进电动机有三相、四相、五相和六相等。工作方式有单 m 拍、双 m 拍及 $2\times m$ 拍等，m 是电动机的相数。所谓单 m 拍，是指每拍只有一相通电，循环拍数为 m；双 m 拍是指每拍同时有两相通电，循环拍数为 m；$2\times m$ 拍是指各拍既有单相通电，也有两相或三相通电，通常为 1～2 相通电或 2～3 相通电，循环拍数为 $2m$。电动机的相数越多，其工作方式越多。表 4-2 中列出了数控机床上常用的反应式步进电动机的工作方式及其通电顺序。

表 4-2 常用的反应式步进电动机的工作方式及其通电顺序

相数	循环拍数	通电顺序
三相	单三拍	A→B→C→A…
	双三拍	AB→BC→CA→AB…
	单双六拍	A→AB→B→BC→C→CA→A…
四相	单四拍	A→B→C→D→A…
	双四拍	AB→BC→CD→DA→AB…
	单双八拍	A→AB→B→BC→C→CD→D→DA→A…
	双三八拍	AB→ABC→BC→BCD→CD→CDA→DA→DAB→AB…
五相	单五拍	A→B→C→D→E→A…
	双五拍	AB→BC→CD→DE→EA→AB…
	单双十拍	A→AB→B→BC→C→CD→D→DE→E→EA→A…
	双三十拍	AB→ABC→BC→BCD→CD→CDE→DE→DEA→EA→EAB→AB…
六相	单六拍	A→B→C→D→E→F→A…
	双六拍	AB→BC→CD→DE→EF→FA→AB…
	单双十二拍	A→AB→B→BC→C→CD→D→DE→E→EF→F→FA→A…
	双三十二拍	AB→ABC→BC→BCD→CD→CDE→DE→DEF→EF→EFA→FA→FAB→AB…

若步进电动机各相绕组的通电顺序与表 4-2 中的通电顺序相反，则电动机反转。

由步距角的计算公式（式(4-1)）可知，循环拍数越多，步距角越小，定位精度越高。另外，步进电动机的相数对其运行性能有很大影响，通电循环拍数和每拍通电相数对步进电动机的矩频特性、稳定性等也有影响。为提高步进电动机的输出转矩、工作频率和稳定性，可选用多相步进电动机，并采用 $2\times m$ 拍工作方式。但双 m 拍和 $2\times m$ 拍工作方式的功耗都比单 m 拍的功耗要大。

2. 硬件环形分配器

硬件环形分配器可用数字集成电路系列中的基本门电路和触发器构成，但这样构成的环形分配器过于复杂。实用的环形分配器均是集成化的专用电路芯片，这些芯片通常还具有除脉冲分配控制之外的其他功能。图 4-21 为三相硬件环形分配器的驱动控制示意图，其中 CLK 为数控装置发出的脉冲信号，每个脉冲信号的上升沿或下降沿到来时，步进电动机的绕组就改变一次通电状态；DIR 为数控装置发出的方向信号，其电平的高低对应电动机绕组通电顺序的方向，即控制步进电动机的正反转；FULL/HALF 用于控制电动机的整步（对四相步进电动机即四拍运行）或半步（对四相步进电动机即八拍运行）控制，一般情况下可根据需要将其接在固定的电平上即可。

3. 软件脉冲分配控制

软件脉冲分配控制中常用查表法。查表法的基本设计思路是按步进电动机励磁状态转

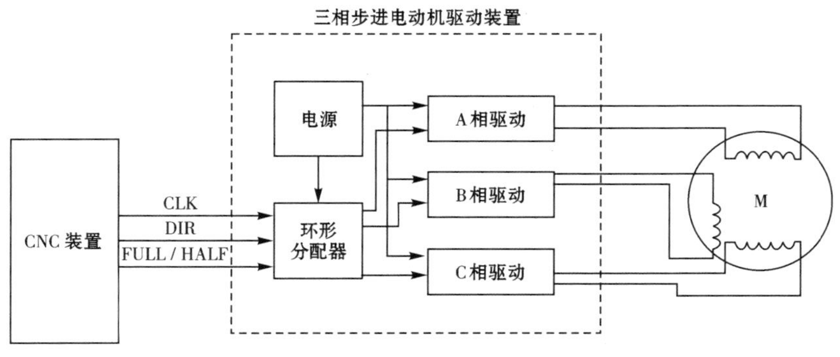

图 4-21 三相硬件环形分配器的驱动控制示意图

换表，求出脉冲分配器输出的状态字，并将由其组成的状态表存入 EPROM 中。然后根据步进电动机的运转方向，按表地址正向或反向取出地址中的状态字进行输出，从而控制步进电动机的正向或反向旋转。图 4-22 为三相软环分的驱动控制示意图。

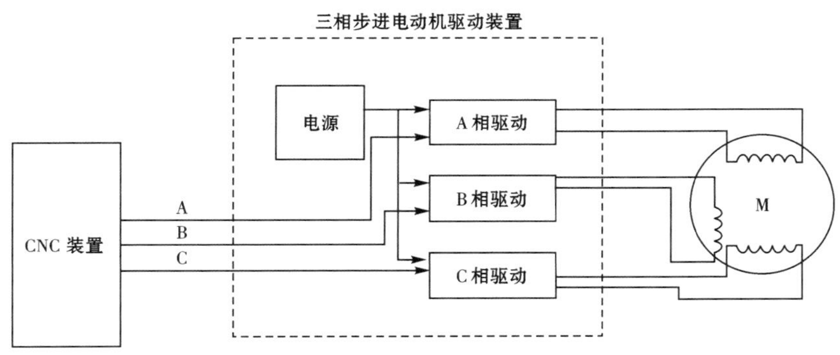

图 4-22 三相软环分的驱动控制示意图

假设计算机并行接口 PA_0、PA_1、PA_2 分别与步进电动机的 A、B、C 三相对应，EPROM 表格的首址为 2000H，则脉冲分配见表 4-3。

表 4-3 三相步进电动机脉冲分配表

序　号	C	B	A	存储单元		方向
	PA_2	PA_1	PA_0	地址	内容	
1	0	0	1	2000H	01H	反转
2	0	1	1	2001H	03H	↑
3	0	1	0	2002H	02H	
4	1	1	0	2003H	06H	
5	1	0	0	2004H	04H	↓
6	1	0	1	2005H	05H	正转

进行查表法程序设计时，要根据步进电动机当前励磁状态和旋转方向的要求，找到下一个相应单元地址，并取出其中的内容进行输出。显然，这可通过指针方式结合变址寻址完成。但在地址指针做加减时，必须判断是否到达表首(2000H)或表底(2005H)，因为指针在这里要进行相应调整。也就是说，当电动机正转，并且地址指针取到表底时，要将指针变换为表首地址；而当电动机反转，并且地址指针取到表首时，要将指针变换为表底地址，只有这

样才能构成环形脉冲分配链。相应的程序流程如图 4-23 所示。

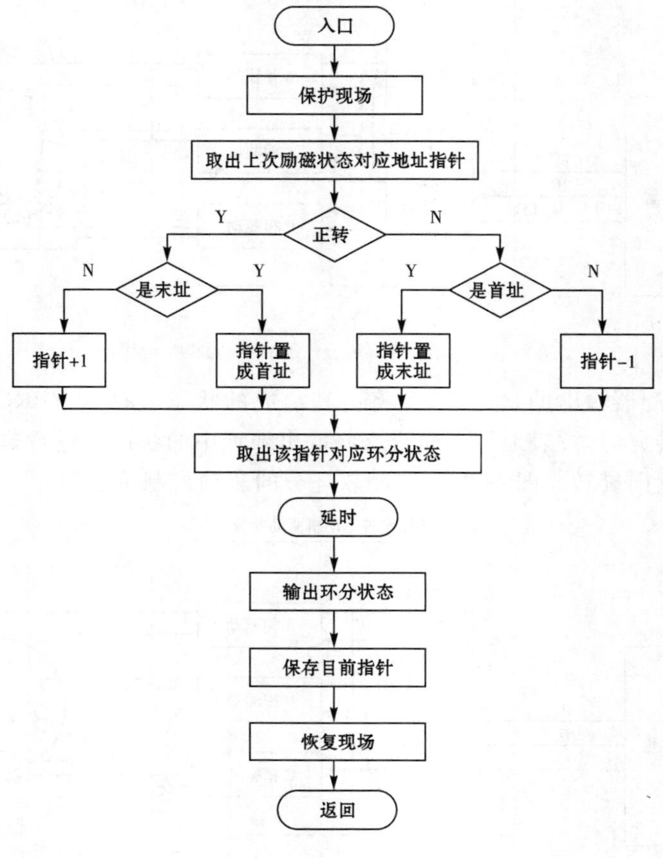

图 4-23 查表法程序流程

4. 驱动放大电路

驱动放大电路的功能是将环形分配器发出的 TTL 电平信号放大至几安到十几安的电流，送至步进电动机的各相绕组。

(1)对驱动放大电路的要求

①能提供前、后沿较陡的接近矩形波的励磁电流，以减少电流的过渡过程时间。步进电动机的控制绕组是一个铁芯电感，绕组在接通或断开时电流不能突变。过渡过程的存在使得在通电的周期中绕组实际电流的平均值比理想的矩形波小，其上升速度较慢。而电动机的输出转矩是与绕组电流密切相关的，因而电动机的输出转矩降低，尤其是在高频率工作时转矩下降更为明显。而绕组断电时，电流的逐渐下降还会阻碍电动机转至下一个转角位置。因此，除了在设计步进电动机时应尽量减小绕组电感外，还要求驱动电路能够尽量减少电流的过渡过程时间，以提高电动机的运行性能。

②电路本身的功耗小，效率高。为进一步减少电流的过渡过程时间，可使用较高的驱动电压，但简单地升高驱动电压又会使励磁电流超过额定值。为限制电流过大，往往要在绕组控制线路中串联适当的大功率电阻，这势必引起电阻消耗的功率很大，发热严重，工作效率降低，运行也不可靠。因此，驱动电路在设法减少电流过渡时间的同时，还应力求电路本身的功耗小。

③成本较低且便于维修。

④能稳定可靠地运行。

(2)典型的驱动放大电路

按驱动方式分类的驱动放大电路的种类较多,包括单电压驱动、高低压切换驱动、高压恒流斩波驱动、调频调压驱动、细分驱动等。下面以单电压驱动、高低压切换驱动和细分驱动为例,介绍驱动放大电路的工作原理。

①单电压供电驱动电路 图 4-24 所示为采用单电压供电方式控制电动机一个绕组的驱动电路。它由光电耦合器、限流功率电阻以及大功率晶体管组成。

在图 4-24 中,驱动电路的输入为环形分配器输出的一相绕组控制信号 V_{sr},当 V_{sr} 为“1”时,光电耦合器 GD 中的发光二极管截止,GD 中的光敏三极管输出也截止,因此大功率三极管 VT 的基极有了驱动电流,60 V 电压经绕组 L、18 Ω 限流电阻以及大功率三极管 VT 形成通路。由于电感 L 的影响,绕组电流 I 按指数上升,达到稳定值 3.3 A 左右。当 V_{sr} 变为“0”时,发光二极管导通,光敏三极管也受光而导通,其导通电压一般小于 1 V,这样大功率三极管 VT 必然截止,绕组断电。由于绕组 L 的电感效应,在断电时绕组两端会产生很大的反电动势,因此在绕组两端并联 100 Ω 的电阻和二极管 VD_2,形成放电回路,使绕组电流按指数下降。此电路的特点是通过提高驱动电压(至 60 V)加速电流的上升,同时在绕组中串联 18 Ω 的大功率电阻,用于限制稳态电流。由于电流较大,在功率电阻上的功耗达 200 W 左右,所以发热严重,驱动电路的体积也很大。

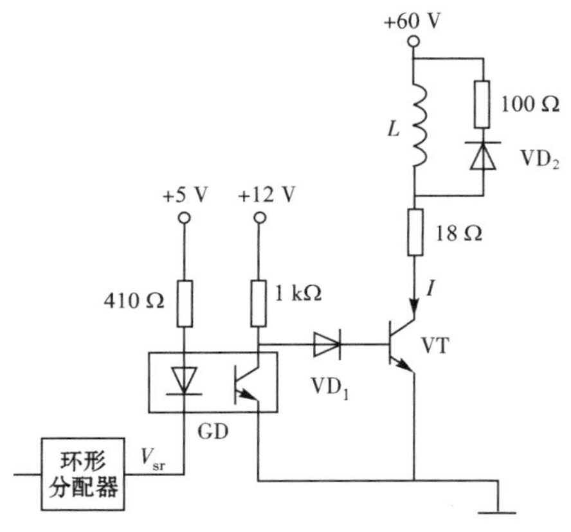

图 4-24 单电压供电驱动电路

单电压供电驱动电路的优点是线路简单;缺点是电流上升不够快,高频时带负载能力低。一般用于小功率步进电动机的驱动。

②高低压切换驱动电路 这种电路的特点是给步进电动机绕组的供电有高、低两种电压,高压建流,低压续流。高压一般为 80 V 甚至更高;低压即步进电动机的额定电压。

步进电动机的绕组每次通电时首先接通高压,以保证电流以较快的速度上升;然后改由低压供电,维持绕组中的电流为额定值。通常高压导通时间固定在 100～600 μs 的某一值(t_H),图 4-25(a)为其驱动电路原理图,图 4-25(b)为其电流波形图。

当环形分配器的某相绕组控制信号 V_{sr} 由低变高时,通过前置放大,大功率三极管 VT_d 导通。同时,单稳态电路输出一个固定宽度为 t_H(较窄的)高电平脉冲信号。在 t_H 期间大功率三极管 VT_g 导通,高压 V_H 供电,电流经 VT_g、电阻 R、电动机绕组(电感 L)、VT_d 快速上升。当单稳电路到达规定的时间 t_H 翻转结束时,VT_g 即截止,此时由于二极管 VD_1 的作用,自动改由低压 V_L 供电,维持绕组所需的额定电流。

当环形分配器输出电平 V_{sr} 由高变低时,VT_g、VT_d 三极管截止。但由于绕组电流不能突变,所以电流回路改为 $V_L \to VD_1 \to R \to L \to VD_2 \to V_H$,所加的 $V_L - V_H$ 负电压使绕组 L 中的电流迅速衰减至零。

该电路采用高压驱动,电流增长加快,绕组中脉冲电流的前沿变陡,使电动机的转矩、启动及运行频率都得到提高。又由于额定电流由低电压维持,故只需较小的限流电阻,功耗较小。

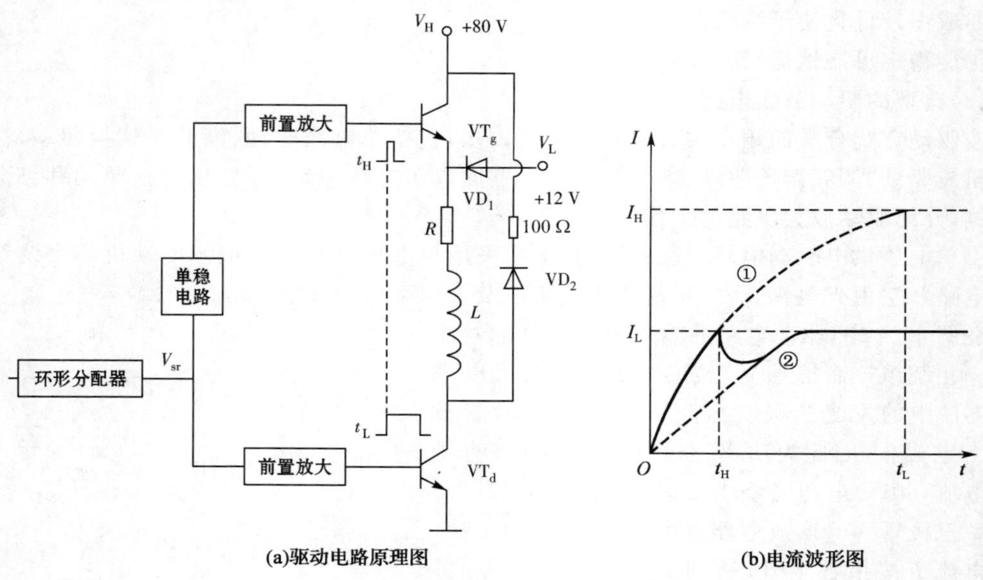

图 4-25　高低压切换驱动电路原理图和电流波形图

③细分驱动电路　前述的两种驱动电路，都是按电动机工作方式轮流给各相绕组依次通以矩形电流波的，每给电动机一相绕组或几相绕组一个矩形脉冲，步进电动机就旋转一步，即每拍电动机转动一个步距角。矩形电流波供电时，绕组中的电流基本上从零值跃到额定值，或从额定值降至零值。若绕组中的电流经若干阶梯上升到额定值，或经若干阶梯下降至零值，则在每次输入脉冲切换时，并不将绕组电流全部通入或切除，而是改变相应绕组中额定电流的一部分。电流分成多少级台阶，则转子就分成多少个微步转过一个步距角。这种将一个步距角细分成若干微步的驱动方式称为细分驱动。细分驱动的优点是使步进电动机的步距精度提高，运行更加平稳，提高匀速性，并能减弱或消除振荡。

5. 步进电动机的进给控制

(1)速度控制

由前面分析的步进电动机原理可知，控制步进电动机相邻两种励磁状态之间的时间间隔，即可实现步进电动机速度的控制。

数控系统发出频率为 f 的进给脉冲，经驱动放大后转化为相同频率 f 的步进电动机定子绕组通电/断电状态变化，因而就决定了步进电动机转子的转速 ω。ω 经减速齿轮和丝杠螺母副，转换为工作台的进给速度 v。这种对应关系可表示为：进给脉冲频率 f→定子绕组通电/断电状态的变化(频率 f)→步进电动机转速 ω→工作台的进给速度 v。因此，开环系统的进给速度为

$$v=60\delta f \tag{4-10}$$

式中　f——输入到步进电动机的脉冲频率，Hz；

δ——脉冲当量，mm；

v——进给速度，mm/min。

对于硬环分，只要控制脉冲的频率就可控制步进电动机的速度。对于软环分，则要控制相邻两次软环分输出状态之间的延时时间，即控制步进电动机线圈通电状态的变化频率。

(2)自动升/降速控制

在数控机床的加工过程中，要求步进电动机能够实现平滑的启动、停止或变速，这就要

求对步进电动机的控制脉冲频率作相应的处理。为了防止步进电动机在变速过程中出现过冲或失步现象，步进电动机的频率不能突变。也就是说，当步进电动机的速度变化较大时，必须按一定规律完成平稳的升/降速过程。

在早期的硬件 NC 系统中，都是使用可逆计数器、振荡器和同步器等硬件电路实现上述功能，线路较复杂。而在现代 CNC 系统中，通过软件控制自动升/降速则非常方便。在计算机控制的步进系统中，只要按一定规律改变延时子程序中延时时间常数或定时器中定时时间常数，即可完成步进电动机速度的改变。在具体实现时，可按直线规律或指数规律进行升/降速控制，如图 4-26 所示。

自动升/降速控制时，速度的变化总要经历升速段、恒速段和降速段三个阶段。当按直线规律升/降速时，其加速度是恒定的，升/降速平稳性较好，适用于速度变化范围较大的快速定位方式中。当按指数规律升/降速时，加速度是逐渐下降的，当速度变化较大时平衡性变差；但指数加减速控制具有较强的跟踪能力，一般适用于跟踪响应要求较高的切削加工中。

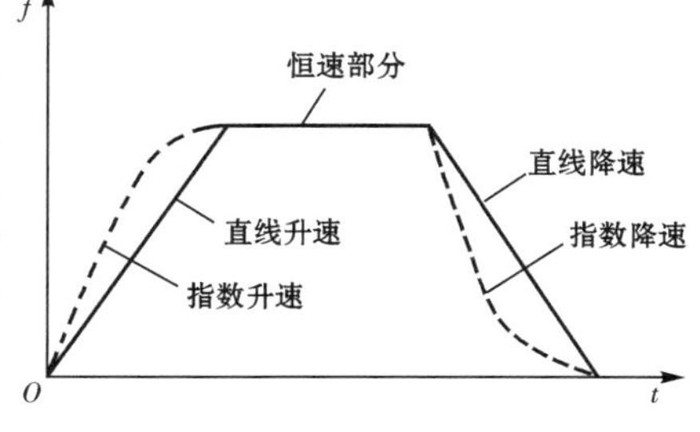

图 4-26　直线与指数升/降速控制曲线

4.3.2 直流伺服驱动装置

直流伺服驱动装置的作用是将转速指令信号转换成电枢的电压值，以达到速度调节的目的。目前的直流伺服驱动装置均采用晶闸管（可控硅 SCR）调速系统或晶体管脉宽调制（PWM）调速系统，实行双闭环控制。双闭环控制原理如图 4-27 所示。

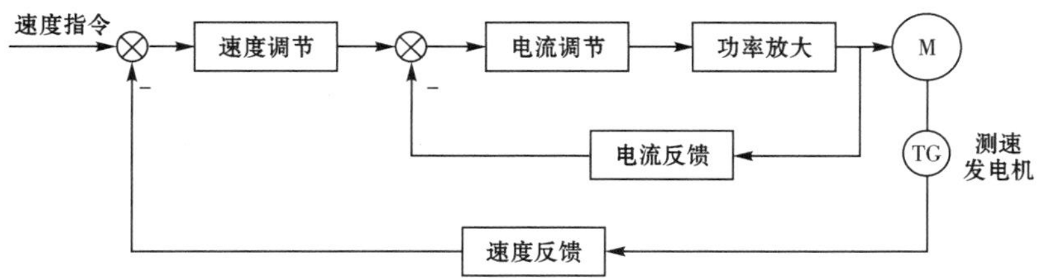

图 4-27　直流伺服驱动系统的双闭环控制原理

控制系统由电流、速度两个反馈回路组成，内环为电流环，外环为速度环，所以称为双环系统。其特点是通过电流互感器或采样电阻获得电枢电流的实际值，构成电流反馈回路；再通过与电动机同轴安装的测速发电机获得电动机的实际转速，从而构成速度反馈回路。

1. 晶闸管调速系统

晶闸管调速系统中，多采用三相全控桥式整流电路作为直流速度控制单元的主回路，如图 4-28 所示，12 个晶闸管分为两组（Ⅰ和Ⅱ），每组按三相桥式连接，两组反并联，分别实现正转和反转。图 4-29 是整流电路波形图，从图中可看出，只要控制晶闸管的触发角 α，就可改变直流电动机的电枢电压，达到调节速度的目的。但是，这种开环系统调速特性软，最低速度受到限制，调速范围很小（1∶10～1∶8），不能满足数控机床的要求。为此，必须采用带有速度反馈加电流反馈的双闭环调速系统，如图 4-30 所示。图中：I_R 为电流环的参考值，来自速度调节器的输出；I_f 为电流环的反馈值，由电流传感器取自电动机的电枢回路；SCR 为晶闸管整流功率放大器；U_R 为数控装置经 D/A 变换后输出的模拟量参考值，该值即速度的指令信号，一般为 0～±10 V 直流电压；U_f 为速度反馈值。

晶闸管双闭环调速系统具有良好的动、静态指标，其启、制动过程快，可以最大限度地利

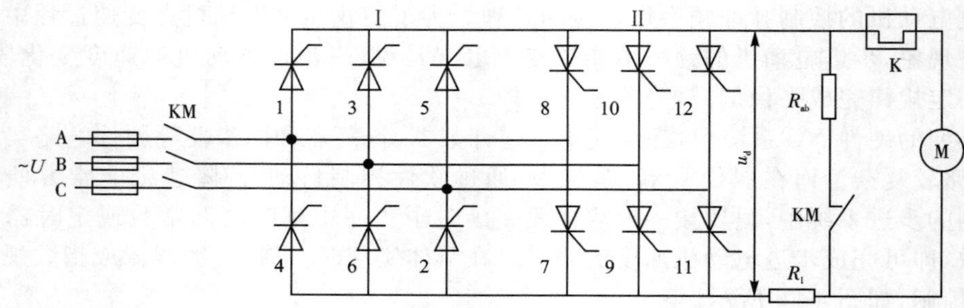

图 4-28　三相全控桥式整流电路

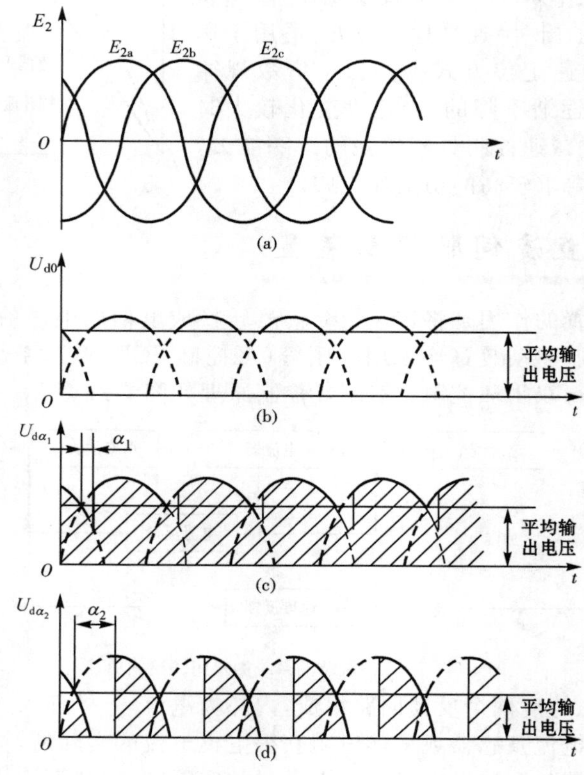

图 4-29　整流电路波形图

用电动机的过载能力。其缺点是:在低速过载时,电动机电流出现断续现象,机械特性变软。为此可采取电枢电流自适应调节方案。

2. 晶体管脉宽调制调速系统

随着功率晶体管及其他新型功率器件制造工艺的成熟与发展,脉冲宽度调制型(Pulse Width Modulation,PWM)直流伺服驱动系统在中、小功率直流伺服系统中得到了广泛的应用。所谓脉宽调制,是指使功率放大器中的功率器件(常用大功率晶体管)工作在开关状态下,开关频率保持恒定,将直流电压转换成某一频率的方波脉冲电压,加到电动机电枢的两端。通过对方波脉冲宽度的控制,来改变电枢两端的平均电压,进而控制电动机的转速。

图 4-31 所示为 PWM 双闭环调速系统的组成原理。该系统由速度调节器、电流调节

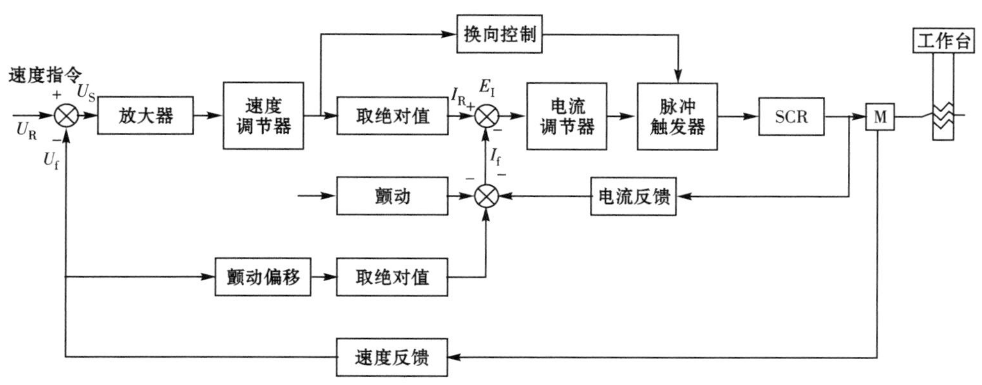

图 4-30 典型晶闸管双闭环调速系统

器、固定频率振荡器及三角波发生器、脉宽调制器、基极驱动电路、脉宽调制式开关功率放大器等组成。

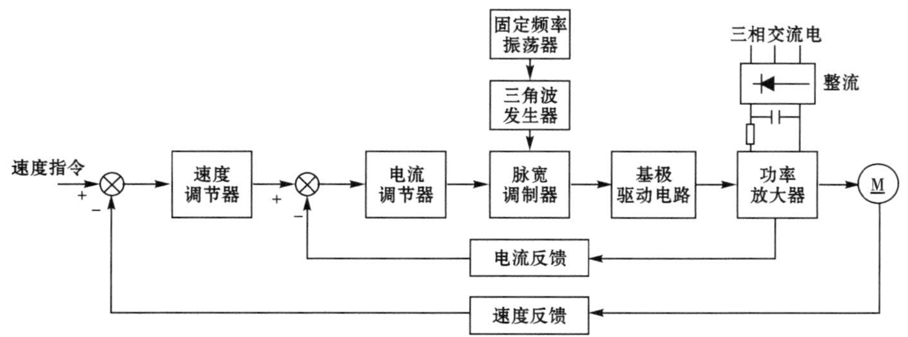

图 4-31 PWM 双闭环调速系统的组成原理

脉宽调制式开关功率放大器是 PWM 调速系统的核心部分，其结构形式有 H 型（桥式）和 T 型两种。下面以广泛使用的 H 型驱动回路为例，介绍脉宽调制式开关功率放大器的基本原理。其电路原理如图 4-32 所示，它是由四个续流二极管 $VD_1 \sim VD_4$ 和四个功率晶体管 $VT_1 \sim VT_4$ 组成的桥式回路，M 为直流伺服电动机。

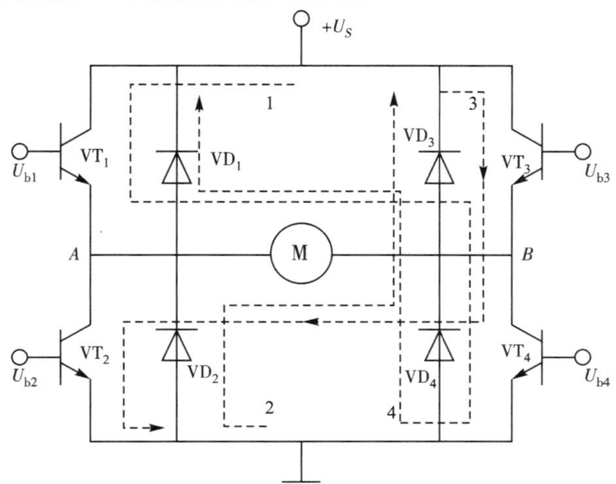

图 4-32 H 型驱动回路的电路原理

4 个功率晶体管的基极驱动电压分为两组：$U_{b1}=U_{b4}$，$U_{b2}=U_{b3}$。加到各晶体管基极上的电压波形如图 4-33(a)所示。

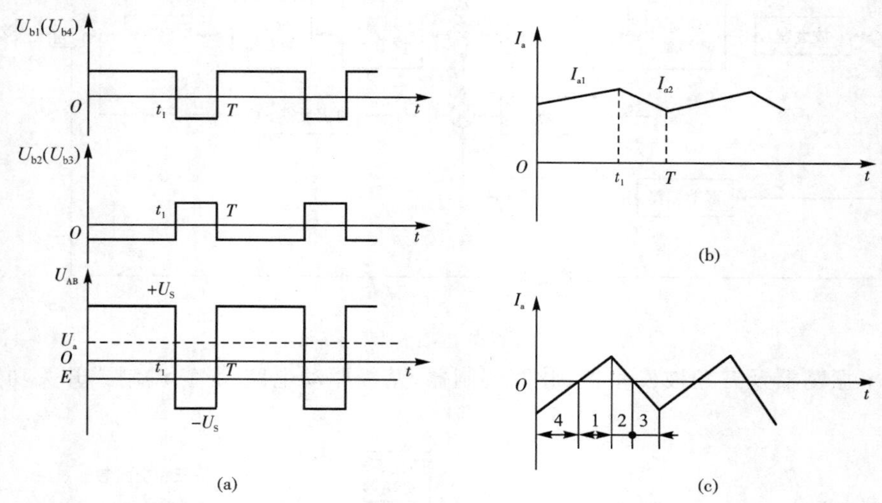

图 4-33 H 型驱动回路工作电压与电流的波形

当 $0<t<t_1$ 时，$U_{b1}=U_{b4}$ 为正电压，$U_{b2}=U_{b3}$ 为负电压。因此，VT_1 和 VT_4 饱和导通，VT_2 和 VT_3 截止，加在电枢端的电压 $U_{AB}=U_S$（忽略 VT_1 和 VT_4 的饱和压降），电枢电流 I_a 沿回路 1 流动，形成 I_{a1}。

当 $t_1<t<T$ 时，$U_{b1}=U_{b4}$ 为负电压，$U_{b2}=U_{b3}$ 为正电压。使 VT_1 和 VT_4 截止，但 VT_2 和 VT_3 并不能立即导通。这是因为在电枢电感反电动势的作用下，电枢电流 I_a 需经 VD_2 和 VD_3 续流，沿回路 2 流通，此时 $U_{AB}=-U_S$。VD_2 和 VD_3 的压降使 VT_2 和 VT_3 承受反压，VT_2 和 VT_3 能否导通，取决于续流电流的大小。此时，若 VT_2 和 VT_3 没来得及导通，下一个周期就到来，又使 VT_1 和 VT_4 导通，电枢电流又开始上升，使 I_a 维持在一个正值附近波动，如图 4-33(b)所示。当 I_a 较小时，在 t_1 至 T 时间内，续流可能降到零，于是 VT_2 和 VT_3 导通，I_a 沿回路 3 流通，方向反向，电动机处于反接制动状态。直到下一个周期，VT_1 和 VT_4 导通，I_a 才开始回升，其波形如图 4-33(c)所示。

由此可知，直流伺服电动机的转向取决于电枢两端电压平均值 U_a 的正负。

若在一个周期 T 内，$t_1=T/2$，则加在 VT_1 和 VT_4 基极上的正脉冲宽度和加在 VT_2 和 VT_3 基极上的正脉冲宽度相等，即 VT_1、VT_4 与 VT_2、VT_3 的导通时间相等，则 U_a 为零，电动机静止不动。

若 $t_1>T-t_1$，则 $U_a>0$，电动机正转。平均值越大，转速越高。

若 $t_1<T-t_1$，则 $U_a<0$，电动机反转。平均值的绝对值越大，反转转速越高。

由上述过程可知，只要能改变加在功率放大器上的控制脉冲的宽度，就能控制电动机的转速。

与晶闸管控制方式相比，采用晶体管脉宽调速系统具有如下主要优点：

(1)避开了机械共振区

在晶闸管控制的伺服系统中，电枢电流的脉动频率低，容易引起电动机转子的振动，影响数控机床工作的平稳性和被加工零件的表面质量，而 PWM 调速系统的开关工作频率高(约为 2 kHz)，远高于转子所能跟随的频率，因而避开了机械共振区。

(2)电枢电流脉动小

在晶闸管控制方式中,整流电压波形差,特别是低电压、轻负载时,电枢电流的不连续严重影响低速运行的稳定性,从而产生低速脉动。由于 PWM 调速系统的开关频率高,仅靠电枢绕组本身的电感滤波即可获得脉动很小的电枢电流,因此低速运行十分平滑、稳定,调速比可达 1∶10 000 或更高。

(3)动态特性好

PWM 调速系统不像 SCR 调速系统有固有的延时时间。它反应速度很快,具有很宽的频带。PWM 调速系统的速度控制单元与中、小惯量的伺服电动机相配时,可以充分发挥系统快速响应性能好的特点,且能给出极快的定位速度和很高的定位精度,适用于启动、制动频繁的场合。又由于在停转时,电动机两端是宽度相等的正、负方波信号,具有动态润滑作用,因此更能克服死区,提高启动的快速性。

(4)控制电路简单,开关特性好

晶体管脉宽调速系统的上述优点使它在直流驱动装置上被大量采用。目前,在中、小功率的伺服驱动装置中,大多采用性能优异的晶体管脉宽调速系统,而在大功率场合中,多采用晶闸管调速系统。

4.3.3 交流电动机驱动装置

交流感应式异步电动机与交流永磁同步电动机的工作原理相类似,都是由定子绕组产生旋转磁场,使转子跟随定子旋转磁场一起运行。不同点是交流永磁同步电动机的转速与外加交流电源的频率存在着严格的同步关系,即电动机的转速等于同步转速,见式(4-8);而交流感应式异步电动机由于需要转速差才能产生电磁转矩,所以电动机的转速低于同步转速,见式(4-9),转速差随外负载的增大而增大。

由式(4-8)和式(4-9)可见,要改变交流电动机的转速有三种途径:改变磁极对数 p;改变转速滑差率 s;改变频率 f。在数控机床中,交流电动机的调速采用变频调速的方式。

1. 交流感应式异步电动机的变频调速

(1)变频调速的控制方式

异步电动机在设计时,使电动机在额定工作状态下,定子铁芯的主磁通 Φ 达到或接近饱和状态。这样可以充分利用定子铁芯材料,并输出足够的转矩。根据异步电动机的理论,定子电动势平衡方程为

$$E=4.44f_1W_1K_1\Phi \tag{4-11}$$

式中 E——定子每相感应电动势;

f_1——定子电源频率;

W_1——定子每相绕组匝数;

K_1——定子每相绕组等效匝数系数;

Φ——气隙磁通。

当采用变频调速时,若定子电动势 E 保持恒定,则随着频率 f_1 的上升,气隙磁通 Φ 势必下降。根据电动机转矩关系得

$$T = C_T \Phi I_2 \cos \varphi_2 \tag{4-12}$$

式中 C_T——电磁转矩常数；

I_2——转子电枢电流；

φ_2——转子电枢电流的相位角。

由式(4-12)可知，磁通 Φ 的减小势必降低电动机的输出转矩和最大转矩，从而影响电动机的过载能力。相反，若频率 f_1 下降，势必造成磁通 Φ 的增大，使磁路饱和，励磁电流上升，电动机发热严重，这也是不允许的。这就说明，变频调速时，必须根据不同的要求，在调节频率 f_1 的同时，也要相应改变定子的电动势 E，以维持气隙磁通 Φ 不变。这就是恒定电动势频率比的调速方式，即

$$E/f_1 = 常数 \tag{4-13}$$

但定子电动势 E 难以控制，也不便测量出来。当频率较高时，可以忽略定子绕组上的阻抗压降，即可认为定子电压 $U_1 \approx E$，则恒定电动势频率比控制方式可以变为恒定定子电压频率比控制方式，即

$$U_1/f_1 = 常数 \tag{4-14}$$

此方式简称恒压频比控制方式。

当频率很低时，定子阻抗压降已不能忽略，必须人为地提高定子电压 U_1，用以补偿定子阻抗压降。

在恒压频比控制方式下，U_1 的最大值只能是定子额定电压 U_{1e}，而 f_1 此时应为额定频率 f_{1e}，对应的转速为额定转速。调速时，电压 U_1 只能小于额定值，即 f_1 只能向下调才能保证电压与频率的比值为恒定，所以恒压频比工作方式只适用于基频(额定转速)以下的调速。这相当于直流电动机恒磁调压调速的情况。

当工作频率 f_1 大于额定频率时，电压 U_1 不能向上调节，而只能维持在额定电压，这将迫使磁通 Φ 与频率 f_1 成反比变化，这相当于直流电动机弱磁升速的情况。

将基频以下和基频以上的两种情况结合起来，就是异步电动机变频调速完整的控制特性，如图 4-34 所示。图 4-35 所示为异步电动机变频调速的机械特性。

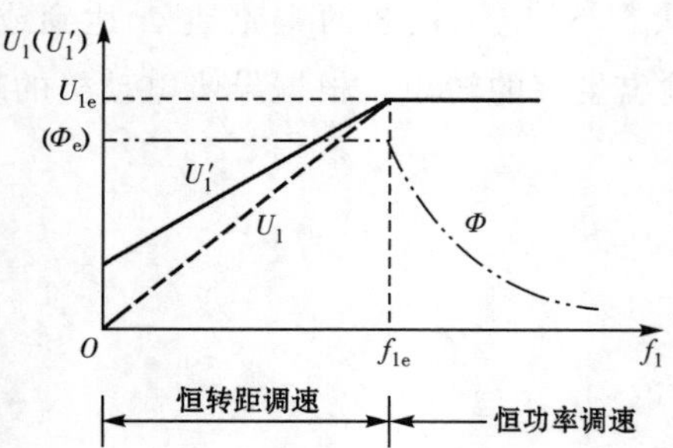

图 4-34 异步电动机变频调速控制特性

U_1—无定子阻抗压降补偿时的特性曲线；

U_1'—有定子阻抗压降补偿时的特性曲线；

Φ—气隙磁通的变化曲线

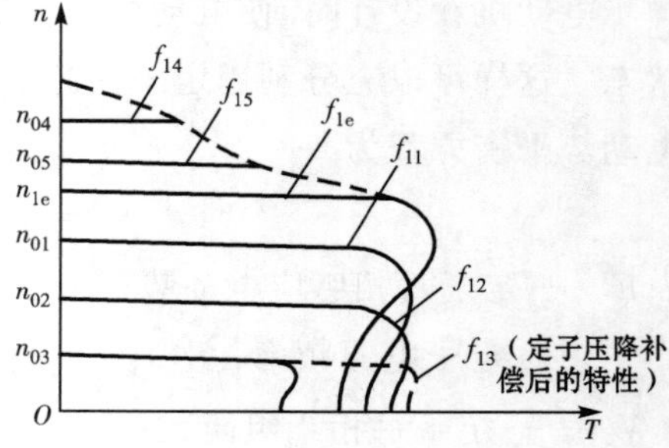

图 4-35 异步电动机变频调速的机械特性

$f_{14} > f_{15} > f_{1e} > f_{11} > f_{12} > f_{13}$

在额定频率 f_{1e} 以下，即恒压频比情况下，频率 f_1 向下调时，机械特性将平行下移，这和直流电动机在恒定励磁下的调压调速的平行下移特性相类似，属于恒转矩调速；额定频率 f_{1e} 以上的调速，转矩随频率 f_1 反比下降，属于恒功率调速。

(2)正弦波脉宽调制(SPWM)

SPWM 变频器属于“交—直—交”静止变频装置，它先将 50 Hz 交流电经变压器得到所需电压 R、S、T 后，经二极管不可控整流和电容滤波，形成恒定直流电压，再送入由 6 个大功率晶体管构成的逆变器主电路，输出三相频率和电压均可调整的等效于正弦波的脉宽调制波 U、V、W，即可拖动三相异步电动机运转。图 4-36 所示为 SPWM 变频器主电路。

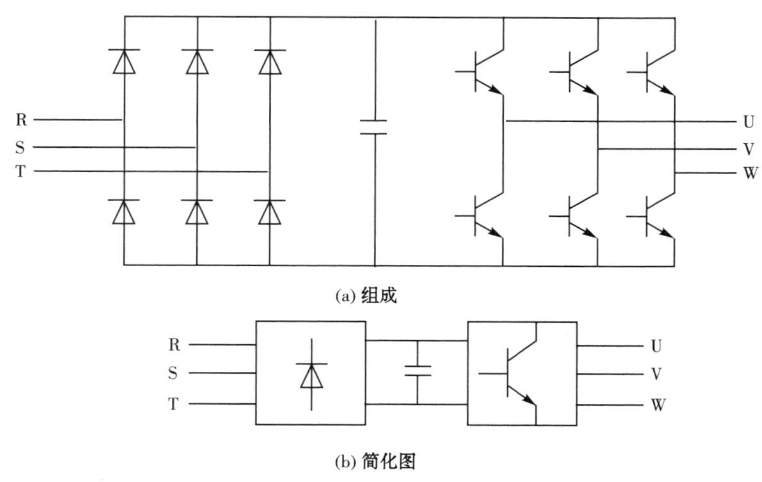

图 4-36 SPWM 变频器主电路

SPWM 变频器不受负载大小的影响，系统动态响应快，输出波形好，使电动机可在近似正弦波的交变电压下运行，脉动转矩小，扩宽了调速范围，提高了调速性能，因此在数控机床的交流驱动中得到了广泛应用。

和控制信号为直流电压的 PWM 相比，SPWM 的控制信号为幅值和频率均可调的正弦波，载波信号为三角波，输出的调制波是等幅不等宽的脉冲序列。三角波调制法原理如图 4-37 所示，它利用三角波电压与正弦波参考电压相比较，以确定各分段矩形脉冲的宽度。在电压比较器 A 的两输入端分别输入正弦波参考电压 U_R 和频率与幅值固定不变的三角波电压 $U_\triangle$，在 A 的输出端便得到 PWM 调制电压脉冲。PWM 脉冲宽度可由图 4-37(b)看出。当 $U_R<U_\triangle$ 时，A 输出端为高电平，而当 $U_R>U_\triangle$ 时，A 输出端为低电平。U_R 与 $U_\triangle$ 的交点之间的距离随正弦波的大小而变化，而交点之间的距离决定了比较器 A 输出脉冲的宽度，因而可以得到幅值相等而宽度不等的脉冲调制信号 u_P。

从调制脉冲的极性看，SPWM 可分为单极性和双极性两种控制模式。

①单极性 SPWM 模式　单极性 SPWM 模式的调制原理如图 4-38 所示。首先由同极

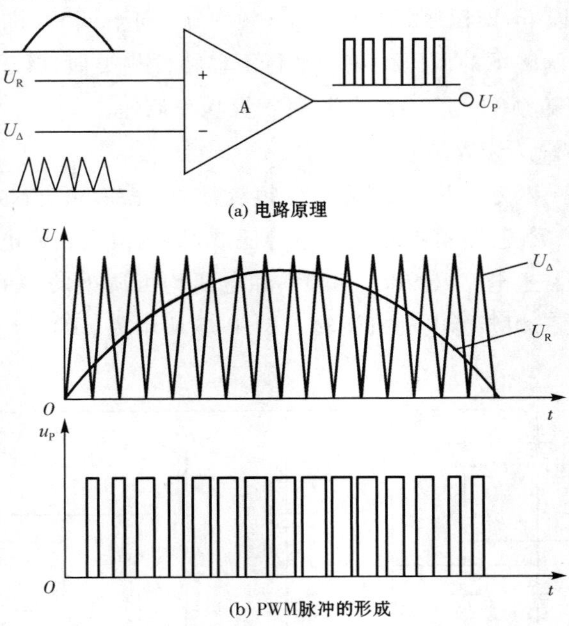

图 4-37　三角波调制法原理

性的三角波调制电压 $U_\triangle$ 与正弦波参考电压 U_R 相比较，如图 4-38(a)所示，产生如图 4-38(b) 所示的 PWM 脉冲；然后将单极性的 PWM 脉冲信号与如图 4-38(c)所示的倒相信

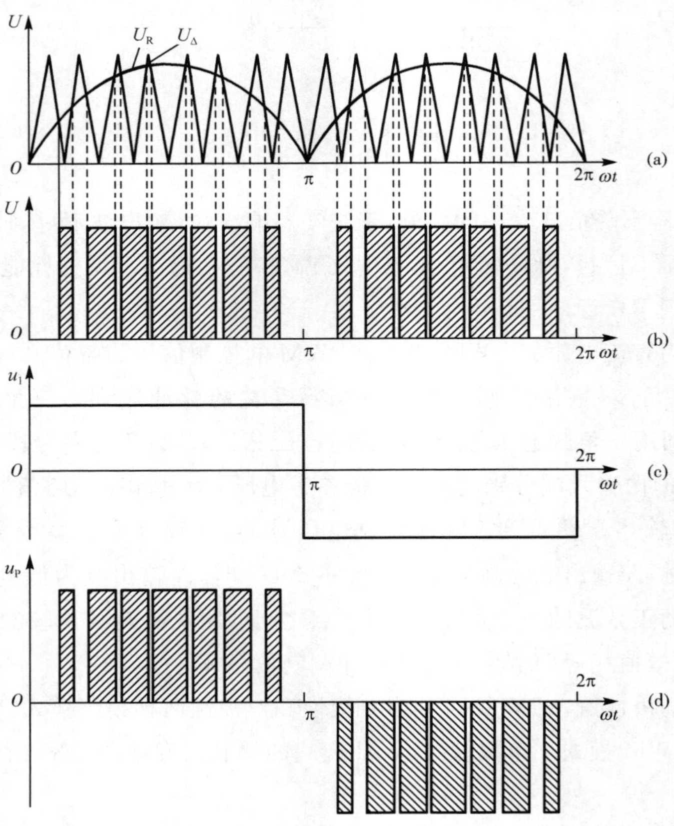

图 4-38　单极性 SPWM 的调制原理

号 u_1 相乘，从而得到如图 4-38(d)所示的正、负半波对称的 SPWM 脉冲调制信号 u_P。

②双极性 SPWM 模式　双极性 SPWM 模式采用正、负交变的双极性三角波电压 $U_\triangle$ 与正弦波参考电压 U_R 相比较，直接得到双极性的 SPWM 脉冲波，不需要倒相电路，如图 4-39 所示。与单极性 SPWM 相比，双极性调制模式的控制电路和主电路比较简单，然而通过图 4-38(d)与图 4-39(b)相比较可知，单极性 SPWM 模式输出电压的高次谐波要比双极性 SPWM 模式的高次谐波小得多。这是单极性 SPWM 模式的一个重要优点。

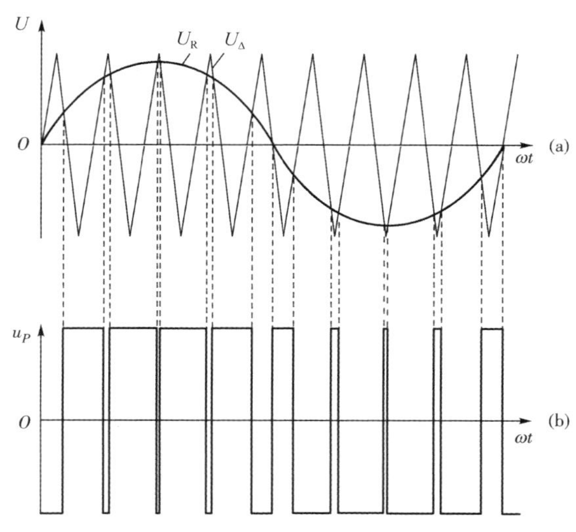

图 4-39　双极性 SPWM 的调制原理

要获得三相双极性 SPWM 脉宽调制波形，则需要三个互呈 120°的控制电压 U_a、U_b、U_c 分别与同一三角波比较，获得三路互呈 120°的 SPWM 脉宽调制波 u_{0a}、u_{0b}、u_{0c}。图 4-40 所示为三相双极性 SPWM 的调制原理，三相双极性控制电压 u_a、u_b、u_c 的幅值和频率都是可调的，而双极性三角波的频率为正弦波频率的 $3n$ 倍(其中 n 为正整数)，所以保证了三路脉冲调制波形 u_{0a}、u_{0b}、u_{0c} 和时间轴所围成的面积随时间的变化互呈 120°相位角。三相双极性控制电压信号 u_a、u_b、u_c 和双极性三角载波信号 $u_\triangle$ 波形如图 4-40(b)所示，获得的三相脉宽调制波 u_{0a}、u_{0b}、u_{0c} 如图 4-40(c)所示，再送入由 6 个大功率晶体管构成的逆变器主电路中，从而输出三相频率和电压均可调整的等效于正弦波的脉宽调制波 U、V、W，如图 4-40(c)中虚线部分所示。

(3)通用变频器

在数控机床主轴交流电动机驱动中，广泛使用通用变频器进行驱动。“通用”包含两个方面的含义：一是可以和通用的异步电动机配套应用；二是具有多种可供选择的功能，可适应各种不同性质的负载。

通用变频器控制正弦波的产生是以恒压频比(U/f)保持磁通不变为基础的，再经 SPWM 调制驱动主电路，以产生 U、V、W 三相交流电驱动三相交流异步电动机，图 4-41 为通用变频器的组成框图。

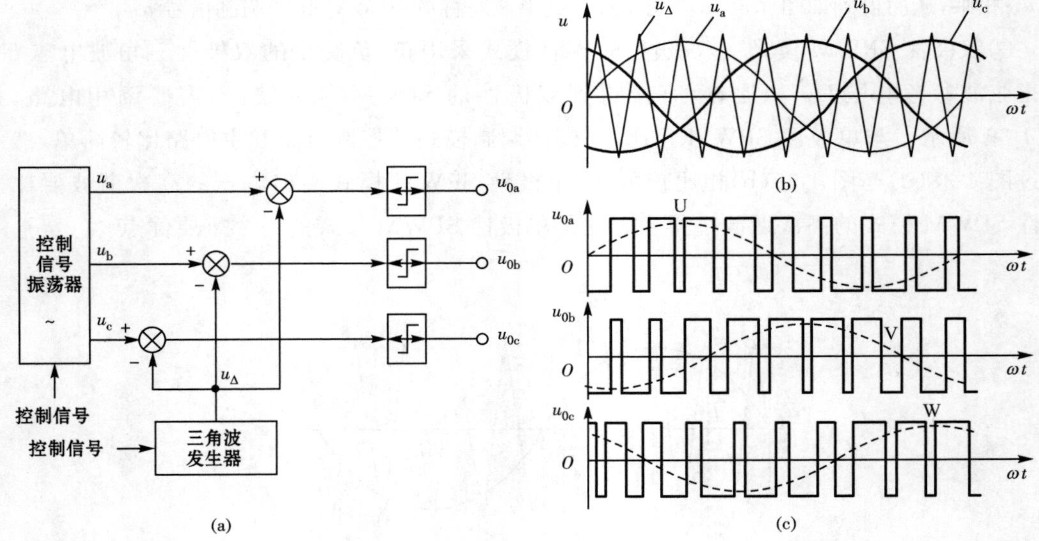

图 4-40 三相双极性 SPWM 的调制原理

在图 4-41 中，R_0 的作用是限制启动时的大电流。合上电源后，R_0 接入，以限制启动电流。经延时，触点 KA 闭合或晶闸管 VT 导通(图 4-41 中虚线部分)，将 R_0 短路，避免造成附加损耗。R_b 为能耗制动电阻，制动时，异步电动机进入发电状态，通过逆变器的续流二极管向电容 C 反向充电，当中间直流回路电压(P、N 点之间电压，通常称泵升电压)升高到一定限制值时，通过泵升限制电路使开关器件 V_b 导通，电容 C 向 R_b 放电，这样将电动机释放

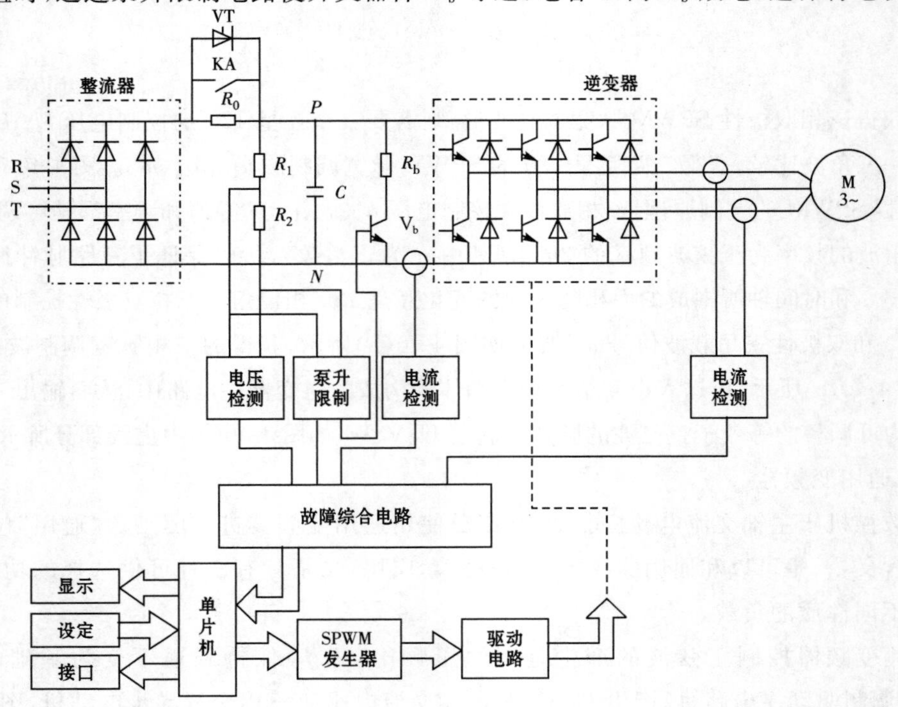

图 4-41 通用变频器的组成框图

的动能消耗在制动电阻 R_b 上。为便于散热，制动电阻常作为附件单独装在变频器外。变频器中的定子电流和直流回路电流检测一方面用于补偿在不同频率下的定子电压，另一方面用于过载保护。

控制电路中的单片机一方面根据设定的数据，经运算输出控制正弦波信号，经 SPWM 调制，由驱动电路驱动 6 个大功率晶体管的基极，产生三相交流电压 U、V、W 驱动三相交流电动机运转，SPWM 的调制和驱动电路可采用 PWM 大规模集成电路和集成化驱动模块；另一方面，单片机通过对各种信号进行处理，在显示器中显示变频器的运行状态，必要时可通过接口将信号取出做进一步处理。

(4)矢量变换变频调速

①矢量控制原理　直流电动机能获得优良的调速性能，其根本原因是被控量只有电动机磁通 Φ 和电枢电流 I_a，且这两个量是相互独立的。此外，电磁转矩 T 与磁通 Φ 和电枢电流 I_a 分别成正比关系($T=C_T\Phi I_a$)。如果能够模拟直流电动机，求出与交流电动机对应的磁通与电枢电流，分别且独立地加以控制，就会使交流电动机具有与直流电动机近似的优良特性。为此，必须将三相交变量(矢量)转换为与之等效的直流量(标量)，建立起交流电动机的等效数学模型，然后按直流电动机的控制方法对其进行控制。

利用“等效”的概念，将三相交流电动机的输入电流变换为等效的直流电动机中彼此独立的电枢电流和励磁电流，然后像直流电动机一样，通过对这两个量的控制，实现对电动机的转矩控制。再通过相反的变换，将被控制的等效直流电动机还原为三相交流电动机，那么，三相交流电动机的调速性能就完全体现了直流电动机的调速性能，这就是矢量控制的基本原理。

②矢量控制的等效过程　三相交流电动机的矢量变换过程见表 4-4。

表 4-4　三相交流电动机的矢量变换过程

序号	1	2	3	4
等效矢量图	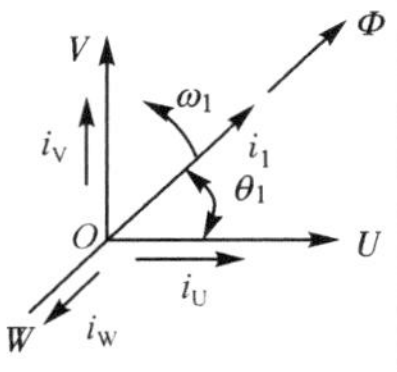 V, U, W, O, i_V, i_U, i_W, ω_1, i_1, θ_1, Φ	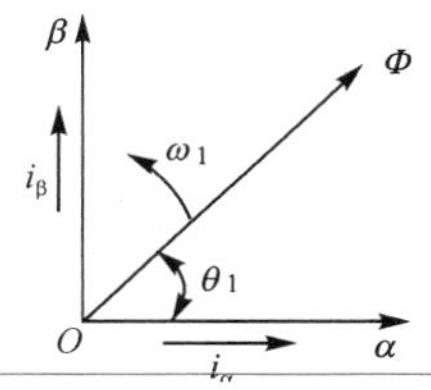 β, α, O, i_β, i_α, ω_1, θ_1, Φ	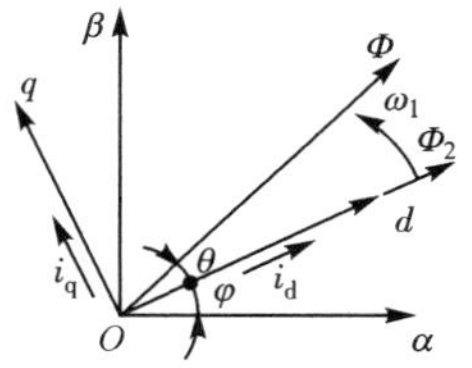 β, α, q, d, O, Φ, ω_1, Φ_2, i_q, i_d, θ, φ	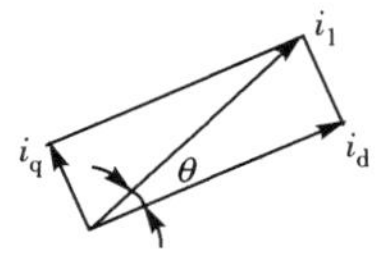 i_1, i_q, i_d, θ
符号	—	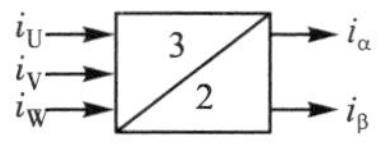 i_U, i_V, i_W → 3/2 → i_α, i_β	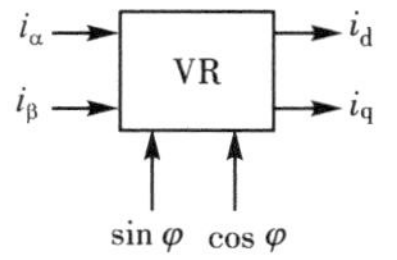 i_α, i_β → VR → i_d, i_q；$\sin\varphi$, $\cos\varphi$	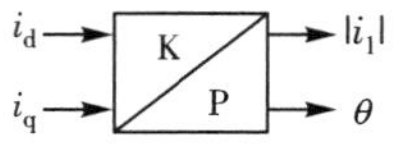 i_d, i_q → K/P → $\|i_1\|$, θ
表达式	—	$i_\alpha=i_U-\frac{1}{2}i_V-\frac{1}{2}i_W$ $i_\beta=\frac{\sqrt{3}}{2}i_V-\frac{\sqrt{3}}{2}i_W$	$i_d=i_\alpha\cos\varphi+i_\beta\sin\varphi$ $i_q=-i_\alpha\sin\varphi+i_\beta\cos\varphi$	$\|i_1\|=\sqrt{i_d^2+i_q^2}$ $\tan\theta=\frac{i_q}{i_d}$
说明	U、V、W—三相绕组 Φ—定子磁通 ω_1—定子旋转磁通角频率 θ_1—相位角	α、β—等效后二相绕组	i_d— 励磁电流 i_q— 电枢电流 Φ_2— 转子磁通 φ— 转子磁通相位角 θ— 负载角	

● 三相/二相(U、V、W/α、β)变换　在三相定子绕组 U、V、W 上通以正弦平衡电流 i_U、

i_V、i_W，就形成定子旋转磁通 Φ，它的旋转方向决定于三相电流的相序，它的旋转角频率 ω_1 等于三相电流的角频率。这样，一个三相异步电动机可以用固定、对称的二相绕组 α、β 的异步电动机来等效，即同样产生角频率 ω_1 的定子旋转磁通 Φ，见表 4-4 中的序号 1 和序号 2。

● 矢量旋转变换（VR） 将三相交流电动机等效为二相交流电动机后，还要将二相交流电动机变换为直流电动机。它是将两相绕组 α、β 中的交流量 i_α、i_β 变换为以转子磁通 Φ_2 定向的直流电动机的励磁绕组 d 和电枢绕组 q，分别通以励磁电流 i_d 和电枢电流 i_q。在保证旋转磁通 Φ 不变的情况下，实现了二相交流电动机向直流电动机的等效变换，其实质是矢量向标量的变换，见表 4-4 中的序号 3。d 轴与旋转磁场同步旋转，将 d 轴与旋转磁场的相对位置固定下来，就称为磁场定向控制。

由于电枢电流 i_q 正比于转矩，励磁电流 i_d 正比于转子磁通 Φ_2，故在实际控制系统中，i_q 和 i_d 可通过转矩指令和磁通量来确定。

在 VR 变换中，转子磁通 Φ_2 的幅值和相位角 φ 可根据励磁电流 i_d 和电枢电流 i_q 及有关电动机电气参数获得，即

$$|\Phi_2| = K_1 i_d \tag{4-15}$$

$$\omega_1 = K_2 i_q / K_1 i_d + \omega = \omega_s + \omega \tag{4-16}$$

式中 K_1、K_2——与交流电动机数据有关的参数；

ω_s——转差角速度，$\omega_s = K_2 i_q / K_1 i_d$；

ω——转子实际旋转角速度。

由于等效后转子旋转磁场的角频率与原定子旋转磁场的角频率一致，因此，对 ω_1 积分即可获得转子旋转磁场相位角 φ。在矢量控制中，转子实际旋转角速度 ω 可由电动机上的位置检测装置（如光电编码器等）获得。

③直角坐标/极坐标变换（K/P） 将直角坐标系中的 i_d、i_q 通过极坐标变换，求得定子电流 i_1 和负载角 θ。负载角 θ 与转子磁通相位角 φ 之和即三相交流电动机的旋转磁通 Φ 的相位角 φ_1，该相位角的大小决定了三相定子电流的角频率 ω_1 和通电频率 f_1。

矢量变换 SPWM 变频调速实现的方法，就是通过矢量变换获得幅值和频率可调的三相控制正弦波，经 SPWM 调制，驱动主电路中 6 个大功率晶体管输出三相定子电流，电动机转速随控制正弦波幅值和频率的变化而变化。图 4-42 为微机矢量控制 SPWM 变频调速系统框图。

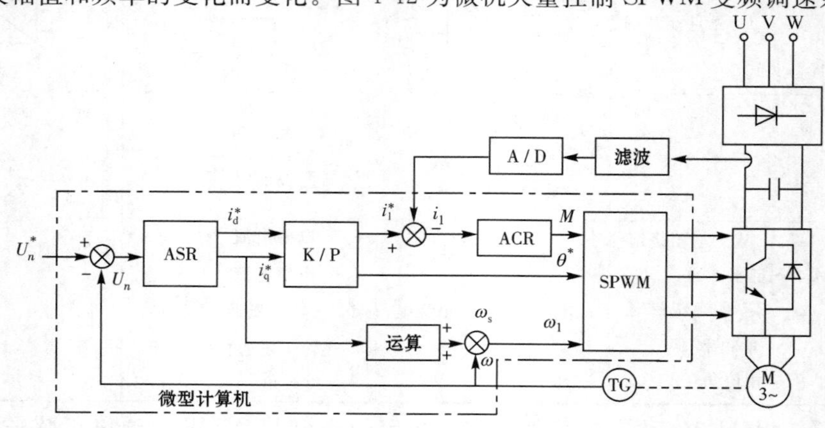

图 4-42 微机矢量控制 SPWM 变频调速系统框图

在图 4-42 中，励磁分量 i_d^* 是预置的恒值，无磁通调节环节，有速度环和电流环控制。SPWM 发生器的三个控制量是：基波相电压幅值调制系数 M、负载角 θ^*、基波角频率 ω_1。控制这三个量，可同时控制定子电流的幅值和相位角。目前，全数字微机控制的变频器已能适应复杂的速度控制系统，大大提高了可靠性。

2. 交流永磁同步电动机的驱动装置

从控制频率的方法上看，同步电动机变频调速系统可分为他控变频和自控变频两大类。用独立的变频装置给同步电动机提供变压变频电源的系统称为他控变频调速系统；用电动机轴上所带的转子位置检测器来控制变频装置的系统称为自控变频调速系统。

(1)永磁同步电动机的自控变频控制

同步电动机的自控变频通过电动机轴端上的转子位置检测器 BQ(如光电编码器)发出的信号来控制逆变器的换流，从而改变同步电动机的供电频率，调速时由外部控制逆变器的直流输入电压，其控制过程如图 4-43 所示。

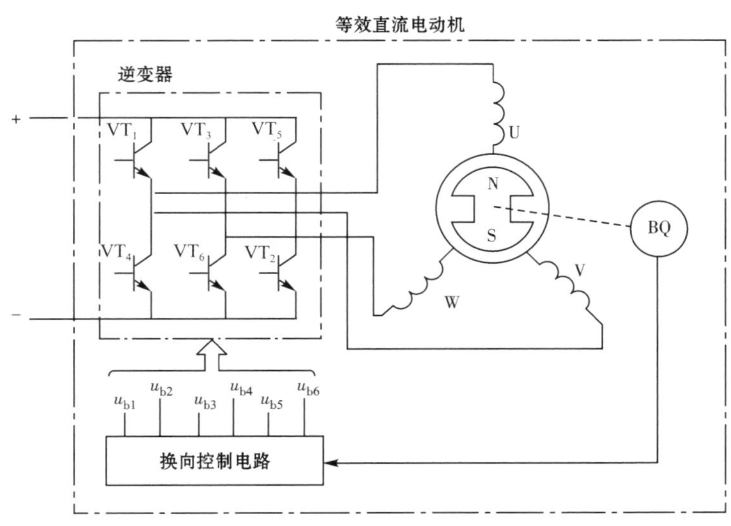

图 4-43 永磁同步电动机的自控变频控制过程

自控变频同步电动机在原理上和直流电动机相似。直流电动机电枢里面的电流本来就是交变的，只是通过换向器和电刷才在外部电路中表现为直流，这时，换向器相当于机械式逆变器，电刷相当于磁极位置检测器。与此对应，自控变频同步电动机则采用电力电子逆变器和转子位置检测器，用静止的电力电子电路代替了经常会产生火花的接触式电刷与换向器，其优越性是非常明显的。稍有不同的是，直流电动机的磁极在定子上，电枢是旋转的，而同步电动机的磁极在转子上，电枢却是静止的，这显然并没有本质的区别，只是处于不同位置的相对运动而已，两者是完全等效的。

数控机床进给用三相交流永磁同步电动机可采用自控变频的方式进行控制。

(2)永磁同步电动机矢量变频控制

交流永磁同步电动机矢量变频控制是转子位置定向的矢量控制。由电动机轴上的转子位置检测装置测得转子位置角 θ，经正弦信号发生器可得三个正弦波位置信号，分别为

$$a = \sin\theta \tag{4-17}$$

$$b = \sin(\theta - 120°) \tag{4-18}$$

$$c = \sin(\theta + 120°) \tag{4-19}$$

用这三个正弦波位置信号去控制定子三个绕组的电流，则

$$i_U = I\sin\theta \tag{4-20}$$

$$i_V = I\sin(\theta - 120°) \tag{4-21}$$

$$i_W = I\sin(\theta + 120°) \tag{4-22}$$

式中，I 为定子交流电流幅值，A。

交流永磁同步电动机转矩表达式为

$$T = KI\Phi \tag{4-23}$$

式中 T——电磁转矩，N·m；

K——转矩系数；

Φ——有效磁通，Wb。

该转矩表达式与直流电动机的转矩表达式一样，不同的是，直流电动机转矩正比于电枢电流，而交流永磁同步电动机的转矩正比于定子交流电流的幅值。图 4-44 为交流永磁同步电动机矢量变频控制原理图。

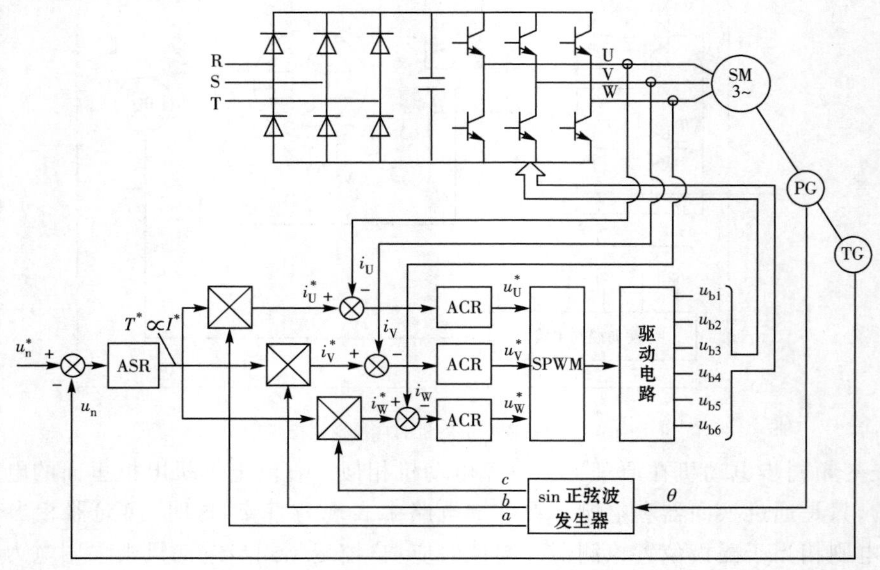

图 4-44 交流永磁同步电动机矢量变频控制原理图

在图 4-44 中，速度指令 u_n^* 与速度反馈信号 u_n 相比较的差值，通过速度调节器 ASR 输出转矩指令 T^*，T^* 与电流幅值指令 I^* 成比例，指令 I^* 在交流电流指令发生器中与正弦位置信号相乘，输出交流电流指令 i_U^*、i_V^* 和 i_W^*，再通过电流调节器 ACR 得到 u_U^*、u_V^* 和 u_W^* 电压指令，然后经 SPWM、驱动电路、主电路中的 6 个大功率晶体管后，输出三相频率和电压均可调的等效于正弦波的脉宽调制波 U、V、W，以控制三相交流同步电动机的运转速度。

交流电流指令 i_U^*、i_V^* 和 i_W^* 获得的方法是：将转子位置角 θ 数据作为地址输入到存有正弦位置信号的 ROM 地址中，经 sin 正弦波发生器，得到三个正弦波位置信号 a、b、c，再与电流幅值指令 I^* 相乘，即得到交流电流指令。

思考题与习题

4-1　数控机床对进给伺服系统有何要求?

4-2　数控进给伺服系统可分为哪几类?试从控制精度、系统稳定性及经济性三个方面比较它们的优劣。

4-3　何谓步进电动机的步距角?步距角的大小与哪些参数有关?

4-4　步进电动机的转速和转向是如何控制的?

4-5　小惯量和宽调速直流伺服电动机通过什么途径来提高转矩/惯量比?宽调速直流伺服电动机能与滚珠丝杠直接相连的意义何在?

4-6　三相交流永磁同步电动机用于进给驱动有何好处?交流伺服电动机上的转子位置检测器有何作用?

4-7　交流主轴电动机和交流伺服电动机有什么区别?

4-8　数控机床驱动装置的作用是什么?

4-9　步进驱动环形分配的目的是什么?有哪些实现形式?

4-10　单电压供电、高低压切换和细分驱动电路对提高步进电动机的运行性能各有何作用?

4-11　比较直流电动机晶闸管调速(SCR)和脉宽调制调速(PWM)的异同点,从而说明进给直流伺服电动机驱动通常采用PWM方式,而主轴直流电动机驱动通常采用SCR方式的原因。

4-12　三相交流永磁同步电动机有哪些变频控制方式?

4-13　SPWM指的是什么?控制正弦波与三角形调制波经SPWM后,输出的信号波形是什么形式?

第5章 数控机床的机械结构

数控机床的机械结构

5.1 概述

数控机床的机械结构与普通机床有很多相似之处，但又有本质的区别。由于普通机床的机械结构存在着许多众所周知的弱点，例如刚性不足、抗振性差、热变形大、滑动面之间的摩擦阻力大、动摩擦因数与静摩擦因数相差悬殊、存在低速爬行现象、传动元件之间的间隙较大、存在严重的机械滞后现象等，使传统机床无法达到数控加工的高精度、高质量、高效率、高寿命等方面的要求，所以现代数控机床的机械结构采用了许多高新技术，无论是整体布局、外观造型，还是支承部件、主传动系统、进给传动系统、刀具系统、辅助系统等各方面，都发生了根本性的变化，形成了数控机床独特的机械结构体系。

5.1.1 数控机床的加工特点

数控机床是高精度、高自动化、高效率的加工机床，数控加工过程中的一切动作、运动以及各种辅助功能，都严格按照预先编制的数控加工程序自动进行，操作者不可能像普通机床操作那样对加工过程进行灵活的人工干预和随机调整。此外，数控机床的转速范围宽广，加工精度与切削效率都很高，既可以进行大切削量的高效、高速切削，又可以根据各种需要进行高质量精细切削。所以数控机床的机械结构，在各方面均要求比普通机床设计得更为完善，制造得更为精密。

5.1.2 数控机床机械结构的特点

经过半个多世纪的不断发展完善，数控机床的机械结构已经形成具有鲜明特色的独立体系，其主要特点可以概括如下：

1. 结构刚度高，抗振性能好

合理的机床结构形式可以改善机床构件的受力情况，减小零部件的受力变形，从而减小可能引起的加工误差，提高机床的加工精度。图 5-1 所示为常见的提高数控机床刚度的结构形式：机床导轨较窄时，可采用单壁或加厚的单壁连接，或者在单壁上增加垂直加强筋来提高局部刚度，如图 5-1(a)～图 5-1(c)所示；如果机床导轨尺寸较宽，则应采用双壁连接形式，如图 5-1(d)～图 5-1(f)所示。

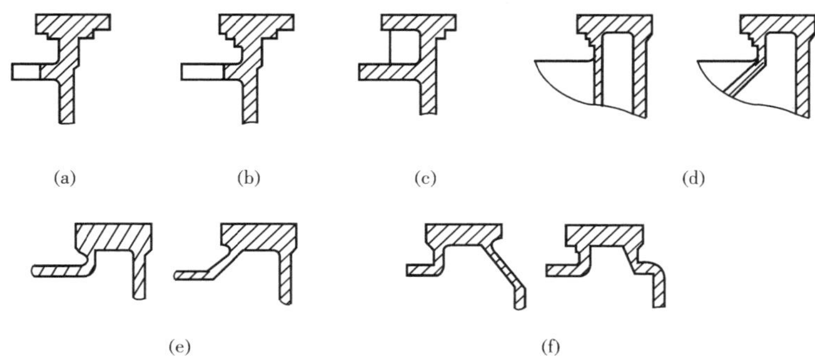

图 5-1 提高机床刚度的结构形式

合理地安排机床结构布局，同样可以提高机床刚度。如图 5-2(a)所示，机床的主轴箱呈单侧面悬挂布局，切削力将引起较大的立柱弯曲变形和立柱扭转变形，故刚性较差；若改为图 5-2(b)所示布局，将主轴箱置于两立柱导轨之间呈对称布局，就可以使数控机床的刚度得到显著提高。

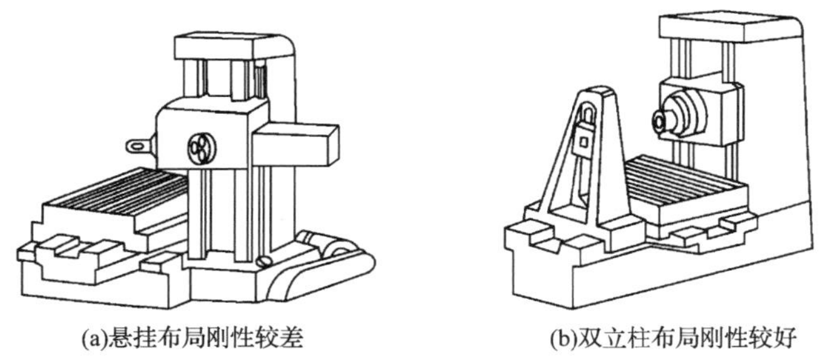

(a)悬挂布局刚性较差
(b)双立柱布局刚性较好

图 5-2 机床结构布局的合理安排

此外，机床的基础大件采用封闭箱形结构、合理布置加强肋、提高构件之间的接触刚度等，都是提高机床静刚度的有效措施；改善机床结构的阻尼特性、在机床大件内腔填充阻尼材料、在其表面喷涂阻尼涂层、充分利用结合面间的摩擦阻尼以及采用合理的焊接结构等，都是提高机床动刚度的重要措施，都可以显著提高数控机床的抗振性能。

2. 热稳定性较好

为了提高效率，数控机床往往需要连续生产，以加大机动加工的时间比率。由于数控机床的主轴转速高、进给速度快、切削用量大，连续生产时产生的热量比普通机床加工时的发热量多得多，所以需要采取特别措施减少热变形对加工精度的不利影响。

减小热变形通常可从降低发热总量和减少热影响的后果两个方面着手。降低发热总量可以采取对热源强制冷却（水冷、风冷）的方法来控制温升，例如，在加工过程中，常采用多喷嘴、大流量切削液对切削部位进行强制冷却；减少热影响的后果则要依靠改善数控机床的结构来实现，例如，设法使主轴箱主轴的热变形位于非误差敏感方向，尽可能缩减零件受热变形部位的长度以减少热变形总量，根据热对称原则来设计数控机床的布局，采用热平衡措施和特殊调节元件来补偿热变形等。

3. 低速运动平稳，运动精度较高

数控机床通常以脉冲当量或最小设定单位作为移动部件（工作台）的最小位移单位，工作台通常需要在极低或极高的移动速度条件下仍能保持平稳移动，工作时既不能“过冲”也不能“丢步”，这就要求工作台对数控装置发出的指令能够做出快速准确的响应。图 5-3 为不同摩擦形式导轨副中摩擦力与运动速度的关系曲线，其中以滚动摩擦或静压摩擦较为理想。这就提示我们：应当尽可能采用滚动导轨或静压导轨。此外，新型导轨材料——塑料导轨也具有较好的摩擦特性及耐磨性能，已有取代滚动导轨的趋势。在数控机床进给系统中广泛采用贴塑导轨、以滚珠丝杠代替滑动丝杠等，也正是基于上述原理。

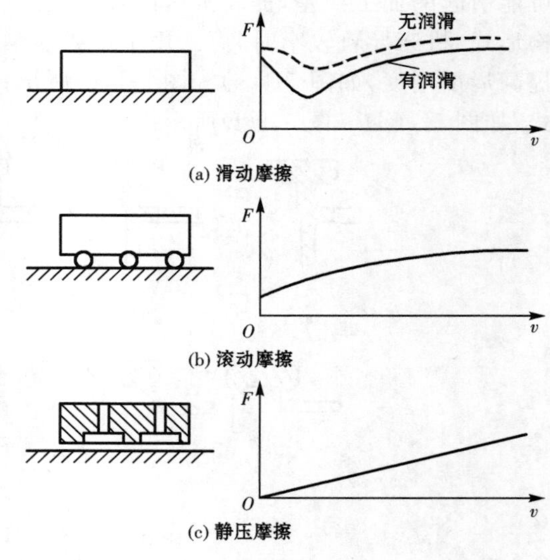

图 5-3　不同摩擦副中摩擦力与运动速度的关系曲线

提高数控机床运动精度的另一项要求就是无间隙传动。由于精密加工的需要，数控机床各坐标轴的运动都可能是双向的，如果传动元件之间存在间隙，就意味着存在“反向死区”和换向时的“机械滞后量”，这无疑会影响数控机床的定位精度和重复定位精度，所以必须采取措施消除传动间隙。

4. 满足人机工程学的要求

数控机床是一种自动化程度很高的加工设备，由于采用了多主轴、多刀架及带刀库的自动换刀装置，切削加工及辅助过程不需要人工操作干预，故可采用封闭或半封闭式结构，以减少噪声、油污等对周围环境的污染。在机床的操作性方面，数控机床充分注意了各运动部件的互锁能力，确保工作准确可靠；从人机工程学的观点出发，最大限度地改善了操作者的操作、观察和维修条件，设有明快、干净、协调的人机交互界面，将所有操作都集中在一个操作面板上，大大改善了劳动者的工作条件。

5.1.3　数控机床传动系统的特点

1. 主传动系统的特点

数控机床主传动系统的转速高、功率大、能进行大功率切削和高速切削；数控机床主传动系统的变速范围宽广（调速范围 $R_n>100$），可以保证加工时选用最合理的切削速度，充分发挥高速刀具的最佳切削性能；数控机床通常按照控制指令自动进行主轴的变速，因此变速机构必须迅速可靠，还要能够适应自动操作的要求；数控机床的主传动系统应当具有长期精度保持性，在轴颈、锥孔等有机械摩擦的部位应有足够的硬度，轴承部位还应保持良好的润滑，从而提高主轴组件的耐磨性。

2. 进给传动系统的特点

数控机床的进给传动系统必须满足对进给运动的位置和速度同时实现自动控制的要求,除了要具有较高的定位精度外,还应具有良好的动态响应特性。为了确保数控机床进给系统的传动精度和工作平稳性,应注意尽可能做到无间隙、低摩擦、低惯量、高刚度以及具有适当的阻尼比。为了满足这些要求,在数控机床的进给传动系统中,主要采取如下措施:

(1)尽量采用贴塑导轨、静压导轨、滚动导轨和滚珠丝杠螺母副等低摩擦的传动副,以减小运动副之间的摩擦力和获得较为理想的摩擦特性。

(2)尽量减小传动系统折算到驱动轴上的转动惯量之和,以提高工作台跟踪指令的快速反应能力。

(3)尽量缩短传动链,并采用预紧和预拉伸的办法提高传动系统的刚度。

(4)采取多种措施消除传动间隙,以减小反向行程误差,提高跟随精度。

5.2 数控机床的主传动系统

5.2.1 数控机床主轴调速方法

数控机床的主轴通常按照加工程序中的指令进行自动调速,因此主变速机构必须满足自动化操作的要求。在数控机床的主传动系统中,目前多采用交流主轴电动机和直流主轴电动机无级调速系统。为了扩大调速范围,适应低速大扭矩的需要,也经常采用齿轮有级变速与电动机无级变速相结合的调速方式。

常见的数控机床主传动系统调速的方法主要有以下四种:

1. 齿轮变速主传动

如图 5-4(a)所示,通过少数几对齿轮变速,扩大输出扭矩,以满足主轴低转速时对输出扭矩特性的要求。如果在数控机床交流电动机无级变速或直流电动机无级变速的基础上配以齿轮变速,则成为分段无级变速系统,在大、中型数控机床中通常采用这种变速方式。在这种调速方法中,滑移齿轮的移位大多采用液压缸借助于拨叉自动完成,或者直接由液压缸带动齿轮轴向移动来自动实现。

2. 带轮变速主传动

通过带轮变速的主传动如图 5-4(b)所示,通常应用在转速较高、变速范围不大的场合。通过带轮变速的主传动适用于高转速、低转矩特性要求的主轴,常采用三角带或同步齿形带进行传动。当调速电动机本身的变速范围已经能够满足使用要求时,不必再增加齿轮副来扩大变速范围,此时采用带轮传动可以避免齿轮传动引起的振动与噪声,使主轴运转更平稳。

3. 双电动机主传动

如图 5-4(c)所示,采用两个电动机分别驱动主轴。高速时一个电动机通过带轮直接驱动主轴旋转;低速时,另一个电动机通过两级齿轮变速驱动主轴旋转,齿轮起着降速增矩和扩大变速范围的作用,这样就使主轴的恒功率区变速范围被扩大,克服了低速时转矩不足和电动机功率不能充分利用的缺点。这种方式是前述两种传动方式的混合传动,同时具有它们的特点。

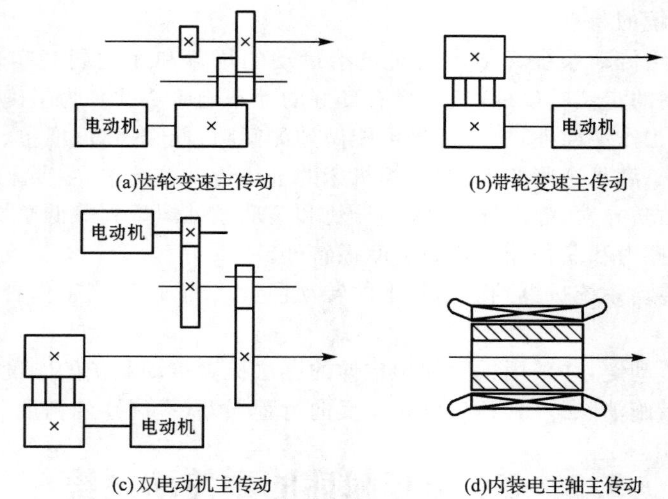

图 5-4　主传动系统的四种调速方法

4. 内装电主轴主传动

内装电主轴主传动如图 5-4(d)所示，它大大简化了主轴箱箱体与主轴的结构，有效地提高了主轴部件的刚度，但电主轴的输出扭矩较小，电动机工作时的发热量对主轴精度的影响较大，需要采取一定的防护措施。

5.2.2　数控机床的主轴部件结构

数控机床的主轴部件既要满足精加工时精度较高的要求，又要具备粗加工时高效切削的能力，因此在旋转精度、刚度、抗振性和抗热变形等方面，都有很高的要求。在局部结构上，一般数控机床的主轴部件与其他高效、精密自动化机床没有多大区别。但对于具有自动换刀功能的数控机床，其主轴部件除主轴、主轴轴承和传动件等常用的组成部分外，还具有刀具自动装卸及吹屑装置、主轴准停装置等。

1. 主轴的支承与润滑

数控机床主轴的支承可以有多种配置形式。如图 5-5 所示为 TND360 型数控车床的主轴部件。由于该车床主轴在切削时需要承受较大的切削力，所以轴径设计得比较大。前轴承采用三个推力角接触球轴承，前面两个轴承同向排列，开口朝主轴前端，接触角为 25°，用以承受较大的轴向切削力；第三个轴承开口朝主轴尾端，接触角为 14°。三个轴承的内圈、外圈的轴向位置由轴肩和箱体孔的台阶固定，以承受轴向负荷。后支承由两个背对背的推力角接触球轴承组成，只承受径向载荷，并由后压套进行预紧。该主轴为空心结构，可通过直径达 60 mm 的棒料。

数控车床主轴轴承可以采用油脂润滑，此时应采用迷宫式密封圈进行密封；也可以采用稀油集中强制润滑，此时为了保证润滑的可靠性，常以压力继电器作为失压报警装置。

2. 卡盘

为了缩短辅助时间和降低劳动强度，适应自动和半自动加工的需要，数控车床多采用助力卡盘装夹工件。目前使用较多的是自定心液压助力卡盘，该卡盘主要由引油导套、液压缸和卡盘体三部分组成。

图 5-6 所示为数控车床上采用的一种液压驱动自定心卡盘，卡盘 3 用螺钉固定(短锥定

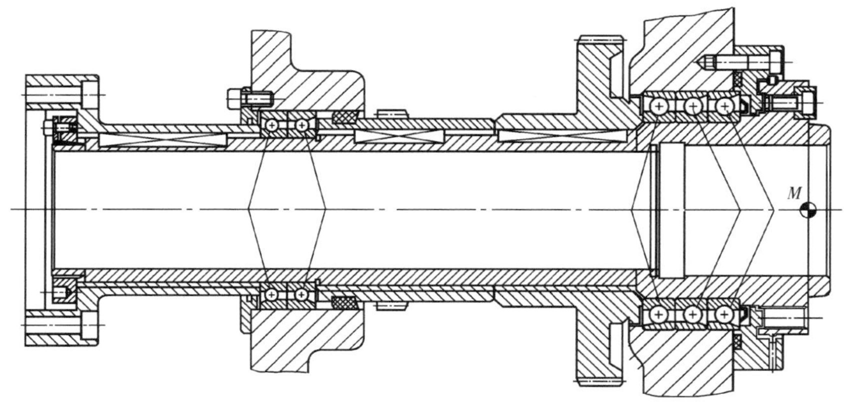

图 5-5 TND360 型数控车床的主轴部件

位)在主轴上,液压缸 5 固定在主轴后端。改变液压缸左、右腔的通油状态,活塞杆 4 便可带动卡盘内的驱动爪 1 和卡爪 2 夹紧或放松工件,并通过行程开关 6 和 7 发出相应信号。

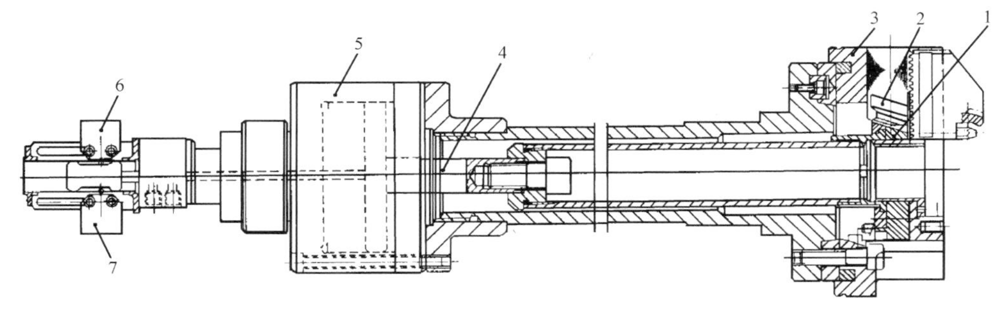

图 5-6 液压驱动自定心卡盘

1—驱动爪;2—卡爪;3—卡盘;4—活塞杆;5—液压缸;6、7—行程开关

3. 刀具自动装卸装置和自动吹屑装置

在某些带有刀库的数控加工中心机床中,主轴部件除需要具有较高的精度和刚度外,还需要有刀具自动装卸装置和主轴孔自动清除切屑装置。如图 5-7 所示为某加工中心机床的主轴结构,主轴前端有 7∶24 的锥孔,用于装夹锥柄刀具;端面键 13 既可用于刀具定位,又可通过它传递扭矩。为了实现刀具的自动装卸,主轴内设有刀具自动夹紧装置。由图 5-7(a)可以看出,该机床是通过拉紧机构(碟形弹簧 5、拉杆 4)拉紧装于刀柄尾端的拉钉 2 来实现刀具的定位及夹紧的。当夹紧刀具时,液压缸 7 的上腔接通回油,弹簧 11 推动活塞 6 上移至图示位置,拉杆在碟形弹簧的作用下向上移动;由于此时装在拉杆前端径向孔内的四个钢球 12 已经被挤入主轴孔前段直径较小的 d_2 处,如图 5-7(b)所示,四个钢球受迫径向收拢,卡入拉钉的环形凹槽部位,将刀具拉住紧固在主轴上。当换刀需要松开时,压力油进入液压缸的上腔,活塞下移推动拉杆向下移动,碟形弹簧被压缩,四个钢球随拉杆同步下移;进入主轴孔前段直径较大的 d_1 处之后,四个钢球就再也拉不住拉钉的头部了;紧接着拉杆的下端面碰撞拉钉的上端面,把刀具 1 顶松。刀具被松开的同时,行程开关 10 发出信号,换刀机械手随即将刀具取下;与此同时,压缩空气由管接头 9 经活塞和拉杆的中心通孔吹入主轴装刀孔内,把切屑或脏物吹除干净,以保证刀柄配合面的清洁度和刀具的装夹精度。机械手把新刀装上主轴后,液压缸的上腔再次接通回油,碟形弹簧又拉紧刀具;刀具被拉紧后,行程开关 8 发出信号,换刀工作结束。在换刀过程中,自动清除主轴孔内的切屑和灰尘是一个不容忽视的问题,因为如果

在主轴锥孔内掉进了切屑或其他污物，当拉紧刀杆时，主轴锥孔的内表面或刀杆锥柄的外表面就会被划伤，使刀杆发生偏斜，破坏刀具的正确定位，影响加工零件的精度，甚至导致零件报废。所以为了保证主轴锥孔的清洁，常用压缩空气吹屑。图 5-7(a)中活塞的中心部钻有压缩空气通道，当活塞向下移动时，压缩空气经拉杆的通孔吹出，将锥孔清理干净。喷气小孔设计有合理的喷射角度，并均匀分布，可以提高吹除切屑的效果。

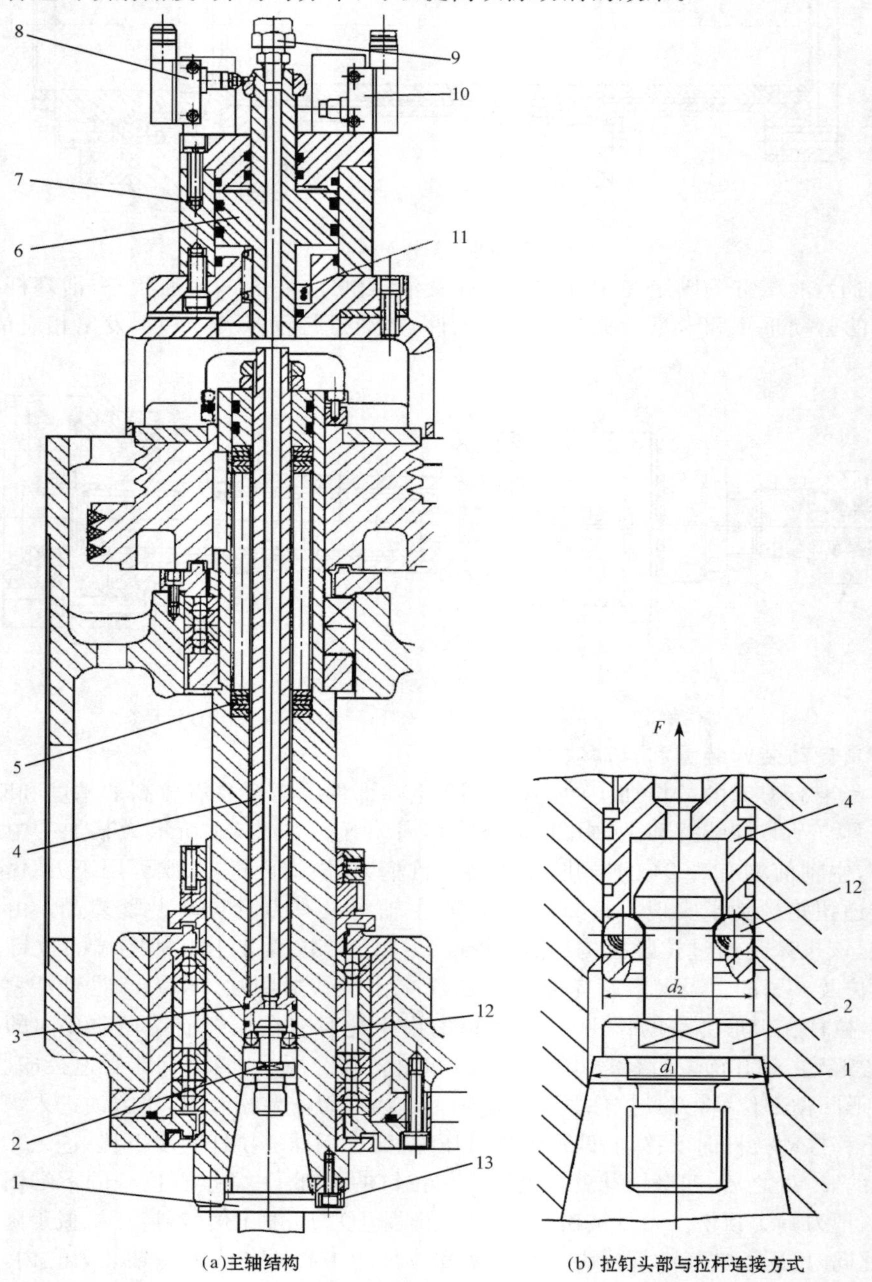

(a)主轴结构　　(b) 拉钉头部与拉杆连接方式

图 5-7　加工中心机床的主轴结构

1—刀具；2—拉钉；3—密封胶圈；4—拉杆；5—碟形弹簧；6—活塞；7—液压缸；8、10—行程开关；9—管接头；11—弹簧；12—钢球；13—端面键

4. 主轴准停装置

自动换刀数控机床的主轴部件设有主轴准停装置，它的作用是使主轴每次都准确地停止在固定的周向某一位置，从而保证换刀时主轴的端面键对准刀具上的键槽，使换刀顺畅快捷；还可以提高刀具的重复安装精度，从而提高被加工孔的尺寸一致性。主轴准停装置的工作原理如图 5-8 所示。在带动主轴 5 旋转的多楔带轮 1 的端面上装有厚垫片 4，厚垫片上装有一个体积很小的永久磁铁 3，在主轴箱体对应于主轴准停的位置上，装有磁传感器 2。当机床需要停车换刀时，数控系统发出主轴停转指令，主轴电动机立即降速并以最低转速缓慢旋转，待永久磁铁对准磁传感器时，磁传感器发出准停信号，此信号经放大后，由定向电路控制主轴电动机，使主轴准确地停止在规定的周向位置上。这种装置能够达到的主轴准停重复精度在±1°范围内。

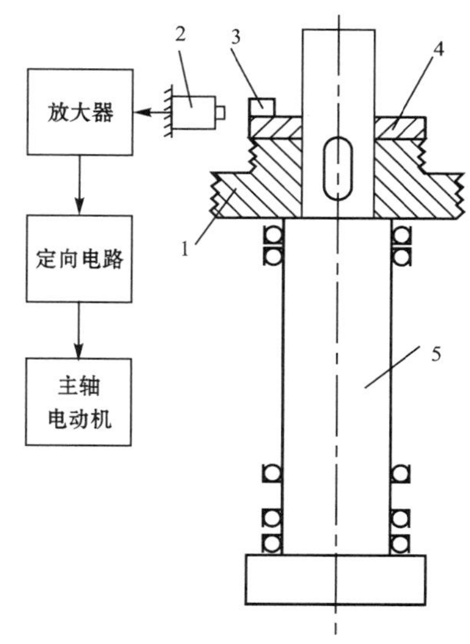

图 5-8 主轴准停装置的工作原理图

1—多楔带轮；2—磁传感器；3—永久磁铁；4—厚垫片；5—主轴

5.2.3 高速精密电主轴的结构

高速切削是一种先进的制造工艺，采用比常规速度高几倍甚至十几倍的极高速度进行切削，可以大大提高切削效率，并具有表面质量好、切削温度低、刀具寿命长等突出优点。

高速精密电主轴是高速切削机床的核心部件，它将数控机床的主轴与电动机轴合二为一，将电动机的定子和转子直接装入主轴组件内部，因此也称为内装式电主轴部件。图 5-9 所示为瑞士 IBAG 公司开发的内装高频电动机的电主轴部件，该电主轴采用了励磁式磁力轴承，取消了传统的皮带传动副或齿轮传动副，实现了机床主轴系统的“零传动”，从而具有结构紧凑、质量轻、惯性小、振动小、噪声低、响应快、易于实现主轴定位等优点，在超高速数控机床中得到了广泛应用。

目前，国内外专业的电主轴制造厂商已可供应数百种规格的电主轴部件，其套筒直径从 32 mm 至 320 mm。国外高速精密电主轴单元的发展较快，中等规格加工中心电主轴单元的转速已普遍达到 10 000 r/min，德国 GMN 公司的磁悬浮轴承主轴单元的转速最高已经达到 100 000 r/min；国内 10 000～15 000 r/min 的立式加工中心主轴单元和 18 000 r/min 的卧式加工中心主轴单元已开发成功并投放市场，用于高速数控仿形铣床的电主轴单元最高转速已经达到 40 000 r/min。

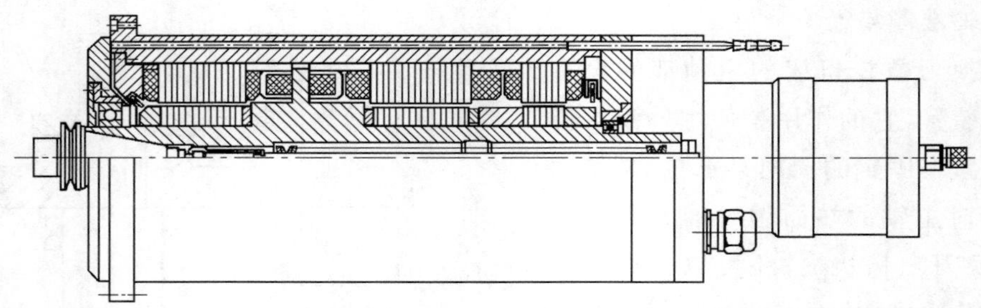

图 5-9 内装高频电动机的电主轴部件

5.2.4 同步带传动简介

同步带又称同步齿形带，端面为多楔形，是带传动形式中的一种，它利用同步带的齿形与同步带轮的轮齿依次相啮合来传递运动或动力。同步带传动能满足数控机床主传动高速、大转矩和不打滑的传动要求，在数控机床主传动系统中得到了广泛的应用。

1. 同步带传动的特点

(1)传动过程中，同步带与带轮之间无相对滑动，可以保持较恒定的传动比，因而传动精度高。

(2)同步带传动的结构紧凑、工作平稳、无噪声、无须润滑，具有良好的减振性和使用方便性。

(3)同步带不需要采取特别的张紧措施，因此作用在轴和轴承上的径向载荷较小，传动效率高达 98%以上，有明显的节能效果。

(4)同步带传递的功率由数瓦至数千瓦，传动速度可达 50 m/s，传动速比可达 10 左右，使用范围较广。

(5) 同步带传动的缺点是带与带轮的制造工艺比较复杂，所传递的功率不能太大，传动带的使用寿命不太长。

2. 同步带的结构和规格

如图 5-10(a)所示，同步带由强力层 1、带齿 2 和带背 4 组成。在采用氯丁橡胶为基体的同步带中，还增设了尼龙包布层 3。

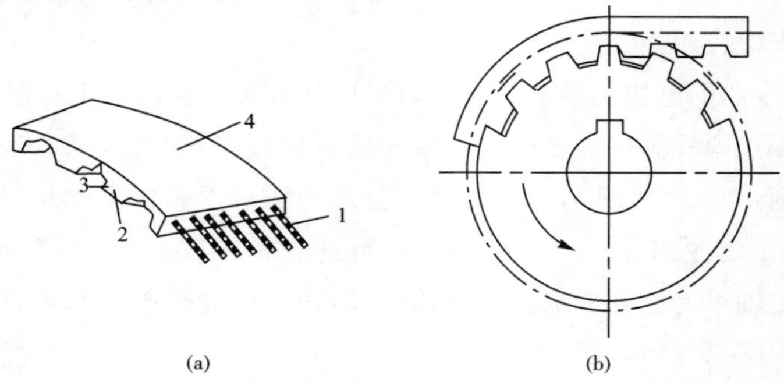

图 5-10 同步带的结构与传动

1—强力层；2—带齿；3—尼龙包布层；4—带背

强力层是同步带的抗拉元件，需要传递动力，目前多采用伸长率较小、疲劳强度较高的钢丝绳和玻璃纤维绳构成，因为它们在受力后基本不产生变形，所以能保持同步带的节距恒定，实现同步传动。带齿和带背通常采用聚氨酯橡胶和丁腈橡胶为基础材料制造，具有强度高、弹性好、耐磨损、抗老化等优良性能，其允许工作温度为－20～＋80 ℃。为了增加带齿的耐磨性，通常在齿形带内表面上，覆盖以尼龙或其他锦纶织物；根据需要，有的齿形带内表面还做有尖角凹槽，以增加带的挠性，提高抗弯曲疲劳强度。同步带的规格参数主要有模数 m、节距 t、齿数 z、宽度 b 等，模数 m 的取值范围通常为 1～10 mm。

3. 带轮的结构

带轮的材料一般采用铸铁或钢料，在高速、小功率传动的场合下，也可以采用轻合金、塑料等。小尺寸同步带轮可以制成实心的，较大尺寸的带轮则应采用腹板式结构。为了防止同步带运转时的意外脱落，一般在小带轮的两侧设有挡边，如图 5-11(a)所示；当传动比较大(≥3)时，主动带轮与从动带轮的不同侧边都应置有挡边，如图 5-11(b)所示；当带轮轴为垂直安装时，两个带轮一般都需要有挡边，或至少主动轮的两侧和从动轮的下侧需要有挡边，如图 5-11(c)所示。有关带轮几何尺寸的计算，请参阅《机械设计手册》等有关资料。

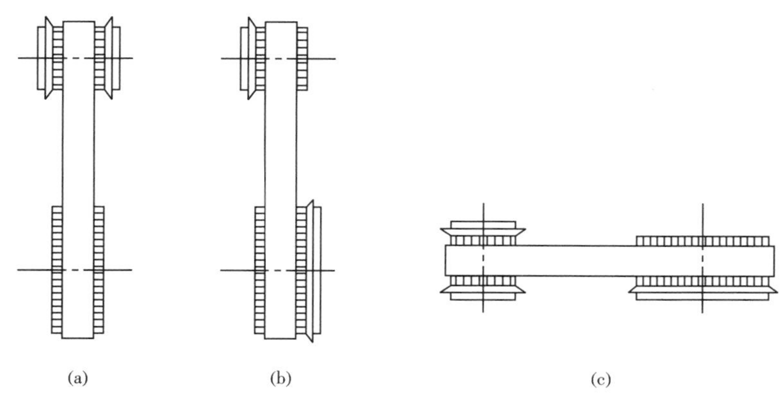

图 5-11 同步带轮的结构

5.3 数控机床的进给传动系统

5.3.1 数控机床进给传动系统的要求

数控机床的进给传动系统是指将电动机的旋转运动传递给工作台或刀架，用以实现进给运动的整个机械传动链，包括齿轮传动副、丝杠螺母副、蜗杆蜗轮副、支承部件等。为了保证数控机床的定位精度和静态、动态工作性能，数控机床的进给传动系统应满足如下要求：

1. 较高的传动刚度

进给传动系统的刚度主要取决于传动件及其支承部件的刚度。对于直线运动，常采用丝杠螺母副传动；对于回转运动，常采用蜗杆蜗轮副传动。如果它们的刚度不足，或者摩擦力不稳定，就会导致工作台出现低速爬行现象，影响工作平稳性；如果传动副中存在间隙，就会造成反向死区，影响传动的准确性。总之，在进给传动系统中采取缩短传动链、合理选择丝杠尺寸、对丝杠螺母副及支承部件进行预紧等,都是提高传动刚度的有效措施。

2. 较低的摩擦阻力

进给传动系统要求运动平稳,定位准确,快速响应特性好,因此必须降低运动件的摩擦阻力,特别是缩小运动副工作表面间的动、静摩擦因数之差。为了达到此目的,在数控机床进给传动系统中除了合理考虑导轨的结构之外,还普遍采用了滚珠丝杠螺母副或静压丝杠螺母副。

3. 较小的运动惯量

进给传动系统需要经常启动、停止、变速、换向,如果机械传动装置的惯量大,将会增大驱动电机的负载量,并使系统的动态性能变差。通常在满足强度与刚度的前提下,应尽量减小运动部件的总质量,减小各转动部件的直径和尺寸,以减小电动机轴上的等效转动惯量之和。

4. 消除传动间隙

机械间隙严重影响进给传动系统的精度和刚度,造成进给系统的反向死区,因此对组成传动链的各个环节,包括联轴器、齿轮副、丝杆螺母副、蜗杆蜗轮副、支承部件等,均应采取消除间隙的措施。

5.3.2 滚珠丝杠螺母副传动

滚珠丝杠螺母副是数控机床进给传动系统的重要部件之一,它的优点是摩擦因数小,传动精度高,传动效率可达85%～98%,为普通丝杠传动效率的2～4倍。滚珠丝杠螺母副的摩擦角很小(小于1°),因此不能自锁,如果用在立式升降运动的场合,必须考虑增加制动装置。滚珠丝杠螺母副的动、静摩擦因数之差甚小,有利于防止低速爬行现象和提高进给系统的灵敏度;采用预紧措施可以有效地消除滚珠丝杠螺母副的反向间隙,大大提高定位精度和传动刚度。在一般情况下,滚珠丝杠螺母副可以直接从专门生产厂家订购,无须自行设计制造,使用十分方便。

1. 滚珠丝杠螺母副的工作原理

滚珠丝杠螺母副的工作原理如图5-12所示。在丝杠和螺母上分别制有半圆弧形的螺旋槽,将它们组合起来就形成了滚珠的螺旋滚道2。在滚道内装满滚珠,当丝杠与螺母相对转动时,滚珠在螺旋滚道内滚动,丝杠和螺母就出现相应的轴向位移。丝杠连续转动,滚珠就通过返珠器内的返珠滚道1,从滚珠螺母的一端返回另一端,如此不断地进行循环。

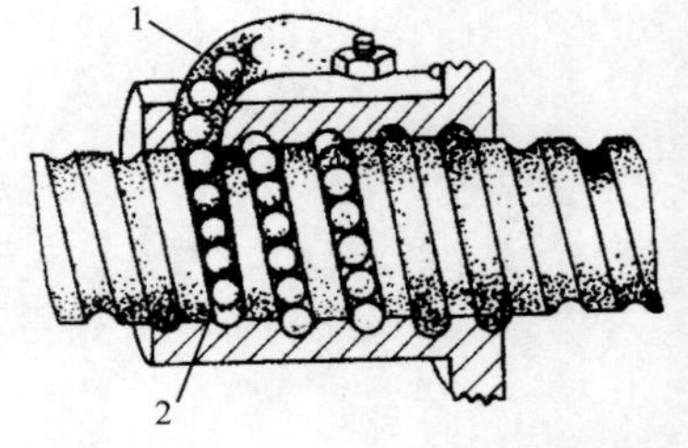

图5-12　滚珠丝杠螺母副的工作原理
1—返珠滚道;2—螺旋滚道

2. 滚珠丝杠螺母副的滚珠循环方式

滚珠的循环方式有外循环式和内循环式两种。滚珠在返回过程中与丝杠暂时脱离接触的为外循环方式;滚珠在循环过程中与丝杠始终保持接触的为内循环方式。循环中的滚珠叫工作滚珠,工作滚珠所走过的滚道数量叫工作圈数。外循环时,滚珠串单列多圈串联排列;内循环时,滚珠串单圈多列并联排列,如图5-13(a)和图5-14(b)所示。

外循环滚珠丝杠螺母副按滚珠循环时的返回方式可分为螺旋槽式和插管式。图5-13(b)所示为螺旋槽式,它是在螺母外圆表面上铣出一小段螺旋槽,槽的两端钻出通孔与多圈串联滚珠的两端接通,形成多圈串联滚珠的返回通道。这种形式的结构比插管式结

构的径向尺寸稍小，但制造比较复杂。图 5-13(c)所示为插管式，它用弯管作为多圈串联滚珠的返珠管道，这种形式的结构工艺性好，但由于管道突出在螺母体外，所以径向尺寸很大。

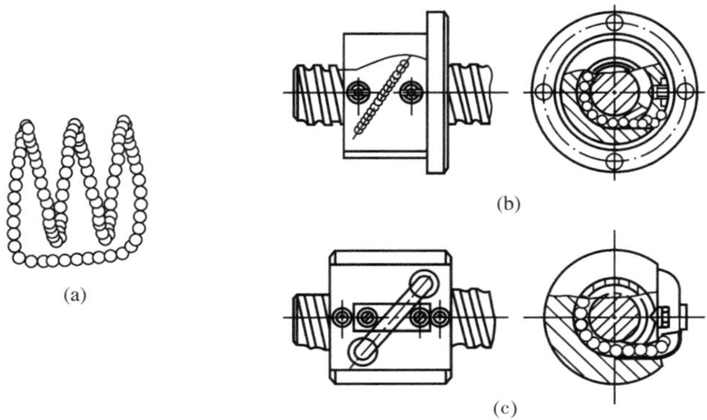

图 5-13　外循环式滚珠丝杠螺母副

图 5-14 所示为内循环式结构。在螺母的侧孔中装有圆柱凸键式反向器，反向器端部开有 S 形返珠槽，将单圈螺旋形滚珠滚道的两端连通起来，构成滚珠的单圈封闭循环空间。工作时滚珠从某一圈螺纹滚道的一端进入反向器，借助于反向器上的 S 形返珠槽越过滚珠丝杠的牙顶，进入同一圈螺旋形滚珠滚道的另一端，实现滚珠的单圈封闭循环。通常一个滚珠螺母上装有 2～4 个反向器，反向器沿螺母的圆周等分分布，使滚珠形成 2～4 列并联的单圈封闭循环滚珠列。这种结构的优点是径向尺寸紧凑、刚性好，特别是返珠滚道较短，摩擦损失较小；其缺点是反向器的加工制造很困难。

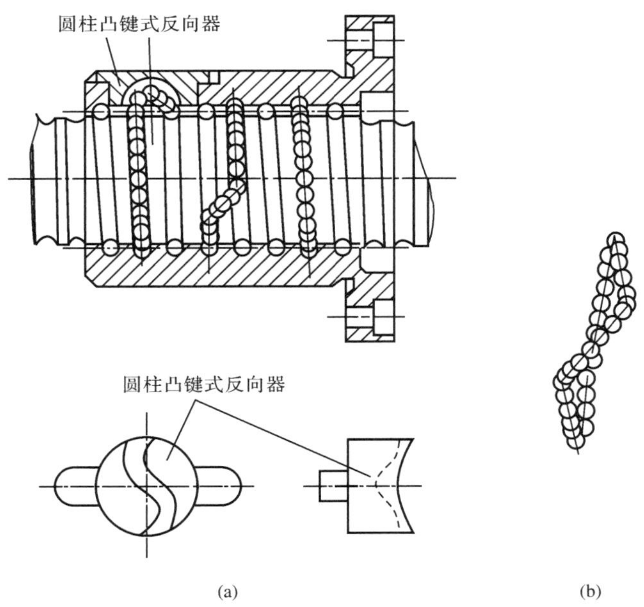

图 5-14　内循环式滚珠丝杠螺母副

3. 滚珠丝杠螺母副的预紧

为了保证滚珠丝杠螺母副反向时的传动精度和传动刚度，必须消除滚珠丝杠螺母副的轴向传动间隙，这项工作称为“预紧”。预紧消除轴向传动间隙的基本原理是：将滚珠丝杠螺母副的螺母分为两段，用强迫外力使两段螺母产生轴向位移，使滚珠呈轻微过盈状态紧压在两螺母滚道的不同侧面上，从而使丝杠的轴向传动间隙消除。采用这种预紧方法时应注意预紧量不宜过大，否则会使空载力矩增大，降低传动效率，缩短滚珠丝杠螺母副的使用寿命。

常用的消除滚珠丝杠螺母副轴向间隙的方法有：

(1)双螺母垫片调整式预紧

如图 5-15 所示，改变调整垫片的厚度，使左、右两螺母产生轴向位移，即可消除轴向间隙和产生预紧力。这种方法结构简单、刚性好，但调整不方便，滚道出现磨损时不便于随时消除间隙和进行预紧。

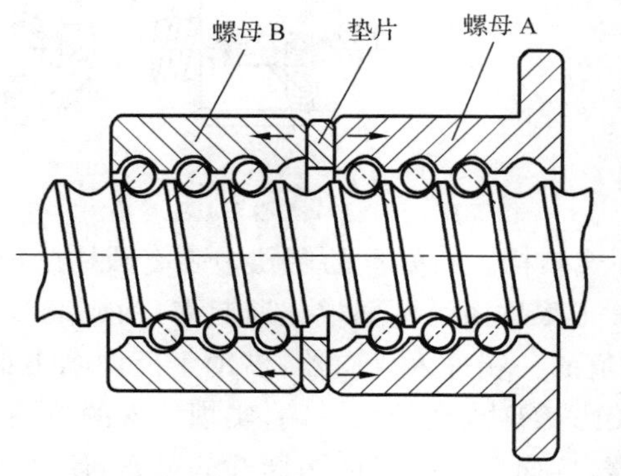

图 5-15　双螺母垫片调整式预紧

(2)双螺母螺纹调整式预紧

如图 5-16 所示，左螺母的外端制有凸缘，右螺母的外端没有凸缘但制有外螺纹，并带有两个圆螺母 1、2。由于平键限制了两个滚珠螺母在螺母座内的转动，调整时只要拧动圆螺母 1，便可使右螺母出现轴向位移并产生预紧力，然后用圆螺母 2 锁紧。这种调整方法具有结构简单、工作可靠、调整方便的优点，但预紧量不很准确。

(3)双螺母齿差调整式预紧

如图 5-17 所示，在两个螺母的凸缘上各制有圆柱外齿轮，分别与紧固在套筒两端的内齿圈相啮合，两个内齿圈的齿数分别为 z_1 和 z_2，并相差一个齿。调整时，先取下内齿圈，让左、右两段螺母相对于套筒同方向都转动一个齿，然后再插入内齿圈，则两个螺母便产生相对角位移，其轴向位移量 $S=(1/z_1-1/z_2)t$ 。例如，$z_1=100$，$z_2=99$，滚珠丝杠的导程为 $t=10$ mm 时，$S=-10/9900\approx-0.001$ mm。这种调整方法方便、可靠，能够精确地调整预紧量，但结构尺寸较大，多用于高精度的重要传动。

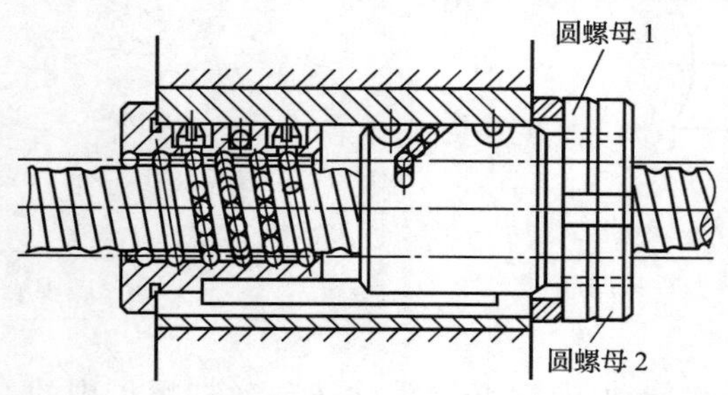

图 5-16　双螺母螺纹调整式预紧

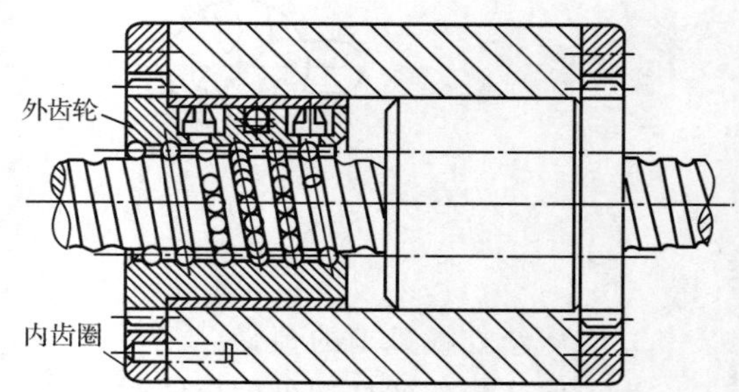

图 5-17　双螺母齿差调整式预紧

(4)单螺母变导程自预紧

单螺母变导程自预紧适用于小型滚珠丝杠螺母副,其原理如图 5-18 所示。在整体螺母的内螺纹滚道中部某一圈上专门制造出一个 $L_0+\Delta L_0$ 的导程突变量,从而使左、右两端的滚珠在装配后产生轴向错位实现预紧。预紧力的大小取决于导程突变量 ΔL_0 的大小。此种结构简单紧凑,运动平稳,可用于小型数控机床或精加工数控机床等结构尺寸较紧张的场合,但出现磨损之后无法修复,只能换用新螺母。

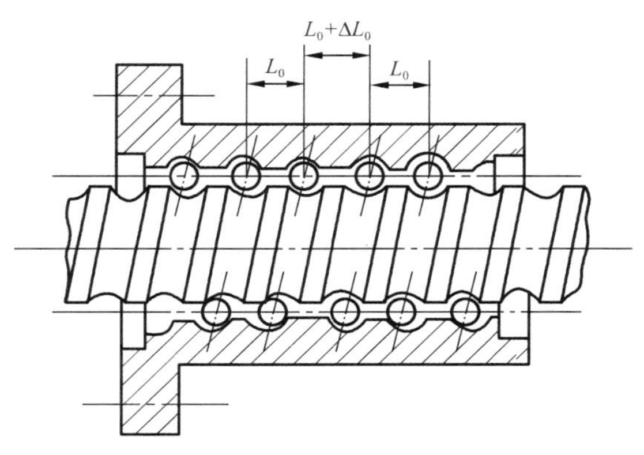

图 5-18 单螺母变导程自预紧

4. 滚珠丝杠的支承方式

数控机床的进给系统要获得较高的传动刚度,除了加强滚珠丝杠螺母副本身的刚度外,滚珠丝杠的正确安装及支承件的结构刚度也是不可忽视的因素。如为了减小受力后的变形,轴承座应有加强肋,应增大轴承座与机床的接触面积,应采用高刚度的推力轴承以提高滚珠丝杠的轴向承载能力等。

滚珠丝杠常见的支承方式,如图 5-19 所示。

图 5-19(a)所示为一端安装推力轴承的结构。这种安装方式适用于行程较小的短丝杠,它的承载能力小,轴向刚度低。

图 5-19(b)所示为在固定端的两侧面安装推力轴承的结构。这种方法可以提高丝杠的轴向刚度,但丝杠的受热变形十分敏感。

图 5-19(c)所示为一端安装推力轴承,另一端安装向心球轴承的结构。这种方式用于丝杠较长的场合,当热变形造成丝杠伸长时,其一端固定,另一端能做微量的轴向浮动。

图 5-19(d)所示为两端均安装推力轴承与向心球轴承的结构。由于两端均采用双重支承并施加预紧,使丝杠具有较大的刚度,故可应用在传动载荷较大的场合。

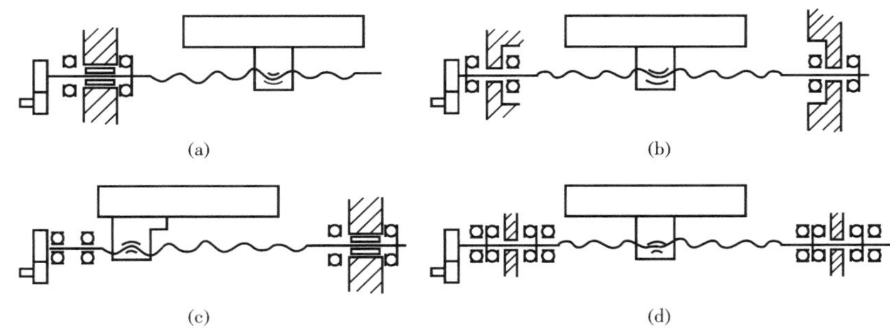

图 5-19 滚珠丝杠在机床上的支承方式

滚珠丝杠螺母副可以用润滑剂来提高耐磨性及传动效率。滚珠丝杠螺母副和其他滚动摩擦的传动元件一样,应避免硬质灰尘或切屑、污物进入,所以都应带有防护装置。

5. 滚珠丝杠的预拉伸

滚珠丝杠螺母副预紧后的摩擦力加大,在正常工作时会产生一定的热量,逐渐使丝杠的温度高于床身的温度。丝杠温度升高后产生受热伸长,将使丝杠的导程加大,影响机床的定位精度。为了补偿滚珠丝杠的受热伸长，可以对丝杠进行预拉伸。通常预拉伸量应略大于正常工作条件下丝杠的热伸长量。采用预拉伸安装的滚珠丝杠工作一段时间达到热平衡之后，一部分预拉伸量被热伸长量抵消，丝杠内的拉应力下降，但丝杠的总长度及丝杠的导程却没有变化，因而提高了定位精度，这就是丝杠预拉伸的目的和原理。

滚珠丝杠预拉伸的方法如图 5-20 所示。丝杠的两端均装有推力球轴承 6 和滚针轴承 3，丝杠的预拉伸力通过螺母 8、间隔套、推力球轴承 6、静圈 5、调整套 4，最终作用到床身支座上。预拉伸的安装调试过程如下：

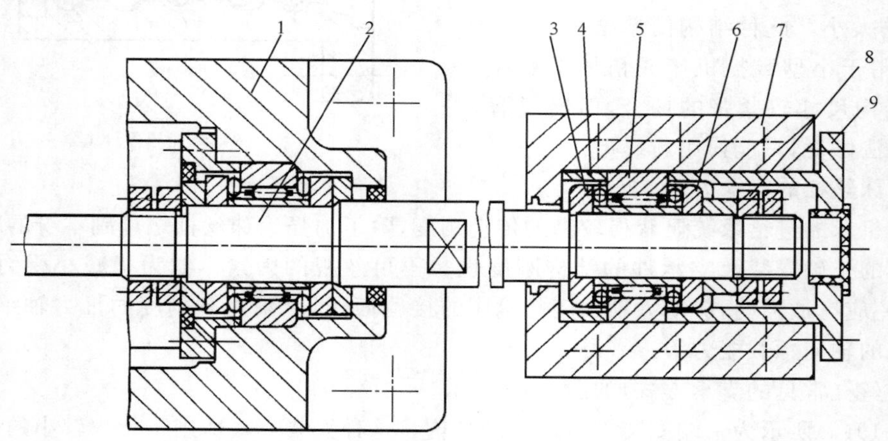

图 5-20 滚珠丝杠预拉伸的方法

1、7—支座；2—轴；3—滚针轴承；4—调整套；5—静圈；6—推力球轴承；8—螺母；9—压盖

(1)按图 5-20 所示结构将滚珠丝杠组件安装在床身上。

(2)调整各部位，使丝杠转动自如，没有明显间隙，然后用螺栓把支座 1、7 紧固在床身上，并打好定位销。

(3)拆出调整套，精确测量它的长度。

(4)测量丝杠两个支承间的距离，计算出正常工作条件下丝杠的最大热伸长量。

(5)另做一个加长调整套，使加长调整套的长度等于(3)、(4)两项测得的数值之和。

(6)稍稍拧松某一端支座上的螺栓，拔出两个定位销。

(7)用加长调整套替换原来的调整套，然后重新将滚珠丝杠组件安装好，并调整到(2)的状态。

(8)打入定位销，拧紧螺栓即可。

6. 中空强冷滚珠丝杠

为了减小滚珠丝杠的受热变形，可以将丝杠制成空心，在支承法兰处通入恒温油强行冷却循环，以保持滚珠丝杠在恒温状态下工作。这种方法可以有效地散发丝杠传动时产生的热量，对提高定位精度有益，可以获得较高的进给速度。据介绍，国外在铝合金端铣加工时采用这种措施，丝杠的进给速度已经达到 70 m/min，这在一般的普通滚珠丝杠传动方式中是难以实现的。

5.3.3 静压丝杠螺母副简介

1. 静压丝杠螺母副的工作原理

静压丝杠螺母副是指在丝杠和螺母的螺旋工作面之间通入压力油，使其间保持具有一定厚度、一定刚度的压力油膜，从而在丝杠和螺母之间形成纯液体摩擦的传动副。

2. 静压丝杠螺母副的特点

(1)摩擦因数很小，仅为0.000 5，因此摩擦损失小、启动力矩小、传动灵敏，有效地避免了爬行。

(2)油膜层可以吸振，提高了运动的平稳性，又由于油液不断流动，有利于散热和减小热变形，提高了机床的加工精度和光洁度。

(3)油膜层具有一定的刚度，大大减小了反向间隙，同时油膜层介于螺母与丝杠之间，对丝杠的误差有均化作用，使丝杠的传动误差比丝杠本身的制造误差小。

(4)承载能力与供油压力成正比，与转速无关。

(5)静压丝杠螺母副没有自锁性，当丝杠转动时可以通过油膜推动螺母直线移动，反之，螺母的直线移动也可能推动丝杠转动。

(6)静压丝杠螺母副需要一套供油系统，特别是对油的清洁度要求较高，如果在运行过程中供油突然中断，将会造成不良后果。

5.3.4 直线电动机进给系统

直线电动机是指可以直接产生直线运动的电动机，其进给系统的外观如图5-21所示，它可以作为进给驱动系统使用。直线电动机的雏形早在世界上刚有旋转电动机不久便出现了，但受制造技术水平和应用能力的限制，一直未能得到实际应用。在常规的数控机床进给系统中，通常采用“旋转电动机＋滚珠丝杠”的传动体系。最近几年随着超高速加工技术的发展，滚珠丝杠机构已不能满足机床移动部件超高速度和特大加速度运动的需要。同时，大功率电子元器件、新型交流变频调速技术、微型计算机数控技术和现代控制理论的发展，也为直线电动机在高速数控机床中的推广应用提供了可能，使直线电动机真正找到了用武之地。

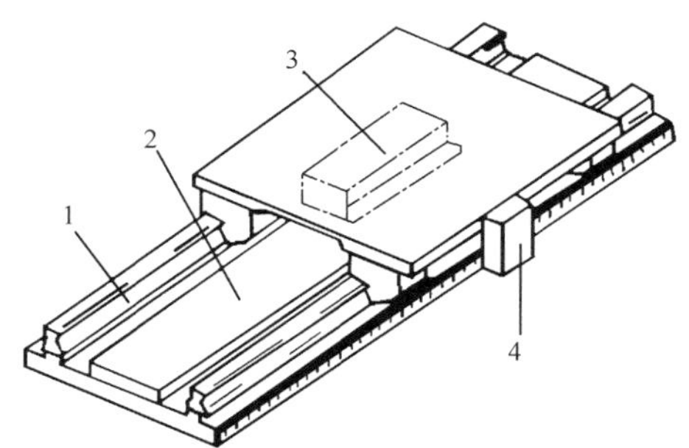

图5-21　直线电动机进给系统的外观

1—导轨；2—次级；3—初级；4—检测系统

1. 直线电动机的工作原理

直线电动机的工作原理与旋转电动机相比并没有本质的区别，可以将其视为旋转电动机沿圆周方向拉开展平的产物。如图5-22所示，对应于旋转电动机的定子部分，称为直线电动机的初级。对应于旋转电动机的转子部分，称为直线电动机的次级。当多相交变电流通入多相对称绕组时，就会在直线电动机初级和次级之间的气隙中产生一个行波磁场，从而使初级和次级之间出现相对移动。

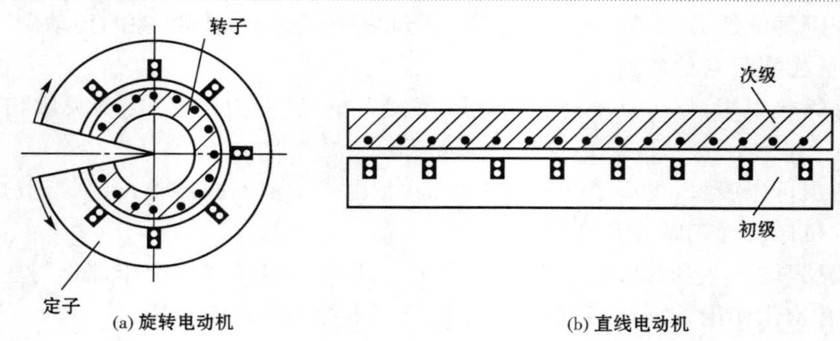

图 5-22 旋转电动机展平为直线电动机的过程

直线电动机可以分为直流直线电动机、步进直线电动机和交流直线电动机三大类，在数控机床上主要是使用交流直线电动机。在结构方面，直线电动机可以有如图 5-23 所示的两种形式。为了减小发热量和降低成本，高速数控机床一般采用的是“短初级、动初级”的结构。

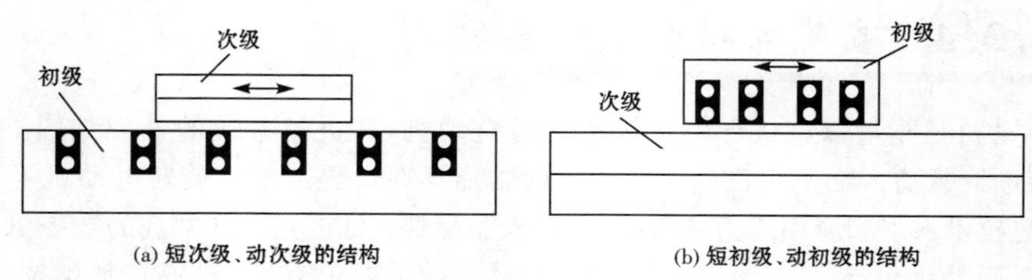

图 5-23 直线电动机的结构形式

在励磁方式上，交流直线电动机可以分为永磁（同步）式交流直线电动机和感应（异步）式交流直线电动机两种。永磁式交流直线电动机的次级是一块块顺序铺设的永久磁钢，初级是含铁芯的三相绕组；感应式交流直线电动机的初级与永磁式交流直线电动机的初级结构相同，但次级是用自行短路的不馈电栅条来代替永磁式交流直线电动机的永久磁钢。通常永磁式交流直线电动机在单位面积推力、效率、可控性等方面均优于感应式交流直线电动机，但其成本高、工艺复杂，而且给机床的安装、使用和维护带来不便。感应式交流直线电动机在不通电时是没有磁性的，因此有利于机床的安装、使用和维护。近年来，其性能不断改进，已接近永磁式交流直线电动机的水平。

2. 直线电动机的特点

现在的机械加工对数控机床的加工速度和加工精度提出了越来越高的要求，传统的“旋转电动机＋滚珠丝杠”传动体系已经很难适应这一发展趋势。作为解决问题的可能途径之一，采用直线电动机的驱动系统通常具有以下特点：

(1)使用直线电动机，电磁力直接作用于运动体（工作台）上，而不必采用机械连接，因此没有机械滞后或齿轮周期误差，工作精度完全取决于反馈系统的检测精度。

(2)直线电动机上装配全数字伺服系统，可以达到极好的伺服性能，在任何速度下都能实现平稳的进给运动。由于电动机和工作台之间无机械连接件，工作台对位置指令几乎是立即反应（电气时间常数约为 1 ms），从而使跟随误差减至最小而达到较高的精度。

(3)直线电动机系统在动力传动过程中没有低效率的中介传动部件，因而能达到较高的效率，可获得很好的动态刚度(动态刚度指在脉动负荷作用下伺服系统保持其位置的能力)。

(4)直线电动机驱动系统由于无机械零件的相互接触，因此无机械磨损，不需要定期维护，也不像滚珠丝杠那样有行程限制，可以使用多段拼接技术来满足超长行程机床的要求。

(5)由于直线电动机的动件(初级)已和机床的工作台合二为一，没有滚珠丝杠等转动零部件，因此直线电动机进给单元没有半闭环控制系统，只能采用全闭环控制系统。

5.3.5 齿轮传动装置及其间隙消除

1. 齿轮传动间隙的消除

数控机床的进给系统由于经常需要正反换向，齿侧间隙的存在会造成反向时的指令脉冲丢失，产生反向死区而影响加工精度，所以必须采取措施消除齿轮传动链中的间隙。

(1)刚性调整法

刚性调整法是指调整后的齿侧间隙不能自动补偿的调整方法，它对齿轮制造时的周节误差及齿厚偏差需要严格控制，否则将会影响传动的灵活性。这种调整方法的结构比较简单，具有较好的传动刚度。

①偏心套调整法　图 5-24 所示为最简单的偏心套调整法消除间隙的结构。电动机 1 通过偏心套 2 装到壳体上，通过转动偏心套就可以调节两个啮合齿轮的中心距，从而消除两啮合齿轮的齿侧间隙。

②轴向垫片调整法　图 5-25 所示为利用轴向垫片消除间隙的结构。图 5-25(a)中两个啮合着的齿轮 1 和 2 的节圆沿齿宽方向做成稍有变化，使其齿厚略呈锥度，通过改变调整调整垫片 3 的厚度，可使两齿轮的轴向位置产生相对位移，从而消除齿侧间隙。图 5-25(b)中两个薄片斜齿轮 4 和 5 套在带键的轴上，通过改变调整垫片 3 的厚度可使斜齿轮 4、5 的左右齿面分别与宽斜齿轮 6 的齿槽右、左齿面紧密接触，达到既消除齿侧间隙又使齿轮转动灵活的目的。这种调整方法无论正、反向回转，均只有一个薄齿轮承受载荷，故齿轮的承载能力较小。

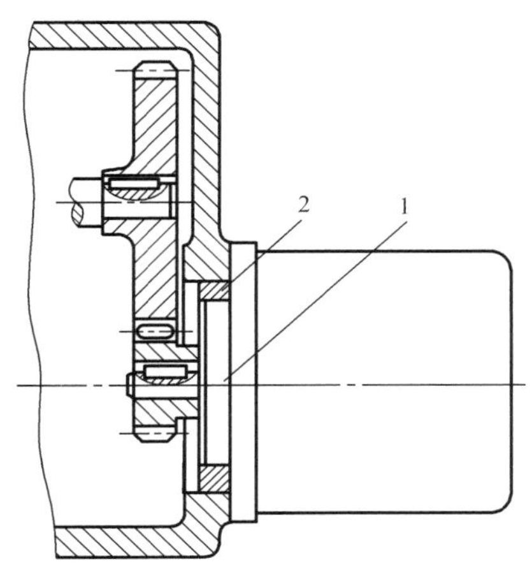

图 5-24　偏心套调整法

1—电动机；2—偏心套

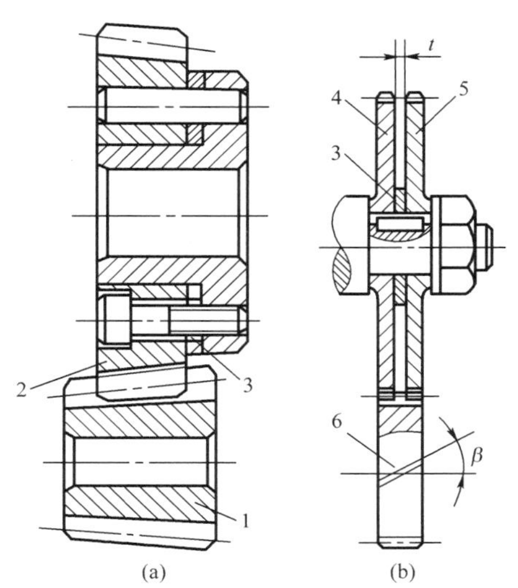

图 5-25　轴向垫片调整法

1、2—齿轮；3—调整垫片；4、5—斜齿轮；6—宽斜齿轮

(2)柔性调整法

柔性调整法是指调整之后，齿侧间隙仍可获得自动补偿的调整方法。这种方法一般都通过调整弹簧的压力来自动实现消除齿侧间隙的目的，它能够在齿轮制造精度不高的场合下自动保持无间隙啮合。但这种调整方法的结构较复杂、轴向尺寸大、传动刚度低，传动的平稳性也较差。

①轴向弹簧调整法　图 5-26 所示为两个啮合着的锥齿轮 1 和 2，其中在装锥齿轮 1 上的传动轴 5 上装有压簧 3，锥齿轮 1 在弹簧力的作用下可以向上稍做轴向移动，从而消除了齿侧间隙。弹簧力的大小可由螺母 4 进行调节。

②周向弹簧调整法　图 5-27 所示为两个齿数相同的薄片齿轮 3 和 4，同时与另一个宽齿轮(图 5-27 中未绘出)相啮合。薄片齿轮 3 空套在 4 上，二者可以相对回转，两个齿轮的端面上，分别装有四个均匀分布的螺栓凸耳 1 和 2，在薄片齿轮 3 的端面上还有四个通孔，凸耳 1 可以从通孔中穿过，弹簧 8 钩在调节螺钉 5 和凸耳 2 上，弹簧的拉力可以使薄片齿轮转动错位，所以两个薄片齿轮的左、右齿面分别与宽齿轮的左、右齿槽侧面贴紧，从而消除了齿侧间隙。旋转螺母 6 和 7 可以对弹簧 8 的拉力进行调整。

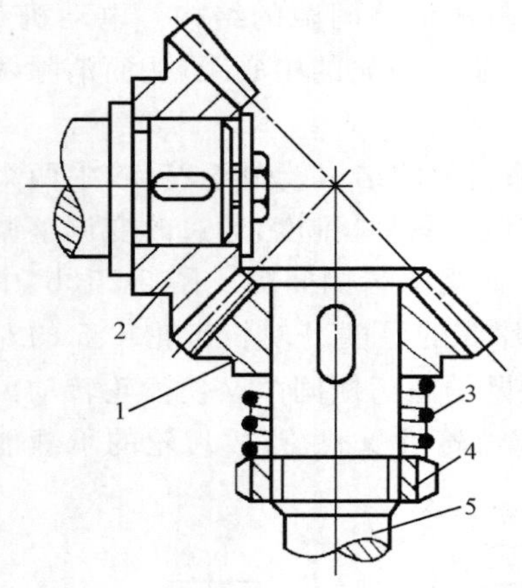

图 5-26　轴向弹簧调整法

1、2—锥齿轮；3—压簧；4—螺母；5—传动轴

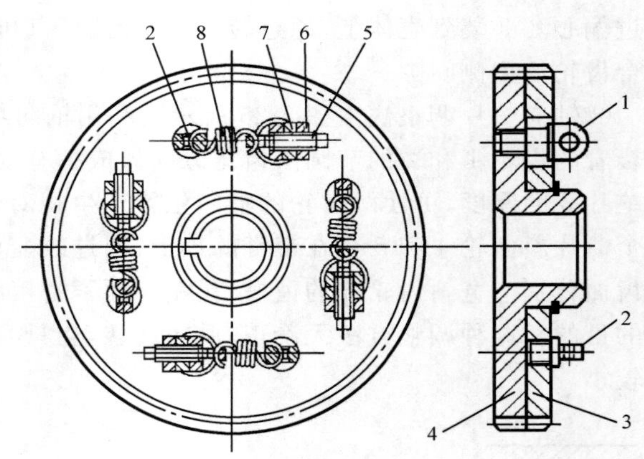

图 5-27　周向弹簧调整法

1、2—凸耳；3、4—薄片齿轮；5—调节螺钉；6、7—旋转螺母；8—弹簧

2. 齿轮齿条传动的间隙消除

因为长丝杠制造困难，容易出现弯曲下垂，影响传动精度，又因为长丝杠的轴向刚度与扭转刚度较小，若采用加大丝杠直径的方法来提高刚度，则会因转动惯量增大而使伺服系统的动态特性不能得到保证，所以大型数控机床一般不采用丝杠传动，而采用齿轮齿条副进行传动。

采用齿轮齿条副传动时，必须采取措施消除齿侧间隙。当传动负载较小时，可以采用双薄片齿轮调整法；当传动负载较大时，就需要采用双斜齿轮传动的结构。图 5-28 是双斜齿轮传动消除间隙的原理图。进给运动由可轴向游动的轴 5 输入，在轴 5 上装有两个螺旋线方向相反的斜齿轮，当轴 5 受到轴向力 F 的作用向前产生微量轴向位移时，两个斜齿轮带动轴 1 和轴 4 以相反方向转过微小角度，使齿轮 2 和 3 分别与齿条齿槽的异侧齿面贴紧，从而消除了间隙。

3. 双导程蜗杆蜗轮的间隙消除

在数控机床的回转工作台中，为了得到较大的减速比和较小的啮合间隙，常采用双导程蜗杆蜗轮传动。

如图 5-29 所示，双导程蜗杆又称为变齿厚蜗杆，它与普通蜗杆的区别是：双导程蜗杆齿形的单侧导程处处相等，但左、右两侧齿形的导程不相同(普通蜗杆左、右两侧齿形的导程都相同)。因此，双导程蜗杆齿形的特点是：蜗杆齿厚由蜗杆的一端向另一端均匀地逐渐增厚，故可用改变蜗杆轴向位置的方法来调整或消除双导程蜗杆蜗轮副之间的啮合间隙。

双导程蜗杆蜗轮副具有以下突出优点：

(1)双导程蜗杆蜗轮副的啮合间隙可以调整得很小，并能在很小的侧隙下正常工作，这对提高数控转台的分度精度非常有利。

(2)双导程蜗杆蜗轮副通过蜗杆的轴向位移来调整蜗轮副的啮合侧隙，调整时不会改变它们的中心距，有利于保持蜗轮副的精度。

(3)双导程蜗杆蜗轮副采用修磨调整环的方法来控制双导程蜗杆的轴向移动量，故调整准确、方便可靠。

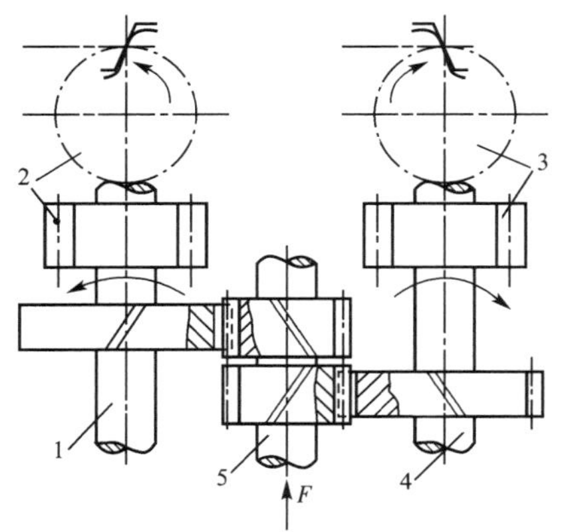

图 5-28 双斜齿轮传动消除间隙的原理

1、4、5—轴；2、3—齿轮

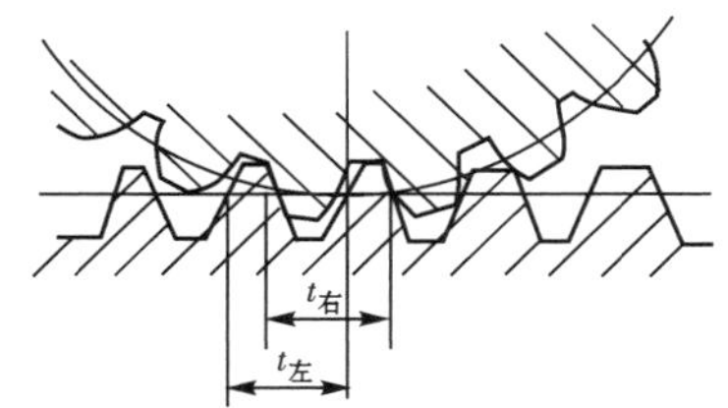

图 5-29 双导程蜗杆的齿形

双导程蜗杆蜗轮副的缺点是：蜗杆加工比较麻烦，在车削和磨削双导程蜗杆的左、右齿面时，内联传动链要分别选配两套不同的挂轮，计算烦琐，当制造专用蜗轮滚刀时也存在同样的问题。由于双导程蜗杆左、右齿面的齿距不同，螺旋升角也不同，与它相啮合的蜗轮左、右齿面必须与蜗杆适配才能保证正确啮合，因此加工蜗轮的滚刀也应根据双导程蜗杆的参数来专门设计制造。

5.3.6 轴上零件连接的间隙消除

在伺服传动系统中，为了确保传动精度和工作稳定性，总是希望在设计上能达到无间隙、低摩擦、低惯量、高刚度、高固有频率及阻尼比适当的水平。虽然在滚珠丝杠传动、齿轮传动及机床导轨副中已经采取了一系列措施，努力提高传动刚度和适当消除传动间隙，但是在伺服传动系统中还有一些细小环节不容忽视，这就是轴上零件连接的间隙消除。

图 5-30 介绍了两种键连接的间隙消除方法：图 5-30(a)所示为双键连接结构，采用紧定螺钉顶紧的方法消除间隙；图 5-30(b)所示为楔形销连接结构，采用螺母拉紧楔形销的方法消除间隙。

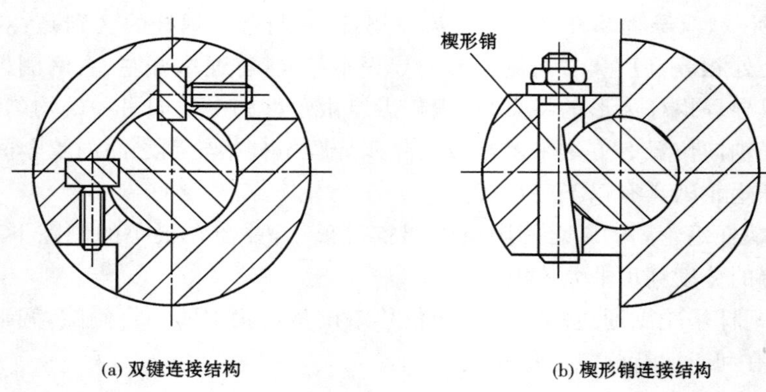

图 5-30 键连接的间隙消除方法

图 5-31 所示为锥环胀紧套连接结构，这是一种无键连接方式。轮毂 1 的孔与轴 4 的表面均为光滑圆柱，外弹性环 2 的内孔为锥形，内弹性环 3 的外表面为锥形。当拧紧螺母时，在轴向压力作用下，锥环产生弹性变形后，外弹性环的外径增大，内弹性环的内径缩小，故可在轴与轮毂孔的接触面上产生径向压紧力，利用此径向压紧力所引起的摩擦力矩来传递扭矩，可使该连接方式在传递动力时没有反向间隙。

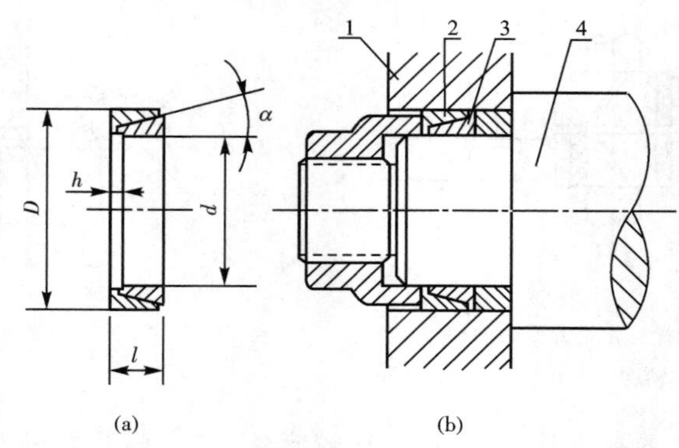

图 5-31 锥环胀紧套连接结构

1—轮毂；2—外弹性环；3—内弹性环；4—轴

5.4 数控机床的导轨

5.4.1 直线贴塑滑动导轨

直线滑动导轨副有多种结构形式，图 5-32(a)所示为开式窄导向结构，工作台由一条导轨的两侧实现导向，它没有加装压板，不能承受颠覆力矩。图 5-32(b)所示为闭式宽导向结构，因装有压板，故可以承受较大的颠覆力矩。又由于它采用两条导轨进行导向，导向面之间的距离较大，所以具有一定的稳定性。但这种结构不能用于环境温度变化太大的工作场合，否则热胀冷缩将使导轨面之间的配合间隙产生过大的变动，使导向性能恶化。

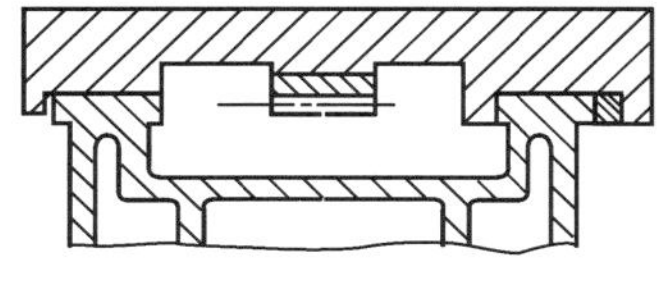
(a) 开式窄导向结构

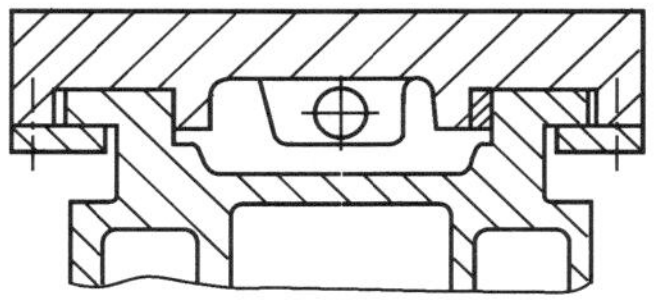
(b) 闭式宽导向结构

图 5-32 开式窄导向和闭式宽导向直线滑动导轨副

数控机床上的直线滑动导轨副主要有山-矩形、矩-矩形两种截面组合形式。这两种导轨副的接触刚度较高，承载能力较强，制造、检验和维护都很方便。为了提高直线导轨副的低速运动性能，防止出现低速爬行现象，很少采用普通材质的“铸铁-铸铁”导轨副，而是在数控机床的动导轨上粘贴工程塑料导轨软带，构成“工程塑料-铸铁”或“工程塑料-淬火钢”贴塑滑动导轨副，以提高滑动导轨副的使用寿命和性能。

贴塑的方法是在动导轨的摩擦表面上，贴一层以聚四氟乙烯为基体，并与青铜粉、铅粉、石墨粉等填料混合、模压、烧结而成的工程塑料软带，以降低导轨副的摩擦因数，提高导轨的耐磨性能。贴塑导轨的支承导轨通常采用淬火钢材料制造。当要求不太高的时候，也可采用普通铸铁导轨。贴塑导轨的优点是：摩擦因数比较低，动静摩擦因数比较接近，即使在干摩擦的情况下也不易出现爬行现象；导轨接合面之间的抗咬合磨损能力强，减振性好；耐磨性高，与“铸铁-铸铁”导轨相比可提高 1～2 倍；化学稳定性好，耐水、耐油；可加工性能好、工艺简单、成本低；遇有硬粒落入导轨面时，可以将硬粒挤入塑料内部，以避免导轨的磨损和撕伤。

5.4.2 直线滚动导轨

1. 概述

直线滚动导轨如图 5-33 所示，它是在机床直线导轨的两工作面之间放置滚动体而构成的。如果滚动体是滚柱，则称为直线滚柱导轨；如果将滚柱改为滚珠，则称为直线滚珠导轨。无论是滚柱导轨还是滚珠导轨，都需要设置保持架，将滚动体相互隔离开，才能保持直线滚动导轨的正常工作。

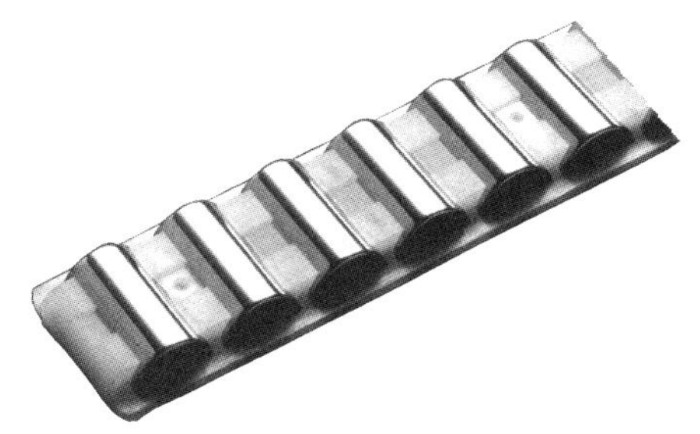
图 5-33 直线滚动导轨

直线滚动导轨使导轨副的摩擦性质由滑动摩擦变为滚动摩擦，摩擦因数减小为 0.002 5～0.005，特别是动摩擦因数与静摩擦因数相差甚微，因此导轨副的运动轻便灵活，有效地消除了低速爬行问题。直线滚动导轨副所需的驱动功率小，机械磨损小，机床的精度保持性好，特别是低速进给运动时工作平稳，使数控机床的运动精度和定位精度都得到了提高。但滚动导轨的结构复杂，制造精度和制造成本较高，滚动体与导轨面之间构成高度接触，抗振性较差，因此对导轨的防护要求较高，一般工厂很难自行生产制造。

2. 滚动导轨块

滚动导轨块是由专业厂家批量生产的标准化机电产品，它可以用螺钉固定在机床的移动工作台或立柱上，装卸十分方便，具有效率高、寿命长、灵敏性好、润滑简单等许多优点，常用于中等负荷机床导轨副场合。

(1)滚动导轨块的形状特点

滚动导轨块的外形如图 5-34 所示，该滚动导轨块内装有许多滚柱，导轨块整体安装在机床的移动部件上，当机床的移动部件运动时，滚动导轨块内的滚柱就在导轨块内循环运动，起导向和支承作用。图 5-35 是滚动导轨块的内部结构简图，可以看出它的结构紧凑，既可以单独使用，也可以拼接使用。滚动导轨块的承载能力大，运动平稳，润滑、维修、调整都很方便，已广泛用于各类数控机床和加工中心机床。

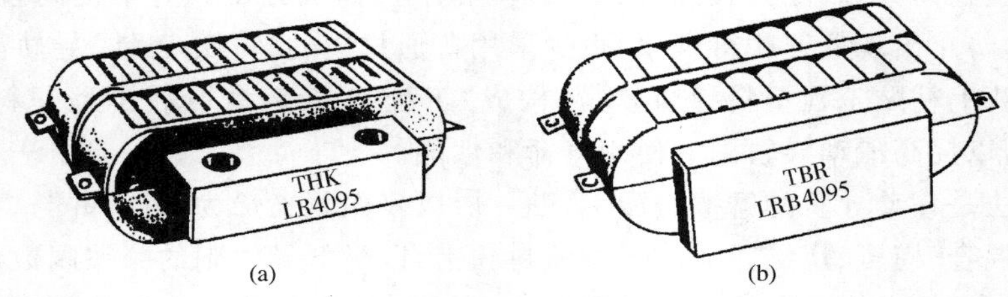

图 5-34　滚动导轨块的外形

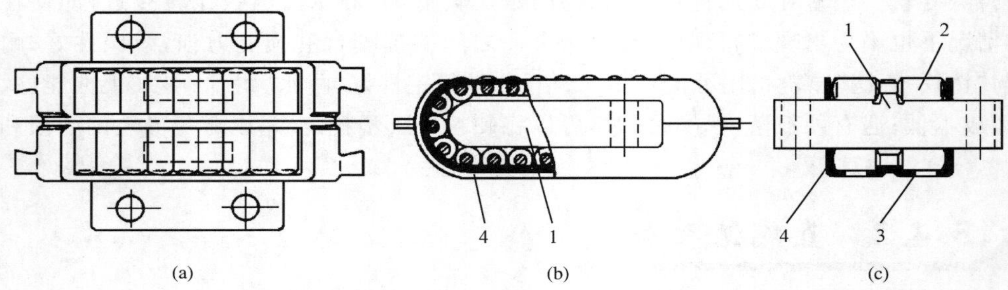

图 5-35　滚动导轨块的内部结构简图

1—中间导向；2—滚柱；3—油孔；4—保持器

(2)滚动导轨块的安装

滚动导轨块需要配合镶钢淬硬导轨使用，才能发挥最佳效果，这是因为镶钢淬硬导轨的硬度高，可以大幅度提高滚动导轨副的承载能力和耐磨性。镶钢淬硬导轨有正方形和长方形两种截面形状，为了方便热处理操作和减少导轨的热处理变形，可以把镶钢淬硬导轨做成若干小段，使用时再将它们拼装到机床上。

滚动导轨块有两种安装方式。图 5-36 所示为滚动导轨块的窄式安装，采用的是正方形截面的闭式导轨安装方式，由一条主导轨的两侧面进行导向(窄式导向)，另一条导轨仅承受重力但不起导向作用。图 5-37 所示为滚动导轨块的宽式安装，采用的是长方形截面的闭式导轨安装方式，此时由两条导轨的不同外侧面进行导向(宽式导向)，在导轨的上、下、左、右方向都采用了滚动导轨块，所以接触刚度较大，还可以利用弹簧垫或调整垫来调节滚子与支承导轨之间的预压力，调整接触刚度；但这种安装方式的跨距较大，对温度的变化比较敏感。

(3)滚动导轨块的调整

滚动导轨块的调整方法有多种，如采用调整垫调整、调整螺钉调整、楔铁调整、弹簧垫压

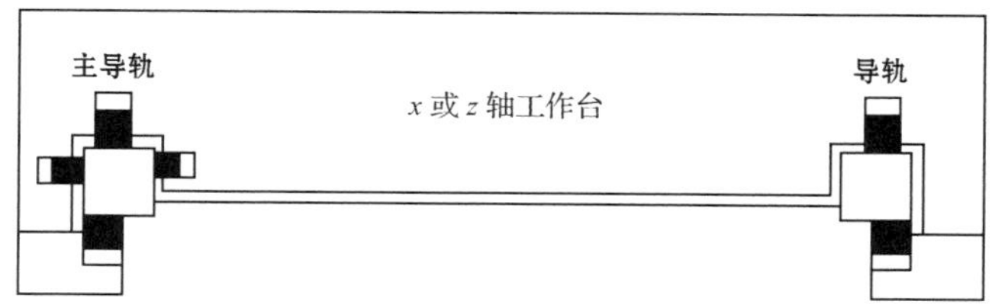

图 5-36　滚动导轨块的窄式安装

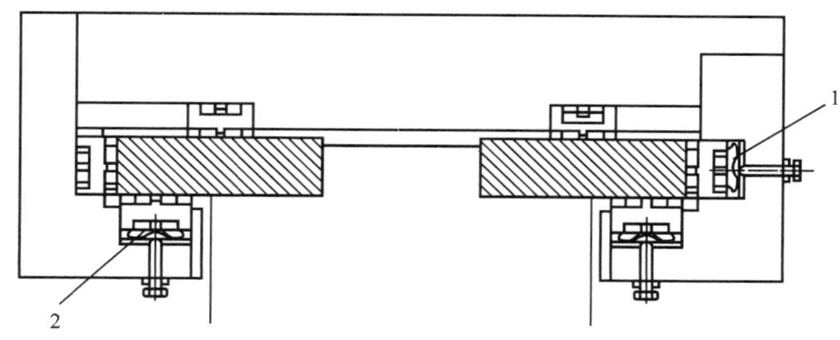

图 5-37　滚动导轨块的宽式安装
1、2—弹簧垫或调整垫

紧等。调整时滚动导轨块与镶钢淬硬导轨之间不能留间隙，且必须有适当预紧，这样做可以提高导轨副的导向精度和达到足够的接触刚度。

3. 直线滚动导轨副

图 5-38 所示为直线滚动导轨副，它是一种使用更为方便的独立完整的机床部件。直线滚动导轨副工作时的摩擦因数小、运动精度高，可以根据需要任意接长，安装和维修都十分方便。直线滚动导轨副在安装时，对机床上的连接部位的要求不高，机床上的结合面不必淬硬，也不必磨削和刮研，只需精铣或精刨就可以满足使用要求。直线滚动导轨副工作时的移动速度可以高达 60 m/min，在数控机床和加工中心机床上已经得到广泛应用。

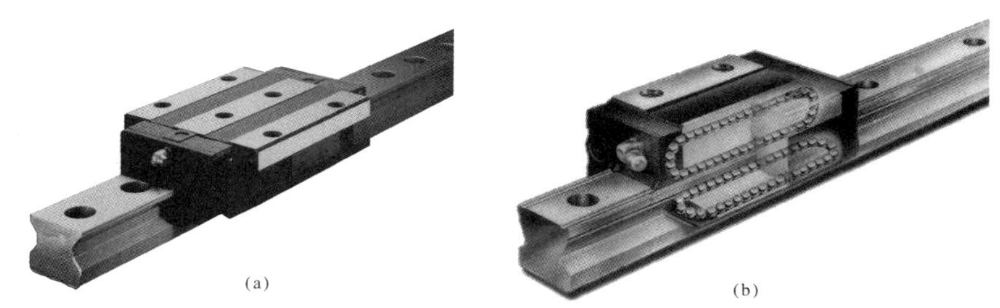

图 5-38　直线滚动导轨副

(1)直线滚动导轨副的结构特点

直线滚动导轨副的结构如图 5-39 所示，它是由一条长导轨和若干滑块组成的。每个滑块内装有许多列滚动体，其中的 2、3、6、7 为负载列，1、4、5、8 为返程列。每一个负载列与相邻的返程列(例如 1 和 2)之内的滚动体首尾连接起来，在封闭的滚道内构成紧密排布的单圈滚动体循环序列，这称为一组。每个滑块内装有 4 组滚动体，当滑块相对于导轨移动时，每一组滚动体都在各自的滚道内循环运动，承受载荷并进行导向。这种导轨可以采用预紧措施，因而刚度高，承载能力大。

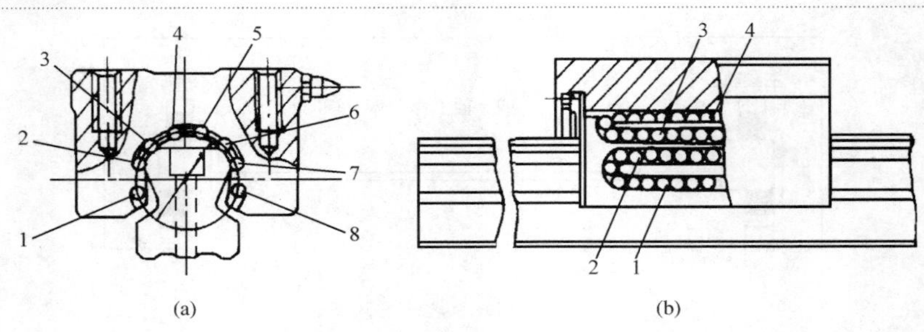

图 5-39　直线滚动导轨副的结构

1、4、5、8—回珠；2、3、6、7—负载滚珠

直线滚动导轨副中的滚动体可以采用滚珠，也可以采用短滚柱，分别构成滚珠循环型直线滚动导轨副或滚柱循环型直线滚动导轨副，以满足不同机床的承载能力与加工精度的需要。两类直线滚动导轨副的截面形状如图 5-40 所示。

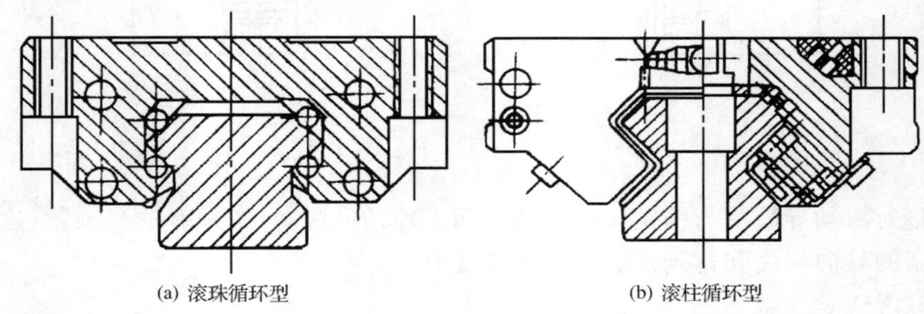

(a) 滚珠循环型　　(b) 滚柱循环型

图 5-40　直线滚动导轨副的截面形状

(2)直线滚动导轨副的安装特点

直线滚动导轨副可以采用水平安装，也可以采用竖直安装或倾斜安装，通常情况下是两条直线滚动导轨配对使用。当导轨长度不够时，可以将多根直线滚动导轨接长使用。在特殊情况下，也可以将多根导轨平行安装。

直线滚动导轨副有两种定位安装方式。第一种安装方式为单导轨定位安装方式，如图 5-41 所示。基准导轨条 4 的定位侧面紧靠床身 6 的侧定位基准面，在楔块 2 的作用下，导轨条 4 被准确定位并固连到床身上成为基准导轨条。为了保证各导轨之间的平行度，可以仔细校正其余各导轨对基准导轨条的平行度，调整合格之后逐一加以固定，单导轨定位安装方式称为单导轨定位。这种安装方式的操作过程简便，对床身的平行度加工要求不高，比较容易达到所需的精度。

直线滚动导轨副的另一种安装方式为双导轨定位，如图 5-42 所示，当机床的精度要求较高且工作时的振动、冲击又比较大时，可以采用这种安装方式，此时两条导轨的侧面与底面都必须在机床上进行准确可靠的定位。由于双导轨定位方式对机床定位面的加工要求很高，对调整垫的加工精度要求也高，所以调整难度比较大。

(3)直线滚动导轨副的优点

直线滚动导轨副的刚度高、强度高、吸振性好、运动阻力小、工作噪音低，可以用于高速运动的场合。此外，直线滚动导轨副还具有润滑条件好、使用寿命长、基本可以免维护运行、可以任意接长使用等突出优点。

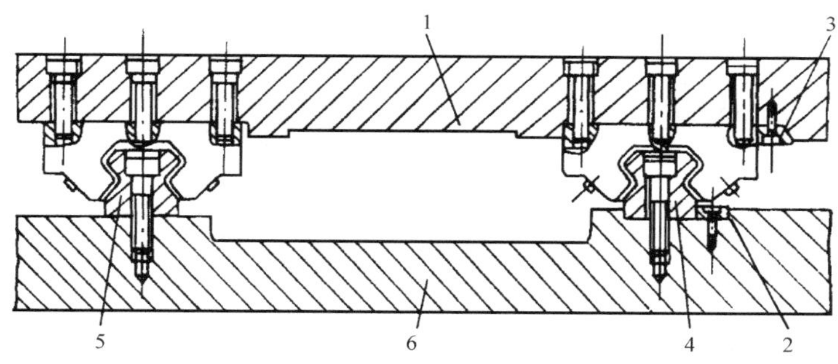

图 5-41 单导轨定位安装方式

1—工作台；2、3—楔块；4—基准导轨条；5—非定位导轨；6—床身

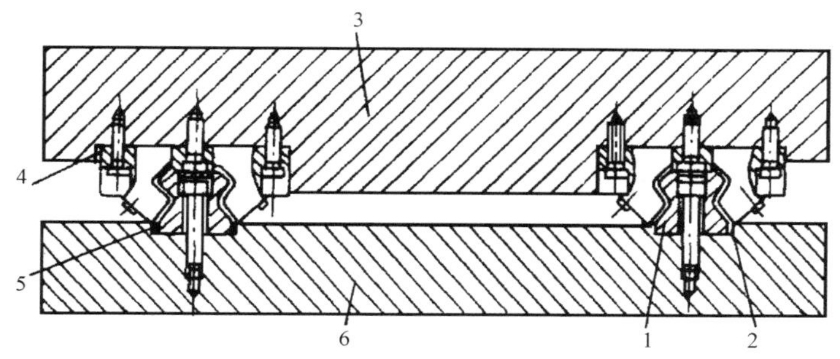

图 5-42 双导轨定位的安装方式

1、5—基准导轨条；3—工作台；2、4—调整垫；6—床身

5.5 刀库及自动换刀装置

5.5.1 刀 库

1. 刀库的类型

刀库的结构类型有很多种，按照形式的不同，分别叙述如下：

(1)鼓(盘)式刀库

①刀具轴线与刀库轴线平行的盘式刀库　刀具轴线与刀库轴线平行的盘式刀库如图5-43所示，在刀库中刀具呈环形排列，有径向取刀和轴向取刀两种形式。两者的刀座、刀套结构不同。盘式刀库的结构简单，在刀库容量不大的情况下经常被采用。但当所需容纳的刀具数量很多时，由于刀库直径大大增加，转动惯量很大，所以选刀所需时间也很长。此时为了提高刀库的利用率，可以改为采用双圈刀具排列或多圈刀具排列的刀库形式，但此类刀库的结构相对复杂一些。

②刀具轴线与刀库轴线不平行的盘式刀库　图5-44所示为刀具轴线与刀库轴线夹角为锐角的盘式刀库，这种刀库安装在数控机床的主轴箱上，可以随同主轴箱上下移动，共同完成换刀动作过程。

图5-45所示为刀具轴线与刀库轴线夹角为直角的盘式刀库，这种刀库需要占用较大的

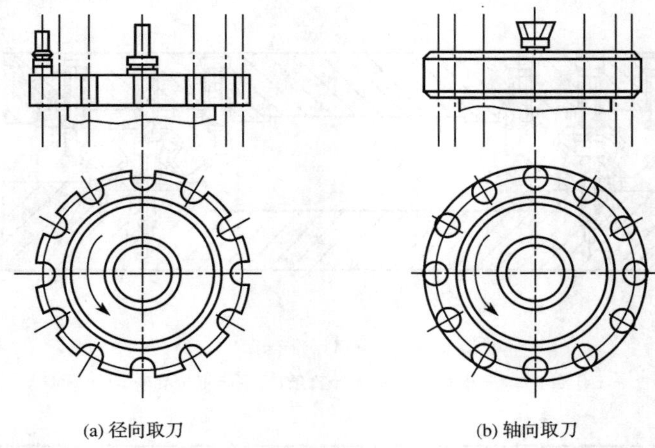

图 5-43 刀具轴线与刀库轴线平行的盘式刀库

空间。因受刀库安装位置与刀库容量的限制，故应用较少。这种刀库换刀时可以减少机械手的动作，所以机械手的结构相对简单。

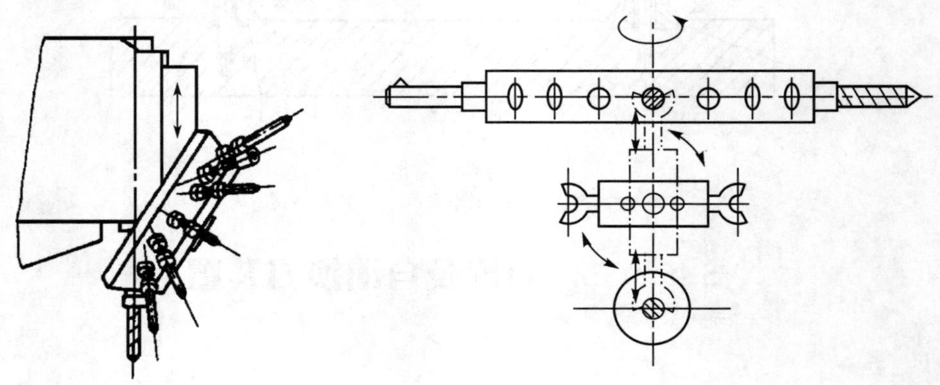

图 5-44 刀具轴线与刀库轴线夹角为锐角的盘式刀库

图 5-45 刀具轴线与刀库轴线夹角为直角的盘式刀库

(2)链式刀库

如图 5-46 所示为链式刀库，它的结构比较紧凑，通常采用轴向取刀方式，刀库的容量比较大，可用于 30～240 把刀具的场合。

链式刀库的刀具输送链可以根据机床的布局配置成各种形状。如图 5-47 所示结构将换刀位置的刀座突出排列，有利于换刀操作。

(3)固定型格子盒式刀库

固定型格子盒式刀库如图 5-48 所示。刀具分儿排直线排列，由纵、横向移动的取刀机械手完成选刀运动，再将选取的刀具送到固定的换刀位置刀座上，由换刀机械手交换刀具。这种刀库由于刀具排列密集，空间的利用率很高，故刀库的容量很大。

2. 选刀方式

选刀方式是指数控机床在加工过程中，根据指令带的要求，将所需的刀具从刀库中准确调出的方法，通常有顺序选刀方式和任意选刀方式两种。

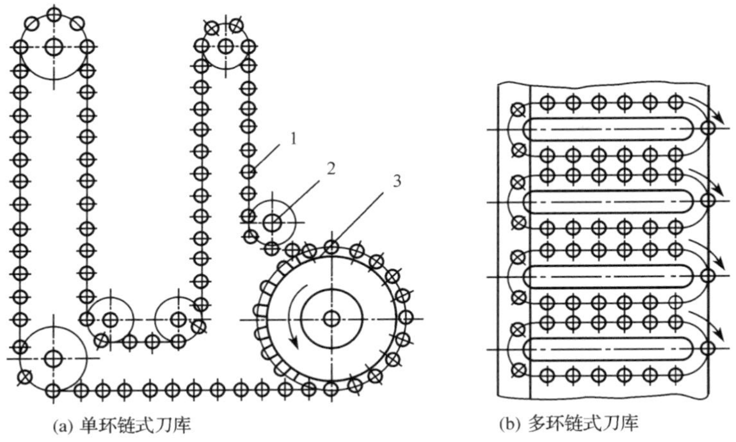

图 5-46 链式刀库

1—刀座；2—滚轮；3—主动链轮

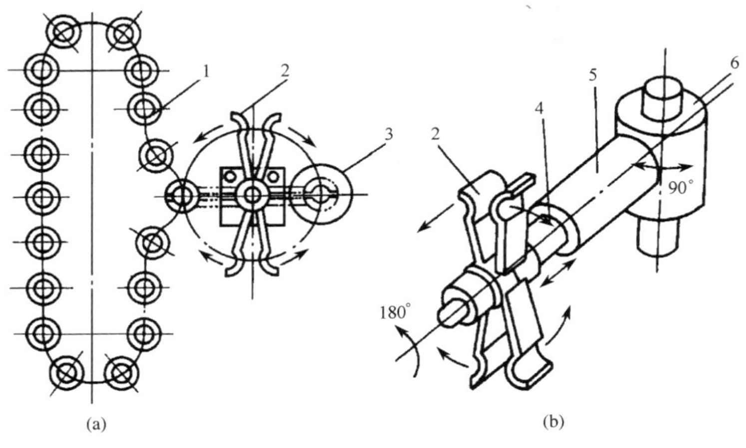

图 5-47 剪式手爪回转式单臂双机械手

1—刀座；2—剪式手爪；3—机床主轴；4—伸缩臂；5—伸缩与回转机构；6—手臂摆动机构

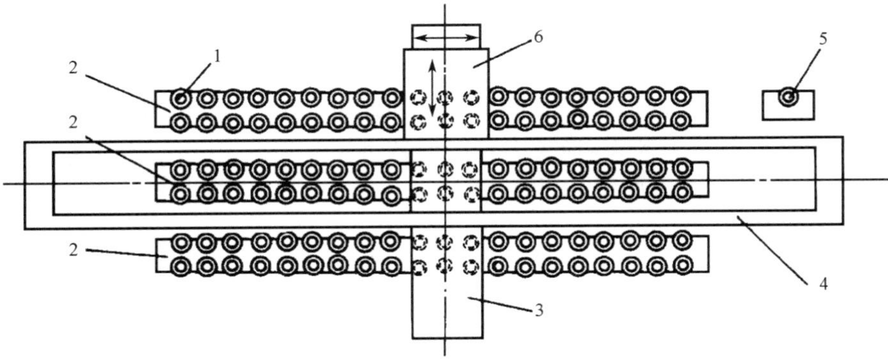

图 5-48 固定型格子盒式刀库

1 —刀座；2 —刀具固定板架；3— 取刀机械手横向导轨；

4 —取刀机械手纵向导轨；5—换刀位置刀座；6—换刀机械手

(1)顺序选刀方式

顺序选刀方式是指按照工艺要求,依次将所用刀具插入刀库刀座中的一种选刀方式。当更换不同的产品时,常常需要重新排列刀库中的刀具顺序,因而操作烦琐。顺序选刀方式适用于工件品种数较少、加工批量较大、刀具数量不多的加工中心机床。

(2)任意选刀方式

大多数加工中心的数控系统都具有刀具任选功能,因此加工中心大多采用任意选刀方式,它可分为刀座编码、刀具编码和PLC跟踪记忆等几种。

①刀座编码任选刀具　刀具不进行编码,一旦刀具装入刀座后就自动获得该刀座的编码。在编程时规定每一工序所需刀具应装入的刀座号,加工时依靠刀座编码识别装置来选取所需的刀具。这种方式将刀具还回刀库时,必须回到刚才所占用过的刀座,不允许装错。因此,刀座编码选刀方式的操作时间较长,刀库的运动及控制较复杂,它适合于选刀、还刀运动与机床加工时间重合、并可以存放较大直径的刀具的场合。

②刀具编码任选刀具　编程时只规定每一工序所需刀具的编码,而不限定刀具装入哪个刀座。采用这种选刀方式时,每把刀具自身都必须带有编码装置,并且要有完善的刀具编码管理系统,以确保使用过的刀具放回随机空刀座之后,仍可被正确地识别和调用。

③PLC跟踪记忆任选刀具　将刀具号与刀座号一一对应输入数控系统的PLC之后,刀具可以任意取出,也可以任意送回到随机刀座中存放,由计算机全程跟踪,不会出现混淆。这种方法所使用的刀柄是采用国际通用的形式,不必设置编码条,结构简单,通用性能好,刀座上也不必设置编码,但在刀库上应当设有刀座位置检测装置(一般与电动机装在一起),还需设有一个机械原点(又称零位),以便检测有关信息,供计算机处理和使用。

5.5.2 装刀机械手

装刀机械手是用于主轴装卸刀具的机构。当主轴上的刀具完成加工后,依靠机械手把已用过的刀具送回刀库,同时把所需的新刀具由刀库取出,然后装入主轴的端部。对机械手的要求是动作可靠迅速、协调准确、换刀时间短。由于刀库与主轴的相对位置和距离不同,所以机械手的结构不同,换刀过程也有所不同。单臂单机械手只有一个手臂换刀,因此换刀时间长。各种回转式单臂双机械手可同时拔刀装刀,通过手臂的回转迅速交换刀具的位置,因此换刀时间短,应用广泛。

1. 180°回转式单臂双机械手

(1)不伸缩回转式单臂双机械手

图5-49所示为用于刀座轴线与机床主轴轴线平行情况下的自动换刀装置,该换刀装置的机械手在回转时,不会与相邻刀座内的刀具发生干涉。这种不伸缩回转式单臂双机械手的回转动作快速可靠,换刀时间短,一般在2 s以内。

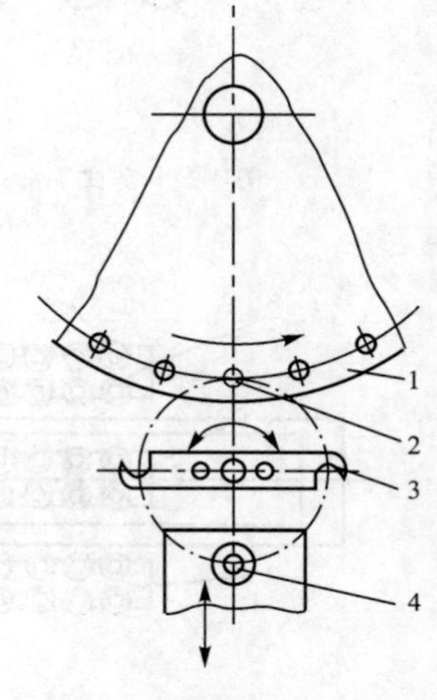

图5-49　不伸缩回转式单臂双机械手

1—刀库;2—换刀位置的刀座;3—机械手;4—机床主轴

(2)可伸缩回转式单臂双机械手

图 5-45 所示为适用于刀座轴线与机床主轴轴线垂直情况下的自动换刀装置。由于机械手在缩回后转位换刀,故可避免与刀库中的其他刀具干涉。但因为增加了机械手伸缩的动作,所以换刀所需的时间较长。

(3)剪式手爪回转式单臂双机械手

这种机械手的特点是采用两组剪式手爪来夹持刀柄,故称为剪式机械手。图 5-47(a)所示为刀库刀座轴线与机床主轴轴线平行情况下,采用剪式机械手换刀的示意图;图 5-47(b)所示为刀库刀座轴线与机床主轴轴线垂直情况下,采用剪式机械手换刀的示意图。

2. 垂直回转式单臂双机械手

图 5-50 所示机械手用于刀库刀座轴线与机床主轴轴线垂直、刀库为径向存取刀具形式情况下的自动换刀装置。机械手有伸缩、回转和抓刀、松刀等动作。

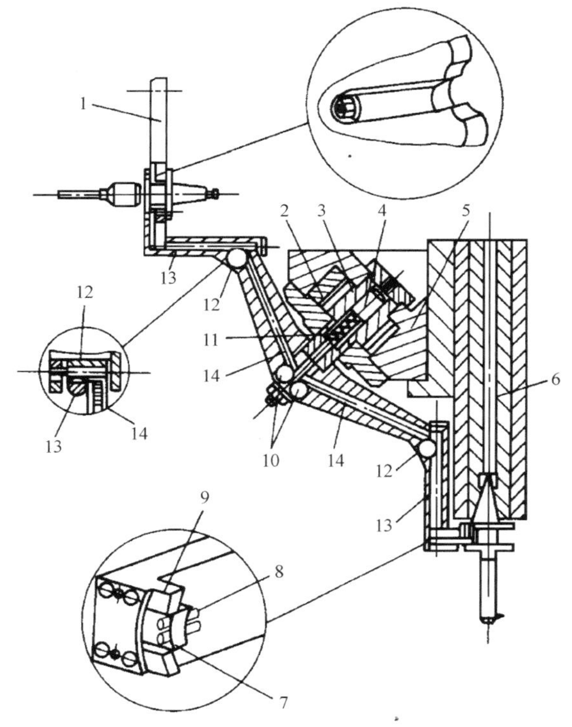

图 5-50 垂直回转式单臂双机械手

1—刀库;2—齿条;3—齿轮;4—抓刀活塞;5—手臂托架;
6—机床主轴;7—抓刀动块;8—销子;9—抓刀定块;
10、12—小齿轮;11—弹簧;13、14—小齿条

伸缩动作:液压缸(图中未示出)带动手臂托架 5 沿主轴轴向移动。

回转动作:液压缸活塞驱动齿条 2 使与机械手相连的齿轮 3 旋转。

抓刀动作:液压驱动抓刀活塞 4 移动,通过活塞杆末端的齿条传动两个小齿轮 10。再分别通过小齿条 14、小齿轮 12、小齿条 13 移动两个手部中的抓刀动块,抓刀动块上的销子 8 插入刀具颈部后法兰上的对应孔中,抓刀动块与抓刀定块 9 撑紧在刀具颈部两法兰之间。

换刀后在弹簧 11 的作用下，抓刀动块松开及销子退出。这种夹持刀具的方法必须采用特殊的刀柄(德国 DIN 标准)。

3. 平行回转式单臂双机械手

平行回转式单臂双机械手如图 5-51 所示，由于刀库 4 中刀具的轴线与机床主轴 1 的轴线方向垂直，故机械手 3 有三个动作：

(1)沿主轴轴线方向(z 方向)平移，对主轴轴端位置上的刀具 2 进行插刀或拔刀动作。

(2)绕水平轴做 90°摆动(S_1 方向)，完成主轴与刀库之间刀具传递的动作。

(3)绕垂直轴做 180°旋转(S_2 方向)，完成刀具的换位交换动作。

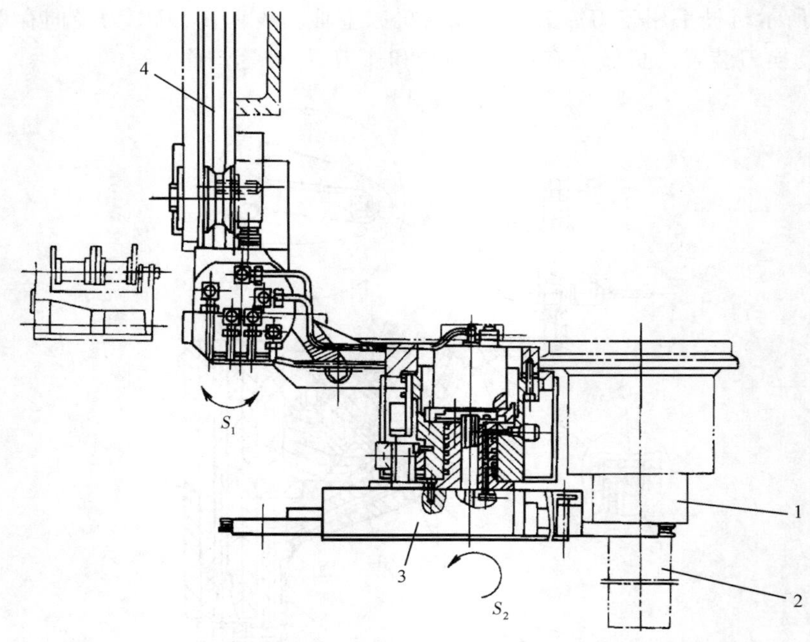

图 5-51 平行回转式单臂双机械手

1—机床主轴；2—刀具；3—机械手；4—刀库

机械手换刀动作分解如图 5-52 所示，其过程如下：

Ⅰ 抓刀：机械手 4 抓取装于刀库 6 中的待换刀具 5。

Ⅱ 逆转 90°：机械手 4 在取出待换刀具 5 的同时，抓取装于机床主轴 1 中的待卸刀具 2。

Ⅲ 拔刀：机械手 4 向下平移，取出待卸刀具 2。

Ⅳ 换位：机械手 4 绕垂直轴做 180°旋转，完成刀具的换位动作。

Ⅴ 装刀：机械手 4 向上平移，将待换刀具 5 安装到机床主轴 1 中。

Ⅵ 顺转 90°：机械手 4 将待卸刀具 2 装于刀库 6 上。

Ⅶ 主轴进行加工，同时刀库旋转开始下一次选刀，直至将下一次待用刀具转到刀库的最下方，为下一次换刀做准备。

经过Ⅰ～Ⅶ的运动环节，便可完成一次换刀循环。

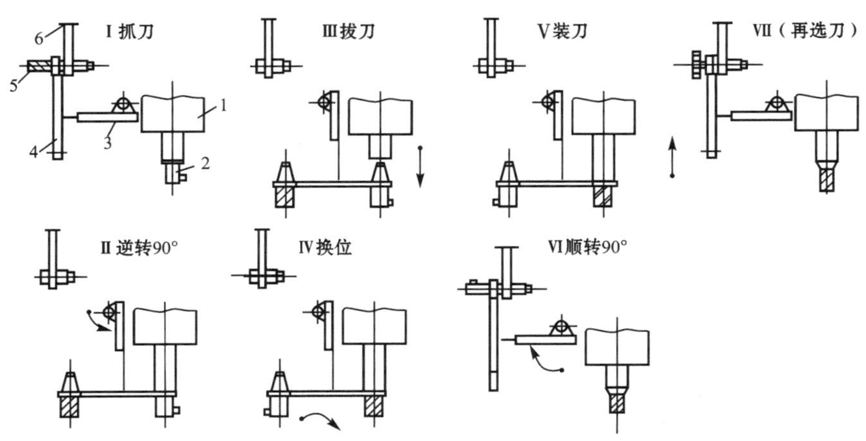

图 5-52　机械手换刀动作分解

1—机床主轴；2—待卸刀具；3—转臂；4—机械手；5—待换刀具；6—刀库

如图 5-53 所示，机械手有两对手爪，分别由液压缸 1 驱动夹紧和松开。当液压缸驱动手爪外伸时(图 5-53 中上部手爪)，支架上的导向槽 2 拨动销子 3，使该对手爪绕轴销 4 摆动，手爪合拢实现抓刀动作；当液压缸驱动手爪缩回时(图 5-53 中下部手爪)，支架上的导向槽使该对手爪放开，实现松刀动作。

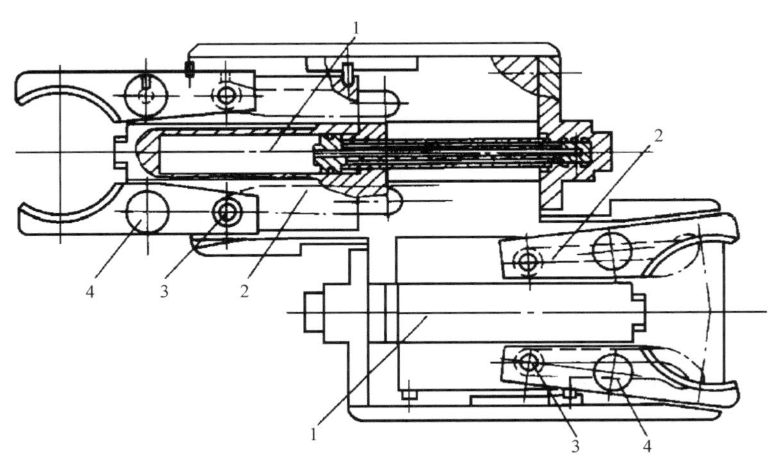

图 5-53　机械手的手爪结构

1—液压缸；2—导向槽；3—销子；4—轴销

4. 双手交叉式机械手

如图 5-54 所示为手臂座移动的双手交叉式机械手，其换刀动作循环如下：

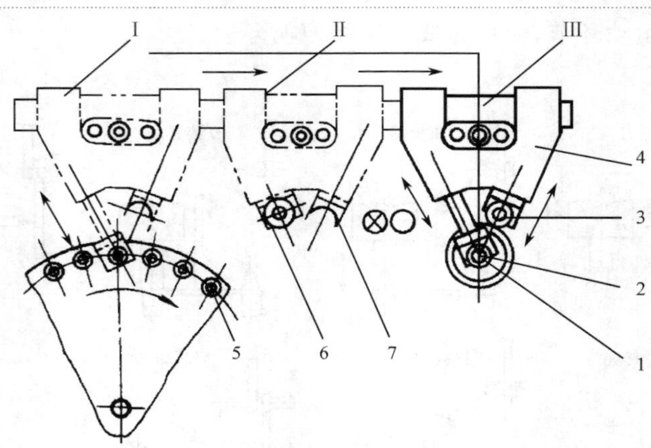

图 5-54 双手交叉式机械手换刀示意图

Ⅰ—选取待用刀具；Ⅱ—等待交换；Ⅲ—完成刀具交换；

1—机床主轴；2—装上的刀具；3—卸下的刀具；4—手臂座；

5—刀库；6—装刀手；7—卸刀手

(1)选取待用刀具

机械手移动到机床主轴 1 处卸、装刀具，卸刀手 7 伸出，抓住主轴中卸下的刀具 3，手臂座 4 沿主轴轴向前移，拔出卸下的刀具 3；卸刀手 7 缩回；装刀手 6 带着刀具 2 前伸到对准主轴位置；手臂座 4 沿主轴轴向后退，装刀手 6 把刀具 2 插入主轴，装刀手缩回。

(2)机械手换刀

机械手移动到刀库 5 处，送回卸下的刀具 3，并选取下一次加工所需的刀具(这些动作可在机床加工时进行)。手臂座 4 横移至刀库 5 上方位置Ⅰ并轴向前移，卸刀手 7 前伸使卸下的刀具 3 对准刀库空刀座，手臂座 4 后退，卸刀手 7 把卸下的刀具 3 插入空刀座，卸刀手 7 缩回。刀库的选刀运动与上述相同，选刀后，横移到等待换刀的中间位置Ⅱ。

双手交叉式机械手适用于距主轴较远、容量较大的落地分置式刀库自动换刀装置，因向刀库归还刀具和选取刀具均可与机床加工同时进行，故换刀时间较短。

5.6 数控机床的其他常用机构

5.6.1 回转工作台

数控机床回转工作台主要有两种，即数控进给回转工作台和分度回转工作台，其工作台面的形式有带托板交换装置和不带托板交换装置两种。

1. 数控进给回转工作台

数控进给回转工作台的主要功能有两个：一是工作台分度运动，即在非切削时，装有工件的数控回转工作台在整个圆周(360°)范围内进行分度旋转；二是工作台做圆周方向的数控进给运动，即在进行切削时，与 x、y、z 三个坐标轴进行联动，加工复杂的空间曲面。

数控进给回转工作台由传动系统、间隙消除装置及蜗轮夹紧装置等组成。如图 5-55 所示，回转工作台由电动机 1 驱动，经齿轮 2、4 带动蜗杆 9 转动，通过蜗轮 10 使工作台回转。

为了消除齿轮副的反向间隙和传动间隙，通过调整偏心环3来改变齿轮2、4的中心距，使齿

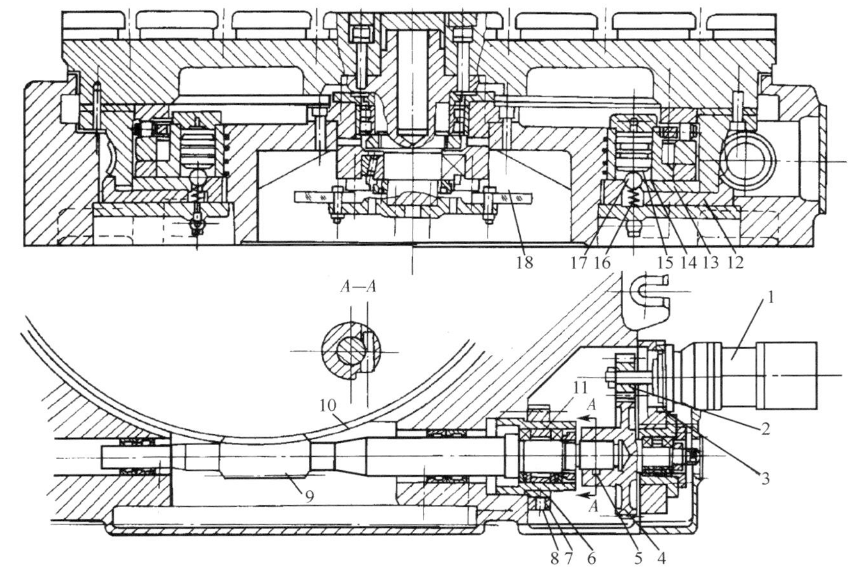

图5-55 数控进给回转工作台

1—电动机；2、4—齿轮；3—调整偏心环；5—楔形圆柱销；6—压紧块；7—螺母；8—锁紧螺钉；9—蜗杆；10—蜗轮；11—调整套；12、13—夹紧块；14—液压缸；15—活塞；16—弹簧；17—钢球；18—光栅

轮总是无侧隙啮合。齿轮4和蜗杆9依靠楔形圆柱销5（A—A剖面）来连接，以消除轴与套的配合间隙。蜗杆9采用齿厚渐变的双导程螺杆，通过轴向移动蜗杆就可以消除蜗杆蜗轮副的啮合间隙。调整时松开螺母7的锁紧螺钉8，使压紧块6与调整套11松开，松开楔形圆柱销5，然后转动调整套11，带动蜗杆9轴向移动，调整后锁紧调整套和楔形圆柱销。

工作台在静止时，必须处于锁紧状态，为此，在蜗轮底部装有八对夹紧块12、13，并在底座上均布八个液压缸14，当液压缸14的上腔通入压力油时，活塞15向下运动，通过钢球17撑开夹紧块12、13，将蜗轮夹紧；当工作台需要回转时，数控系统发出指令，液压缸14通回油，钢球17在弹簧16的作用下向上抬起，夹紧块12和13松开，此时蜗轮和回转工作台可按照控制系统的指令作回转运动。

数控回转工作台设有零点，当它做回零运动时，首先使装在蜗轮上的挡块碰撞限位开关，使工作台减速，然后通过光栅18使工作台准确地停在零点位置上。利用光栅可作任意角度的回转分度，并可达到很高的分度精度。

数控回转工作台主要应用在数控铣床上，特别是用于空间复杂曲面零件（如航空发动机叶片、船用螺旋桨等）的加工方面，且需要与高性能的数控系统相配套。

2. 分度回转工作台

数控机床的分度回转工作台简称分度工作台，它与数控进给回转工作台的区别在于分度工作台只能根据加工的需要将工件转至某一个所需的角度，以便完成不同表面的加工。但它不能实现圆周方向的数控进给运动，故而两者在结构上有重大差异。

分度工作台主要有定位销式分度工作台和鼠齿盘式分度工作台两种形式。前者的定位分度主要靠工作台的定位销和定位孔来实现，分度的角度取决于定位孔在圆周上分布的数量，通常可做二、四、八等分的分度运动。由于受细分角度数的限制及定位精度低，故很少用

于现代数控机床和加工中心。鼠齿盘式分度工作台是利用一对上下啮合的多齿齿盘，通过上、下齿盘的相对旋转来实现工作台的分度，分度的角度范围依据齿盘的齿数而定。其优点是结构简单、定位刚度好、重复定位精度高，分度精度可达±(0.5°～3°)；其缺点是鼠齿盘的制造精度要求很高。目前，鼠齿盘式分度工作台已经广泛应用于各类数控机床和加工中心上。

图 5-56 所示为 ZHS-K63 卧式加工中心上的带有托板交换机构的分度工作台，采用鼠齿盘式分度结构，其分度工作原理如下：

当分度工作台不转位时，上鼠齿盘 7 和下鼠齿盘 6 总是啮合在一起。当控制系统给出分度指令后，电磁铁控制换向阀运动(图 5-56 中未画出)，使压力油进入油腔 3，使活塞体 1 向上移动，并通过滚珠轴承带动整个工作台台体 13 向上移动。工作台台体 13 的上移使得鼠齿盘 6 与 7 脱开。装在工作台台体 13 上的齿圈 14 与驱动齿轮 15 保持啮合状态，电动机通过皮带和一个降速比 $i=1/30$ 的减速箱带动驱动齿轮 15 和齿圈 14 转动。当控制系统给出转动指令时，驱动电动机旋转并带动上齿盘 7 旋转进行分度；当转过所需角度后，驱动电动机停止，压力油通过液压阀 5 进入油腔 4，迫使活塞体 1 向下移动并带动整个工作台台体 13 下移，使上、下鼠齿盘相啮合，可准确地定位，从而实现了工作台的分度。

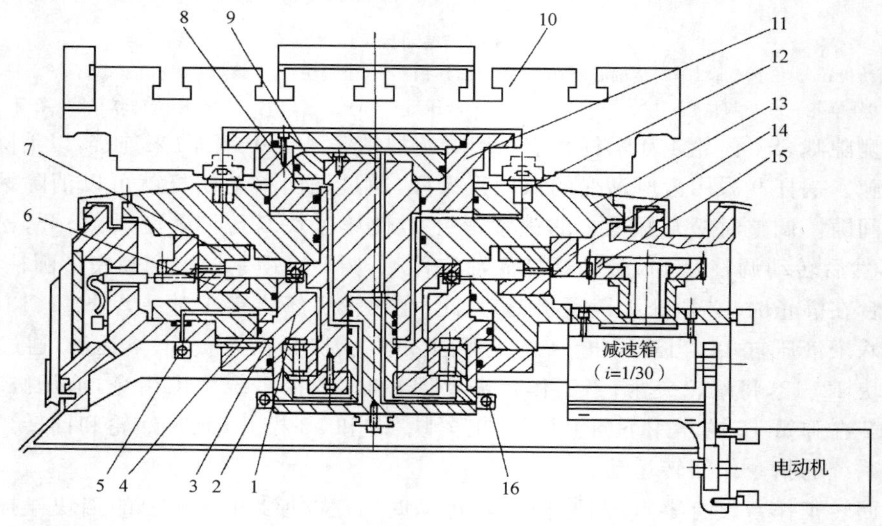

图 5-56 带有托板交换机构的分度工作台

1—活塞体；2、5、16—液压阀；3、4、8、9—油腔；6—下鼠齿盘；7—上鼠齿盘；10—托板；11—液压缸；12—圆锥定位销；13—工作台台体；14—齿圈；15—驱动齿轮

驱动齿轮 15 上装有保险销(图 5-56 中未画出)，如果分度工作台发生超载或碰撞等现象，保险销将被自动切断，从而避免了机械部分的损坏。

分度工作台根据数控加工程序的命令可以正转，也可以反转，由于该齿盘有 360 个齿，故最小分度单位为 1°。

分度工作台上的两个托板 10 是用来交换工件的，每个托板的台面上有 7 个 T 形槽，托板台面利用 T 形槽来安装夹具和零件。托板靠四个精磨的圆锥定位销 12 在分度工作台台体 13 上定位，由液压夹紧。托板的交换过程如下：

当需要更换托板时，控制系统发出指令，使分度工作台返回零位，此时液压阀接通，使压力油进入油腔 9，推动液压缸 11 向上移动，托板则脱开圆锥定位销 12。当托板被顶起后，托板交换液压缸 11 左移驱动齿条（图 5-57 中的虚线部分）向左移动，带动与其相啮合的齿轮旋转并使整个托板装置旋转，使托板沿着环形滑动轨道旋转 180°，从而达到托板交换的目的。当新的托板到达分度工作台上面时，空气阀接通，压缩空气经管路从圆锥定位销 12 中间吹出，清除圆锥定位销孔中的杂物。同时，电磁液压阀 2 接通，压力油进入油腔 8，迫使液压缸 11 向下移动，并带动托板夹紧在四个圆锥定位销 12 中，完成整个托板的交换过程。

托板夹紧和松开一般不单独操作，而是在托板交换时自动进行。

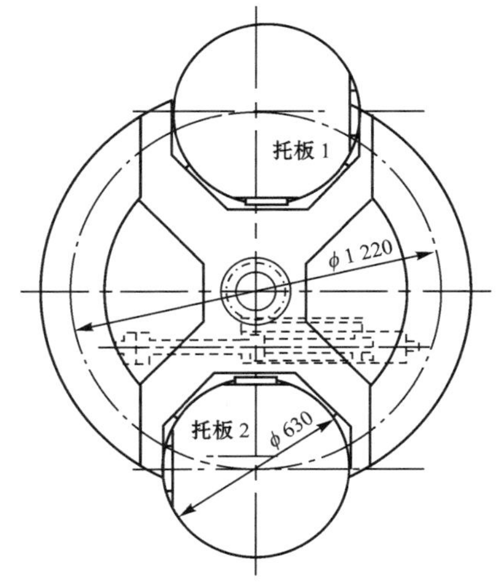

图 5-57 托板交换装置

5.6.2 自动排屑装置

数控机床是一种可以进行高效切削的自动化加工机床，如果较长时间开机之后的切屑堆积与切屑排除问题得不到妥善解决，高效加工便不能正常进行。自动排屑装置是与数控机床配套的一种独立的功能附件，它要解决两个问题，即首先要将切屑从切削区分离，使切屑自动进入排屑装置，然后利用排屑装置将切屑自动排出加工区。

1. 切削区的排屑方法

实现切削区排屑，要充分利用机床上已有的运动和本身的条件。常用的方法有：

（1）斜置床面，利用重力使切屑自动掉入排屑槽中，例如在数控车床中就是采用本方法。

（2）利用大流量冷却液冲刷，将切屑强制性冲离切削区，进入排屑槽内，例如在数控加工中心机床上，利用大流量冷却液可以将切屑冲离刀具、夹具和工作台，使之掉入工作台台面两侧的槽中。

（3）利用压缩空气吹扫，使切屑掉入排屑槽中。

2. 常见的自动排屑装置

（1）平板链式排屑装置

平板链式排屑装置如图 5-58(a)所示，它利用链板使切屑在箱式封闭槽中运动，直到出屑口。这种装置适用于各种形状切屑的排除，各类机床都能配套使用。在车床上它还能和冷却液回收相结合，以简化机床的结构。

（2）刮板式排屑装置

刮板式排屑装置如图 5-58(b)所示，它的原理及结构与平板链式排屑装置相似，采用刮板 2 运送切屑，排屑能力强，但因负载较大，故需采用大功率电机，适合排除各种短切屑。

（3）螺旋式排屑装置

螺旋式排屑装置如图 5-58(c)所示，电动机通过减速器带动螺杆输送器旋转，从而推动切屑移至出屑口。这种装置的排屑性能好、结构简单、占用空间小，适于安装在空间窄小的位置上，但只能水平运送，不适于垂直提升排屑。

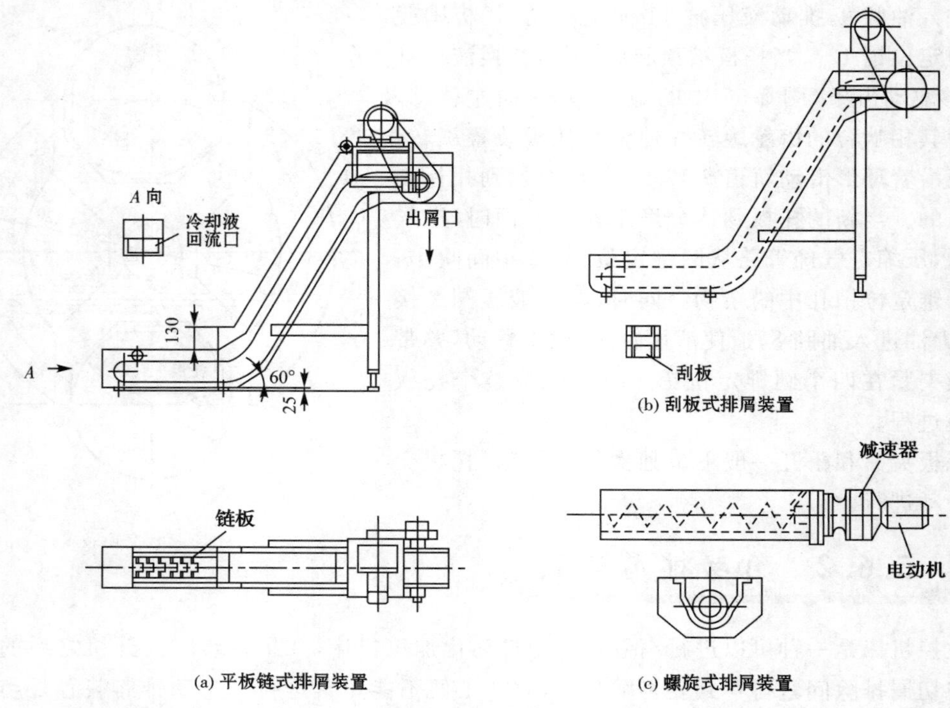

图 5-58 自动排屑装置示意图

1—链板；2—刮板；3—减速器；4—电动机

5.6.3 润滑装置

在数控机床上，润滑装置不仅起着润滑作用，而且还起着冷却作用，对机床部件实现恒温控制，以减小热变形的影响。

数控机床采用的润滑方式有油脂润滑和油液润滑两种。油液润滑又可分为油液循环润滑、定时定量润滑、油雾润滑和油气润滑等方式。在一台数控机床上，有时只有一种润滑方式，但有时却是多种润滑方式同时并存。例如在某一数控车床上，主轴轴承、滚珠丝杠螺母副以及滚珠丝杠支承轴承等采用油脂润滑，机床导轨等移动部件采用定时定量油液润滑，而主轴箱内的变速齿轮则采用油液循环润滑。

1. 油脂润滑方式

油脂润滑方式不需要特殊的润滑设备，工作可靠、密封简单、不需要经常添加和更换油脂，维护比较方便，但运转时的摩擦阻力较大。油脂润滑方式一般采用的是高级锂基润滑脂，润滑时油脂的封入量一般为润滑空间容积的 10%，切忌随意填满，否则会加剧运动部件的发热。采用油脂润滑方式时，要采取有效的密封措施，以防止切屑液和稀油进入。密封措施有迷宫式密封、油封密封和密封圈密封等。

2. 油液循环润滑方式

在数控机床上，发热量大的部件常采用油液循环润滑方式。油液循环润滑方式是利用油泵把油箱中的润滑油经管道和分油器等元件送到各润滑点，用过的油液返回油箱，在返回途中或者在油箱中油液经过冷却和过滤，供再循环使用。这种润滑方式供油充足，可以采用各种专用装置进行润滑油压力、流量和温度的控制与调整。

3. 定时定量润滑方式

定时定量润滑是指无论润滑点的位置是高还是低，离油泵的距离是远还是近，都能保持各润滑点的供油量稳定。由于润滑的周期及供油量均可受控调整，所以减少了润滑油的消耗，易于实现缺油自动报警，该润滑方式的可靠性高。

4. 油雾润滑方式

油雾润滑方式是利用经过净化处理的压缩空气将润滑油雾化，并经管道吹送到摩擦表面。这种润滑方式能以较少的油量获得较充分的润滑，压缩空气还兼有冷却作用，常用于高速回转轴承的冷却与润滑。但因润滑时的油雾容易被吹出，故可能对环境造成污染。

5. 油气润滑方式

油气润滑方式是针对高速主轴而开发的新型润滑方式。它是用极微量的油气润滑轴承，以抑制轴承发热。

5.6.4 液压与气压传动装置简介

1. 液压与气压传动装置的特点

液压与气压传动装置在数控机床的机械控制与调整系统中占据着重要的位置，它被广泛应用于主轴自动装夹、主轴箱齿轮变挡、主轴箱齿轮和主轴轴承的润滑、换刀机构、回转工作台以及尾座等结构中。

液压传动装置由于使用工作压力较高的油性介质，因此机械结构紧凑、机构出力大，动作平稳可靠、噪声较小且易于调节，但当油液发生泄漏时会污染环境。

气动装置的气源容易获得，机床不必单独配置动力源。气动装置的结构简单、工作介质对环境无污染、工作速度快、动作频率高，适于完成频繁启动的辅助工作。气动装置过载时比较安全，不易发生因过载而损坏部件的事故。

2. 液压与气压传动装置的应用

液压与气压传动装置在数控机床中主要用于完成如下辅助功能：

(1)自动换刀所需的动作，如机械手的伸、缩、回转和摆动，以及刀具的松开和夹紧动作。

(2)机床运动部件的平衡，如机床主轴箱的重力平衡装置、刀库机械手的平衡装置等。

(3)机床运动部件的运动、制动和离合器的控制，如齿轮拨叉变挡等。

(4)机床运动部件的支承，如动压轴承、静压轴承、液压导轨等。

(5)机床的润滑冷却，防护罩、板、门的自动开关，工作台的夹紧、松开和交换工作台的自动交换动作，夹具的自动夹紧、自动吹屑和清理等。

思考题与习题

5-1 采用哪些方法可以提高数控机床的结构刚度？试举例进行说明。

5-2 对数控机床进行总体布局时，需要考虑哪些方面的问题？

5-3 和普通机床相比较，数控机床的机械结构有哪些特点？

5-4 数控机床的主轴调速方法有哪几种？如何实现主轴的分段无级变速功能？

5-5 加工中心机床的主轴为什么需要有准停装置？如何实现准停？

5-6 根据图 5-7，详细分析加工中心机床主轴的结构特点和刀具自动装卸装置的工作过程。如果在刀柄上忘了安装拉钉，将会产生什么严重后果？

5-7 与齿轮传动相比，同步齿形带传动有何特点？

5-8 数控机床为什么常采用滚珠丝杠螺母副作为传动元件？它有什么特点？

5-9 滚珠丝杠螺母副为什么要预紧？具体有哪几种调整间隙的预紧方法？

5-10 滚珠丝杠螺母副为什么要预拉伸？试说明预拉伸的具体操作方法。

5-11 数控车床没有机械式进给箱，车螺纹时如何实现不同导程的螺纹车削？

5-12 数控机床消除齿侧间隙的方法有哪些？各用在什么场合？

5-13 数控机床常用的导轨有哪几种形式？各有什么特点？

5-14 数控机床的对刀方式有哪几种？简述对刀仪的结构与原理。

5-15 加工中心主轴内孔自动吹屑装置的作用是什么？

5-16 加工中心的选刀方式有哪几种？各有什么特点？

5-17 数控加工在什么情况下需要使用回转工作台？简述两种回转工作台的工作过程。

5-18 数控机床的自动换刀装置有哪些主要类型？常见的刀库类型有哪些？

5-19 与滚珠丝杠螺母副传动系统相比，直线电动机进给驱动系统具有哪些特点？

5-20 数控机床为何需要专设自动排屑装置？常用的自动排屑装置有哪些形式？

第6章 位置检测装置

6.1 概述

位置检测装置

数控机床的位置检测装置由检测元件(传感器)和信号处理装置(测量电路)组成。位置检测元件一般安装在机床工作台上或丝杠轴端、电动机轴端。检测装置的作用是实时测量机床执行部件的位移和速度信号,并变换成位置控制单元所要求的信号形式,从而将执行部件的当前位置反馈到位置控制单元,构成伺服系统的半闭环或闭环控制。因此检测装置是闭环伺服系统的重要组成部分,闭环数控机床的加工精度在很大程度上是由检测装置的精度决定的。检测装置的精度主要包括系统的精度和分辨率。系统精度是指在一定长度或转角范定内测量累积误差的最大值。分辨率为检测装置能够测量出的最小位移量。分辨率不仅取决于检测元件本身,也取决于测量线路。

6.1.1 数控机床对位置检测装置的要求

不同的数控机床,被测运动部件的最高移动速度不同,对位置检测元件、检测装置的精度要求也不同。一般来说,数控机床上使用的检测装置应满足以下要求:

(1)高可靠性和高抗干扰性。受温度、湿度的影响小,工作可靠,精度保持性好,抗干扰能力强。

(2)能满足精度和速度的要求。位置检测装置的分辨率应高于数控机床的分辨率(一个数量级);位置检测装置最高允许的检测速度应高于数控机床的最高运行速度。

(3)使用维护方便,适应机床工作环境。检测装置要有一定的安装精度,考虑到环境的影响，还要有防尘、防油雾和防切屑等措施。

(4)成本低。

6.1.2 位置检测装置的分类

由于工作条件和测量要求的不同，位置检测装置的测量方式也有所不同。

1. 按输出信号的形式分

数字式：将被测量以数字形式表示，测量信号一般为电脉冲。这样的检测装置有脉冲编码器、光栅等。

模拟式：将被测量以连续变化的物理量来表示，如电压的相位变化、幅值变化等。数控机床中模拟式检测装置有旋转变压器、感应同步器和磁尺等。

2. 按测量基点的类型分

增量式：只测量位移增量，并用数字脉冲的个数表示单位位移的数量。每移动一个测量单位就发出一个测量信号。其优点是检测装置比较简单，任何一个对中点都可以作为测量起点。但在此系统中，移动的距离是靠对检测信号累积后读出的，一旦累积有误，测量结果就会出现错误。另外发生故障后不能再找到原来的正确位置，必须在故障排除后，将运动部件移至起点重新计数才能找到故障前的正确位置，这样的检测装置有脉冲编码器、旋转变压器、感应同步器、光栅、磁栅等。

绝对式：测量的是被测部件在某一绝对坐标系中的绝对坐标位置值，并且以二进制或十进制数码信号表示出来，一般要经过转换成脉冲数字信号才能送去进行比较和显示。这样的检测装置有绝对式脉冲编码盘、三速式绝对编码盘等，

3. 按检测元件的运动形式分

直线型：检测元件安装在工作台或刀架上，随工作台或刀架同步移动，用来测量其直线位移。这类检测装置有直线光栅、感应同步器、磁栅等，可以构成闭环控制系统。直线型检测装置的测量精度主要取决于测量元件的精度，不受机床传动精度的影响。

回转型：检测元件安装在丝杠轴端或电动机轴端，测量角位移。当检测元件随转轴旋转一周时，机床的直线运动部件就移动一个丝杠导程的位移，因此测得的角位移经过传动比变换后就能得到执行部件的直线位移量。这类检测装置有旋转变压器、脉冲编码器等，可以构成半闭环控制系统。回转型检测装置的测量精度主要取决于测量元件和机床传动链两者的精度。

数控机床常见的位置检测装置见表 6-1。

表 6-1　数控机床常见的位置检测装置

类型	数字式		模拟式	
	增量式	绝对式	增量式	绝对式
回转式	脉冲编码盘、圆光栅	绝对式脉冲编码盘	旋转变压器、圆感应同步器	三速圆感应同步器
直线式	直线光栅、激光干涉仪	多通道透射光栅	直线感应同步器	三速感应同步器、绝对磁尺

6.2 旋转变压器

旋转变压器是利用变压器原理实现角位移测量的检测元件，它可以将角度信号转换为具有某种函数关系的电压信号，具有输出信号幅值大、抗干扰能力强、结构简单、动作灵敏，性能可靠等特点，同时，对环境条件要求不高，广泛用于半闭环进给伺服驱动系统。

6.2.1 旋转变压器的结构

从结构上看，旋转变压器相当于一台两相的绕线转子异步电动机，其一次绕组、二次绕组分别位于定子、转子上，一次绕组与二次绕组之间的电磁耦合程度与转子的转角密切相关。根据转子电信号引进引出的方式，旋转变压器可分为有刷和无刷两种类型。有刷旋转变压器中，定子、转子上都有绕组，转子绕组的电信号通过滑动接触，由转子上的集电环和定子上的电刷引进或引出。由于有电刷结构的磨损，使得旋转变压器的可靠性很难得到保证，因此目前这种结构形式的旋转变压器很少应用。

图 6-1 所示为无刷旋转变压器结构示意图，这种结构很好地实现了无刷、无接触。它由分解器与变压器两部分组成，无电刷和集电环。分解器结构与有刷旋转变压器基本相同，分解器转子绕组与变压器的一次绕组连在一起，分解器定子绕组外接励磁电压，转子绕组输出信号接到变压器的一次绕组，通过电磁耦合，从变压器的二次绕组引出最后的输出信号。无刷旋转变压器的特点是输出信号大，可靠性高且寿命长，不用维修，更适合数控机床使用。

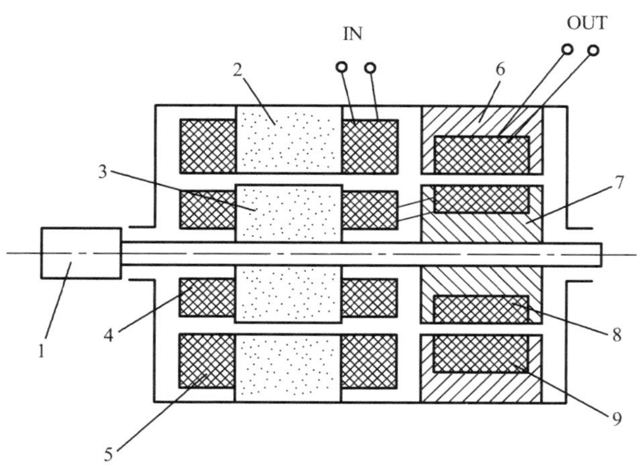

图 6-1　无刷旋转变压器结构示意图

1—转子轴；2—分解器定子；3—分解器转子；4—分解器转子绕组；
5—分解器定子绕组；6—变压器定子；7—变压器转子；
8—变压器一次绕组；9—变压器二次绕组

常见的旋转变压器一般有两级绕组和四级绕组两种结构形式。两级绕组旋转变压器的定子和转子各有一对磁极，四级绕组则有两对磁极，主要用于高精度的测量系统。另外还有多极式旋转变压器，用于高精度绝对式测量系统。

6.2.2 旋转变压器的工作原理

旋转变压器是利用电磁感应原理工作的。旋转变压器的结构保证了其定子和转子之间空气间隙内磁通分布符合正弦规律，因此，当励磁电压加到定子绕组时，通过电磁耦合，转子绕组便产生感应电动势。

图 6-2 所示为两极旋转变压器的工作原理。设加在定子绕组的励磁电压为

$$V_1 = V_m \sin\omega t \tag{6-1}$$

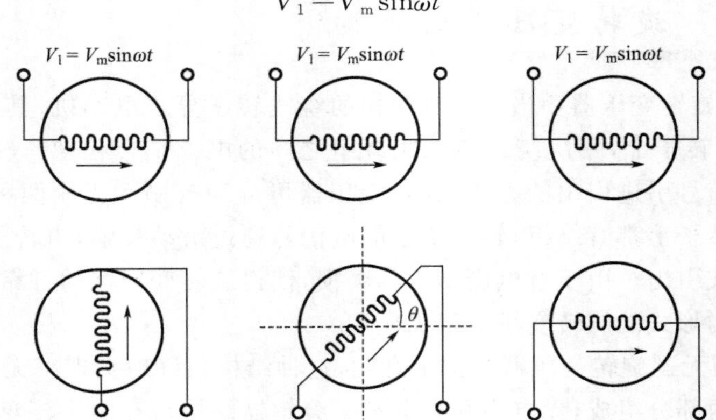

图 6-2 两极旋转变压器的工作原理

通过电磁偶合，转子绕组产生的感应电动势为

$$E_2 = KV_1\cos\theta = KV_m\sin\theta\sin\omega t \tag{6-2}$$

式中 K——变压比（绕组匝数比）；

V_m——励磁电压的幅值；

θ——定子、转子绕组轴线间的夹角。

由式(6-2)可知，转子绕组中的感应电动势 E_2 为以角速度 ω 随时间 t 变化的交变电压信号，其幅值 $KV_m\sin\theta$ 随转子相对于定子的角位移 θ 以正弦规律变化，当转子和定子的磁轴垂直时，$\theta=90°$，定子绕组磁通不穿过转子绕组，转子感应电动势 $E_2=0$。当转子和定子的磁轴平行时，$\theta=0°$，此时电磁耦合效果最好，转子的盛应电动势为最大，即 $E_2=KV_m\sin\omega t$。因此，只要测量出转子绕组中的感应电动势的幅值，便可知 θ 的大小。如果转子安装在机床丝杠轴上，定子安装在机床底座上，则 θ 代表的是丝杠轴转过的角度，它间接反映了机床工作台的位移。

6.2.3 旋转变压器的应用

实际应用中，常采用四极绕组式旋转变压器。旋转变压器可单独与丝杠轴相连，也可与伺服电动机组成一体。

图 6-3 所示为四极旋转变压器的工作原理。旋转变压器定子绕组和转子绕组均由两个匝数相等互相垂直的绕组组成，其中，定子上的两相绕组，一相为正弦绕组，另一相为余弦绕组；转子的两相绕组，一相为工作绕组，另一相为电枢补偿绕组。定子绕组通入不同的励磁电压，旋转变压器可以有两种不同的工作方式，即鉴相式和鉴幅式。

1. 鉴相式

鉴相式工作方式是一种根据旋转变压器转子绕组中感应电动势的相位来确定被测位移数值的检测方式。在该工作方式下,旋转变压器定子的两相绕组,分别通以幅值相同、频率相同,但相位差 $\pi/2$ 的正弦交变电压,即

$$U_{1s}=U_m\sin\omega t \tag{6-3}$$

$$U_{1c}=U_m\sin(\omega t+\pi/2)=U_m\cos\omega t \tag{6-4}$$

当转子旋转时,通过电磁感应,转子绕组中产生感应电动势,根据线性叠加原理,在转子工作绕组中产生的感应电动势为这两相磁通所产生的感应电动势之和,即

$$U_2=KU_{1s}\sin(-\theta)+KU_{1c}\cos\theta=KU_m\sin(\omega t-\theta) \tag{6-5}$$

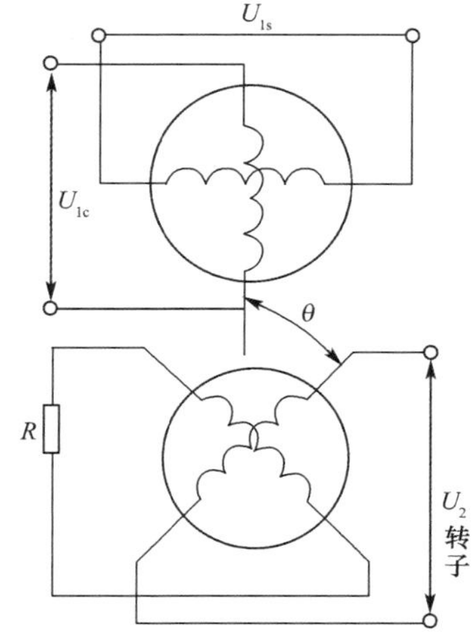

图 6-3 四级旋转变压器的工作原理

可见,旋转变压器转子绕组中的感应电动势与定子绕组中的励磁电压频率相同,但相位不同,其差值为 θ。而 θ 即是转子的偏转角,也就是要测量的角位移。因此通过比较转子感应电动势和定子励磁电压的相位,就可以求得 θ,也就可得到被测轴的角位移。

2. 鉴幅式

鉴幅式工作方式是一种根据旋转变压器转子绕组中感应电动势的幅值来确定被测位移数值的检测方式。在该工作方式下,旋转变压器定子的两相绕组,分别通以频率相同、相位相同,但幅值分别按正弦和余弦变化的交变电压,即

$$U_{1s}=U_m\sin\alpha\sin\omega t \tag{6-6}$$

$$U_{1c}=U_m\cos\alpha\sin\omega t \tag{6-7}$$

式(6-6)和式(6-7)中,$U_m\sin\alpha$ 和 $U_m\cos\alpha$ 分别为定子两相交变电压的幅值,在转子中的感应电动势为

$$U_2=KU_{1s}\cos\alpha-KU_{1c}\sin\alpha=KU_m\sin(\alpha-\theta)\sin\omega t \tag{6-8}$$

式中,θ 为转子的偏转角;α 为电气角,励磁交变电压信号的相位角。

由式(6-8)可以看出,转子感应电动势不仅与转子的偏转角 θ 有关,还与励磁交变电压的幅值有关。感应电动势 U_2 是以 ω 为角频率、以 $U_m\sin(\alpha-\theta)$ 为幅值的交变电压信号。若 α 已知,那么只要测出 U_2 的幅值,便可求出 θ,从而得出被测角位移。实际应用中,利用幅值为零($U_2=0$)的特殊情况进行测量。测量的具体过程是:不断地调整定子励磁电压的 α,使转子感应电动势 $U_2=0$,即感应电动势的幅值 $U_m\sin(\alpha-0)=0$。跟踪 θ 的变化,当 $U_2=0$ 时,说明 $\theta=\alpha$,这样一来,用 α 代替了对 θ 的测量。α 通过具体电子线路测得。

6.3 脉冲编码器

6.3.1 脉冲编码器的分类

脉冲编码器是一种旋转式脉冲发生器,能把机械转角转换成电脉冲序列,可作为位置检测装置和速度检测装置。脉冲编码器可按以下方式分类:

(1)根据计数制的不同,可分为二进制编码(8421 码)和二进制循环码(格雷码)编码器。

(2)根据输出信号形式的不同,可分为增量式脉冲编码器和绝对式脉冲编码器。

增量式脉冲编码器在转动时输出脉冲,通过计数设备计算所得脉冲的数目,即可测出工作轴的转角,并可通过数显装置进行显示;通过测定计数脉冲的频率,即可测出工作轴的转速。增量式脉冲编码器不具备"零点"记忆功能,当编码器停止转动时,不能依靠计数设备记忆的内部数据来记住工作轴的位置。这样,当断电停转后,增量式脉冲编码器不能有丝毫转动;当来电恢复工作时,编码器也不能因意外干扰而丢失脉冲,否则就会使计数设备记忆的数据产生失真偏移,而这种偏移量的大小与方向是无从事先知晓的,将可能在生产中引发重大错误及严重后果。

绝对式脉冲编码器的编码盘上有许多道等距刻线区域,每道刻线区域的转角范围一定,依次以权重 $2^1=2$、$2^2=4$、$2^3=8$、$2^4=16$……编排,这样,在编码器的任一个转角位置,通过读取每道刻线区域的明、暗信息,即可得到一组确定且唯一的多位二进制编码,称为 n 位绝对式脉冲编码器。绝对式脉冲编码器的数值是由编码盘的机械位置决定的,它不受停电或干扰的影响,在定位可靠性方面明显优于增量式脉冲编码器,已经越来越广泛地应用于各种工业系统中的角度测量、长度测量和定位控制。

绝对式脉冲编码器还可以分为单圈绝对式脉冲编码器和多圈绝对式脉冲编码器。

单圈绝对式编码器在转动中测量编码盘上的各道刻线,以获取唯一的编码;当转角超过 360°范围时,编码又重新返回到原点,这样就不符合"绝对编码唯一"的原则,因此这样的编码器只可用于 360°范围以内的测量,称为单圈绝对式编码器。

如果要使测量的角度超过 360°范围,就要用到多圈绝对式编码器。该编码器生产厂家运用钟表齿轮机械的原理,当中心码盘旋转时,通过齿轮传动另一组码盘(或多组齿轮、多组码盘),在单圈编码的基础上再增加圈数的编码,以扩大编码器的测量范围。这样的绝对编码器就称为多圈绝对式编码器,它同样由机械位置确定编码,在大于 360°的范围也可以做到每个位置的编码唯一,无须另行记忆。

多圈绝对式编码器的另一个优点是测量范围大,实际使用时量程的富余量较多,因此在安装时不必刻意找零点,只要将某一中间位置作为起始点就可以了,因而大大简化了安装调试工作的难度。

(3)根据内部结构和检测方式可分为接触式、光电式和电磁式编码器三种。光电式编码器的精度与可靠性优于其他两种,因此在数控机床上通常使用光电式脉冲编码器。

(4)根据在机床上安装形式的不同,可分为内装式编码器和外装式编码器。

内装式编码器与伺服电动机同轴连接在一起,安装比较方便;伺服电动机的另一轴端与滚珠丝杠轴连接,编码器位于进给传动链最前端,距离工作台较远,所以它的位置控制精度不太高。外装式编码器安装在滚珠丝杠轴上,距离工作台较近,传动链较短,所以它的位置控制精度较高,但外装式编码器的安装不太方便。

6.3.2 增量式光电脉冲编码器

1. 增量式光电脉冲编码器的结构及工作原理

增量式光电脉冲编码器又称为光电盘,它的结构如图 6-4 所示,由带聚光镜的光源(LED 或灯)、分度狭缝板、光电盘、光电元件及信号处理电路组成。其中,光电盘在一块玻璃圆盘上镀一层不透光的金属薄膜,然后在上面制成沿圆周等距分布的透光与不透光交替相间的径向放射状狭缝条纹，并在分度狭缝板上也制成与光电盘相同的透光狭缝。光电盘也可采用不锈钢薄片制成。

在编码器光电盘的另一侧，安装了A、B两个光电元件，它们之间相距四分之一狭缝距离。当光电盘旋转时，通过光电盘和分度狭缝板的光线被遮挡，产生周期性明暗相间的变化，由光电元件接收并转换成电脉冲信号输出。电脉冲信号通常为A、B两相，其相位差为1/4周期，相互之间相差90°相位角。根据A相或B相脉冲的数目，可测出转轴转过的角位移量；根据脉冲的频率，可测出转轴的转速；根据A相、B相信号的相位超前滞后关系，可测出转轴的转动方向。

增量式光电脉冲编码器的输出波形如图6-5所示。两个光电元件接收到的信号A和B相位角相差90°，通过整形，成为两路方波信号。根据两路信号相位的先后顺序，即可判断光电盘的正/反转。若A相超前于B相，则电机正转；若B相超前于A相，则电机反转。若以该方波的前沿产生计数脉冲，则可以形成代表正向位移和反向位移的脉冲序列。此外，增量式光电脉冲编码器还输出每转一个脉冲的信号，可用做加工螺纹时的同步信号。

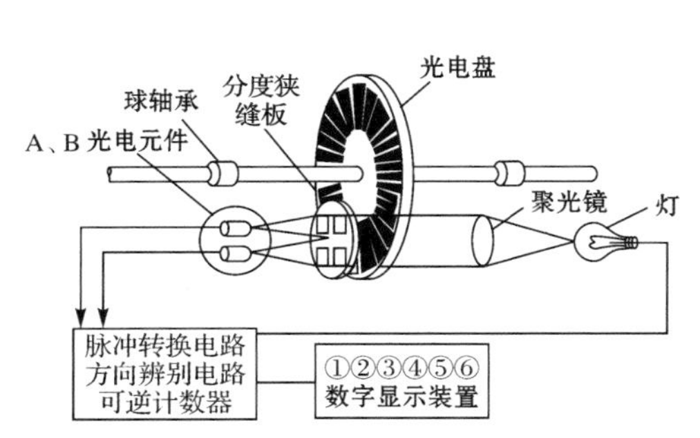

图6-4 增量式光电脉冲编码器的结构

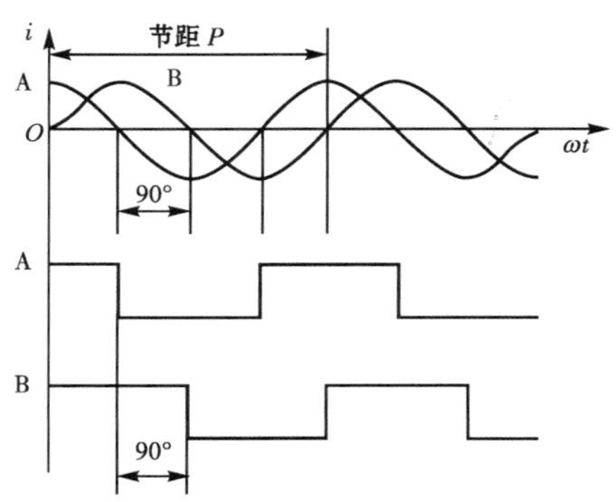

图6-5 增量式光电脉冲编码器的输出波形

提高增量式光电脉冲编码器分辨率的方法有：增加光电盘圆周上等分狭缝的密度；增加光电盘的发信通道数量。第一种方法实际上是使光电盘的狭缝变成圆光栅线纹。第二种方法使光电盘上不仅只有一圈透光狭缝，而是有若干圈大小不等的同心圆环狭缝（亦称码道），虽然光电盘仍是回转一周，但发出的脉冲信号数却大大增多，使分辨率大大提高。进给电动机常用的增量式光电脉冲编码器的分辨率有2 000 p/r、2 024 p/r、2 500 p/r等。

2. 增量式光电脉冲编码器的特点

增量式光电脉冲编码器具有以下特点：

(1)非接触式测量，无接触磨损，所以码盘的寿命长，精度保持性好。

(2)允许的测量转速较高，精度较好。

(3)光电转换，抗干扰能力强。

(4)体积小，便于安装，适用于机床运行环境。

(5)编码盘的基片若为玻璃，则抗冲击和抗振动的能力较差。

6.3.3 绝对式脉冲编码器

1. 绝对式脉冲编码器的种类

绝对式脉冲编码器是一种直接编码、绝对测量的检测装置。与增量式脉冲编码器不同，它通过读取绝对式编码盘上的图案代码信号，指示出转角相对于零位的绝对位置。绝对式脉冲编码器在读数时没有累积误差，电源切断后位置信息也不会丢失，一旦重新来电就可以继续正常工作。

绝对式脉冲编码器有接触式、光电式和电磁式等结构形式。

绝对式接触编码器的优点是结构简单、体积小、输出信号强；缺点是电刷磨损造成使用寿命缩短，转速不能太高（每分钟几十转），精度受外圈（最低位）码道宽度限制，因此使用范围有限。

绝对式光电编码器是目前用得较多的一种，编码盘由透明区与不透明区构成，转动时，由 F80 光电元件接收相应的编码信号。绝对式光电编码盘的优点是没有接触磨损，码盘的寿命长，G01 允许的工作转速高，而且最外圈码道的宽度可做得很小，因而精度高，是一种有发展前途的绝对式直接编码检测元件；其缺点是结构比较复杂，价格较高，光源的寿命较短。

2. 绝对式光电脉冲编码器

绝对式光电脉冲编码器的编码盘上有透光和不透光的编码图案，它可将被测转角转换成相应的代码来指示绝对位置而没有累计误差，是一种直接编码式的角位移测量装置。其编码方式可以有二进制编码、二进制循环编码等。

如图 6-6 所示为绝对式光电脉冲编码器的原理与结构。在图 6-6(a)中，编码盘上有四条同心圆码道。按照二进制分布规律，最外圈为最低位，把每条码道加工成透明和不透明相间的形式。编码盘的一侧安装光源，另一侧安装径向排列的一排光电管，每个光电管对准一条码道。当光源照射编码盘时，如果是透明区，则光线通过后被光电管接收，转变成电信号，并输出信号“1”；如果是不透明区，光线被阻挡，光电管接收不到光线，则输出信号“0”。转轴带动编码盘旋转时，光电管输出的信息就代表了转轴的相应位置，即角度位置的绝对值。

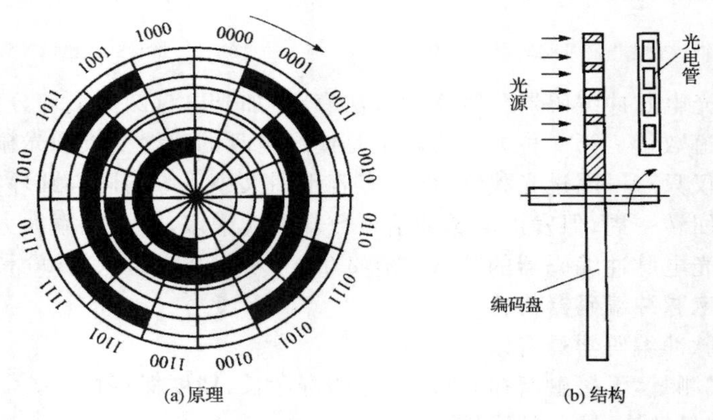

图 6-6　绝对式光电脉冲编码器的原理与结构

3. 绝对式接触脉冲编码器

绝对式接触脉冲编码器的特点是电刷与编码盘上的导电区直接接触，以测出编码盘的位置。编码盘的基体是绝缘体，码道是一组同心圆，码道的数目根据分辨率来决定。

如图 6-7(a)所示为采用 8421 码表达的四位二进制编码盘。它在一个不导电基体（绝缘体）上做成许多金属区使其导电，其中涂黑部分为导电区，用“1”表示；其他部分为绝缘区，用“0”表示。这样，在每一个径向上，都有由“1”“0”组成的四位二进制代码。最内圈是公用的，它和各码道所有导电部分连在一起，经电刷和电阻接电源正极。除公用圈以外，四位二进制码盘的四圈码道上也都装有电刷，电刷经电阻接地。由于码盘是与被测转轴连在一起的，而电刷位置是固定的，所以当编码盘随被测轴转动时，电刷和编码盘的位置发生相对变化。若电刷接触的是导电区域，则经电刷、码道、电阻和电源形成回路，该回路中的电阻上有电流流过，读为"1"；反之，若电刷接触的是绝缘区域，则不能形成回路，电阻上无电流流过，读为"0"。由此可根据电刷的位置得到由"1""0"组成的四位二进制代码。码道的圈数就是二进制的位数，且高位在内、低位在外。因此，若是 n 位二进制编码盘，就设置有 n 圈码道，且每一圈码道都沿圆周均匀分为 2^n 等份，即采用 2^n 个数据来分别表示圆周的不同位置，该编码盘所能分辨的角度（分辨率）为

$$\alpha=\frac{2\pi}{2^n}$$

位数 n 越大，所能分辨的角度越小，测量精度越高。因此，若要提高分辨率，就必须增加码道的圈数，即提高二进制数的位数。

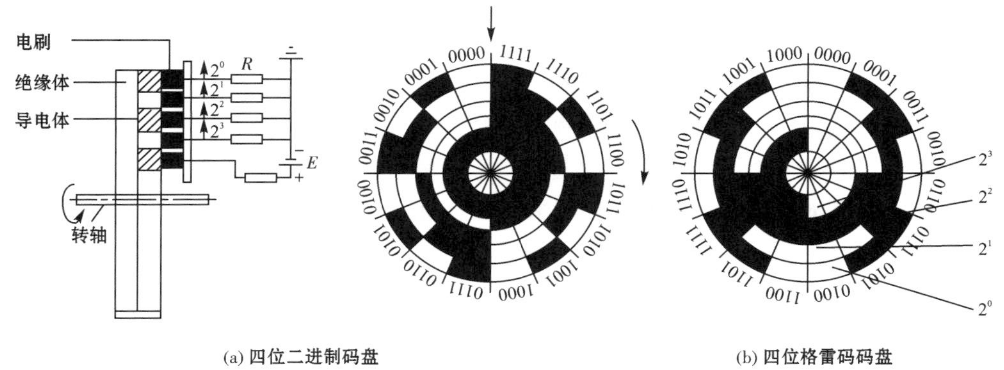

图 6-7 绝对式接触脉冲编码器

目前接触式脉冲编码器一般可以做到九位二进制。若位数更多，则可采用组合码盘，一个作为粗计数码盘，另一个作为精计数码盘；精计数码盘转一圈，粗计数码盘顺次转一格。另外，在实际应用中对码盘制作和电刷安装的要求也十分严格，否则就会产生非单值性误差。例如，当电刷由 8421 码表达的 0111 位置向 1000 位置滑移过渡时，若电刷的安装位置不准或接触不良，则可能引发误读为 8～F 中的任何一个十进制数。这种误读产生的误差称为非单值性误差。为了消除这种非单值性误差，可采用二进制循环码盘（格雷码码盘）。

如图 6-7(b)所示为四位格雷码码盘。通过与图 6-7(a)比较，两者的不同之处在于：格雷码码盘的码道不会出现两个或两个以上的码位信息同时改变的现象，所以任何位置相邻两数码之间永远只有一个码位是变化的，每次只切换一位数，不可能出现非单值性误差，借助于这种做法可靠地把数据的误读率控制在最小范围内。

将二进制 8421 码转换为格雷码的方法是演算"退位去尾不进位加法"：将某个二进制码右移一位并舍去末位码，然后与原二进制码作不进位加法，即可得到转换后的格雷码（循环码）。例如：二进制码 1101 对应的格雷码为 1011，其演算过程如下：

	1101	（二进制码）
⊕	110 ~~1~~	（右移一位并舍去末位）
（不进位加法）	1011	（格雷码）

式中,“⊕”表示不进位相加。

接触式码盘的优点是结构简单、体积小、输出信号功率大;缺点是有磨损、寿命短且转速不能太高。

4. 绝对式磁电脉冲编码器

绝对式磁电脉冲编码器是在导磁圆盘上用腐蚀的方法做成一定的编码图形,使有的地方导磁性高,有的地方导磁性低。再用一个很小的马蹄形磁芯做磁头,上面绕两组线圈,原边用正弦电流励磁,由于副边感应电动势与整个磁路的磁导率有关,所以可区分数码“0”或数码“1”。它也是一种非接触式编码器,具有寿命长、转速高等优点。

6.3.4 脉冲编码器在数控机床上的应用

脉冲编码器在数控机床上的应用场合有:位移测量、主轴控制、速度测量,借助于零标志脉冲的回参考点控制等。

1. 位移测量

在位置控制系统中,为了提高控制精度,准确测量受控对象的位置是十分重要的。目前,位移测量的方法有两种:其一是使用绝对式位置传感器,将测量到的位移量由传感器经A/D转换成数字量送至数控系统进一步处理,这种方法虽然检测精度高,但在多路、长距离位置监控系统中成本较高,安装困难,因此并不太实用;其二是使用增量式光电脉冲编码器,通过对脉冲计数就能计算出相应的位移。第二种位移测量方法使用方便、测量准确,而且成本较低,在电力拖动进给系统中经常采用。

2. 主轴控制

(1)主轴旋转与坐标轴进给的同步控制

在螺纹加工中,为了保证被加工螺纹的导程准确,必须有固定的进刀点和退刀点。此时,安装在数控车床主轴上的光电脉冲编码器主要应解决两个问题:

①通过对编码器输出脉冲的计数,保证主轴每旋转一周时,刀具相应准确地移动一个导程。

②在较大螺纹需要经过多次切削才能完成加工的切削过程中,控制每次重复切削的开始进刀位置相同,以保证重复切削螺纹不乱扣,此时的数控系统只有在接收到光电脉冲编码器中的一转脉冲(零点脉冲)后才开始螺纹切削的计算。

(2)主轴定向准停控制

加工中心机床换刀时,为了使机械手对准刀柄,主轴必须准确停止在某一固定的径向位置;在某些固定切削加工循环(如精镗孔)中,刀具也必须准确停止在某一固定的径向位置才能安全退刀,这就是主轴定向准停功能。加工中心机床的主轴定向准停功能通常采用磁传感器定向、编码器定向或机械定向三种方式控制实现,准确停止的角度和位置可以任意设定。

(3)主轴恒线速度切削控制

车床和磨床在进行较大端面或锥形面的切削时,为了保证加工表面的表面粗糙度要求,通常需要使刀具与工件接触点的线速度保持为恒定值,这就是主轴恒线速度切削控制功能。随着刀具的径向进给,瞬时切削直径逐渐减小或逐渐增大,数控系统应不断提高或降低主轴转速，以保持切削线速度为常值。由 $v=\pi Dn/1\ 000$（v 为恒定的线切削速度，D 为随刀具径向进给不断变化的工件瞬时切削直径，n 为所需相应变化的主轴瞬时转速）可知，D 由坐标轴的位移检测装置获得，经软件数据处理后即得主轴瞬时转速 n，转换成速度控制信号后传至主轴驱动装置，实现主轴恒线速度切削控制。

3. 速度测量

光电脉冲编码器输出脉冲的频率与其转速成正比，因此，光电脉冲编码器可代替测速发电机用于模拟测速，成为数字测速装置。

当利用光电脉冲编码器的脉冲信号进行速度反馈时，若伺服驱动装置为模拟式的，则脉冲信号需经过频率/电压（f/U）转换器转换成正比于频率的电压信号；若伺服驱动装置为数字式的，则可直接进行数字测速反馈。例如带编码器的伺服电动机常被用于半闭环数控机床。

4. 借助于零标志脉冲的回参考点控制

当数控机床采用增量式位置检测装置时，数控机床在接通电源后首先要进行“回参考点”操作。这是因为机床断电后，数控系统就失去了对各坐标轴位置的记忆，所以在接通电源后，必须让各坐标轴回到机床某一固定点上，这一固定点就是机床坐标系的原点或零点，也称为机床“参考点”。使机床回到这一固定点的操作，称为“回参考点”或“回零”操作。

参考点位置是否正确，与检测装置中的零标志脉冲有相当大的关系。在回参考点操作时，数控机床坐标轴先以快速向参考点方向运动；当碰到减速挡块后，以慢速沿坐标轴趋近；当脉冲编码器产生零标志信号（一转脉冲信号）后，再按事先设定的距离沿坐标轴移动，准确停止于参考点位置。

6.3.5 脉冲编码器安装与使用的注意事项

脉冲编码器安装与使用时需注意以下几点：

（1）脉冲编码器属于高精度仪器，安装时严禁敲击、摔打和碰撞，安装或使用不当会影响编码器的性能和使用寿命。

（2）脉冲编码器与外部连接应避免刚性连接，需要采用联轴器、连接齿轮或同步齿形带连接传动，以避免因机床转轴的窜动或跳动造成脉冲编码器的轴系和编码盘损坏。

（3）安装时应注意脉冲编码器允许的轴负载，不得超过极限负载。

（4）注意不要超过脉冲编码器的极限转速，因为如果超过极限转速，电信号可能会丢失。

（5）接线务必正确，错误的接线可能导致脉冲编码器的内部电路损坏。

（6）不要将脉冲编码器的数据线与动力线缠绕在一起，不要使用同一管道传输，也不宜在配电柜附近使用，以防电磁干扰。

6.4 感应同步器

感应同步器是一种电磁感应式高精度位移检测装置。它是利用两个平面印制电路绕组之间的互感量随其位置而变化的原理制造的、用于位移检测的传感器。

6.4.1 感应同步器的结构与特点

1. 感应同步器的结构

如图 6-8 所示为直线感应同步器，主要由定尺和滑尺组成。定尺是单向均匀感应绕组，尺长一般为 250 mm，绕组节距 $2T$ 通常为 2 mm。

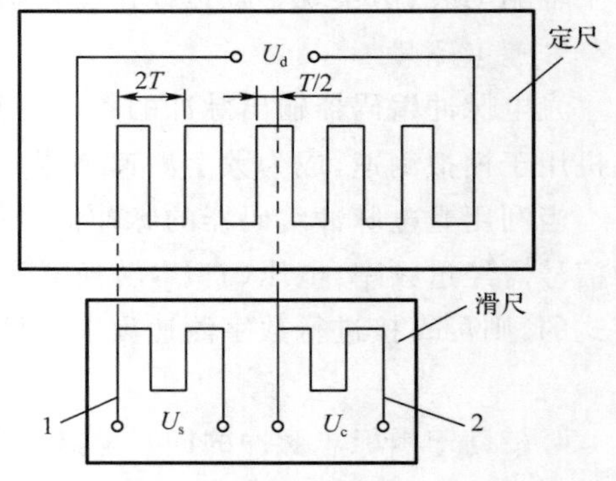

图 6-8 直线感应同步器

1—正弦励磁绕组；2—余弦励磁绕组

滑尺上有两个励磁绕组，一组称为正弦励磁绕组，另一组称为余弦励磁绕组，滑尺上两绕组的节距与定尺绕组的节距相同，并相互错开 1/4 节距排列，一个节距相当于旋转变压器的一转，这样两个滑尺激磁绕组之间相差 90°电角度。

2. 感应同步器的特点

(1)精度高。感应同步器直接对机床的位移进行测量，测量结果只受本身精度的限制，定尺上感应电压信号为多周期的平均效应，降低了绕组的局部尺寸误差影响，达到了较高的测量精度，其直线精度一般为±0.002 mm/250 mm。

(2)适应性强。它利用电磁感应原理产生信号，所以不怕油污，测量信号与绝对位置一一对应，对环境的适应性强，抗干扰能力强，不易受到干扰。

(3)安装维护简单。定尺和滑尺之间无接触磨损，在机床上安装简单。使用时通常需要另加防护罩，可防止切屑进入定尺和滑尺之间划伤导片，并防止灰尘、油雾的不利影响，因此其使用寿命长。

(4)工艺性好，成本低。定尺绕组与滑尺绕组便于复制和成批生产。

(5)测量距离不受限制。可以根据测量长度的需要，采用多根接长的方法，将多条定尺拼接到所需要的长度，可用于测量较长距离的位移，使机床移动的行程范围基本上不受限制，特别适于大中型数控机床使用。

(6)与旋转变压器相比，感应同步器的输出信号比较微弱，需要一个放大倍数很高的前置放大器。

6.4.2 感应同步器的类型

感应同步器按其结构特点和用途，可分为直线感应同步器和圆感应同步器。直线感应同步器由定尺和滑尺组成，用于直线位移量的检测；圆感应同步器由转子和定子组成，用于角度位移量的检测。

6.4.3 感应同步器的工作原理

感应同步器是基于电磁感应现象工作的，其工作原理如图 6-9 所示。

定尺与滑尺相互平行安装，并保持一定的间距。向滑尺正弦绕组通以交流励磁电压，则在滑尺正弦绕组中产生励磁电流，滑尺正弦励磁绕组周围产生按正弦规律变化的磁场。由

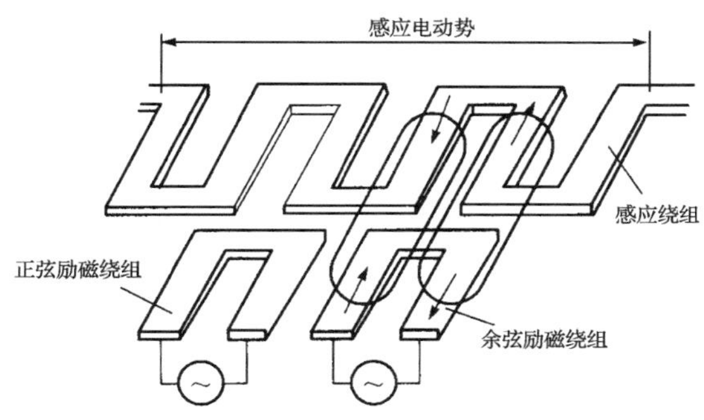

图 6-9 感应同步器的工作原理

于电磁感应，在定尺上感应出感应电压，当滑尺与定尺间产生相对位移时，由于电磁耦合的变化，使定尺上感应电压随位移的变化而变化。若在滑尺余弦绕组中通以交流励磁电压，也能在定子绕组中得到感应电动势，感应电动势则按余弦波形变化。

6.4.4 感应同步器的工作方式

根据励磁绕组中励磁供电方式的不同，感应同步器可分为鉴相工作方式和鉴幅工作方式。

1. 鉴相工作方式

鉴相工作方式是给滑尺的正弦绕组和余弦绕组分别通以频率相同、幅值相同但时间相位相差 $\pi/2$ 的交流励磁电压，即

$$U_s=U_m\sin(\omega t)\quad U_c=U_m\sin(\omega t+\pi/2)=U_m\cos(\omega t)$$

若起始时正弦绕组与定尺的感应绕组对应重合，当滑尺移动时，滑尺与定尺的绕组不重合，则定尺绕组中产生的感应电压为

$$U_{d1}=kU_s\cos\theta=kU_m\sin(\omega t)\cos\theta \tag{6-7}$$

式中 k——耦合系数；

θ——滑尺绕组相对于定尺绕组的空间相位角，$\theta=2\pi x/T$（T 为节距）。

当滑尺移动距离 x 时，对应的感应电压以余弦或正弦函数变化角度 θ。

同理，由于余弦绕组与定尺绕组相差 1/4 节距，故在定尺绕组中的感应电压为

$$U_{d2}=kU_c\cos(\theta+\pi/2)=-kU_m\sin\theta\cos(\omega t)$$

应用叠加原理，定尺上感应电压为

$$U_d=U_{d1}+U_{d2}=kU_m\sin(\omega t)\cos\theta-kU_m\sin\theta\cos(\omega t)=kU_m\sin(\omega t-\theta) \tag{6-8}$$

可见，在鉴相工作方式中，由于耦合系数 k、励磁电压幅值 U_m 以及频率 ωt 均是常数，所以定尺的感应电压 U_d 只随着空间相位角 θ 的变化而变化。由此可以说明定尺的感应电压与滑尺的位移值有严格的对应关系，通过鉴别定尺感应电压的相位，即可测得滑尺和定尺间的相对位移。

2. 鉴幅工作方式

鉴幅工作方式是给滑尺的正弦绕组和余弦绕组分别通以相位相同、频率相同但幅值不同的交流励磁电压，即

$$U_s=U_{sm}\sin(\omega t),\qquad U_c=U_{cm}\sin(\omega t)$$

式中，两励磁电压的幅值分别为

$$U_{sm}=U_m\sin\theta_1,\qquad U_{cm}=U_m\cos\theta_1$$

则在定尺上的叠加感应电压为

$$\begin{aligned}U_d&=kU_{sm}\sin(\omega t)\cos\theta-kU_{cm}\sin(\omega t)\sin\theta\\&=k\sin(\omega t)(U_{sm}\cos\theta-U_{cm}\sin\theta)\\&=k\sin(\omega t)(U_m\sin\theta_1\cos\theta-U_m\cos\theta_1\sin\theta)\\&=kU_m\sin(\omega t)\ \sin(\theta_1-\theta)\end{aligned}\tag{6-9}$$

若

$$\theta_1=\theta$$

则

$$U_d=0$$

在滑尺移动过程中，在一个节距内的任一 $U_d=0,\theta_1=\theta$ 的点称为节距零点。若改变滑尺位置，$\theta_1\neq 0$，则在定尺上出现的感应电压为

$$U_d=kU_m\sin(\omega t)\sin(\theta_1-\theta)=kU_m\sin(\omega t)\sin\Delta\theta\tag{6-10}$$

令 $\theta_1=\theta+\Delta\theta$，则当 $\Delta\theta$ 很小时，定尺上的感应电压可近似表示为

$$U_d=kU_m\sin(\omega t)\Delta\theta$$

又因为

$$\Delta\theta=\frac{2\pi}{T}\Delta x$$

所以

$$U_d=kU_m\Delta x\ \frac{2\pi}{T}\sin(\omega t)\tag{6-11}$$

可见，定尺感应电压 U_d 实际上是误差电压，当位移增量 Δx 很小时，误差电压的幅值和 Δx 成正比，因此可以通过测量 U_d 的幅值来测定位移量 Δx 的大小。

在鉴幅工作方式中，每当改变一个 Δx 的位移增量，就有误差电压 U_d，当 U_d 超过某一预先设定的门槛电平时，就产生脉冲信号，并用此修正励磁信号 u_s、u_c，使误差信号重新降低到门槛电平以下，这样就把位移量转化为数字量，实现了对位移的测量。

6.4.5 感应同步器的安装

感应同步器的安装如图 6-10 所示。

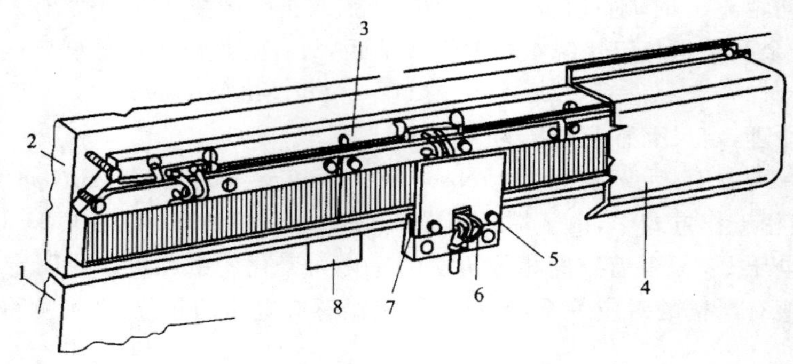

图 6-10 感应同步器的安装

1—机床移动部件；2—机床不动部件；3—定尺座；4—防护罩；5—滑尺；6—滑尺座；7—调整板；8—定尺

把定尺 8 安装在定尺座 3 上，再把定尺与定尺座一起安装在机床不动部件 2 上。为了尽量减小阿贝误差（并联读数误差），应使定尺尽量靠近移动导轨，但不可接触到移动导轨，

否则可能产生很大的读数误差。将滑尺 5 与励磁盒安装在一起，同时安装在滑尺座 6 上，再把安装好的滑尺与滑尺座安装在机床移动部件 1 上。安装时要仔细调整，使定尺与滑尺之间的相互位置达到安装图(图 6-11)所示的精度要求，这些要求主要有：

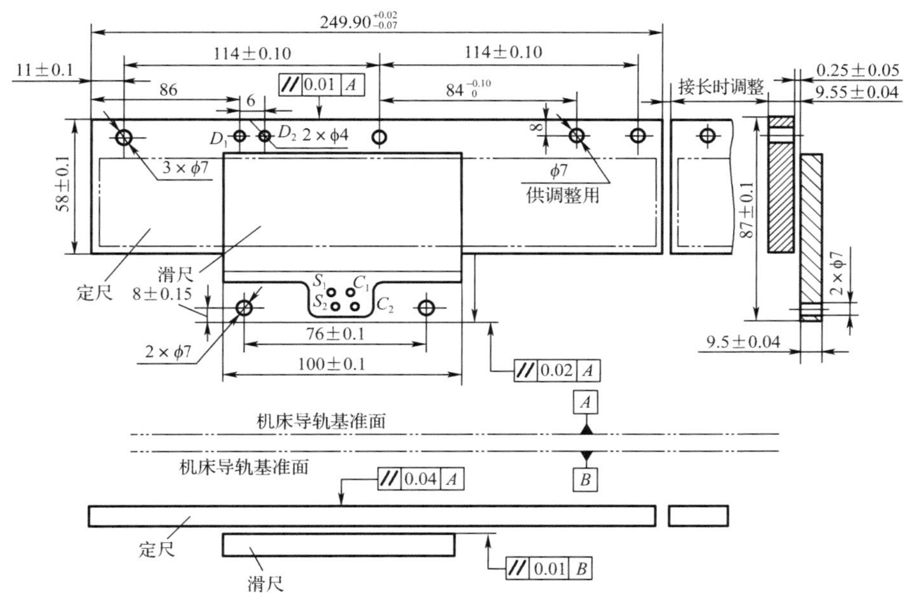

图 6-11　直线感应同步器的外形尺寸、安装尺寸和安装要求

(1)定尺侧母线与机床导轨基准面 A 的平行度允差为 0.1 mm/全长，定尺安装平面与机床导轨基准面 B 的平行度允差为 0.04 mm/全长。

(2)滑尺侧母线与机床导轨基准面 A 的平行度允差为 0.024 mm/全长。

(3)定尺基准侧面与滑尺侧面相距(88±0.1)mm。

(4)定尺、滑尺之间的间隙为(0.25±0.05)mm，且定尺与滑尺应该保持间隙均匀，定尺、滑尺四角间隙差不大于 0.03 mm。

(5)定尺安装面的挠曲度在每 250 mm 长度范围内应小于 0.01 mm。

6.5　光栅位移检测装置

光栅是一种光电检测元件，测量输出的信号为数字脉冲，是构成闭环或半闭环进给伺服控制系统常用的位置检测元件。光栅的测量精度很高，可小于 1 μm。光栅对工作环境有一定的要求，灰尘、油污等会影响工作可靠性，且电路较复杂，成本较高。

光栅种类很多，根据制造方法和光学原理不同，光栅分为透射光栅和反射光栅，透射光栅是在光学玻璃的表面制成透明与不透明等间距的光栅线纹，反射光栅是在金属的镜面上制成全反射或漫反射等间距的光栅线纹。根据形状不同，光栅分为直线光栅和圆光栅，直线光栅用于测量直线位移，圆光栅用于测量角位移。在数控机床上使用较多的是透射直线光栅。

6.5.1 直线光栅的结构

直线透射光栅由标尺光栅和光栅读数头两部分组成，如图 6-12 所示

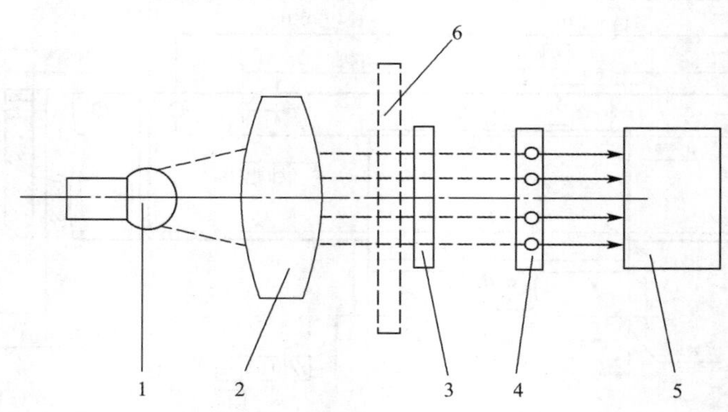

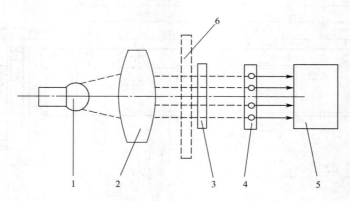

图 6-12 直线光栅的结构示意图

1—光源；2—透镜；3—指示光栅；4—光敏元件；

5—驱动线路；6—标尺光栅

光栅读数头又称为光电转换器，由光源 1、透镜 2、指示光栅 3、光敏元件 4 和驱动线路 5 组成。标尺光栅 6 不属于光栅读数头，但它要穿过光栅读数头，且保证与指示光栅有准确的相互位置关系。光源发出的光线经过透镜后变为平行光束，照射光栅尺。光敏元件接收透过光栅尺的光强信号，并将其转换成相应的电压信号。该电压信号经过电路处理，变成与位移成比例的脉冲信号输出。

标尺光栅和指示光栅统称为光栅尺，如图 6-13 所示，其中长的一块为标尺光栅，短的一块为指示光栅。光栅尺是在真空镀膜的玻璃面上刻出均匀细密、互相平行的线纹，线纹之间的距离称为栅距，栅距一般为 0.004～0.025 mm。从光栅尺线纹的局部放大部分来看，白色部分 b 为透光线纹宽度，黑色部分 a 为不透光线纹宽度，设栅距为 ω，则 $\omega=a+b$，一般光栅尺的透光线纹和不透光线纹宽度是相等的，即 $a=b$。每毫米长度上的线纹数称为线密度，玻璃透射光栅的线密度一般为 25 条/mm、50 条/mm、100 条/mm、250 条/mm 等。

实际使用时，标尺光栅一般固定在机床的移动部件（如工作台）上，随移动部件一起运动，要求与行程等长。光栅读数头装在机床固定部件（如床身）上。标尺光栅和指示光栅的尺面平行，两者之间保持 0.05～0.1 mm 的间隙，并使它们的线纹相对倾斜一个很小的角度。当机床移动部件带着标尺光栅相对指示光栅移动时，通过光电转换装置，发送与位移量相对应的数字脉冲信号，作为位置反馈信号。直线光栅尺尺身采用封闭式结构，由坚固的铝合金壳体构成，用于保护内部的刻线玻璃尺以及光电转换装置，如图 6-14 所示。

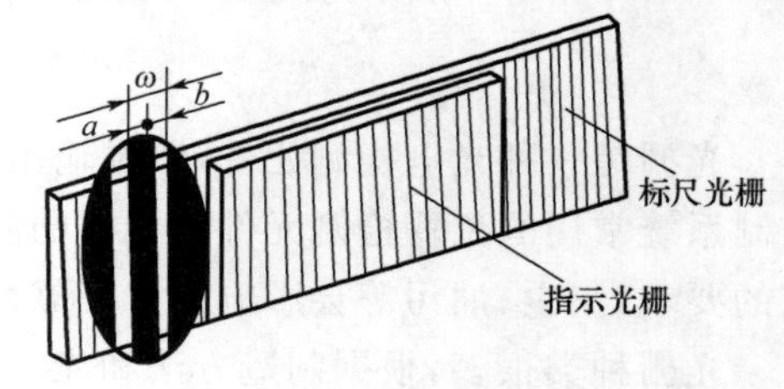

图 6-13 光栅尺

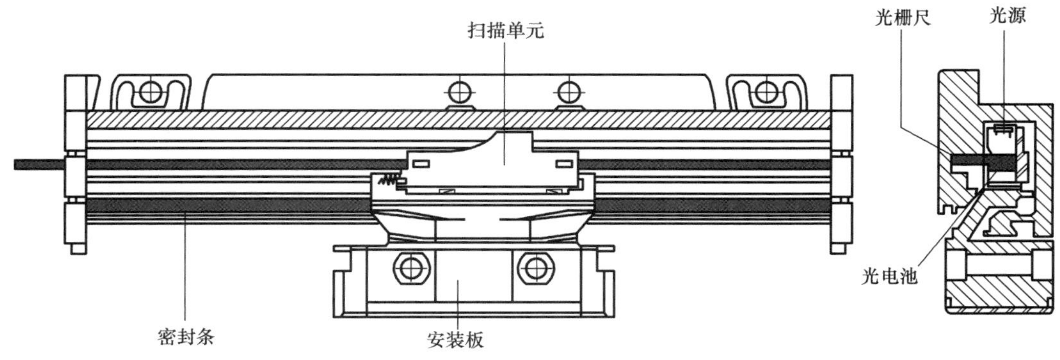

图 6-14 海德汉光栅尺

6.5.2 光栅的测量原理

光栅是根据莫尔条纹的形成原理进行测量工作的。光栅实际上是一根刻线很密很精确的“尺”,如果用它测量位移,只要数出测试对象上某个确定点相对于光栅移过的线纹数即可。但是,由于光栅线纹过密,直接对线纹计数十分困难,因而利用光栅的莫尔条纹现象进行计数。

如图 6-15 所示,如果将指示光栅在其平面内转过一个极其微小的角度 θ,那么在光源的照射下,位于几乎垂直于光栅线纹的方向上出现明暗相间的粗大条纹,这种条纹称为“莫尔条纹”。严格地说,莫尔条纹的方向与两片光栅线纹夹角的平分线垂直。莫尔条纹中两条粗大亮纹或两条粗大暗纹之间的距离称为莫尔条纹的宽度,以 W 表示。

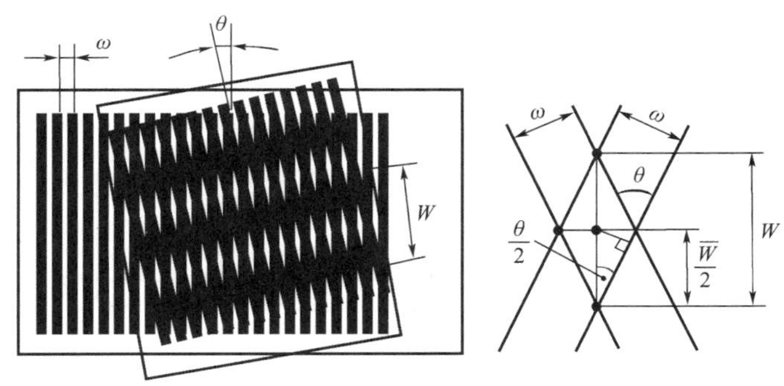

图 6-15 莫尔条纹的形成

莫尔条纹具有以下特性:

1. 放大作用

在两光栅线纹夹角极其微小的情况下,莫尔条纹宽度 W 和光栅栅距 ω、光栅线纹夹角 θ (rad)之间有下列关系,即

$$\sin\frac{\theta}{2}=\frac{\omega/2}{W/2}=\frac{\omega}{W} \tag{6-14}$$

由于 θ 很小,$\sin\theta\approx\theta$,则

$$W=\frac{\omega}{\sin\frac{\theta}{2}}\approx\frac{\omega}{\frac{\theta}{2}}=\frac{2\omega}{\theta} \tag{6-15}$$

若 $\omega=0.01$ mm，$\theta=0.01$rad，则由式(6-15)可得 $W=2$ mm，即把光栅栅距转换成放大200倍的莫尔条纹宽度。由此可见，莫尔条纹具有明显的放大作用。

2. 对应关系

莫尔条纹的移动方向与光栅的移动方向垂直，当标尺光栅移动一个栅距时，莫尔条纹相应地移动一个条纹间距。由于光的衍射和干涉作用，其光强的变化规律近似正弦函数，若光栅向相反方向移动，则莫尔条纹也向相反方向移动。这样，如果需要测量光栅水平移动的微小距离，就可用检测垂直方向的宽大莫尔条纹的变化量来代替。

3. 平均效应

莫尔条纹是由光栅的大量刻线共同形成的，例如，若 $\omega=0.01$ mm，则 20 mm 长(指示光栅长度)的一根莫尔条纹就由 2 000 条线纹组成。这样一来，栅距之间因制造精度不足产生的固有相邻刻线误差就被平均化了。指示光栅的长度越长，均化误差的作用越显著。

6.5.3 光栅测量装置的信号处理

如图 6-16 所示，光栅测量装置的信号处理电路包括差动放大器、整形器、鉴相倍频和门电路。由 4 个光敏元件获得的 4 路光电信号分别送到 2 个差动放大器输入端，从差动放大器输出的两路信号其相位差为 $\pi/2$，为得到判向和计数脉冲，需对这两路信号进行整形，首先把它们整形为占空比为 1∶1 的方波。然后，通过对方波的相位进行判别比较，就可以得到光栅尺的移动方向。通过对方波脉冲进行计数，可以得到光栅尺的位移量和速度量。

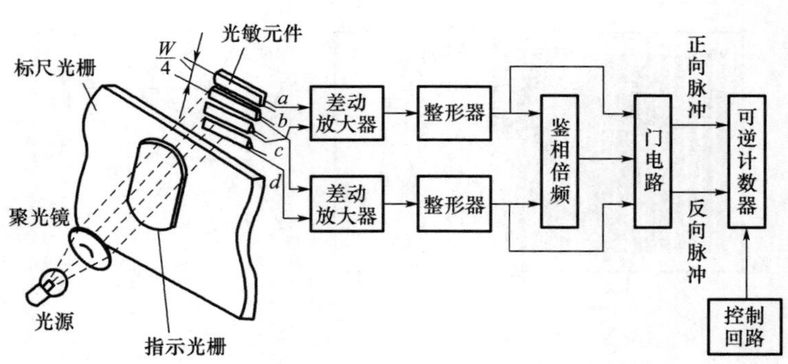

图 6-16 光栅测量装置信号处理电路框图

高分辨率的光栅尺造价较高，且制造困难，为了提高系统分辨率，需要对莫尔条纹进行细分，目前光栅检测装置多采用电子细分方法。如图 6-17 所示为四倍频细分法。在一个莫尔条纹宽度内，按照等距间隔放置 4 个光敏元件，得到相位分别相差 90°的四路正弦周期信号；用电子电路对这四路信号进行处理，得到一列脉冲信号，每个脉冲分别和四路周期信号的零点相对应，则电脉冲的周期为 1/4 个莫尔条纹宽度。用计数器对这一列脉冲信号计数，就可以检测到 1/4 个莫尔条纹宽度的位移精度，将光栅的固有分辨率提高了 4 倍。例如，栅

线为 50 线/mm 的光栅尺，其光栅栅距为 0.02 mm，若采用四倍频细分后便可得到分辨率为 5 μm 的计数脉冲，这在普通工业测控中已达到了很高精度。随着电子技术和单片机技术的发展，光栅检测装置在位移测量系统得到了广泛应用，并逐步向智能化方向发展。

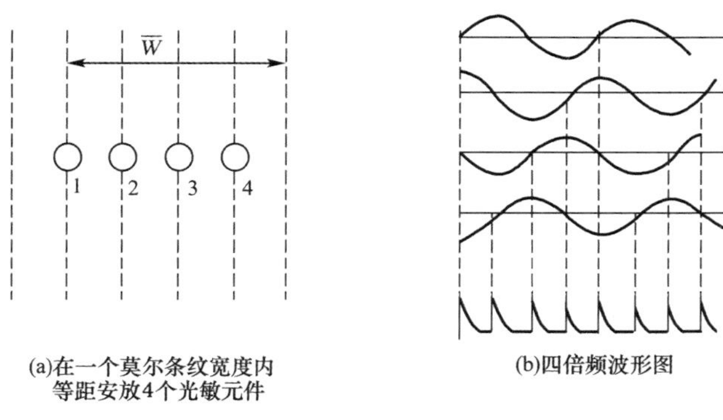

图 6-17 用 4 个光敏元件实现四倍频细分

6.6 磁栅位移检测装置

磁栅是用电磁方法计算磁波数目的位置检测装置，按其结构可分为直线式和角位移式，分别用于线位移和角度位移的检测。

磁栅加工工艺简单，需要时还可以将原来的磁化信号抹去，重新录制。目前可以做到系统精度±0.01 mm，分辨率 5 μm。磁栅对使用环境的要求较低，在油污、灰尘较多的恶劣工作环境中使用时，仍具有较高的稳定性。

6.6.1 磁栅尺的结构

磁栅尺用于测量直线位移，由磁性标尺、磁头和检测电路组成，如图 6-18 所示。它利用磁记录原理将一定波长的矩形波或正弦波信号用磁头记录在磁性标尺上，作为测量基准。检测时，磁头将磁性标尺上的磁化信号转化为电信号，并通过检测电路将磁头相对于磁性标尺的位置或位移量用数字显示出来或转化为控制信号输入给机床。

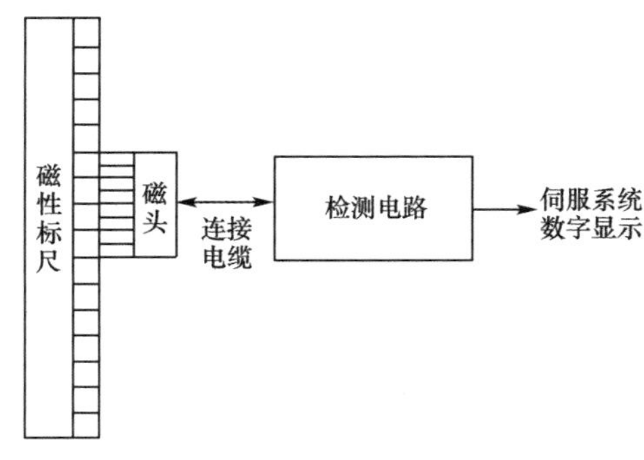

图 6-18 磁栅检测装置的构成

磁栅标尺是在非导磁材料上涂覆一层 1～2 μm 的磁性材料，形成一层均匀的磁性薄膜，然后采用录磁的方法在磁性薄膜上录制具有一定波长的磁信号。信号可为正弦波或方波，波长一般为 0.05 mm、0.1 mm、0.2 mm、1 mm 等。

磁头是进行磁-电转换的变换器，它把反映空间位置的磁信号转换为电信号输送到检测电路中去。磁头有两种，动态磁头和静态磁头。动态磁头又称为速度响应式磁头，只有在磁头与磁尺之间有相对运动时才能读取磁化信号，并有电压信号输出，输出信号的大小取决于运动速度，静止时没有信号输出，这种磁头只能用于录音机、磁带机，不适用于长度测量。静态磁头又称为磁通响应式磁头，在低速甚至静止时也能进行位置检测，所以数控机床上采用静态磁头，其结构如图 6-19 所示。静态磁头由铁心上两个产生方向相反磁通的励磁绕组和两个串联的拾磁绕组组成，将高频励磁电流通入励磁绕组时，在磁头上产生磁通 Φ_1。当磁头靠近磁尺时，磁尺上的磁信号产生的磁通 Φ_0 进入磁头铁心，并被高频励磁电流产生的磁通 Φ_1 所调制。于是在拾磁绕组中感应电动势为

$$U=U_0\sin\frac{2\pi x}{\lambda}\sin\omega t \tag{6-16}$$

式中，U_0 为感应电动势幅值；λ 为磁尺磁化信号的节距；x 为选定某一 N 极作为位移零点时，磁头相对于磁尺的位移；ω 为输出线圈感应电动势的频率，它比励磁电流的频率高一倍。

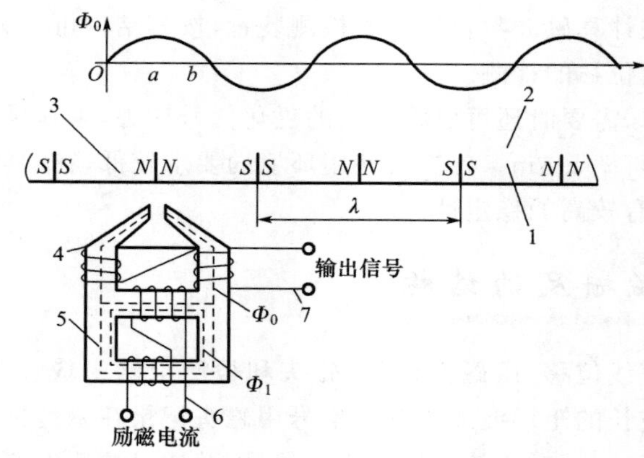

图 6-19　磁栅结构原理

1—磁性膜；2—基体；3 磁尺；4—磁头；5—铁心；6—励磁绕组；7—拾磁绕组

静态磁头分为单磁头、双磁头和多磁头。使用单磁头输出信号小，而且对磁栅标尺上磁化信号的节距和波形精度要求高，为此，实际使用时将几十个磁头以一定方式连接起来，组成多磁头串联方式，如图 6-20 所示。每个磁头之间的间距都是 $\lambda/2$，并将相邻两个磁头的输出绕组反相串联，其总的输出电压是每个磁头输出电压的叠加。这样不但增大了输出信号的强度，提高了信噪比，同时因为多个磁头串联使用也降低了对节距和波形的精度要求。

采用双磁头是为了辨别磁头在磁尺上的移动方向，通常两磁头按间距为 $(m\pm1/4)\lambda$（m 为任意正整数）配置，如图 6-21 所示。

从两磁头的输出绕组上得到的是两路相位差 90°的电压信号，根据两个磁头输出信号的超前或滞后，可确定其移动方向。磁栅尺的辨向原理与光栅尺是一样的。

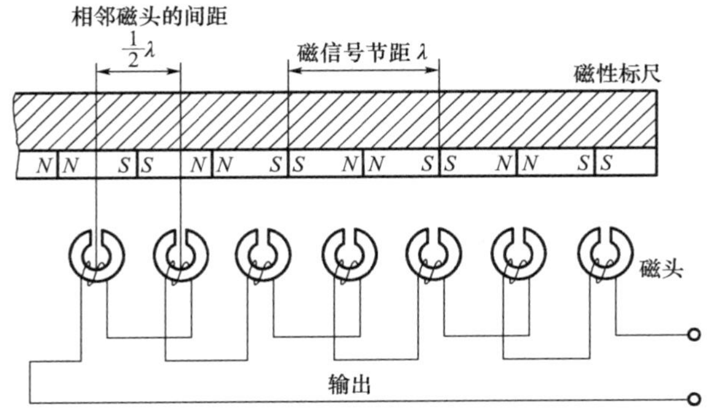

图 6-20 多间隙磁头工作原理

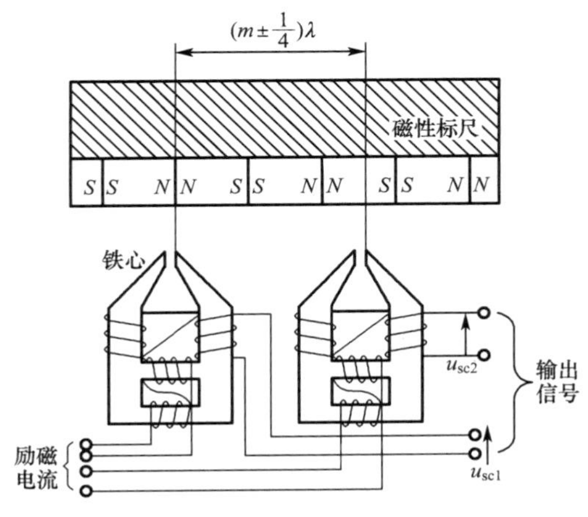

图 6-21 辨向磁头的配置

6.6.2 磁栅尺的工作原理

磁尺检测属于模拟测量，检出信号是一模拟信号，必须经检测电路处理变换，才能获得表示位移量的脉冲信号。根据检测方法不同，检测电路分为鉴幅型和鉴相型两种。数控机床通常采用的是鉴相式测量，如图 6-22 所示。

对图 6-22 所示的两组磁头Ⅰ和Ⅱ的励磁绕组分别通以同频率、同幅值、相位相差 90°的励磁电流，取磁尺上的某 N 点为起点，若磁头Ⅰ离开起点的距离为 x. 则磁头Ⅰ和磁头Ⅱ上拾磁绕组的输出电压为

$$U_1=U_0\sin\frac{2\pi x}{\lambda}\cos\omega t \tag{6-17}$$

$$U_2=U_0\cos\frac{2\pi x}{\lambda}\sin\omega t \tag{6-18}$$

在求和电路中相加，则得磁头总输出电压为

$$U=U_0\sin\left(\frac{2\pi}{\lambda}x+\omega t\right) \tag{6-19}$$

磁栅检测装置的工作原理方框图如图 6-22 所示，由脉冲发生器发出 400 kHz 脉冲序

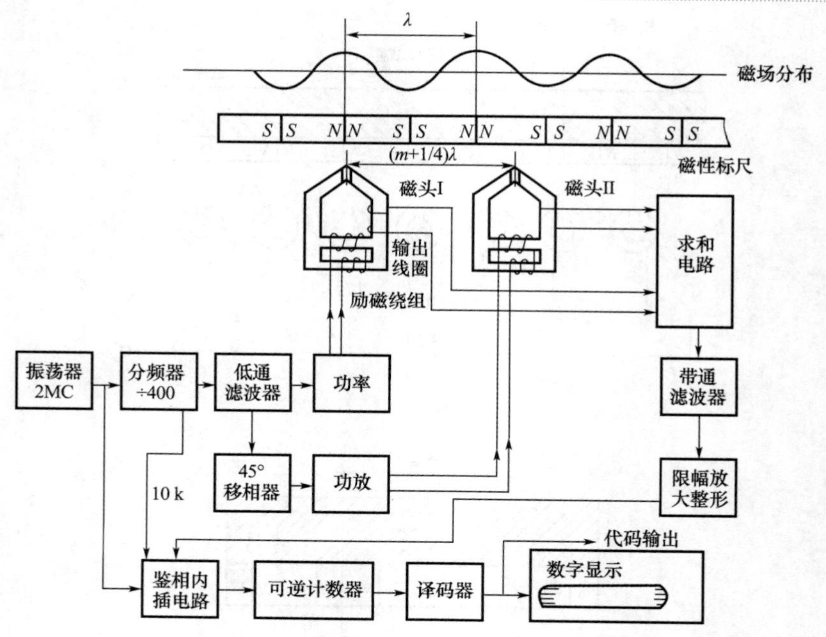

图 6-22 磁栅检测装置的工作原理框图

列，经 80 分频得到 5 kHz 的励磁信号，再经带通滤波器变成正弦波后分为两路：一路经功率放大器送到第一组磁头的励磁绕组；另一路经 45°移相，后由功率放大器送到第二组磁头的励磁线圈，从两组磁头读出信号(U_1,U_2)，由求和电路去求和，即可得到相位随位移 X 而变化的合成信号，将该信号进行放大、滤波、整形后变成 10 kHz 的方波，再与一相励磁电流(基准相位)鉴相以细分内插的原理，即可得到分辨率为 5 μm(磁尺上的磁化信号节距 200 μm)的位移测量脉冲，该脉冲可送至显示计数器或位置检测控制回路。

磁尺制造工艺比较简单，录磁、消磁都较方便。若采用激光录磁，可得到更高的精度。直接在机床上录制磁尺，不需要安装、调整工作，避免了安装误差，从而可得到更高的精度。磁尺还可以制作得较长，用于大型数控机床。目前数控机床的快速移动速度已达到 24 m/min，因此，磁尺作为测量元件难以跟上这样高的反应速度，使其应用受到限制。

6.6.3 光栅尺与磁栅尺的应用特点

光栅尺的精度较高，当测量行程在 0～2 米范围内时，性价比有明显优势，广泛应用于数控金属切削机床、数控线切割机床、数控电火花加工机床、光学测量投影仪等设备。但由于光栅尺制造工艺方面的原因，若所需测量行程超过 5 米，光栅尺制造将很困难(两块光学玻璃尺要 45°斜角对接以增加长度，玻璃尺镀铬机的空间有限)，价格很昂贵。

磁栅尺的耐水、耐油、耐粉尘、耐振动性能较好，当测量行程超过 2 米以上范围时性价比优势明显，并且测量行程越长价格优势越突出。磁栅尺的最大量程可达 30 米，在大型数控金属切削机床，如大型数控镗床、大型数控铣床、水下测量装置、木材石材加工机床(工作环境粉尘严重)、金属板材压轧设备(大型成套设备)等应用方面有明显优势。

6.7 激光干涉位移检测装置

激光干涉测量，是利用光的干涉原理和多普勒效应来进行位置检测的，按照工作光的频率可分为单频和双频两种。不论是单频还是双频激光干涉法测量位移，都是以激光波长作为基准对被测长度进行度量的。

当光栅尺等检测装置不能满足精度要求时，可以考虑激光干涉测量。激光的波长极短，特别是激光的单色性好，波长值准确，其分辨率可以达到亚纳米级精度。

6.7.1 单频激光干涉法测距原理

激光输出可被视为正弦光波，其具有几个关键特性：①波长很短，且精确已知，能够实现精密测量和高分辨率测量；②方向性好，配置适当的光学准直系统，其发散角可小于 10^{-4} rad，几乎是一束平行光；③亮度高，由于激光束极窄，其有效功率和照度特别高；④单色性好，波长分布非常窄，颜色极纯；⑤高度相干性，所有光波均为同相，能够实现干涉条纹。大多数现代位移干涉仪都使用氦氖激光器，其具有 633 nm 的波长输出。

光的干涉原理表明，两列具有固定相位差，且具有相同频率、相同振动方向或振动方向之间的夹角很小的光互相交叠，将会产生干涉。两束同频激光在空间相遇会产生干涉条纹，其亮暗程度取决于两束光间的相位差 $\Delta\Phi$，亮条：相长干涉（两束光的相位相同），光强最大；暗条：相消干涉（两束光的相位相反），合成光的振幅为零，光强最小。如图 6-23 所示。

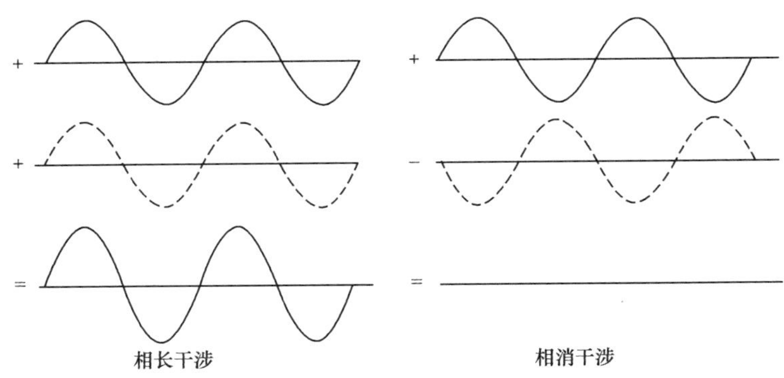

图 6-23 合成相干光束

激光干涉仪中光的干涉光路如图 6-24 所示。由激光器发出的激光光束 b_1 经分光镜 S_1 分成反射光束 b_2 和透射光束 b_3，b_2 由固定反射镜 M_1 反射，b_3 由可动反射镜 M_2 反射，反射回来的光在分光镜处汇合成相干光束 b_4。如果两光程差不变化，探测器将观察到介于相长干涉与相消干涉之间的一个稳定信号。如果两光程差发生变化，每次光路变化探测器都能观察到相长干涉到相消干涉的信号变化，即产生明暗相间的干涉条纹，这些变化（条纹）被数出来，用于计算两光程差的变化。被测长度（L）与干涉条纹变化的次数（N）和激光光源波长（λ）之间的关系是

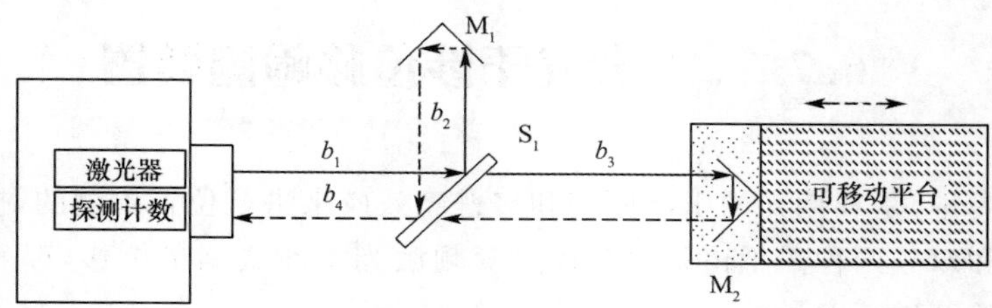

图 6-24 单频干涉原理图

$$L = N \cdot \frac{\lambda}{2} \tag{6-20}$$

计数时，干涉条纹的变化由光电转换元件接收并转换为电信号，然后通过移相获得两路相差 $\pi/2$ 的光强信号，该信号经放大，整形，倒向及微分等处理，从而获得四个相位依次相差 $\pi/2$ 的脉冲信号，最后由可逆计数器计数，从而实现位移量的检测。

激光的波长为 633 nm，激光干涉测量位移时，每移动 316 nm 就会产生一个光强变化循环（明-暗-明），通过在这些循环之间进行相位细分，可以实现分辨率 0.1 nm 的测量。

激光干涉仪是一种增量法测长仪器，它把目标反射镜与被测对象固联，参考反射镜不动，当被测对象移动时，两路光束的光程差发生变化，干涉条纹将发生明暗交替变化。若用光电探测器接收，并记录下信号变化的周期数，便确定了被测长度。

单频干涉仪抗外界干扰因素的能力差，一般只能在恒温、防震的条件下工作。

6.7.2 双频激光干涉法测距原理

1. 多普勒效应

双频激光测量原理是建立在多普勒效应基础上的，多普勒效应是波源和观察者有相对运动时，观察者接收到波的频率与波源发出的频率并不相同的现象。观察者接收到的波源频率与波源发射频率的差值，称之为多普勒频差。观察者（Observer）和发射源（Source）的频率关系为

$$f' = \left(\frac{v \pm v_0}{v \mp v_s}\right) \cdot f$$

式中，f' 为观察者接收频率；f 为波源发射频率；v 为波速；v_0 为观察者移动速度；v_s 为波源移动速度。括号中分子和分母的上行运算和下行运算分别为“接近”和“远离”之意。

对于光波来说，不论光源与观察者的相对速度如何，测得的光速都是一样的，即测得的光频率与波长虽有所改变，但两者的乘积即光速保持不变。光源从观察者离开时与观察者从光源离开时有完全相同的多普勒频率。由相对理论给出的光的多普勒频率为

$$f' = \left(\frac{1 - v_s/c}{\sqrt{1 - (v_s/c)^2}}\right) \cdot f$$

式中，c 为光速，m/s。

利用二项式展开，当 v_s/c 比值很小而略去高次项时，并用 v 代替 v_s，就可得出

$$\Delta f = f - f' = f \cdot \frac{v}{c}$$

2. 双频激光干涉仪

双频激光干涉仪由激光管、稳频器、光学干涉、光电接收、计数器电路等组成，如图 6-25 所示。

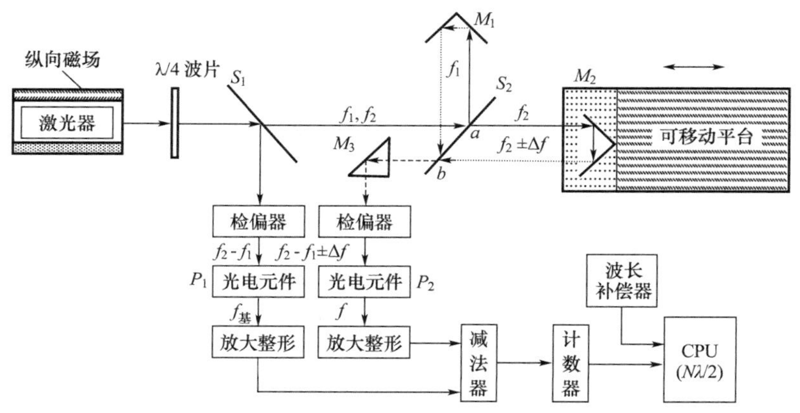

图 6-25 双频干涉原理图

将单模激光器放置于纵向磁场中，使输出激光分裂为具有一定频差(约 1～2 MHz)，旋转方向相反的左、右圆偏振光，双频激光干涉仪就是利用这两个不同频率(f_1、f_2)的圆偏振光作为光源。左、右圆偏振光经过 $\lambda/4$ 波片后成为相互垂直的线偏振光(f_1 垂直于纸面、f_2 平行于纸面)，析光镜 S_1 将一小部分反射，经主截面 45°放置的检偏器射入光电探测器 P_1，取得频率为 $f_基=f_2-f_1$ 的光电流，经放大整形处理后输出一组频率为 f_2-f_1 的连续脉冲，作为后续电路的基准信号；通过析光镜 S_1 的光射向偏振分光镜 S_2，偏振分光镜按照偏振光方向在 a 处将 f_1 和 f_2 分离，偏振方向垂直于纸面的 f_1 光，被折射到固定反射镜 M_1，并被反射至偏振分光镜 S_1 的 b 处。偏振方向平行于纸面的 f_2 光透过偏振分光镜到达测量反射镜 M_2。当测量反射镜随工作台移动时，产生多普勒效应，返回频率变为 $f_2 \pm \Delta f$(正负号取决于测量反射镜的移动方向)，Δf 即为多普勒频移量。返回的 f_1、$f_2 \pm \Delta f$ 光在偏振分光镜的 b 处再度汇合，经直角棱镜 M_3、主截面 45°放置的检偏器后到达光电探测器 P_2，得到光电流的频率为 $f=(f_2 \pm \Delta f)-f_1=(f_2-f_1) \pm \Delta f$。经放大整形处理后，输出一组频率$(f_2-f_1) \pm \Delta f$ 的连续脉冲，作为系统的测量信号。图 5-24 中的减法器的作用就是实现这两组连续脉冲的相减，即$\pm \Delta f=(f_2-f_1) \pm \Delta f-(f_2-f_1)$。波长补偿器用于测量环境条件参数，从而补偿由于空气折射率的波动引起的波长变化。

在双频激光干涉仪中，设测量反射镜的速度是 V，由于光线射入可动棱镜，又从它那里返回，这相当于光电接收元件相对光源的移动速度是 $2V$，其多普勒效应可用下式表示

$$\Delta f=\frac{2V}{c}f$$

式中，c 为光速；V 为测量反射镜的移动速度；f 为光频。设测量长度为 L，则有

$$L=\int_0^t V\mathrm{d}t=\int_0^t \frac{\Delta f c}{2f}\mathrm{d}t=\frac{\lambda}{2}\int_0^t \Delta f\,\mathrm{d}t$$

式中，λ 为激光在测量时刻的波长值，频率的时间积分为周期数 N，所以上式可化为

$$L=N\cdot\frac{\lambda}{2}$$

其与单频激光干涉法的位移计算公式相同。但双频激光干涉仪将测量信号叠加在了一个固定频差(f_2-f_1)上,属于交流信号,具有很大的增益和信噪比,完全克服了单频激光干涉仪因光强变动造成直流电平漂移,使系统无法正常工作的弊端。测量时即使光强衰减 90%,双频激光干涉仪仍能正常工作。由于其具有很强的抗干扰能力,因而特别适合现场条件下使用。

6.7.3 激光干涉测量技术的应用

激光干涉测量技术在数控机床领域的应用主要有以下两方面:

①在数控机床出厂时或使用过程中,对数控机床的精度进行检测校准;

②利用高精度激光尺代替常规的光栅尺作为机床位置反馈元件,来提高机床的精度。

目前在数控机床上应用的激光尺,主要有雷尼绍公司(Renishaw)的 RLE 光纤激光尺,美国光动公司(Optodyne,Inc)的 LDS 激光尺等。RLE 光纤激光尺利用光纤连接直接将激光束导入轴上测量位置。这种特性使得它从根本上避免了其他激光干涉仪器所遇到的复杂的外部传输情况,因为其他的激光干涉仪器需要光学元件和精密的安装结合起来才能将光束送达轴上。相比较而言,雷尼绍的 RLE 激光尺只需在轴上的移动元件上安装一个光学件。为进一步简化安装,RLE 激光尺自带一个准直辅助镜,这样将激光准直过程简化为“即装即用”。

激光干涉位移测量为数控机床提供了一种速度快、精度高和行程长的位置反馈解决方案,主要具有以下优点:

①高精度(1 μm/m),高分辨率(可达 0.1 nm);

②无热膨胀,无安装应力,运行过程中相互不接触,不会产生磨损;

③安装时,可以尽可能地与运动方向一致,最大可能减小因测量位置和实际位置不一致所产生的阿贝误差;

④只需加工激光头与反射镜的安装位置,无须加工长的安装面,节省制造成本;

⑤可满足长达 100 m 或更长的位置反馈应用需要;

⑥在可测量的范围内,价格与测量长度无关;

⑦信号输出为方波、脉冲、正余弦波等,与主流控制系统兼容。

近年来,随着光导纤维技术的发展,光纤干涉仪得到了广泛的应用。其将单模光纤作为传感元件的一部分代替原光学设计中复杂的光路,提供了与传统分立式干涉仪相比拟的性能,但没有传统干涉仪相关的稳定性问题,使得干涉仪更加简单、紧凑,性能更加稳定。

另外,上面所述的激光干涉位移测量法都需要配备供测量反射镜移动的精密导轨,测量过程不能中断,并且测量方式为增量式,不能测量绝对位移。随着激光技术、红外技术的发据,以多波长激光为基础的无导轨大长度绝对测量技术正受到越来越多的关注。

思考题与习题

6-1 名词解释:莫尔条纹;电子细分;辨向;循环码。

6-2 数控机床对位置检测装置有哪些要求?

6-3 增量式位置检测与绝对式位置检测各有什么特点？分别说出2～3种常用的增量式位置检测装置和绝对式位置检测装置。

6-4 简述莫尔条纹用于测量位移量的工作原理，并说明莫尔条纹的特性。

6-5 光栅位移检测装置由哪些部件组成？它的工作原理是什么？

6-6 格雷码码盘与直接二进制码(8421码)码盘相比较，具有什么突出的优点？

6-7 在磁栅检测装置中，为什么一定要采用静态磁头？静态磁头的结构如何？

6-8 简述感应同步器的工作原理。

6-9 试述旋转变压器的工作原理及应用。

6-10 将下列十六进制数对应的二进制数码和格雷码填入表6-2中。

表 6-2　　题 6-10 表

十六进制数	0	1	2	3	4	5	6	7	8	9	A	B	C	D	E	F
二进制数码	0000	0001	0010	0011	0100	0101	0110									
格雷码	0000	0001	0011	0010												

第7章

数控刀具系统

7.1 数控刀具系统的特点

随着数控技术的发展，数控机床刀具已经不是普通机床所采用的一机一刀的模式，而是各种不同类型的刀具同时在数控机床上轮换使用，以实现快速自动换刀。因此，“数控刀具”的含义已扩展为“数控刀具系统”。此外，为了适应数控机床对刀具提出的可调、快换、稳定、耐用等要求，机夹可转位不重磨刀具的使用已占整个数控刀具数量的30%～40%，机夹可转位不重磨刀具的金属切削量已占数控机床刀具切削总量的80%～90%。

7.1.1 数控刀具的种类

1.按数控刀具的结构分类

(1)整体式刀具　由整块刀具材料根据不同用途专门磨削而成的刀具。其优点是结构简单，使用方便，工作可靠，换刀快捷等。

(2)镶嵌式刀具　将刀片以焊接或机械夹持的方式镶嵌在刀体上的刀具。

(3)减振式刀具　当刀具的工作臂较长时，为了减小刀具在切削时的振动所采用的一种特殊结构的刀具。它主要应用于镗孔加工。

(4)内冷式刀具　可通过机床主轴或刀盘将切削液自动输送到刀体内部，并从喷嘴自动喷射到切削部位进行冷却的刀具。

(5)特殊刀具　包括强力夹紧刀具、挤压攻螺纹刀具、复合刀具等。

2. 按数控刀具的刀头材料分类

(1)高速钢刀具

(2)硬质合金刀具

(3)陶瓷刀具

(4)超硬刀具

3. 按数控刀具的切削工艺分类

(1)车削刀具

(2)镗削刀具

(3)钻削刀具

(4)铣削刀具

4. 按刀具系统分类

(1)整体式刀具系统

(2)模块式刀具系统

7.1.2 数控刀具的特点

数控刀具与普通机床所使用的刀具实际上是相同的,但数控机床在使用性能上对数控刀具提出了更高的要求。数控刀具性能的改进和提高,对充分发挥数控机床的效率具有十分重要的意义。数控刀具的特点主要有:

1. 切削效率高

数控刀具要适应数控机床的发展趋势,即高速度、高效率、高刚度和大功率。因此,数控刀具必须优质、高效,具有可承受高速切削和强力切削负荷的性能。

2. 精度高

刀具精度高,首先指刀具本身的尺寸精度高。此外,为了实现数控加工高精度和可自动换刀的要求,数控刀具的重复定位精度要求较高,刀柄与快速夹头之间或刀柄与机床主轴锥孔之间的连接定位精度要求较高,以满足精密零件的高精度加工需要。

3. 可靠性和耐用度高

刀具的可靠性直接关系到零件的加工质量。刀具不可能允许因切削条件有所变化而出现故障,所以必须具有较高的工作可靠性。此外,数控刀具不但要求切削性能好,而且要求耐用度高、性能稳定,要求尽量避免在同一个零件的加工过程中停机换刀刃磨。同时,零件加工过程中使用的同一批刀具,其切削性能和寿命也应基本一致,不得有较大的差异,以免在无人看管自动走刀切削的情况下,出现因刀具早期磨损或意外破损造成的加工工件大量报废甚至损坏机床。

4. 刀具尺寸能够预调和快速换刀

为了达到较高的定位精度,减少换刀调整时间,刀具的结构应便于刀具预调尺寸。人工换刀时应采用快速夹头,当具有刀库装置时应实现自动换刀。

5. 具有完善的工具系统

在多品种中小批量的生产条件下，实行刀具管理标准化工作可减少刀具的品种和规格，有利于增加批量、降低成本。数控机床采用模块式工具系统，可以较好地适应多品种中小批量零件的生产需要，有效地减少工具储备。

6. 具有刀具管理系统

数控加工中心和柔性制造系统使用的刀具数量繁多，数控刀具管理系统可以对刀库中的所有刀具进行自动识别，存储刀具尺寸、刀具位置和切削时间等信息，还可以实现刀具的更换、运送、刃磨和尺寸预调等实时监控功能。

7. 具有在线监测补偿系统

在线监测补偿系统可以进行刀具磨损或破损的在线监测，其中刀具破损的在线监测可通过接触式传感器、光学摄像和声发射等方法进行，并可将监测结果输入计算机，及时发出调整或更换刀具的指令，保证数控加工工作循环的正常进行。

7.2 数控车床刀具系统

7.2.1 数控车刀

数控车刀按结构不同可分为整体式车刀、焊接式车刀、机夹式车刀和可转位式车刀。目前广泛使用的是机夹可转位不重磨车刀。

机夹可转位不重磨车刀如图 7-1 所示，由刀杆、不重磨刀片、刀垫和夹紧元件等组成。机夹可转位不重磨车刀具有如下特点：

(1)刀片有多条主切削刃，可转位轮流使用，可大大延长刀具的使用寿命，并可明显缩短换刀时间。

(2)刀刃不需要重磨，直接可用好用，有利于推广采用涂层刀片。

(3)断屑槽经预先压制而成，尺寸稳定，形状准确，断屑效果可靠，节省硬质合金。

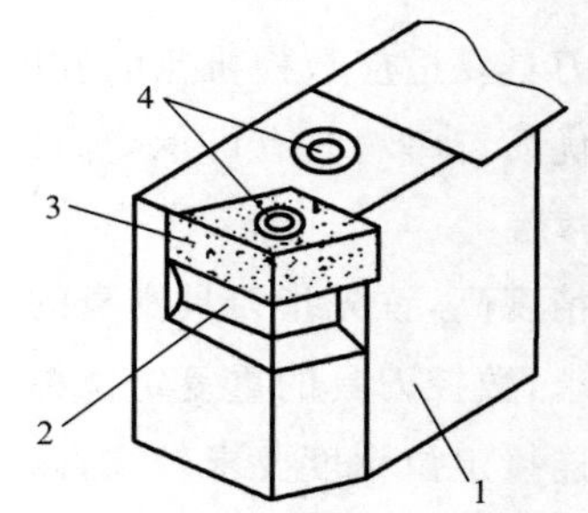

图 7-1 机夹可转位不重磨车刀的组成

1—刀杆；2—刀垫；3—不重磨刀片；4—夹紧元件

(4)刀片与刀杆槽的制造精度高，刀具角度合理，使用效果好。

机夹可转位不重磨刀具不仅广泛应用于车刀，而且被推广到其他各种类型的刀具。

在车削加工中，由于目前使用的机夹可转位不重磨刀片的形状、规格和材料很多，所以 ISO 标准和我国国家标准都对机夹可转位不重磨车刀的型号表示规则、可转位车刀刀片的形状、代码、刀垫等做出了统一规定。

表 7-1 列出了机夹可转位不重磨车刀的型号表示规则，适用于机夹可转位不重磨外圆车刀、端面车刀和仿形车刀等。

表 7-1　　机夹可转位不重磨车刀的型号表示规则(摘自 GB/T 5343.1—2007)

型号表示规则	内　容		
	代号	车刀刀片夹紧方式	说　明
第一位字母表示车刀刀片的夹紧方式	C		装无孔刀片,利用压板从刀片上方将刀片夹紧,如压板式
	M		装圆孔刀片,从刀片上方并利用刀片孔将刀片夹紧,如楔钩式
	P		装圆孔刀片,利用刀片孔将刀片夹紧,如杠杆式、偏心式和拉垫式等
	S		装圆孔刀片,螺钉直接穿过刀片孔将刀片夹紧,如压孔式

型号表示规则	代号	车刀刀片形状		代号	车刀刀片形状	
第二位字母表示车刀刀片的形状	T		正三角形	P		正五边形
	W		凸三边形	H		正六边形
	F		偏 8° 三边形	O		正八边形
	S		正方形	L		矩形
	R		圆形	K		55°平行 四边形
	V		35°菱形	B		82°平行 四边形
	D		55°菱形			
	E		75°菱形	A		85°平行 四边形
	C		80°菱形			
	M		86°菱形			
	注:对于菱形、平行四边形,表中所示角度指较小的角度					

（续表）

型号表示规则	内容					
	代号	刀片头部的形状		代号	刀片头部形状	
第三位字母表示车刀刀片头部的形状	A	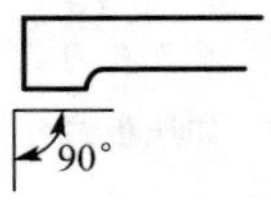 90°	90°直头外圆车刀	M	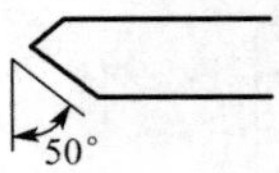 50°	50°直头外圆车刀
	B	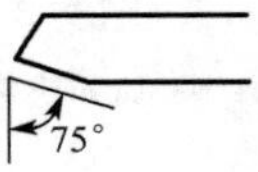 75°	75°直头外圆车刀	N	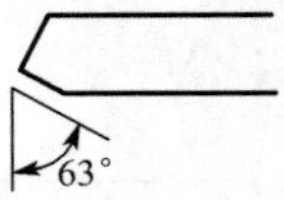 63°	63°直头外圆车刀
	C	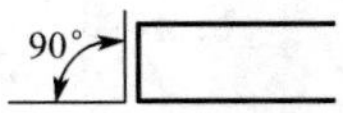 90°	90°直头端面车刀	R	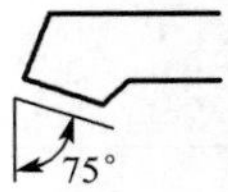 75°	75°偏头外圆车刀
	D	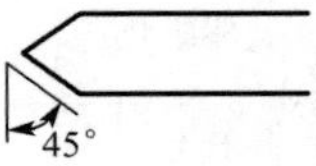 45°	45°直头外圆车刀	S	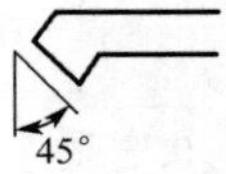 45°	45°偏头外圆车刀
	E	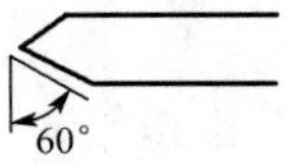 60°	60°直头外圆车刀	T	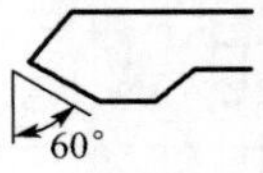 60°	60°偏头外圆车刀
	F	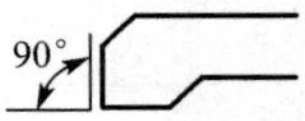 90°	90°偏头端面车刀	U	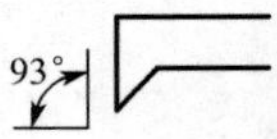 93°	93°偏头端面车刀
	G	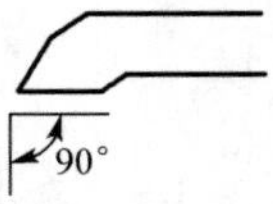 90°	90°偏头外圆车刀	V	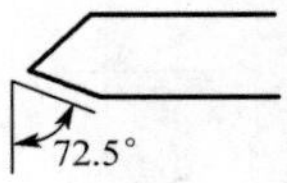 72.5°	72.5°直头外圆车刀
	J	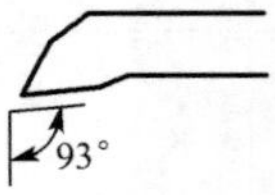 93°	93°偏头外圆（仿形）车刀	W	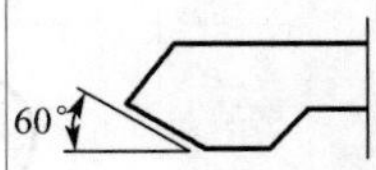 60°	60°偏头端面车刀
	K	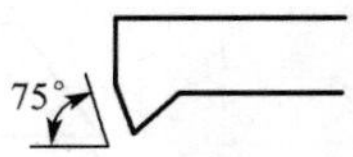 75°	75°偏头端面车刀	Y	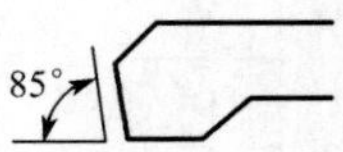 85°	85°偏头端面车刀
	L	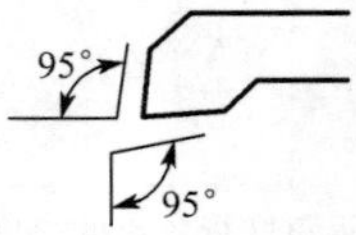 95° 95°	95°直头外圆（端面）车刀			
	注：D型和S型车刀也可以安装圆形（R）刀片					

（续表）

型号表示规则	内容			
第四位字母表示车刀刀片法后角大小	代号	刀片法后角	代号	刀片法后角
	A	3°	F	25°
	B	6°	G	30°
	C	7°	N	0°
	D	15°	P	11°
	E	20°		其余的后角需专门说明
	注：如所有切削刃都用来做主切削刃并且具有不同的后角，则法后角表示较长一段切削刃的法后角，这段较长的切削刃亦即代表切削刃的长度			
第五位字母表示车刀的切削方向	R：右切车刀；L：左切车刀；N：左、右切通用车刀			
第六位代号用两位数字表示车刀刀尖高度	例如：刀尖高度为 25 mm 的车刀，其第六位代号为 25			
第七位代号用两位数字表示车刀的刀杆宽度	例如：刀杆宽度为 20 mm 的车刀，其第七位代号为 20； 刀杆宽度为 8 mm 的车刀，其第七位代号为 08			

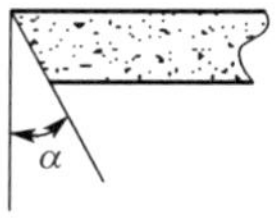

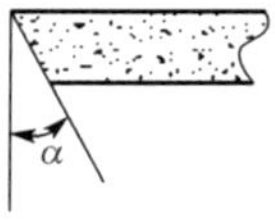

型号表示规则	代号	车刀长度	代号	车刀长度	代号	车刀长度	代号	车刀长度
第八位代号用符号“-”表示该车刀长度符合 GB/T 5343. 2—2007《可转位车刀及刀夹 第 2 部分：可转位车刀型式尺寸和技术条件》规定的标准长度（$L=125$ mm），否则用一位字母表示其长度值	A	32	G	90	N	160	U	350
	B	40	H	100	P	170	V	400
	C	50	J	110	Q	180	W	450
	D	60	K	125	R	200	X	特殊尺寸
	E	70	L	140	S	250	Y	500
	F	80	M	150	T	300		

型号表示规则	内容
第九位代号用两位数字表示车刀刀片边长	选取舍去小数值部分的刀片切削刃长度或刀片理论边长值做代号，例如，切削刃长度为 16.5 mm，则数字代号为 16。如舍去小数部分后只剩下一位数字，则必须在数字前加“0”，如切削刃长度为 9.525 mm，则数字代号为 09

型号表示规则	代号	简图	测量基准面
第十位代号用一位字母表示不同测量基准的精密级车刀	Q	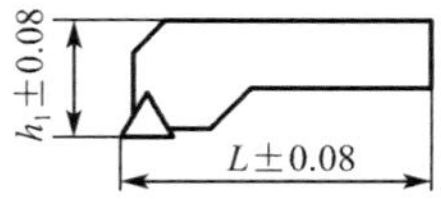 $h_1\pm0.08$；$L\pm0.08$	外侧面和后端面
	F	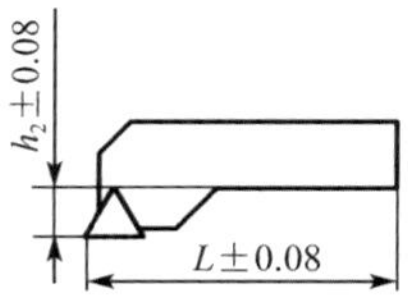 $h_2\pm0.08$；$L\pm0.08$	内侧面和后端面
	B	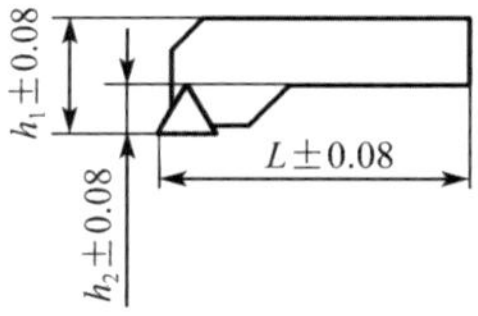 $h_1\pm0.08$；$h_2\pm0.08$；$L\pm0.08$	内、外侧面和后端面

根据表 7-1 的规定，机夹可转位不重磨车刀的型号表示方法示例如下：

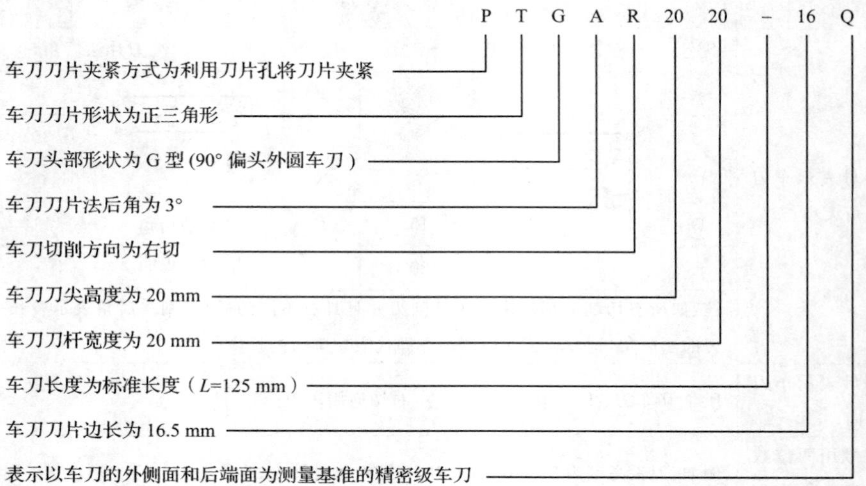

7.2.2 车削类工具系统

随着车削中心的产生和各种全功能数控车床数量的增加，人们对车削中心和数控车床所使用的刀具提出了更高的要求，形成了一个具有特色的车削类工具系统。数控车削加工用工具系统的构成和结构与机床刀架的形式、刀具类型及刀具是否需要动力驱动等因素有关。目前，已出现了多种车削类工具系统，它们具有换刀速度快、刀具的重复定位精度高和连接刚度好等特点，提高了机床的加工能力和加工效率。图 7-2 所示为数控车削加工用工具系统的一般结构体系。目前广泛采用的德国 DIN69880 工具系统具有重复定位精度高、夹持刚性好、互换性强等特点，可分为非动力刀夹和动力刀夹两部分。另外一种被广泛采用的整体式车削工具系统是 CZG 车削工具系统，它与机床连接接口的具体尺寸及规格可参考相关资料。

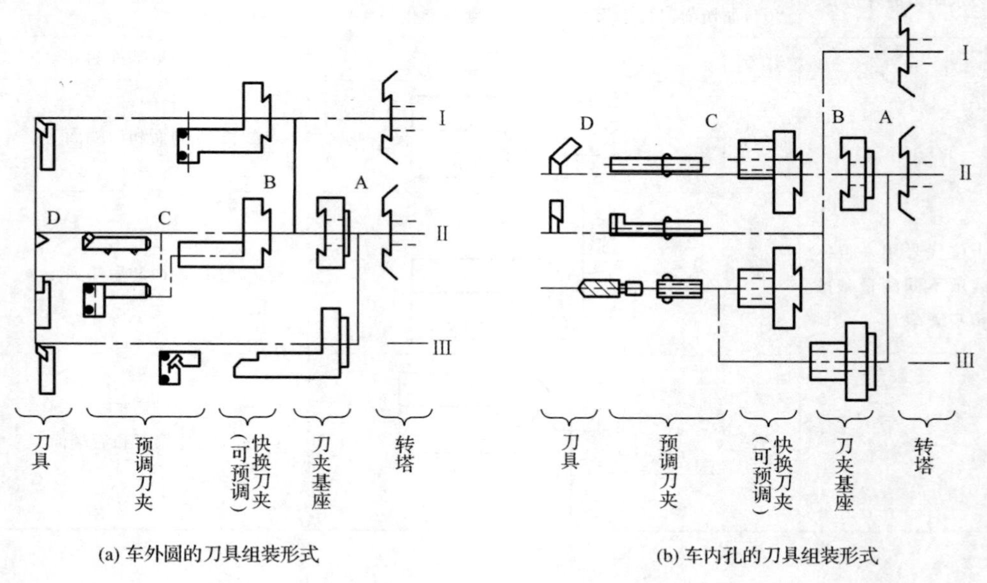

图 7-2 数控车削加工用工具系统的一般结构体系

7.3 数控铣床与加工中心刀具系统

数控铣床与数控加工中心使用的刀具系统由刀具和刀柄两大部分组成。其刀具部分和通用刀具一样，如钻头、铣刀、铰刀、丝锥等。在实际生产应用中，应根据机床、夹具、工件材料、加工工序、切削用量及其他相关因素正确选择刀具。选择刀具的总原则：刀具安装和调整方便、刚性好、耐用度和加工精度高。在保证生产安全和满足加工要求的前提下，刀具的外伸长度应尽可能短，以提高刀具刚性。因为加工中心具有自动交换刀具功能，所以刀柄要能够满足机床主轴的自动松开和夹紧定位，并要求能准确地安装各种切削刀具以适应自动换刀机械手的夹持和运送，以及适应刀具在自动化刀库中的储存和搬运识别。

7.3.1 刀　柄

数控铣床和数控加工中心使用的刀具种类繁多，每种刀具都有特定的结构和使用方法。要想实现各种刀具在主轴上的快速、准确固定，必须有一套通用中间装置，该装置既能够互换装夹各种刀具，又能够在主轴上实现准确定位。该装置装夹刀具的部分称为工作头，该装置直接与主轴接触的标准定位部分称为刀柄。刀柄是系列化、标准化的产品，刀柄的制造精度比较高，否则在机械手换刀时容易出现掉刀现象。

我国制定的刀具工具标准中，刀柄有直柄(JE)和锥柄(JT)两种形式(图 7-3)。

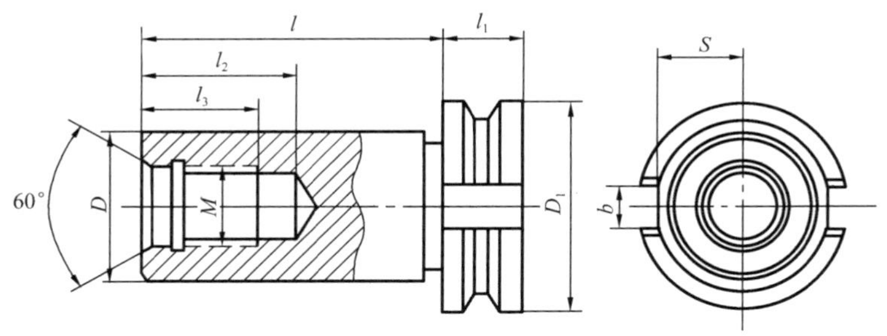

(a) 直柄刀柄(JE)

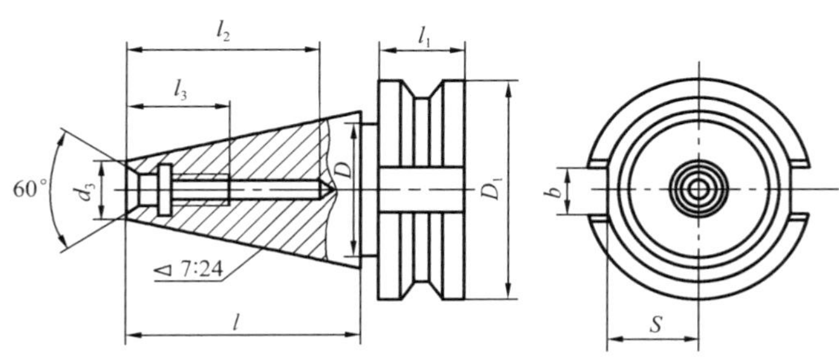

(b) 锥柄刀柄(JT)

图 7-3　加工中心用刀柄的结构

7.3.2 镗铣类工具系统

数控铣床和加工中心使用的工具系统是镗铣类工具系统，这种工具系统可分为整体式结构和模块式结构两大类。

1. 整体式结构工具系统

整体式结构工具系统将刀柄的柄部和夹持刀具的工作部分做成一体，如图 7-4 所示，使用时根据刀具选择不同品种和规格的刀柄即可。图 7-5 所示为我国 TSG82 工具系统，它表明了工具系统中各种工具的连接组合形式，选用时可按图示进行配置。表 7-2 列出了 TSG82 工具系统工具柄部的形式。表 7-3 列出了 TSG82 工具系统的代码及其意义。具体选用时应参照工具生产厂家的系统产品样本。

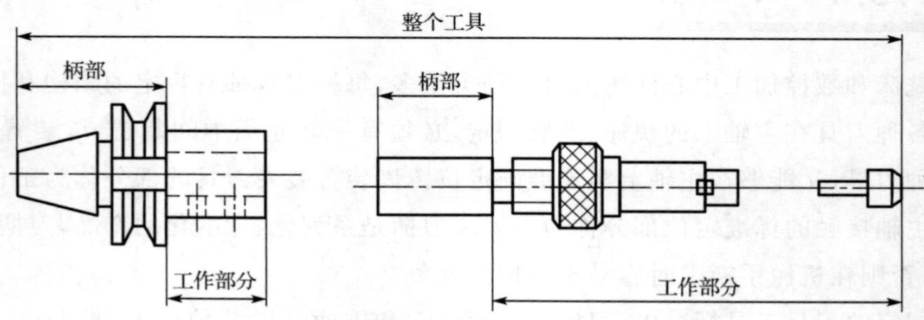

图 7-4 TSG82 工具系统的组成

表 7-2 TSG82 工具系统工具柄部的形式

代　码	代码的意义
JT	加工中心机床用锥柄柄部，带机械手夹持槽
ST	一般数控机床用锥柄柄部，无机械手夹持槽
MTW	无扁尾莫氏锥柄
MT	有扁尾莫氏锥柄
ZB	直柄接杆
KH	锥度为 7∶24 的锥柄接杆

表 7-3 TSG82 工具系统的代码及其意义

代码	代码的意义	代码	代码的意义	代码	代码的意义
J	装接长刀杆用锥柄	KJ	扩孔刀、铰刀	TF	浮动镗刀
Q	弹簧夹头	BS	快速夹头	TK	可调镗刀
KH	锥度为 7∶24 的锥柄快换夹头	H	倒锪端面刀	X	铣削刀具
Z(J)	装钻夹头	T	镗孔刀具	XS	三面刃铣刀
MW	装无扁尾莫氏锥柄刀具	TZ	直角镗刀	XM	面铣刀
M	装有扁尾莫氏锥柄刀具	TQW	倾斜式微调镗刀	XDZ	直角铣刀
G	攻螺纹夹头	TQC	倾斜式粗镗刀	XD	端铣刀
C	切内槽工具	TZC	直角粗镗刀		

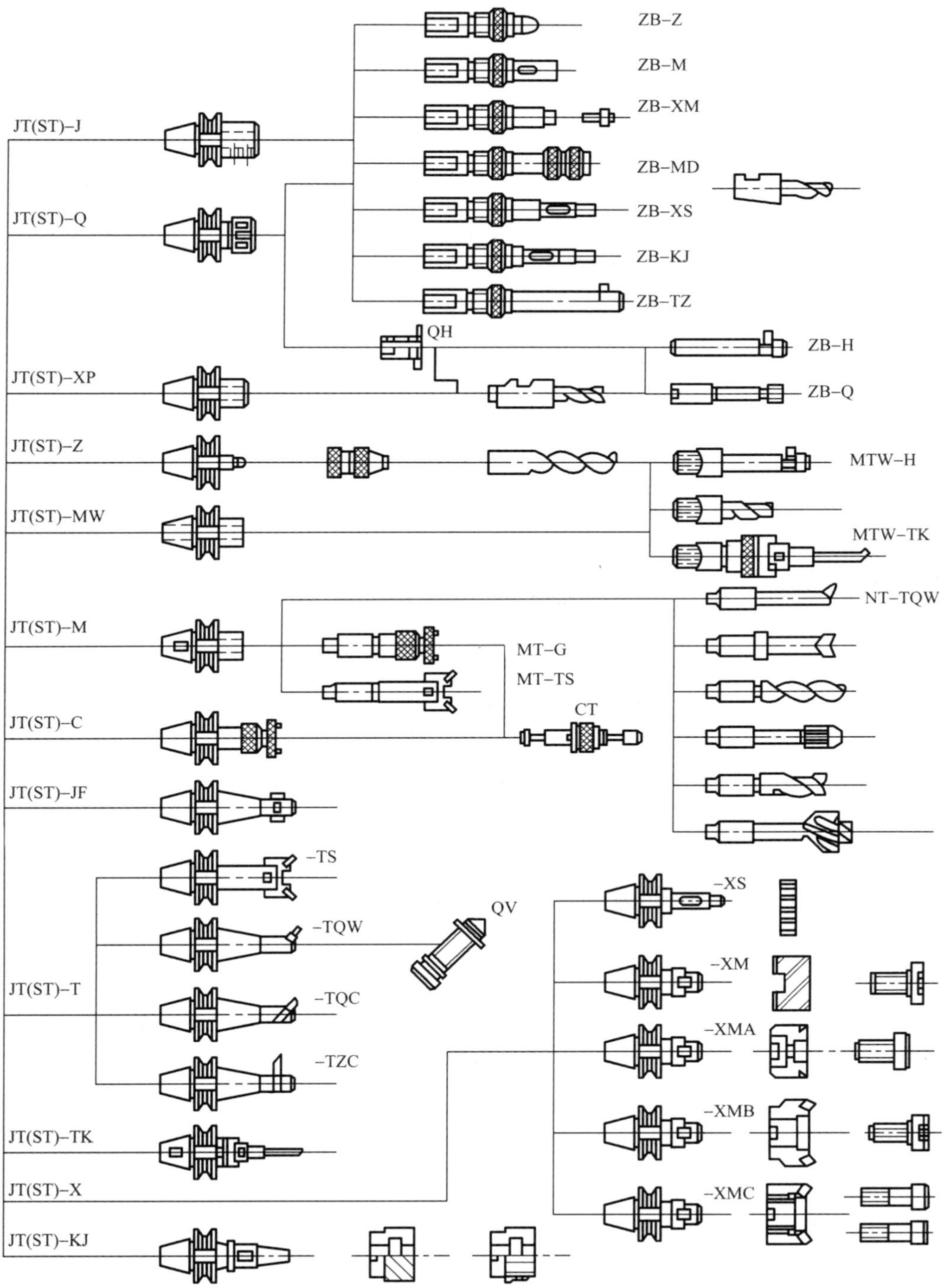

图 7-5　TSG82 工具系统

2. 模块式结构工具系统

模块式结构工具系统把整体式工具系统的刀柄加以合理分解，分别制成主柄分模块、中间分模块和工作分模块；然后通过各种合理的连接结构，在保证刀杆定位精度、连接强度和连接刚度的前提下，将这三个分模块连接成整体，如图 7-6 所示。它的优点是可以根据加工需要，通过分模块的灵活搭配连接来调整刀具的长度和种类。按照这种方法，只要备足了必要的分模块，就可以组合成各种所需要的工具，进而有效减少刀具工具的规格、品种、数量的储备总量，对企业具有很高的实用经济价值。

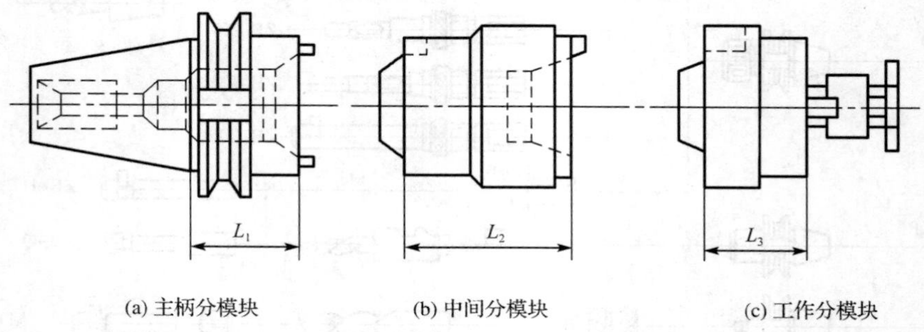

图 7-6　模块式结构刀具系统的组成

目前出现的模块式结构工具系统已达数十种，它们之间的主要区别在于分模块的定心方式和锁紧方式不同。国内的 TMG10 工具系统、TMG21 工具系统就属于该类。

采购配备完善、先进的镗铣类刀具工具系统是用好数控铣床和数控加工中心的重要环节。模块式结构工具系统能更好地适应多品种中小批量零件的加工，且有利于工具的生产、使用和管理，能有效地减少用户厂的工具储备量，因此得到了推广使用。

7.4　数控机床的对刀装置

7.4.1　数控机床的对刀方式

数控机床在开始切削加工之前必须先对刀。对刀的目的是确定工件坐标系与机床坐标系的相互位置关系，确保在数控加工时刀具、机床、工件、夹具的实际位置与数控加工程序中的坐标数值取得协调一致。对刀过程一般依坐标轴方向分别进行，它可理解为通过找正刀尖（刀位点）与一个在工件坐标系中有确定位置的点（对刀点）来实现。

在实际加工中可以采用试切对刀法，通过测量试切所得工件的实际尺寸来修改有关刀具补偿参数及相应程序，但这种方法占用了生产机时，不利于数控加工的开机率。因此在生产中常使用对刀量块、z 轴定位器、寻边器等装置来提高对刀效率。

为了提高数控机床的开机率，可以采用机外对刀方式进行对刀。机外对刀方式是事先按数控加工的工艺要求，在对刀仪上测量所需刀具的有关几何尺寸，将这些参数随刀具提供给现场的机床操作者，由操作者根据这些参数修改有关的数控程序和补偿参数（刀具长度及半径的补偿），然后加工零件。这种机外对刀的装置，通常称为对刀仪（或刀具预调仪）。

7.4.2 对刀仪

对刀仪按检测对象分类，可分为数控车床用的车刀对刀仪、数控镗铣床和加工中心用的镗铣类机外对刀仪，也有综合两类功能的综合对刀仪。由于数控车床刀具夹持方式的标准化水平不高，车刀对刀的精度要求相对较低，所以在对刀仪产品中，以加工中心使用的机外对刀仪比较常见。

1. 对刀仪的组成部分

(1)刀柄定位机构

刀柄定位机构通常是指对刀仪主轴。因为刀柄定位基准是测量基准，所以对刀仪主轴的制造精度要求很高。一般都与机床主轴定位基准的要求相接近，这样才能使测量数据接近在机床上使用的实际情况。

刀柄定位机构包括一个回转精度很高、与刀柄锥面接触良好、带有刀柄拉紧机构的对刀仪主轴。对刀仪主轴的中心线与两条测量导轨(z 和 x)具有很高的平行度和垂直度要求，对刀仪主轴的轴向尺寸基准面与实际装刀时的机床主轴基准面相同，对刀仪主轴能高精度回转并能很方便地找出被测刀尖的最高点。

(2)测头部分

测头有接触式测量与非接触式测量两种。接触式测量用百分表直接测出刀尖的最高点，这种测量方式的精度可达 0.002～0.010 mm，它比较直观，但容易损伤表头和被测刀具的切削刃部。非接触式测量常采用投影光屏，投影物镜的放大倍数有 8、10、15 和 30 倍。由于光屏的质量、测量技巧、视觉误差等多种随机因素的影响，其测量精度在 0.005 mm 左右。这种测量方法不太直观，但可以综合检查被测刀刃的质量。

(3)轴向尺寸测量机构

通过 z 轴、x 轴两个坐标轴测头的轴向移动，可测得 z 轴和 x 轴尺寸，这就是被测刀具的轴向尺寸和半径尺寸。具体使用的测量元件有多种，机械式的有游标刻度线纹尺，电测式的有光栅数显、感应同步器数显和磁尺数显等。

(4)测量数据处理装置

为了对被测刀具的测量数据进行有效管理，在对刀仪上配置了计算机及有关附属装置，可以进行测量数据处理，也可以存储、输出和打印刀具预调数据。

2. 对刀仪的种类

(1)车床用光学对刀仪

图 7-7 所示为在数控车床上使用的光学对刀仪，使用时把对刀仪固定在车床床身的某一位置，然后将基准刀安装在刀架上，调整对刀仪的镜头方位，使光学镜头内的十字线交点对准基准刀的刀位点，以后所有刀具都以该点为安装时的基准。这种对刀方法受主观因素的影响较大，对刀精度不太高。

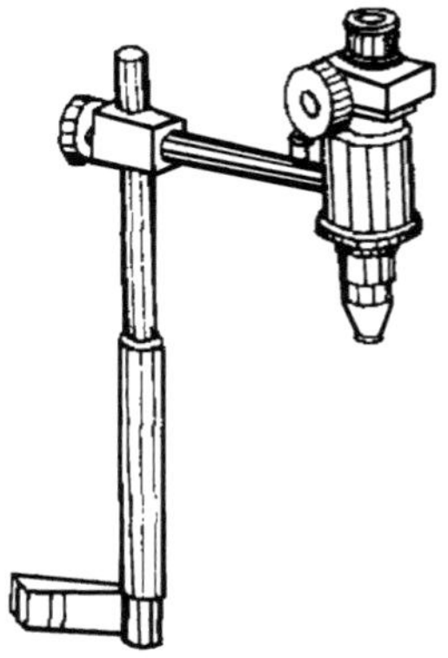

图 7-7 车床用光学对刀仪

(2)镗铣类数显式对刀仪

图 7-8 所示为一种镗铣类光学数显式对刀仪。被测刀具 2 可插入转盘 1 的锥孔中，转动手轮 9 可使立柱 7 左右移动，通过 x 轴光栅尺发出信号，显示刀具半径 x 尺寸；测量架 6 可用电动快速和手动微调上下移动，通过 z 轴光栅尺发出信号，测

量出刀具伸出长度 z 尺寸。

刀尖摆放的正确位置是：从光源 10 发出的平行光束，通过透镜 3、4，经棱镜将刀尖投影在屏幕 5 上。测量时，可转动手轮 9 左右移动立柱 7；并可上下移动测量架 6 使刀尖位于屏幕 5 中的十字线交点处；通过手轮 11 转动转盘 1，使刀尖位于 x 轴方向的最大尺寸位置处。当刀尖对准屏幕 5 中的十字线后可按 CX(置数)键，数显装置即显示输出刀具的半径尺寸；再按 CZ 键，数显装置即显示出刀具的长度尺寸。

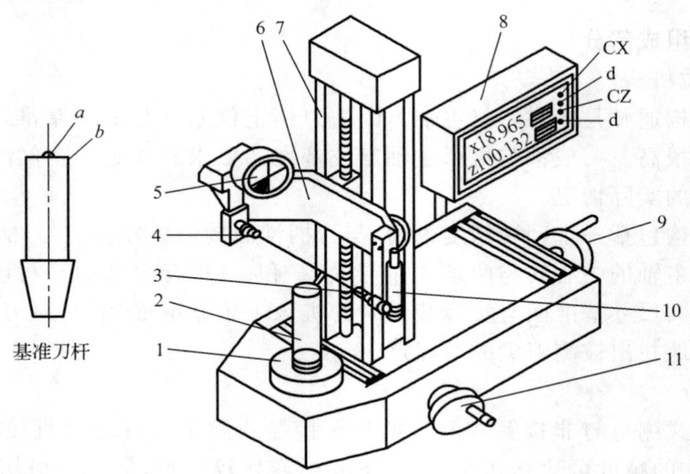

图 7-8　镗铣类光学数显式对刀仪

1—转盘；2—被测刀具；3、4—透镜；5—屏幕；6—测量架；
7—立柱；8—显示器；9、11—手轮；10—光源

开机时，为了校验对刀仪的位置精度，应先将基准刀杆插入转盘 1 中，用上述方法使钢珠的最高点 a 与屏幕 5 中的水平线相切，测量 z 轴尺寸(刀具长度)；再用相同方法测出点 b 的尺寸(刀具半径)。基准刀杆的尺寸明确记录在对刀仪的使用说明书中，如果在测量基准刀杆的长度或半径时按 d 键，则数显装置“清零”。清零校正后，测量其他刀具所得到的数据，即被测刀具相对于基准刀杆的尺寸差值。

3. 对刀仪的使用注意事项

(1)校正零位

对刀仪使用之前，应利用标准心轴对所使用对刀仪的 z 轴、x 轴进行零位校正。标准心轴应当在所使用的数控机床主轴上事先测量过误差，以确保对刀仪测出的刀具尺寸能消除两个主轴之间的常值系统误差的影响。

(2)零点漂移

持续较长时间使用对刀仪时，有时可能会出现电子报警，除了其他因素外，还需要定期检查电子元器件的零点位置，以消除零点漂移的不良影响。

(3)试切修正

用对刀仪测量得到的数据是刀具在静态条件下的尺寸，开机后刀具在复杂动态条件下工作，受到切削力、切削热、切削振动等不良因素综合影响，加工所得的实际尺寸与预调尺寸不可能完全一致，必然要有一个修正量。如果刀具质量比较稳定，加工情况比较正常，一般轴向尺寸和径向尺寸的修正量为 0.01～0.02 mm。准确的最佳修正值应由操作者根据加工条件和工具系统的刚性，凭经验试切确定。

(4)仪器的测量精度

目前普通对刀仪的精度,一般情况下径向精度为±0.000 5 mm,轴向精度为±0.01 mm。

4. 对刀仪的发展动向

(1)从数据测量到数据管理

最近正在研究开发的新型对刀仪,其功能不仅仅局限于刀具准备作业,而是将其作为自动化生产系统整体功能的一个重要环节,它能与计数尺、激光测长系统、刀具识别系统和生产管理系统等联合使用,完成测量数据的传输、运算和记录等工作,同时也提出了在线预调刀具的需求。

(2)CCD式高精度对刀仪正在成为主流机型

为了提高加工中心的开机率和追求加工的高效化、高精度化,越来越多的用户将装有CCD数码相机的对刀仪作为高精度对刀仪产品使用,而把使用方便、通用性好的投影式对刀仪作为标准产品使用。

对刀仪加装CCD数码相机之后,不需要操作者目测的曲线图调整功能就可达到±3 μm以内的重复精度,即使采用接触式测量,最小读数值也可达到1 μm。刀架使用滚针轴承,摩擦小,转动灵活,旋转一周即可测出刀具的最大值,可大大提高工作效率。通过鼠标的简单操作,即可完成任意点测量、半径测量和角度测量。此外,通过切换输出图像,能检验刀尖的破损和磨损。如果兼用支持软件,可通过计算机向机床传输刀具数据,解决了人工输入数据操作繁杂而易引起输入错误的问题。

7.4.3 对刀器

对刀器的作用是测定数控刀具与工件的相对位置。对刀器的种类很多,包括对刀量块、z轴定位器和寻边器等。

1. 对刀量块

对刀量块的使用方法是:在刀具与工件之间放入量块;调整刀具相对于工件和量块的接触松紧程度,使量块在刀具和工件之间刚好轻轻接触,可以微量移动但不会出现晃动,即可认为刀具的长度偏置值为量块的标定高度值。

2. z轴定位器

z轴定位器是用于测量刀具长度补偿值的装置,其对刀准确、效率高,大大缩短了加工准备时间。采用手动方式对刀操作时,数控机床的运动由操作者手动控制,特别适用于单件、小批量生产。如图7-9所示,z轴定位器的检测面1与底面4之间的距离为出厂标定值,使用时将z轴定位器放在工件的表面上,使刀具与z轴定位器的检测面1接触;调节刀具位置使表对零,此时被测刀具的长度偏置值即z轴定位器的出厂标定值。

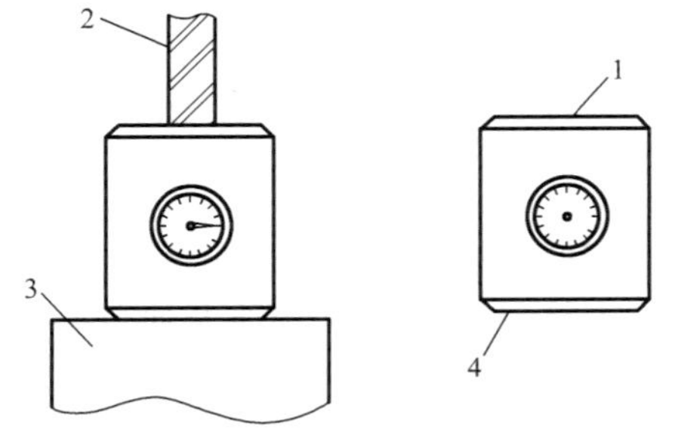

图7-9 z轴定位器及其使用

1—检测面;2—刀具;3—工件;4—底面

3. 寻边器

寻边器又称找正器,属于高精度测量工具,它可以快速、准确地设定机床主轴与工件基准面的精确位置,适用于数控铣床、数控钻床和数控加工中心机床等。

按工作原理,寻边器可分为偏心式寻边器和光电式寻边器两种。

偏心式寻边器分为上、下两截，用弹簧连接，利用旋转测头的机械偏心摆动幅度来反映被测位置的检测精度，其对刀精度可达 0.005 mm。偏心式寻边器的使用方法如下：

(1)如图 7-10(a)所示，先将寻边器 ϕ10 mm 的直柄安装于弹簧夹头刀柄或钻夹头刀柄上，以手指轻压寻边器测头的侧边，使其偏心约 0.5 mm，再使其以 400～600 r/min 的速度转动。

(2)如图 7-10(b)所示，缓慢移动工作台，使旋转测头的周边轻轻接触被测工件的侧面，可以看到寻边器的机械偏心摆动幅度逐渐减小。

(3)当寻边器测头的周边与工件侧面的接触变成图 7-10(c)所示情况时，测头几乎不再偏心振动，看起来就好像处于静止接触状态。

(4)若以微小进给量继续移动机床工作台，则寻边器的测头就如图 7-10(d)所示开始向某一确定的方向滑动，同时可以看到寻边器的机械偏心摆动幅度又逐渐加大，说明已经调整过量，超过了正确位置。显然，上述步骤(3)的情况，就是所要寻找的基准位置，该基准位置的坐标值就等于机床显示坐标与寻边器的测头半径(5.000 mm)之和。

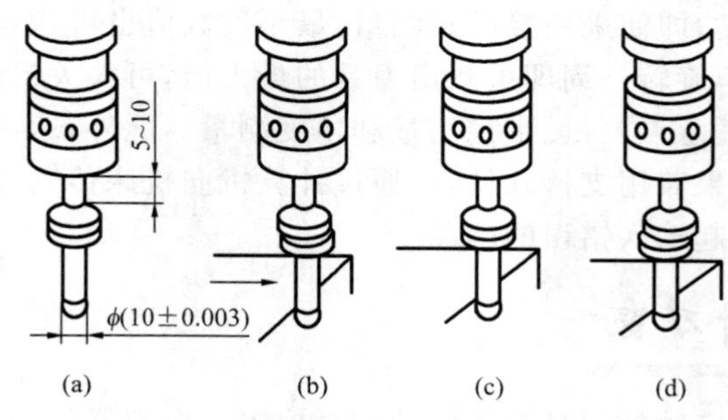

图 7-10　偏心式寻边器及其使用

光电式寻边器的内部装有电池，其触头通常为 ϕ10 mm 的高精度球体，用弹簧拉紧在光电式寻边器的测量杆上，利用其与工件接触形成电流回路的方式进行位置检测。当触头与金属工件接触时 LED 可发光，使用时不要求主轴转动。借助于光电式寻边器的指示和机床坐标位置的显示，可得到被测表面的准确坐标值；利用球触头的对称性，还可以测量一些简单的三维尺寸。

7.5　高速切削刀具系统

高速切削是当今制造业中一项快速发展的新技术。随着切削速度的大幅度提高，高速切削刀具在刀片材料、刀具几何角度、刀杆结构以及切削工艺参数等方面都明显不同于传统切削时的要求。正确选择和优化刀具参数，对于提高加工效率和质量、延长刀具寿命、降低加工成本具有关键作用。

使用高速切削刀具时，除了正确选择刀具材料和切削参数外，还要考虑有关刀具的许多其他问题，如刀具与刀柄的连接、刀柄与机床主轴的连接以及刀具系统的动平衡等。

7.5.1　高速切削对刀具的要求

在高速切削时，变形过程是不均匀的，具有周期性出现的局部集中剪切变形区，形成锯齿状的半不连续屑。其显著特征为：第一变形区变窄，剪切角增大，变形系数减小，甚至变形系数≤1；第二变形区的接触长度变短，切屑流出速度极高，前刀面受到周期性载荷的作用，这使高速切削的切削变形减少，切削力大幅度下降。此外，高速切削时刀具前刀面上的摩擦热大大增加，切削钢、钛及镍基合金时的前刀面温度可达 1 000 ℃以上，并且最高温度区距刃口很近，这使热磨损占据主导地位，易于形成前刀面上与刃口紧相毗邻部位的月牙洼磨损。而切削刃作用边界处极高的应力和温度梯度使边界磨损更加严重，尤其在高速铣削或其他断续切削时，刀尖及刀刃因受冲击载荷的作用，易于发生脆性破损。因此，高速切削对刀具有着特殊的要求，这些要求主要有：

(1)刀具材料与被加工材料的化学亲和力小。

(2)具有优良的力学性能、热稳定性、抗冲击性和耐磨性。

(3)具有正确、合理的刀具切削角度，刀尖和刃形结构具有足够的抗磨损能力。

(4)刀具系统与数控机床有牢固可靠的连接。

(5)刀具系统有可靠的预警功能。

7.5.2 高速切削的刀片材料

高速切削加工对刀片材料提出了特殊的要求，除应具备所需的硬度和耐磨性、强度和韧性、耐热性、工艺性和经济性外，还应具备高可靠性、高耐热性、抗热冲击性能以及良好的高温力学性能。针对生产中实际意义特别重大的对铝合金、铸铁、钢和耐热合金等工件材料的高速切削，已发展的刀具材料主要有涂层刀具、金属陶瓷、陶瓷、立方氮化硼和金刚石刀具等，它们各有特点，适用于不同的工件材料和切削速度范围。

7.5.3 高速切削刀具的刀体结构

高速切削刀具在极高的回转速度下工作，其刀体和可转位刀片均受到极大的离心力作用，需要十分可靠的刀体结构和刀片夹紧结构。图 7-11 中给出了三种刀体与刀片的安装夹紧形式。为了调节刀具的不平衡度，在刀体上径向安装了平衡调整螺钉。

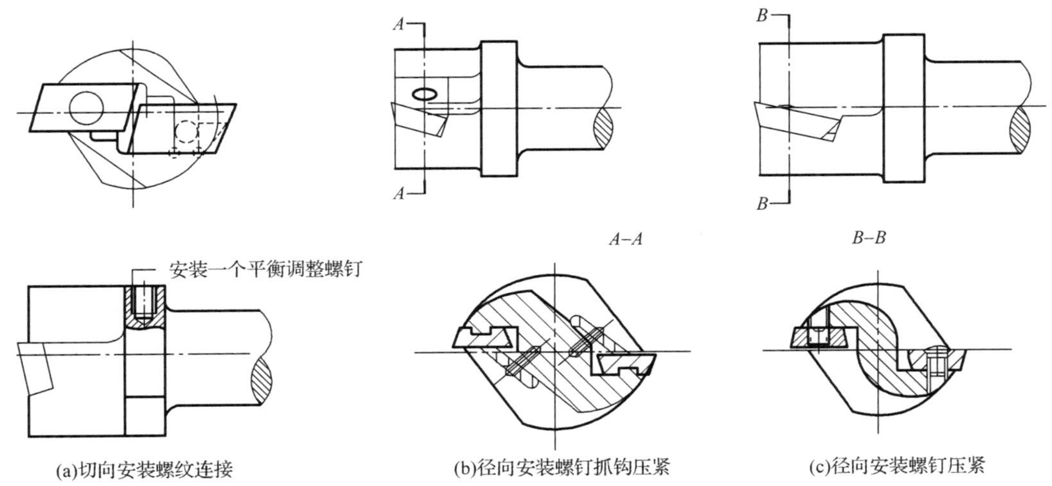

图 7-11 超高速机夹可转位铣刀的结构形式

高速切削中采用的平面铣刀刀体现已使用铝合金制造，其优点是刀具质量约为钢的60%，明显降低了转动惯量，使机床达到主轴最高转速的过渡过程时间大为缩短，这明显有利于刀具的更换，且大尺寸刀具不容易产生颤动。为了提高铝合金刀体的表面硬度，可采用表面硬质氧化膜处理，使表面硬度达到350～400HV。

为了提高刀具的刚度，钻头、立铣刀等小直径刀具可设计成整体硬质合金刀具，并被广泛应用于印制电路板的高速钻孔和仪表零件的高速加工上，这一类刀具已在模具高速切削中成为主流刀具。

为了更好地冷却，出现了带冷却孔结构的刀具设计；为了容易排屑，将钻头的槽设计成抛物线截面；为了得到更好的加工表面，简化后续工序，广泛采用CBN球头立铣刀。

断屑刀片在数控机床上已成为重要的断屑手段，由于走刀量和切削深度都影响断屑效果，所以其合理选择和应用较为困难。

高速切削刀具的切削部分应尽量短，以提高刀具的刚性和减少刀刃破损的概率。如陶瓷铣刀的切削部分就比较短，而高速钻头副切削刃的倒锥就比较大。

7.5.4 高速切削刀具的刀柄结构

刀柄是高速切削加工的一个关键部件。由于高速切削所用刀具的旋转速度极高，所以无论从保证加工精度方面考虑，还是从操作安全性方面考虑，对刀具的装夹技术都有很高的要求。

传统的刀柄与数控铣床主轴的连接采用7∶24锥面定心刀柄（BT、ISO）方式，这种方式由于完全依靠大锥度的内、外圆锥表面结合，刀具与主轴的连接刚性相对较低，当主轴转速超过10 000 r/min时，由于极大离心力的作用，主轴7∶24锥孔的大端会产生不可忽视的孔径扩张现象（图7-12），使刀具的轴向定位精度与连接刚度下降，产生振动加剧的现象。主轴定位锥孔大端的孔径膨胀扩张还会引起刀柄及夹紧机构质量的偏离，影响主轴的动平衡效果。因此，传统铣削刀具的尾柄与数控铣床7∶24锥面主轴锥孔的定心配合方式及配合精度，已经远远不能满足高速切削时的刚度与精度要求，需要开发新型的高速工具系统，以改进高速切削刀具系统的工作可靠性。

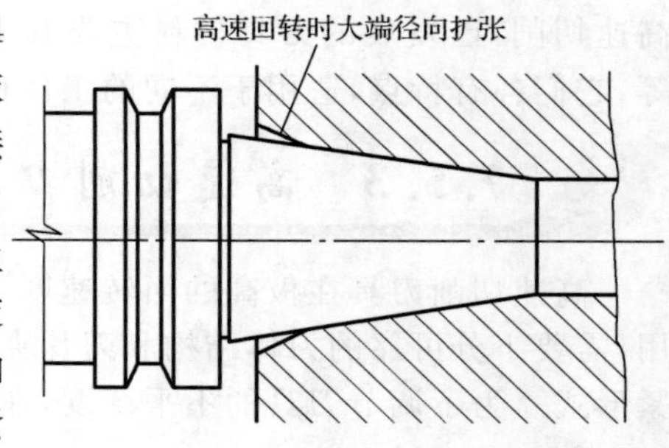

图7-12 普通标准主轴孔的孔径扩张现象

改善刀具与主轴的连接使之获得良好高速性能的最佳途径，是将原来的单靠7∶24锥面接触定位方式改为锥面与端面同时接触的定位方式。后者的本质是采用了过定位方案，使其弥补了单靠7∶24锥面定位方案的许多不足，现在已经成为高速切削刀具与高速主轴连接的主要结构形式，其中最有代表性的是德国的HSK刀柄和美国的KM刀柄。

HSK刀柄为德国亚琛工业大学开发的一种新型的高速锥型刀柄，与常规的7∶24锥度BT刀柄不同，它采用1∶10短锥面与端面双重定位的方案（图7-13），通过斜楔结构推开开口套筒，使空心柄部产生弹性变形来实现径向定位，再用高精度凸缘面来保证轴向定位精度和连接刚度，这就从夹持原理上消除了离心力作用的不良影响。更换刀具时HSK刀柄的轴向、径向重复定位精度均可达到1 μm，HSK刀具的短锥柄部较短（约为标准BT锥柄长度的1/2）、质量较轻，因此换刀时间短，有利于高速ATC换刀及机床结构小型化。在全部转速范围内,HSK 锥柄比 BT 锥柄具有更大的动、静径向刚度和良好的切削性能。同时该刀柄的增力效果显著,可达牵引力的 3 倍,适用于 20 000～46 000 r/min 的超高速主轴场合。但这种结构存在与传统的 7∶24 锥柄连接不兼容、制造工艺难度较大、制造成本较高等缺点。

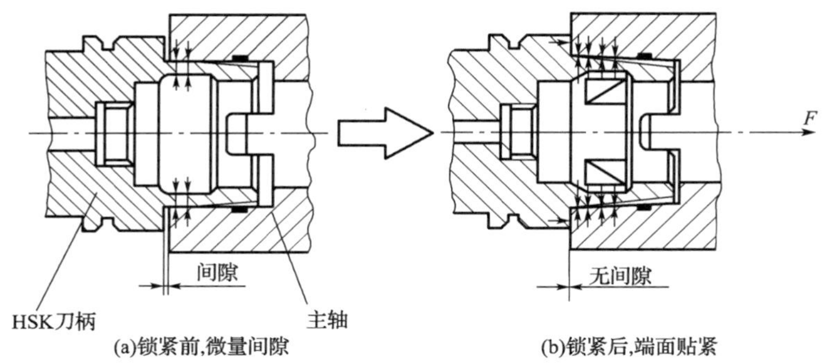

图 7-13 HSK 与主轴的连接结构

KM 刀柄是 1987 年美国 Kennametal 公司与德国 Widia 公司联合研制的 1∶10 短锥空心刀柄(图 7-14),其锥面长度仅为标准 7∶24 锥度刀柄锥面长度的 1/3。其配合锥面比较短,且刀柄设计为中空结构,当拉杆向右轴向移动时,拉杆上的圆弧槽推动钢球沿径向凸出,卡入刀柄的径向孔槽内,使刀柄同步向右轴向移动。在拉杆轴向拉力的作用下,空心刀柄的短锥面径向收缩,实现端面与锥面同时接触定位。该刀柄锥度配合部分有较大过盈量(0.02～0.05 mm),所需的制造精度比 7∶24 长锥面配合所需的精度低;该刀柄的锥柄直径较小,在高速旋转时的径向扩张量小,高速性能好。它的主要缺点是:它与传统的 7∶24 锥柄连接方式不兼容;1∶10 短锥面的自锁性可能会使换刀出现困难;锥柄是空心结构,夹紧需由刀柄的法兰端面来实现,增加了刀具的悬伸长度,相对削弱了连接刚度。

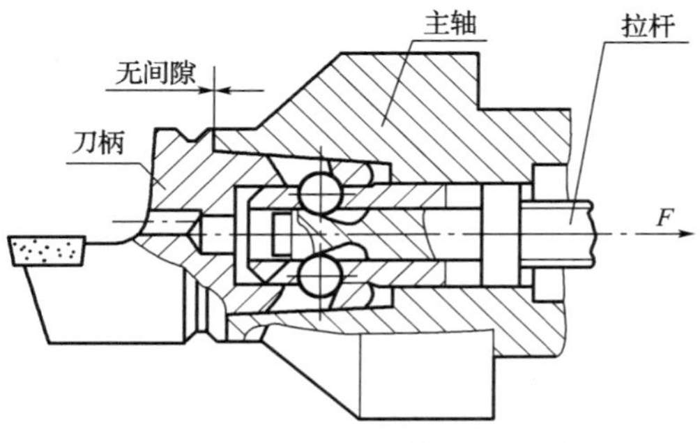

图 7-14 KM 刀柄与主轴的连接结构

HSK 刀具系统和 KM 刀具系统都具有接触刚性好、夹紧可靠、传递扭矩大、重复定位精度高(可达 0.001～0.002 5 mm)、具有适应高速旋转和换刀时间短以及与旋转刀具通用性强等优点,为刀具提高切削效率和加工质量,减少磨损及破损创造了条件。因此,此类刀柄特别适用于高速切削加工。德国已将 HSK 刀柄正式纳入 DIN69893 标准,并获得 ISO/TC29 专业委员会的认可。HSK 刀柄与 KM 刀柄作为机床刀具接口或刀具系统模块的连接方式,是机械加工向高速切削领域发展不可缺少的配套系统。

7.5.5 高速切削刀具的安全性

高速切削时,高速旋转的刀具积蓄了巨大的能量,承受着巨大的离心力。例如当主轴转速达到 40 000 r/min 时,若有刀片崩裂,掉下来的刀具碎片就像出膛的子弹,可能造成重大事故和伤害。因此,妥善解决伴随着高速切削而出现的安全性问题已经成为进一步推广高速切削工艺的前提。

对于机夹可转位不重磨铣刀的高速切削安全性,除了刀体的自身强度之外,还有零件、刀片夹紧的可靠性问题。根据计算和试验,机夹可转位不重磨铣刀在高速旋转条件下的失效可有两种形式：一种形式是夹紧刀片的螺钉被剪断，刀片或其他夹紧元件被甩飞；另一种形式是刀体发生爆裂破碎。在多数情况下首先出现的是前一种失效形式，即在极高的旋转速度下出现某些零件被甩飞；只有随着转速进一步提高达到了刀体强度的临界值，才会出现后一种刀体爆裂破碎的失效形式。

对一把直径为 80 mm 的直角面铣刀的模拟计算结果表明，在 30 000～35 000 r/min 时夹紧螺钉已达到夹紧失效的临界状态，而刀体的爆裂破碎失效临界状态出现在 60 000 r/min 以上。同一把铣刀的爆裂破碎试验表明，在 30 000～35 000 r/min 转速范围内，螺钉的夹紧可能完全失效，所有被试验刀具均发现一个或多个螺钉被剪断，其余的螺钉也都产生强烈塑性变形，刀片已离开刀座支撑面 0.1～0.5 mm。因此，机夹可转位不重磨铣刀首先发生的是零件被甩飞的失效。这种失效与刀体爆裂破碎造成的损害相比，由于转速相对较低，离心力相对较小，零件被甩飞造成的损害要小得多，但却使刀具失去了应有的使用功能。对刀片被甩飞之前位移过程的测量研究表明，在转速上升至 13 000 r/min 的过程中，刀片的位移量可达 45 μm；由于刀体变形不均匀，以及每个刀片的夹紧状态、摩擦条件等存在差异，一把铣刀的 4 个刀片可有 15～20 μm 的分散度。当转速达到 16 000 r/min 时，刀片的主偏角偏转了 0.3°。这些结果不仅对于安全性有影响，而且对于分析高速切削的加工精度也有价值。

模拟计算和爆裂破碎试验研究结果表明，高速铣刀刀片的夹紧方法不允许采用通常的依靠摩擦力夹紧，而应该采用带定位中心孔的螺钉夹紧。与安全有关的结构参数包括：刀片中心孔相对于刀座螺钉孔的偏心量、刀片中心孔的形状、螺钉头的形状等。这些因素决定了螺钉在静止状态下夹紧刀片时所产生的预应力大小，而过大的预应力可能使螺钉产生塑性变形，降低了夹紧系统的失效转速。刀具在高速旋转切削加工时，刀片的离心力对螺钉产生新的作用力，切削力与离心力、预应力叠加使螺钉被剪断或发生严重塑性变形。据测试，直径 80 mm 的铣刀以 30 000 r/min 高速旋转时，一个 7 g 的刀片可产生 2 500 N 的离心力。因此，改进夹紧系统，提高螺钉被甩飞的失效转速，可以发掘高速铣刀的潜力。日本三菱金属公司开发的 OCATCUT 系列高速铣刀，其刀座与刀片结构如图 7-15 所示，它利用刀片底面的圆键孔与刀体上的圆环凸台相互接触配合，改善了刀片夹紧的可靠性，使这类铣刀刀片的被甩飞失效转速提高了 24%。图 7-16 所示为无孔刀片的防甩飞设计，这种结构可以用于 16 000 r/min 转速范围内。

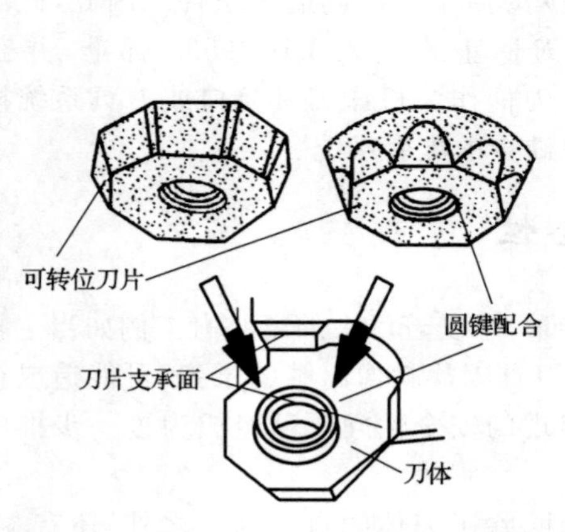

图 7-15　有孔刀片的刀座与刀片

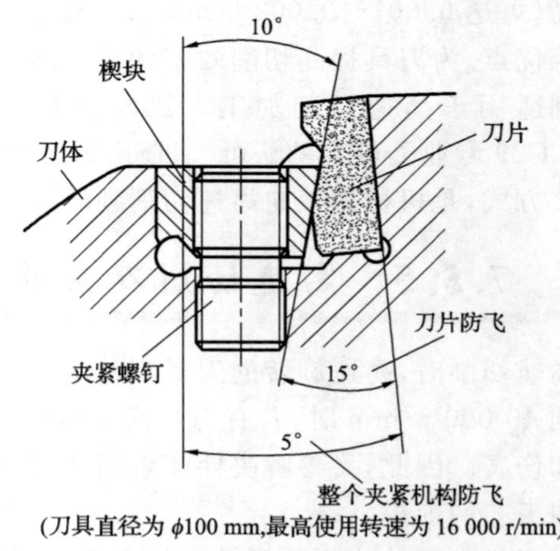

图 7-16　无孔刀片的防甩飞设计

7.5.6 高速切削刀具的动平衡

《高速旋转铣刀的安全性要求》标准规定：用于高速切削的铣刀必须经过动平衡测试，并应达到 ISO 1940-1 规定的 $G1$ 平衡质量等级以上。要想达到如此高等级的动平衡要求，采用常规方法仅在装配之前对主轴的每个零件分别进行动平衡是不够的，还必须在组装之后进行整体精确动平衡，甚至还要设计专门的自动平衡系统来实现主轴在线动平衡，以确保主轴高速切削刀具系统的高速平稳运行。

引起高速切削刀具系统动不平衡的主要因素有：刀具平衡极限和残余不平衡度、刀具结构不平衡度、刀柄不对称度、刀具及夹头的安装（如单刃镗刀）不对称度、主轴-刀具界面上的径向装夹精度、主轴的磨损与回转精度、刀具与主轴接合面上的杂物颗粒污染等。设刀具在距离旋转中心 e(mm)处存在等效的不平衡质量 m(g)，则刀具允许的不平衡量U(g · mm)可定义为刀具不平衡质量与其偏心距离的乘积，即 $U=me$。根据牛顿第二定律，该不平衡质量将产生与旋转线速度平方成正比的离心力 F。

对于旋转体的平衡，国际上采用的标准是 ISO 1940-1 或美国标准 ANSIS 2.19，用 G 参数对刚性旋转体进行分级，G 的数字量等级从 $G0.4$ 到 $G4000$。G 后面的数字表示每单位旋转体质量允许的残余不平衡量，G 的单位是 g · mm/kg，它也等于残余质量中心以 μm 表示的偏移量。G 后面的数字越小，平衡等级越高。

在该标准中，所允许的不平衡量 U(g · mm)为

$$U=9\ 545Gm/n$$

式中 U——G 等级量，每单位旋转体质量所允许的残余不平衡量，g · mm/kg；

m——旋转部件的质量，kg；

n——主轴转速，r/min。

对不同机床的动平衡要求是：普通机床的旋转件 $G6.3$；普通刀柄和机床传动件 $G2.5$；磨床及精密机械旋转件 $G1.0$；精密磨床主轴及部分高速电主轴 $G0.4$；6 000 r/min 以上的高速切削刀具和刀柄系统的动平衡等级必须$\leqslant G2.5$。

7.6 数控车床的刀架

7.6.1 数控回转刀架

数控回转刀架是一种简单的自动换刀装置，常用于数控车床或车削中心机床。根据不同机床的要求，数控回转刀架有四方回转刀架、六角回转刀架或圆盘式轴向装刀刀架等多种形式。在数控回转刀架上，可以分别安装四把、六把或更多把刀具，可以按 CNC 数控装置的指令实现自动换刀。

数控回转刀架在结构上应该具有良好的强度和刚度，以承受粗车加工时较大的切削抗力。由于数控车床在加工过程中不允许进行人工干预，所以车削加工的精度在很大程度上取决于刀尖位置的准确性。因此，数控回转刀架必须选择可靠的定位方案和合理的定位结构，以保证在每次自动转位之后，使数控回转刀架具有尽可能高的重复定位精度（一般为 0.001～0.005 mm）。

一般情况下，数控回转刀架的换刀动作包括刀架抬起、刀架转位及刀架压紧等。根据工作原理的不同，数控回转刀架可分为螺母升降式自动转位刀架、十字槽轮式自动转位刀架、凸台棘爪式自动转位刀架、电磁式自动转位刀架和液压式自动转位刀架等。

数控车床四方回转刀架可以安装四把不同的刀具，转位信号由数控加工程序发出指令。如图 7-17 所示为 LD4B 型立式电动四方刀架的外形尺寸，该刀架采用电动机经蜗杆蜗轮传动、由三齿盘啮合螺杆锁紧的工作原理。如图 7-18 所示为它的内部结构，具体工作过程为：当 CNC 数控系统发出转位信号后，刀架电动机带动蜗杆 11 转动，蜗杆 11 带动蜗轮 7 转动，蜗轮 7 与螺杆 9 用键连接，螺杆 9 的转动把夹紧轮 14 往上抬，从而使三个齿圈（内齿圈、外齿圈和夹紧齿圈）都松开，这时离合销进入离合盘 16 的槽内，反靠销 26 同时脱离反靠盘 10 的槽上刀体 15 开始转动。当上刀体 15 转到对应的刀位时，磁钢 22 与发信盘 24 上的霍尔元件相对应，发出到位信号。系统收到信号后发出电动机反转延时信号，电动机反转，上刀体 15 稍有反转，反靠销 26 进入反靠盘 10 的槽中实行初定位，离合销 25 脱离离合盘 16 的槽，夹紧轮 14 往下压紧内、外齿圈直至锁紧，延时结束。主机系统指令下一道工序。

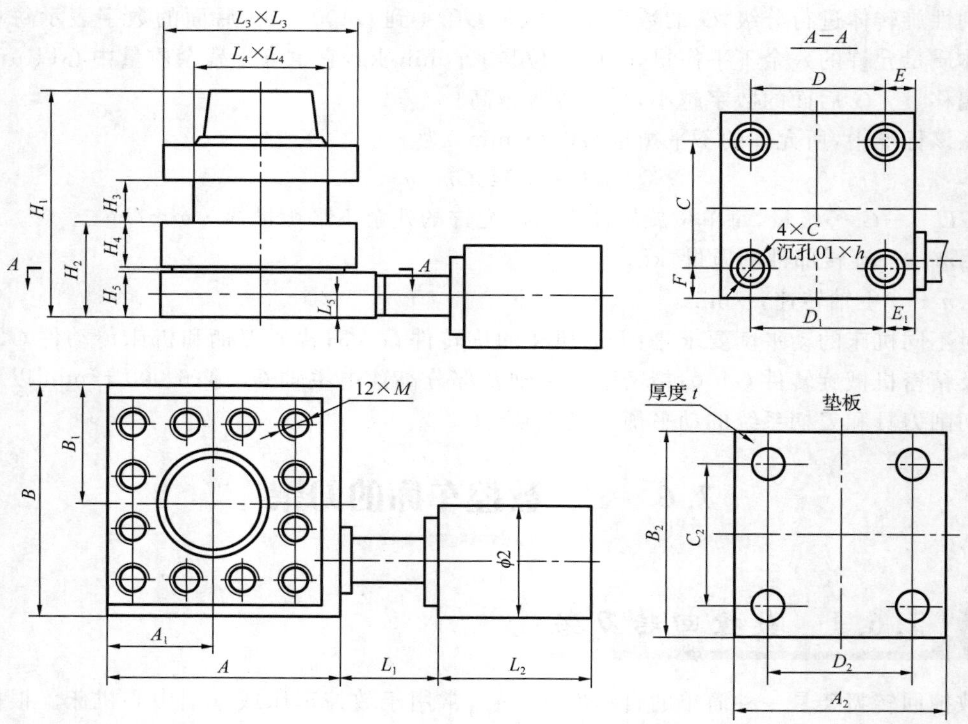

图 7-17　LD4B 型立式电动四方刀架的外形尺寸

数控车床四方刀架一般安装在中拖板上打好的相应螺钉孔处，用一字形螺丝刀拧下刀架下刀体轴承盖闷头，然后用内六角扳手沿顺时针方向转动蜗杆，使上刀体旋转约 45°，即可露出刀架安装孔，然后用相应螺钉把刀架固定，并调整刀尖与车床主轴中心一致。

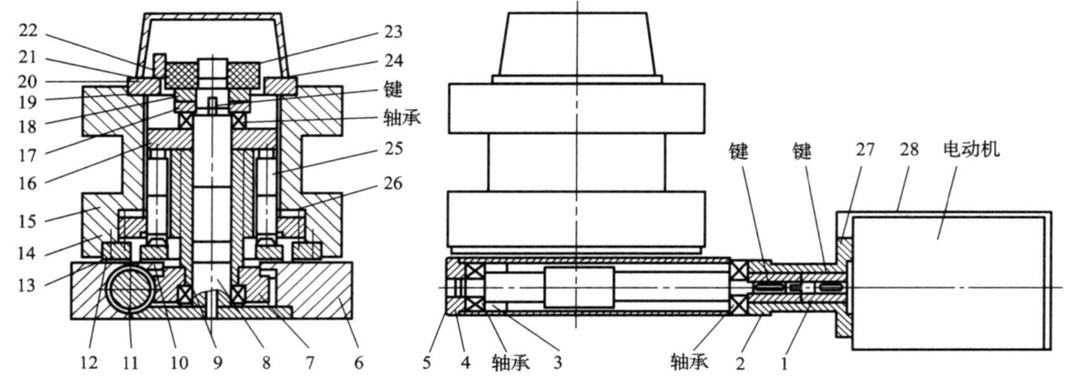

图 7-18 数控车床四方刀架的结构

1—右联轴器；2—左联轴器；3—调整垫；4—轴承盖；5—闷头；6—下刀体；7—蜗轮；8—定轴；9—螺杆；10—反靠盘；11—蜗杆；12—外齿圈；13—防护圈；14—夹紧轮；15—上刀体；16—离合盘；17—止退圈；18—大螺母；19—罩座；20—铝盖；21—发信支座；22—磁钢；23—小螺母；24—发信盘；25—离合销；26—反靠销；27—连接座；28—电动机罩

7.6.2 车削中心的动力刀架

如图 7-19(a)所示为用于全功能数控车床及车削中心机床的动力转塔刀架。在刀盘上既可以安装各种非动力辅助刀夹(车刀夹、镗刀夹、弹簧夹头和莫氏锥度刀柄)夹持刀具进行加工，还可以安装动力刀夹进行主动切削，配合主机完成车、铣、钻、镗等各种复杂工序，实现加工程序的自动化、高效化。

如图 7-19(b)所示为动力转塔刀架的传动示意图，刀架采用端齿盘作为分度定位元件，刀架转位由三相异步电动机驱动；电动机内部带有制动机构，刀具位置由二进制绝对编码器识别，该刀架可双向转位和在任意刀位就近选刀。动力刀架由交流伺服电动机驱动，通过同步齿形带、传动轴、传动齿轮、端齿离合器将动力传递到动力刀夹，再通过刀夹内部的齿轮传动带动刀具回转，实现主动切削。

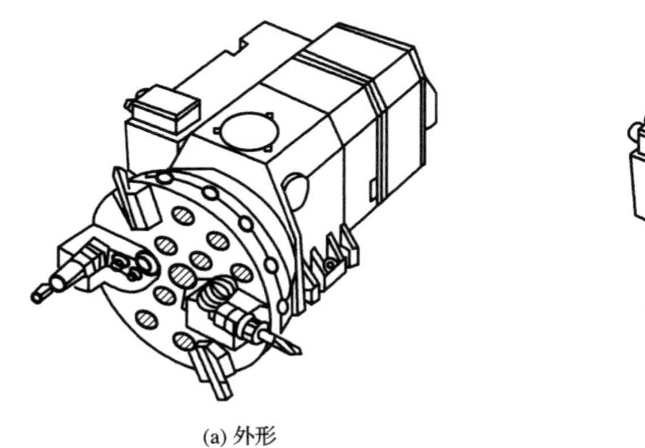

(a) 外形

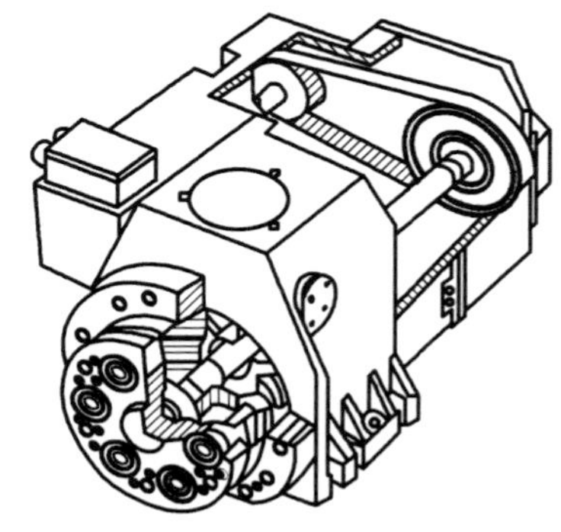

(b) 内部传动示意图

图 7-19 车削中心用动力转塔刀架

思考题与习题

7-1 数控加工对刀具有什么要求？

7-2 数控刀具的特点有哪些？

7-3 数控机床常用的对刀装置有哪些？

7-4 数控机床对自动换刀装置的基本要求是什么？常用的换刀装置有哪些结构形式？

7-5 车床上的回转刀架换刀时需要完成哪些动作？如何实现？

7-6 目前高硬度刀具材料有哪几种？它们的性能特点和使用范围如何？

7-7 数控加工对刀具有什么要求？数控机床常用的车刀和铣刀有哪些类型？

7-8 高速切削有哪些特点？

7-9 高速切削加工过程中对刀具有何要求？

第8章 数控机床维修基础知识

8.1 概述

数控机床是一种典型的机电一体化产品，在企业生产中占有十分重要的地位。做好数控机床的日常维护和设备管理工作，可以大大降低设备故障率，发挥数控机床应有的效率，保护企业的生产经济利益，同时也可为出现故障时的快速诊断、快速修复提供良好的条件。

数控机床的使用寿命和效率，不仅取决于机床本身的精度和性能，更主要取决于日常维护。因此与普通设备管理工作一样，数控机床也应当贯彻“预防为主”的设备管理思想。正确合理的使用和精心的日常维护，能够防止设备的非正常磨损，使设备经常保持良好的技术状态，从而有效地避免突发性故障，延长机床的使用寿命，切实保障设备的安全运行。

8.1.1 数控机床维修安全规范

数控机床维修必须重视有关的安全防范措施，在检查机床操作之前要熟悉机床厂家提供的操作说明书和编程说明书，并只能由经过技术培训的人员来进行数控机床的维修工作。

1. 数控机床操作安全注意事项

(1)在拆除外罩的情况下开机检查时，应当站在离机床较远的地方进行操作，以确保衣物不会被卷到主轴或其他运动部件中。在检查机床动作时，应当先进行空运转，然后进行实物试加工，以防万一机床出现误动作引起工件掉落或刀具破损飞出，造成切屑飞散，伤及人员与设备。

(2)打开电气柜门检查时，需注意电气柜中有高电压，切勿触碰高压部分。

(3)在采用自动方式加工工件时，要首先采用单程序段运行，并将进给速度倍率调低；或采用机床锁定功能，在不安装刀具和工件的情况下运行自动循环过程，以确认机床动作的正确性，防止机床异常动作引起工件、机床或操作者被伤害。

(4)在机床运行之前要认真核实检查所输入的程序，纠正数据输入错误，防止自动运行操作中由于程序或数据错误引起的机床动作失控事故。

(5)一般来说，每一台机床都有一个可允许的最大进给速度，但对于同一台机床的不同操作，所适用的最佳进给速度各有不同。应当参照机床说明书来确定最合适的进给速度，使给定的进给速度适合于指定的操作，否则会加速机床磨损，甚至造成事故。

(6)当采用刀具补偿功能时，要随时检查刀具补偿的方向和补偿量，因为如果输入的数据不正确，机床会出现动作异常，可能引起对工件、机床的损害或造成人员伤亡。

2. 更换电子元器件注意事项

(1)更换电子元器件必须做到“断电插拔”，在关闭 CNC 的电源和关闭强电主电源之后进行。如果只关闭 CNC 的电源，主电源仍会继续向所维修部件(如伺服单元)供电，在这种情况下所更换的新装置可能被击穿损坏，同时操作人员也有触电的危险。

(2)至少要在切断电源 20 min 后，才可以更换放大器。切断电源后，伺服放大器和主轴放大器的电压会保留一段时间，因此即使在关闭电源后也有被电击的危险，至少要在关闭电源 20 min 后，残余的电压才会逐渐消失掉。

(3)在更换电气单元时，要确保新单元的参数及其设置与原来单元的相同。否则不正确的参数将使机床运动失控，损坏工件或机床，造成事故。

3. 数控机床参数设定注意事项

(1)为避免因输入不正确的参数而造成机床失控，在修改参数后第一次加工工件时，要盖好机床护罩，利用单程序段功能、进给速度倍率功能、机床锁定功能及采用不装刀具操作等方式，开机验证机床运行的正确性，然后才可正式使用自动加工循环等功能。

(2)出厂时 CNC 和 PLC 的参数已被设定在最佳值，通常不需要修改；当由于某些原因必须修改其参数时，修改之前要确认你完全了解该参数的有关功能，因为如果错误地设定了参数值，机床会出现意外的运动，可能造成事故。

4. 数控机床日常维护注意事项

(1)存储器备用电池的更换

CNC 利用电池来保存数控系统存储器中的内容。当存储器电池电压不足时，在机床操作面板和 CRT 屏幕上会显示“电池电压不足”报警，遇此情况应在一周内更换电池，否则 CNC 存储器的内容将会丢失。更换存储器备用电池要按说明书中所述的方法，必须在机床(CNC)电源接通的状态下进行，以防数据丢失。由于是在电源接通和电气柜门打开的状态下更换电池，因此工作时要避免触及高压电路，防止触电事故，并应使机床处于“紧急停止”状态。

(2)绝对脉冲编码器电池的更换

绝对脉冲编码器利用电池来保存机床的绝对位置信息。如果电池电压不足，会在机床操作面板或 CRT 屏幕上显示低电池电压报警，也应当在一周内更换电池，否则保留在脉冲编码器中的绝对位置数据将会丢失。

(3)保险丝的更换

在更换保险丝之前，必须首先找出引起保险丝熔断的根本原因，待确认其原因消除之后才可以更换新的保险丝。随意更换保险丝可能会引起严重的后果，所以只有接受过正规安全维护培训的合格人员，才有资格从事这项工作。

8.1.2 数控机床维修主要内容

1. 机床本体的机械维修

机床本体的机械维修是指对数控机床机械部件的维修，如主轴箱的冷却和润滑，齿轮副、导轨副、滚珠丝杠螺母副的间隙调整和润滑，轴承的预紧，液压与气动装置的压力、流量调整等。由于数控机床的机械部件长期处于运动摩擦状态，所以机床本体的维护和维修对保证数控机床的精度具有十分重要的意义。

2. 电气控制系统的维修

电气控制系统的维修主要包括以下五个部分：

(1)伺服驱动电路

伺服驱动电路主要指坐标轴进给驱动和主轴驱动的连接电路。数控机床从电气角度看，最明显的特征就是用电气驱动替代了普通机床的机械传动，将相应的主运动和进给运动改由主轴电动机和伺服电动机来执行完成，而各电动机必须配备相应的驱动装置及电源。由于受切削力、切削温度及各种干扰因素的影响，有可能使伺服性能变化、电气参数变化或电气元件失效，从而引起故障。

(2)位置反馈电路

位置反馈电路主要指数控系统与位置检测装置之间的连接电路。数控机床最终是以位置控制为目的的，所以位置检测装置的维护质量将直接影响到机床的运动精度和定位精度。

(3)电源及保护电路

电源及保护电路主要指数控机床强电线路中的电源控制电路，通常由电源变压器、控制变压器、断路器、保护开关、接触器、熔断器等连接构成，为交流电动机(如液压泵电动机、冷却泵电动机、润滑泵电动机等)、电磁铁、离合器和电磁阀等执行元件进行供电和控制保护。

(4)开、关信号连接电路

开、关信号是指数控系统与机床实时状态之间的输入/输出控制信号，通常采用二进制数据位的“1”或“0”分别表示“通”或“断”。需要注意那些分布于机床各部位的操作按钮、限位开关、继电器、电磁阀等机床电器开关的状态，它们的正确性和可靠性将直接影响到机床能否正确执行动作。这些开、关信号作为可编程控制器的输入和输出量，它们的故障是数控机床的常见故障。数控系统通过对可编程控制器的I/O接口的状态进行检测，就可初步判断发生故障的范围和原因，并可通过PLC对相应开、关量进行处理，从而实现对主轴、进给、换刀、润滑、冷却、液压与气动等系统的开、关量控制。

(5)数控系统

数控系统属于计算机产品，其硬件结构是将电子元器件焊(贴)到印制电路板上成为板、卡级产品，再由多块板、卡借助接插件连接外部设备成为系统级最终产品。计算机关键技术的发展，如元器件的筛选、印制电路板的焊接和贴敷、生产过程的控制、最终产品的检验和整机的考机等，都极大地提高了数控系统的可靠性。

综上所述，数控机床机械维修与电气控制系统的维修相比较，电气系统的故障诊断及维护内容较多、涉及面广、发生率高，是数控机床维修的重点。另有资料表明，由操作、保养和调整不当产生的故障占数控机床全部故障的57%，伺服系统、电源及电气控制部分的故障占数控机床全部故障的37.5%，而数控系统的故障仅占数控机床全部故障的5.5%。

8.1.3 数控机床定期维护保养

数控机床定期维护保养的内容和规则各具特色，应当根据机床的种类、型号及实际使用情况，并参照机床说明书的要求，制定必要的定期、定级保养制度。

1. 保持机床良好的润滑状态

定期检查清洗自动润滑系统，添加或更换油脂、油液，使丝杠、导轨等各运动部件保持良好的润滑状态，降低机械磨损速度。

2. 定期检查液压与气压系统

定期对液压系统进行油质化验检查，及时更换液压油，定期对各润滑、液压与气压系统的过滤器或过滤网进行清洗或更换，及时对气压系统的气水分离过滤器排放积水。

3. 定期进行直流电动机的电刷和换向器检查、清洗与更换

如果换向器表面脏了，应用白布蘸酒精予以清洗；若表面粗糙，可用细金相砂纸予以修整；若发现电刷长度为 10 mm 以下，则应予以更换。

4. 定期进行各坐标轴超程的硬件限位试验

数控机床虽然装有各种硬件限位开关，但平时却主要靠软件限位起超程保护作用。由于切削液渗入等原因，硬件限位开关容易产生锈蚀，在关键时刻如果限位开关锈蚀失效将发生机床碰撞事故，所以必须定期进行各坐标轴的硬件超程限位试验。试验方法为：用手按一下限位开关，看是否出现超程警报，或检查相应 I/O 接口输入信号是否变化。

5. 定期检查电气部件

定期对电气柜内的冷却风扇进行清扫，及时更换空气过滤网等。若光电阅读机的受光部位太脏，则应及时清洗，以防止出现读数错误；若电路板上太脏或受湿，则应使用吸尘器进行清扫，以免发生短路故障。平时应当尽量少开电气柜门，以保持电气柜内的清洁干燥；即使是夏季高温期间，也不可以采用开门散热的方式降温。

6. 数控机床封存期间的维护

数控机床不宜长期封存不用，以免由于受潮等原因加快电子元器件的变质或损坏。如果数控机床较长时间不用，则要定期通电，运行检查机床功能的完整试验程序。平时 1～3 周应通电试运行一次，在环境湿度较大的梅雨季节每周应通电试运行两次，每次空运行约 1 h，以利用机床自身的发热量来驱除机内湿气，使电子元器件不致受潮。通电试运行时还应当检查电池电力是否充足，必要时应及时更换新的备用电池，以防止系统软件和系统参数的丢失。

7. 备用电路板的维护

备用电路板长期不用容易出现故障，因此应当定期将备用电路板安装到 CNC 装置上通电运行一段时间，以防备用电路板损坏。

8. 电网电压波动的检测

一般情况下，CNC 装置允许电网电压在（＋10％～－15％）额定值范围内波动，如果超出此范围就会造成系统无法正常工作，甚至引起 CNC 系统内电子元器件的损坏，因此要经常检测 CNC 装置所用的电网电压的波动，必要时应当采取相应的有效防护措施。

9. 定期进行机床机械精度的检查校正

机床机械精度的校正方法有软、硬两种。软校正方法是通过系统参数补偿，如丝杠反向间隙补偿、各坐标定位精度定点补偿、机床回参考点位置校正等。硬校正方法一般在机床大修时进行，例如进行机床导轨修刮；或由专职的机床维修人员来完成，例如滚珠丝杠螺母副

预紧，调整滚珠丝杠螺母副的反向间隙、齿轮传动副的间隙等。

表 8-1 为某数控机床的定期保养表，其中具体列出了该数控机床定期保养的检查周期、检查部位和检查要求，以供参考。

表 8-1　　　　数控机床定期保养表

序号	检查周期	检查部位	检查要求
1	每天	导轨润滑	检查润滑油的油面、油量，及时添加油；润滑油泵能否定时启动、泵油及停止；导轨各润滑点，在泵油时是否有润滑油流出
2	每天	X、Y、Z 及回转轴的导轨	清除导轨面上的切屑、脏物、冷却水剂，检查导轨润滑油是否充分，导轨面上有无划伤损坏及锈斑，导轨防尘刮板上有无夹带铁屑，如果是安装滚动滑块的导轨，当导轨上出现划伤时应检查滚动滑块
3	每天	压缩空气气源	检查气源供气压力是否正常，含水量是否过大
4	每天	机床进气口的油、水自动分离器和自动空气干燥器	及时清理分水器中滤出的水分，加入足够润滑油，检查空气干燥器是否能自动切换工作，干燥剂是否饱和
5	每天	气-液转换器和增压器	检查存油面高度并及时补油
6	每天	主轴箱润滑恒温油箱	恒温油箱正常工作，由主轴箱上油标确定是否有油润滑，调节油箱制冷温度能正常启动，制冷温度不要低于室温太多〔相差 2～5 ℃，否则主轴容易“出汗”(空气水分凝聚)〕
7	每天	机床液压系统	油箱、油泵无异常噪声，压力表指示正常工作压力，油箱工作油面在允许范围内，回油路上的背压不得过高，各管路接头无泄漏和明显振动
8	每天	主轴箱液压平衡系统	平衡油路无泄漏，平衡压力表指示正常，主轴箱在上下快速移动时压力表波动不大，油路补油机构动作正常
9	每天	数控系统的输入/输出	光电阅读机清洁，机械结构润滑良好，外接快速穿孔机及程序盒连接正常
10	每天	各种电气装置及散热通风装置	数控柜、机床电气柜进、排风扇工作正常，风道过滤网无堵塞，主轴电机、伺服电机、冷却风道正常，恒温油箱、液压油箱的冷却散热片通风正常
11	每天	各种防护装置	导轨、机床防护罩动作灵活且无漏水，刀库防护栏杆、机床工作区防护栏检查门开关动作正常，在机床四周各防护装置上的操作按钮、开关、急停按钮工作正常
12	每周	电气柜	清洗各电气柜进气过滤网
13	半年	滚珠丝杠螺母副	清洗丝杠上旧的润滑油脂，涂上新油脂，清洗螺母两端的防尘圈
14	半年	液压油路	清洗溢流阀、减压阀、滤油器、油箱油底，更换或过滤液压油，注意在向油箱加入新油时必须经过过滤和除去水分
15	半年	主轴箱润滑恒温油箱	清洗过滤器，更换润滑油，检查主轴箱各润滑点是否正常供油
16	每年	检查并更换直流伺服电机电刷	从电刷窝内取出电刷，用酒精棉清除电刷窝内和整流子上的炭粉，当发现整流子表面有被电弧烧伤之处时，抛光表面、去毛刺，检查电刷表面和弹簧有无失去弹性，更换长度过短的电刷，并于跑合后再正常使用
17	每年	润滑油泵、滤油器等	清理润滑油箱油底，清洗更换滤油器
18	不定期	各轴导轨的镶条、压紧滚轮、丝杠、主轴传动带	按机床说明书的规定调整间隙或预紧
19	不定期	冷却水箱	检查水箱液面高度，冷却液各级过滤装置是否工作正常，冷却液是否变质，经常清洗过滤器，疏通防护罩和床身上各回水通道，必要时更换并清理水箱底部
20	不定期	排屑器	检查有无卡阻现象等
21	不定期	清理废油池	及时取走废油池中废油以免外溢，当发现废油池中突然油量增多时，应检查液压管路中的漏油点

8.2 机床故障诊断的基本方法

数控机床故障诊断一般分三个阶段进行，即故障检测、故障判断与隔离、故障定位。第一阶段的故障检测，是对数控系统进行测试，判断是否存在故障；第二阶段的故障判断与隔离，是正确把握住所发生故障的类型，并分离出发生故障的可能部位；第三阶段是将故障定位到可以更换的模块或印制电路板，从而排除数控机床的故障。

通过故障诊断的综合判断和筛选，辅以必要的试验测试，可以达到快速确认和及时排除故障的目的，是维修数控机床的有效方法。现将 FANUC 公司推荐采用的"故障追踪方法"及日常采用的几种故障诊断方法介绍如下。

8.2.1 故障追踪方法

故障追踪是指对故障发生的时间、操作方式、故障的内容进行追踪分析，并尽快找出故障类型的过程。故障追踪法的工作要点如下：

1. 调查故障发生的时间

维修人员要认真调查故障现场，首先记录故障发生的日期、时间和频率，弄清楚是电源接通时出现故障，还是操作过程中出现故障。如果是操作中出现故障，需要弄清楚操作多长时间后才发生故障，还应注意故障现场是否出现过雷击干扰或其他电源干扰。对于多次出现的同一种故障，应确认其发生频率，即按每小时、每天或每月计算，大约发生过多少次。

2. 调查故障发生时机床的加工操作方式

调查并记录出现故障时数控系统是处于哪一种操作方式，如手动方式、存储器操作方式、MDI 方式、返回参考点方式等。

如果在程序运行中发生故障，应记录故障位于程序中的大致位置，即发生故障时的程序号和程序段号。应当深入了解该程序段的工作内容，了解运行什么指令时出现故障，是否在坐标轴移动时出现故障，是否在执行 M、S 或 T 代码时出现故障，是否在数据输入时出现故障，是否在进行同样操作时发生同一故障等。

对于与进给伺服运动有关的故障，需要分析故障是在低速进给还是高速进给时出现。可以在断开电缆的情况下测试查找存在故障的坐标轴或主轴，进一步分析什么时候（电压接通时、加速时、减速时还是正常运转时）出现该故障。

3. 调查发生了哪一种故障

机床有故障报警显示功能时，按动报警键，在 CRT 界面上读取报警信息，并且进一步启动自诊断功能，查阅相关诊断号，以缩小故障范围，确认报警的内容，并试图修复。

4. 调查数控装置附近是否有干扰

当故障出现的频率较低时，应考虑电源电压的波动干扰。确认同一电源上是否连有其他大功率电动机或电焊机，查清楚这些设备的运行与数控机床发生故障间有无联系。

对于输入电压，应确认以下几点：电压有无波动；相间有无电压差；是否达到了标准的电压值；还应该记录控制单元周围的环境温度（运行时应为 0～45 ℃）是多少，查清楚控制单元附近是否受到了较大的振动等。

8.2.2 直观检查法

直观检查法是一种最基本的方法，也是最简单的方法。维修人员通过对故障发生时产生的各种光、声、味等异常现象的观察，认真检查系统的每一处，观察有无烧毁和损伤痕迹，往往可将故障范围缩小到某一个模块，甚至某一块印制电路板。但这要求维修人员具有丰富的实践经验以及较强的综合判断能力。

【例 8-1】 机床类型：FANUC-7CM 系统卧式加工中心。

故障现象：运行中 z 轴运动偶尔出现报警，指示的实际位置与指令值不一致。

故障诊断与处理：直观检查发现 z 轴编码器的外壳被撞变形，所以怀疑该编码器已被损坏。换上一个新的编码器之后，故障排除。

利用人的听觉可查寻数控机床各种异常声响的故障来源，从而判断故障部位。电气部分常见的异常声响有电源变压器、阻抗变换器与电抗器等因铁芯松动、锈蚀引起的铁片振动的"吱吱"声；继电器、接触器等磁回路间隙过大、短路环断裂、动静铁芯或衔铁轴线偏差、线圈欠压运行等原因引起的电磁"嗡嗡"声或触点接触不良的声响；电气元器件因过流或过压运行异常，所引起的击穿爆裂声等。至于伺服电动机、气动或液压元器件等发出的异常声响，基本上与机械故障异常声响相同，主要表现为机械摩擦声、振动声与撞击声等。

现场维修中利用人的嗅觉功能和触觉功能，也可查寻因过流、过载、超温引起的故障。例如电气元器件运行过程中，因漏电、过流、过载等原因会引起异常温升和异常气味；气动、液压、冷却系统的管路阻塞、泵卡死等机械故障将引起气压与液压元器件过载及泵电动机超温散发出焦煳味，严重时甚至会引起线圈烧损。

【例 8-2】 机床类型：国产 JCS-018 立式加工中心，采用 FANUC-BESK-7M 数控系统。

故障现象：加工程序完成后，x 轴不执行自动返回参考点动作，CRT 上无报警显示，机床各部分也无报警显示，但手动 x 轴能够移动。将 x 轴用手动方式移至参考点后，机床又能正常加工；加工完成后，又重复上述现象。

故障诊断与处理：由于 x 轴手动方式移至参考点后机床能正常加工，可以判断 CNC 系统、伺服系统无故障。考虑故障可能发生在 x 轴回参考点的过程中，怀疑故障与 x 轴参考点的参数变化有关，然而将与 x 轴参考点有关的参数调出检查，却发现这些参数均正常。从数控机床的工作原理可知，坐标轴参考点除了与参数有关外，还与轴的原点位置、参考点的位置有关。检查数控机床上 x 轴参考点的限位开关，发现该开关因油污严重而始终处于接通状态，导致系统认为已经回到了参考点，不执行 x 轴返回参考点的动作。将该限位开关清洗、修复后，故障排除。

8.2.3 自诊断功能法

故障自诊断技术是当今数控系统中一项十分重要的技术，它是评价数控系统性能的一个重要指标。随着微处理器技术的发展，数控系统的自诊断能力越来越强，从原来的简单诊断朝着多功能化和智能化的方向发展。数控系统一旦发生故障，借助于系统的自诊断功能，常常可以迅速、准确地查明原因并确定故障部位。

CNC 系统自诊断技术的应用主要有三种方式，即启动诊断、在线诊断和离线诊断。

1. 启动诊断

启动诊断是指从每次通电开始至进入正常的运行准备状态为止，系统内部的诊断程序自动执行对 CPU、存储器、总线和 I/O 单元等模块、印制电路板、CRT 单元、阅读机及软盘

驱动器等外围设备进行运行前的功能测试，确认系统的主要硬件是否可以正常工作，并将检测结果在CRT上显示出来。只有当全部开机诊断项目都正常通过后，系统才能进入正常运行准备状态。利用启动诊断，可以测出系统大部分硬件故障，因此它是提高系统可靠性的有力措施。一旦检测通不过，即在CRT上显示报警信息或报警号，指出哪个部件发生了故障，将故障原因定位在某一范围内，甚至可以将故障原因定位到某个电路板、模块、芯片上，维修人员借助于维修手册中提供的多种可能原因及相应排除方法，可以快速找到真正的故障原因并加以排除。FANUC公司20世纪70年代以后推出的CNC系统，自诊断技术大多采用了启动诊断方式。

【例8-3】 机床类型：配置FANUC-10TE数控系统的数控机床。

故障现象：开机后CRT显示

FS10TE 1399B

ROM TEST：END

RAM TEST

故障诊断与处理：CRT显示的内容表明ROM测试通过，RAM测试未通过。这需要从RAM本身参数是否丢失、外部电池是否失效或是否接触不良等方面进行检查并做相应处理。

2. 在线诊断

在线诊断是指通过CNC系统的内装诊断程序，在数控机床处于正常运行状态时，实时自动对数控装置、伺服系统、外部的I/O及其他外部装置进行自动测试、检查，并显示有关状态信息。当机床在运行中发生故障时，利用在线诊断功能，在CRT上会显示诊断编号和内容，还能显示出系统与主机之间接口信号的状态，从而判断出故障起因是在数控系统部分还是机械部分，并能实时显示CNC内部关键标志寄存器及PLC内操作单元的状态，指示出故障的大致部位。在线诊断方法是当前维修中最常用也是最有效的一种方法，在线诊断功能提示的故障信息越丰富，越能给故障诊断带来方便。

【例8-4】 机床类型：XK5040数控铣床，配置FANUC-3MA数控系统

故障现象：驱动Z轴时就产生31号报警。

故障诊断与处理：查维修手册，31号报警为误差寄存器的内容大于规定值。根据31号报警指示，将31号机床参数的内容由“2000”改为“5000”，与x、y轴的机床参数相同，然后用手轮驱动z轴，31号报警消除，但又产生了32号报警。查维修手册知，32号报警为z轴误差寄存器的数值超过了“±32767”或数模变换器的命令值超出了“－8192～＋8191”。将参数改为“3 333”后，32号报警消除，31号报警又出现。反复修改机床参数，故障均不能排除。为了诊断z轴位置控制单元是否发生故障，将800、801、802诊断号调出，发现800在－1与－2间变化，801在＋1与－1间变化，而802却为0，没有任何变化，说明z轴位置控制单元出现了故障。为了进一步确认故障，将z轴与y轴的位置信号进行对换，即用y轴控制信号去控制z轴，用z轴控制信号去控制y轴，发现z信号能驱动y轴，y信号却不能驱动z轴，这样就将故障定点在z轴伺服电机。拆开z轴伺服电机进行检查，发现编码器上的固定螺钉断了，位置编码器与电动机之间的十字形连接块已经脱落，使电动机在工作中因无反馈信号而产生了报警。将伺服电机与位置编码器用十字形连接块连接好，故障排除。

3. 离线诊断

离线诊断也称为脱机诊断，其目的主要是故障定位和修复系统。早期的CNC装置采用专用诊断纸带对CNC系统进行脱机诊断，诊断时将诊断纸带的内容读入CNC系统的

RAM中，微处理器根据所得到的相应输出数据进行分析，以判断系统是否存在故障，并确定故障的位置。近期的CNC系统采用工程师面板或专用测试装置进行离线诊断测试。在现代CNC系统中，由于计算机技术及网络通信技术的飞速进步，自诊断系统也朝着两个方向发展，一方面依靠系统资源发展人工智能专家故障诊断系统，另一方面利用网络技术发展网络远程通信自诊断系统。

8.2.4 参数检查法

数控系统中有许多参数地址，其中存入的参数值是由数控机床制造厂通过调整确定的，它们直接影响着数控机床的性能。参数通常是存放在存储介质(磁泡存储器或由电池保持的CMOSRAM)中的，一旦电池电量不足或受到外界的某种因素干扰，会使某些参数丢失或变化，使系统发生混乱，导致机床无法正常工作。当数控机床长期闲置之后重新启动系统时，如果无缘无故地出现不正常现象或有故障而无报警，就应根据故障的特征检查和核校有关参数。此外，数控机床经过长期运行之后，由于机械运动部件的磨损、电气元器件性能的变化等原因，也需要对有关参数进行修正。

8.2.5 功能程序测试法

功能程序测试法是将数控系统的常用功能和重要的特殊功能，例如快速点定位、直线插补、圆弧插补、螺纹切削、固定循环、用户宏程序等编制成一个功能测试程序，然后启动数控系统运行这个功能测试程序，用它来检查机床执行这些功能的准确性和可靠性，从而快速判断系统发生故障的可能起因。对于长期闲置的数控机床和第一次开机时的检查，以及在机床出现加工废品但一时难以确定是编程还是操作失误所致的情况下，本方法是判断数控机床故障的有效手段，可连续多次运行功能测试程序，诊断系统运行的稳定性。

【例8-5】 机床类型：配置FANUC-7CM数控系统的卧式加工中心。

故障现象：运行自动加工程序后，出现零件尺寸误差变大，系统却无报警。

故障诊断与处理：使用功能程序测试法，将存储在功能测试带中的程序输入系统，并进行空运行。测试过程如图8-1所示。当运行到含有G01、G02、G03、G18、G19、G41、G42等指令的四角带圆弧的长方形典型图形程序时，发现机床运行轨迹与所要求的图形尺寸不符，从而确认该机床数控系统的刀补功能不良。该系统的刀补软件存放在EPROM芯片中，更换相应的集成电路后，机床加工恢复正常。

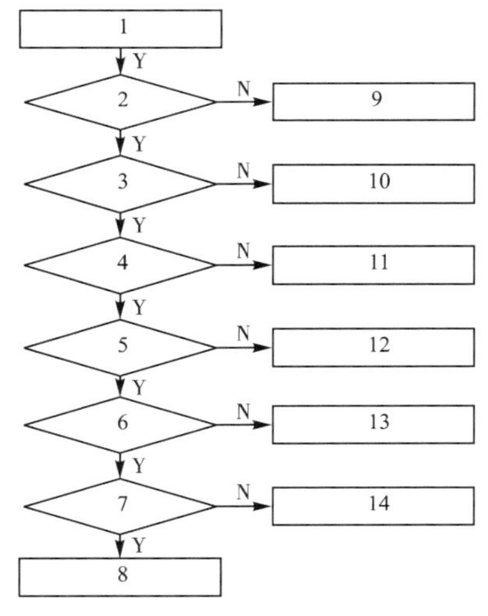

图8-1 功能程序测试流程图

1—加工后工件尺寸超差；2—自动回零功能正常否；3—直线插补功能正常否；4—圆弧插补功能正常否；5—刀补功能正常否；6—自动换刀功能正常否；7—固定循环功能正常否；8—功能齐全正常；9—自动回原点故障；10—直线插补故障；11—圆弧插补故障；12—刀补功能故障；13—自动换刀故障；14—固定循环故障

8.2.6 交换替代法

交换替代法是在已大致分析出故障起因的前提下，维修人员利用备用的印制电路板等元器件替换有疑点的部分，从而把故障范围缩小到印制电路板或芯片一级的方法。在备板交换之前，应仔细检查备板是否完好，备板与原板的各种设定状态是否一致，包括印制电路板上的开关位置、短路棒的设定状态、电位器的调整位置是否都完全相同。在置换 CNC 装置的存储器板时，往往还需要对系统进行存储器初始化的操作。如 F6 系统，用的是磁泡存储器，必须进行这项工作，即重新设定各种参数，否则系统不能正常工作。又如在更换 F7 系统的存储器板之后，不但需要重新输入系统参数，还需要对存储器区进行分配操作，如果缺少了后一步，一旦输入零件程序将产生 60 号报警(存储器容量不够)。有的 FANUC 系统，在更换了主板之后，还需要进行一些特定的操作。如 F10 系统，必须先输入 9000～9031 号选择参数，然后才能输入 0000～8010 号的系统参数和 PC 参数。总之，交换替代法一定要严格参照系统操作说明书、维修说明书的有关要求步骤进行操作，这是一种简单易行的方法，也是现场判断时最常用的方法之一。

【例 8-6】 机床类型：XK5040-1 型数控铣床，采用 FANUC-3M 数控系统。

故障现象：机床通电开机后，CRT 屏幕无显示。

故障诊断与处理：根据维修手册，首先检查 CRT 高压电路、行输出电路、场输出电路及 I/O 接口，以上部位均无异常，并且该机床除 CRT 不显示外，各种加工程序和动作均正常。从以上情况分析，该故障可能发生在数控系统内部。使用仪器检查，发现 PC-2 模板上的 CRT 视放电路无输出电压，怀疑是 PC-2 模板内部故障。采用交换替代法，用相同功能模板 PC-2 替换怀疑有故障的 PC-2 模板，CRT 恢复显示。更换 PC-2 模板，故障排除。

8.2.7 转移法

转移法是将数控系统中具有相同功能的模板、印制电路板、集成电路芯片或元器件相互交换，观察故障现象是否随之转移，从而分析确定故障的具体部位的方法。转移法从实质上来说属于交换替代法。

【例 8-7】 机床类型：JCS-018 立式加工中心，采用 FANUC-BESK-7M 数控系统。

故障现象：运行中，z 轴电动机忽然出现异常振动声，马上停机。

故障诊断与处理：将 z 轴电动机与丝杠分开，试车时仍然振动，可见振动不是由机械传动机构的原因造成的。为了区分是伺服单元故障，还是电动机的故障，采用 y 轴伺服单元控制 z 轴电动机，还是振动，所以判断为电动机有故障。将 z 轴电动机修复后，故障排除。

8.2.8 测量比较法

有些数控系统的生产厂家(如 FANUC 公司)在设计数控系统使用的印制电路板时，为了调整、维修的便利，在印制电路板上设计了多个检测端子。用户也可利用这些检测端子测量正常的印制电路板和有故障的印制电路板之间的电压或波形的差异，从而分析出故障起因及故障的所在位置。甚至，有时还可对正常的印制电路板制造“人为故障”，如断开连线或短路、拔去组件等，以判断真实的故障起因。为了用好测量比较法，维修人员平时应留意测量印制电路板上关键部位或易出故障部位的电压值与波形，并记录作为资料积累，因为数控系统的生产厂家通常很少提供这方面的资料。

8.2.9 敲击法

如果数控系统的故障若隐若现，可用敲击法检查出故障的部位所在。通常这种若有若无的故障大多是由于虚焊或接触不良引起的，采用绝缘物轻轻敲打有虚焊或接触不良的可疑之处，接触不良故障很容易重复再现。

【例 8-8】 机床类型：MCH1500 卧式加工中心，配备 FANUC-0M 系统。

故障现象：在安装调试时，CRT 显示器突然无显示，但机床仍可继续运转；停机后再开，一切正常；使设备正常运转，该故障经常出现。

故障诊断与处理：采用直观法进行检查，发现当车间上方的门式起重机经过时，环境震动较大，就会出现此故障，由此初步判断是元器件接触不良。检查显示板，戴绝缘手套用手触动板上元器件，当触动某一集成块管脚时，CRT 上的显示就会消失。经观察发现该管脚没有完全插入插座中，另外，该集成块旁边的晶振有一个引脚没有焊锡。将松动的集成块插牢，在晶振引脚处焊锡，故障消除。

8.2.10 局部升温法

电气元器件经过长期运行后均会老化，使性能变坏，当它们尚未完全损坏时，出现的故障会变得时隐时现。这时可用热吹风机或电烙铁对可疑的电气元器件进行局部升温，可加速其老化和彻底暴露有故障部件。采用此法时，一定要注意各种元器件的温度参数等性能，避免将原来是好的电气元器件烤坏。

【例 8-9】 机床类型：配 FANUC-7CM 系统的 XK715F 型数控立式铣床。

故障现象：工作半小时后 CRT 中部变白，逐渐严重，最后全部变暗，无显示。关机数小时后再开机，工作半小时之后，CRT 又“旧病复发”。

故障诊断与处理：该故障发生时机床其他部分工作正常，判断故障在 CRT 箱内，且与温度有关。检查后知，CRT 箱内装有两处冷却风扇，分别冷却电源部分和接口板。人为地将接口板冷却风扇停转，发现开机后仅几分钟就出现上述故障，可见该接口电路板的热稳定性不良。调换此接口板后故障消除。

8.2.11 原理分析法

根据数控系统的组成原理，可从逻辑上分析出各点的逻辑电平和特征参数（如电压值或波形等），然后用万用表、逻辑笔、示波器或逻辑分析仪对其进行测量、分析和比较，从而对故障进行定位的方法为原理分析法。运用这种方法，要求维修人员有较高的水平，最好有数控系统逻辑图，能对整个数控系统或每部分电路的原理有清楚、深入的了解。

8.3 数控机床机械故障诊断

8.3.1 概 述

数控机床的性能比普通机床有了根本性的提高，所以在机械结构上也有了重大变化。

熟悉数控机床机械系统故障的诊断与排除方法，对数控机床的诊断与维护很有帮助。

数控机床机械系统故障诊断包括对数控机床运行状态的监视、识别和预测三个方面的内容。通过对数控机床机械装置的某些特征参数，如振动、温度、噪声、油液光谱等进行测定分析，将测定值与规定的正常值进行比较，可以判断机械系统装置的工作状态是否正常。常用的数控机床机械系统故障诊断技术，可分为简易诊断技术和精密诊断技术两类。

1. 简易诊断技术

简易诊断技术也称为机械检测技术，它由现场维修人员使用一般的检查工具，或通过感觉器官的听、摸、看、问、嗅等，对机床的运行状态进行故障检测与诊断。简易诊断技术能快速查找故障区域，确定劣化部位，选择有疑难问题的故障再进行精密诊断。

2. 精密诊断技术

精密诊断技术针对简易诊断中提出的疑难故障，由专职人员利用先进的测试手段进行精密的定量检测分析，查找出故障原因、故障位置并采集有关数据，然后确定应当采取的最佳维修方案。

通常情况下，一般都采用简易诊断技术来诊断机床的状态，只有对那些在简易诊断中提出疑难故障的机床，才需要进行精密诊断，配合使用这两种诊断技术，才是最为经济有效的。

8.3.2 数控机床机械系统的故障诊断方法

数控机床机械系统的故障诊断方法参见表 8-2。

表 8-2　　数控机床机械系统的故障诊断方法

类型	诊断方法	原理及特征	应用
简易诊断技术	听、摸、看、问、嗅	借助于简单工具、仪器（如百分表、水准仪、光学仪等）进行检测；通过人的感官，直接观察形貌、声音、温度、颜色和气味的变化，根据经验来诊断	需要有丰富的实践经验，目前被广泛应用于现场诊断
精密诊断技术	温度检测	接触型：采用温度计、热电偶、测温贴片、热敏涂料直接接触轴承、电动机、齿轮箱等装置的表面进行测量； 非接触型：采用先进的红外测温仪、红外热像仪、红外扫描仪等遥测不宜接近的物体； 具有快速、正确、方便的特点	用于机床运行中发热异常的检测
	振动检测	通过安装在机床某些特征位置上的传感器，利用振动巡回检测，测量机床上特定位置处的总振级大小，如位移、速度、加速度和幅频特性等，对故障进行预测和检测	振动和噪声是应用最频繁的诊断信息，首先是强度测定，确定有异常时，再做定量分析
	噪声检测	用噪声计、声波计对机床齿轮、轴承运行中的噪声信号频谱的变化规律进行深入分析，辨识和判别齿轮、轴承的磨损失效故障状态	
	油液分析	通过原子吸收光谱仪，对磨损进入润滑油或液压油中的各种金属微粒和外来杂质等残余物形状、大小、成分、浓度进行分析，判断磨损状态、机理和严重程度，有效掌握零件磨损情况	用于检测零件磨损情况
	裂纹分析	通过磁性探伤法、超声波法、电阻法、声发射法等，观察零件内部机体的裂纹缺陷	疲劳裂纹可能导致重大事故，测量不同性质材料的裂纹应采用不同方法

8.3.3 数控机床典型机械部件的故障诊断与处理方法

1. 主轴部件

数控机床主轴部件是机床的执行件，它的工作性能直接影响数控机床的加工质量与生产率。主轴部件出现的故障有主轴运转时发出的异常响声、抓刀松刀不良故障、自动调速故障、主轴精度保持性故障等。表 8-3 为数控机床主轴部件常见的故障及其诊断与处理方法。

表 8-3　数控机床主轴部件常见的故障及其诊断与处理方法

序号	故障现象	故障原因	处理方法
1	主轴发热	主轴前后轴承损伤或轴承不清洁	更换坏轴承，清除脏物
		主轴前端盖与主轴箱体压盖研伤	修磨主轴前端盖使其压紧主轴前轴承，轴承与后盖应有 0.02～0.05 mm 轴向间隙
		轴承润滑油脂耗尽或润滑油脂涂抹过多	涂抹润滑油脂，每个轴承润滑油脂的填充量约为轴承空间的 1/3
2	主轴在强力切削时停转	电动机与主轴连接的皮带过松	移动电动机座，张紧皮带，然后将电动机座重新锁紧
		皮带表面有油	用汽油清洗后擦干净，再装上
		皮带使用过久而失效	更换新皮带
		摩擦离合器调整过松或磨损	调整摩擦离合器，修复或更换摩擦片
3	主轴噪声	缺少润滑	涂抹润滑油脂，保证每个轴承涂抹润滑油脂量约占轴承空间的 1/3
		传动轴承损坏或传动轴弯曲	修复或更换轴承，校直传动轴
		齿轮啮合间隙不均匀或齿轮损坏	调整啮合间隙或更换新齿轮
		主轴与电动机连接的皮带过紧	移动电动机座，使皮带松紧度合适
		小带轮与大带轮传动平衡情况不佳，或带轮上的动平衡块脱落	重新进行动平衡调整
4	主轴没有润滑油循环或润滑不足	油泵转向不正确，或间隙太大	改变油泵转向或修理油泵
		吸油管没有插入至油箱的油面以下	将吸油管插入至油面以下 2/3 处
		油管或滤油器堵塞	清除堵塞物
		润滑油压力不足	调整供油压力
5	润滑油泄漏	润滑油油量过多	调整供油量
		密封件损坏	更换密封件
		管件损坏	更换管件
6	刀具不能夹紧	碟形弹簧位移量较小	调整碟形弹簧行程长度
		刀具松夹弹簧上的螺母松动	顺时针旋转松夹刀具弹簧上的螺母，使其最大工作载荷为 13 kN
7	刀具夹紧后不能松开	松刀弹簧压合过紧	逆时针旋转松夹刀具弹簧上的螺母，使其最大工作载荷不超过 13 kN
		液压缸压力和行程不够	调整液压缸压力和活塞行程开关位置

【例 8-10】 机床类型：V400 型立式加工中心。

故障现象：执行自动换刀指令或试图采取手动换刀时，均换不了刀具，也无任何报警显示，且换刀时的信号传送正常。

故障诊断与处理：根据换刀时的信号传送正常且无任何报警显示，可以判断 CNC 系统和伺服系统均无故障。通过检查，发现拉刀杆端部的螺母已经松动，使松刀缸顶杆与拉刀杆端部之间的距离变大，当松刀缸动作时没有将拉刀杆推压到设定的位置，因此刀柄不可能从主轴锥孔中取出。旋紧螺母，调节两者之间的距离到合适位置，故障排除。（本例可参考图 5-7“加工中心机床的主轴结构”）

【例 8-11】 机床类型：V400 型立式加工中心。

故障现象：使用过程中发现有时主轴拉不紧刀具，数控系统无任何报警信息。

故障诊断与处理：主轴拉不紧刀具的主要原因有碟型弹簧变形或损坏；松刀缸动作行程不到位；拉杆与刀柄夹头之间的螺纹连接松动脱出，后退 1.5 mm 以上。一般来说，拉杆与刀柄夹头之间的连接应当非常牢固，通常采用螺纹连接、外加螺母锁紧或采用螺纹密封胶防松。但该型号机床的拉杆与刀柄夹之间没有任何防松措施，在插拔刀具时，如果刀具中心与主轴锥孔稍有偏差，拉杆与刀柄夹头之间就存在一个偏心摩擦，刀柄夹头在这种偏心摩擦与冲击的长期共同作用下，螺纹松动退扣，出现主轴拉不紧刀具的故障现象。检查拉杆与刀柄夹之间的螺纹连接，出现松动应及时拧紧，就可以改善和消除这一故障。

2. 滚珠丝杠螺母副

滚珠丝杠螺母副的故障大多是由于运动质量下降、反向间隙过大、出现机械爬行、润滑状况不良、轴承噪声过大等原因造成的，表 8-4 为滚珠丝杠螺母副的常见故障及其诊断与处理方法。

表 8-4　滚珠丝杠螺母副的常见故障及其诊断与处理方法

序号	故障现象	故障原因	处理方法
1	滚珠丝杠副发出噪声	丝杠支承轴承的压盖压合情况不良	调整轴承压盖，使其压紧轴承端面
		丝杠支承轴承破损	更换轴承
		电动机与丝杠联轴器松动	拧紧联轴器销紧螺钉
		丝杠润滑不良	改善润滑条件，使润滑油油量充足
		滚珠丝杠副滚珠破损	更换滚珠
2	滚珠丝杠运动不灵活	轴向预加载荷太大	调整轴向间隙和预加载荷
		丝杠与导轨不平行	调整丝杠支座位置，使丝杠与导轨平行
		螺母轴线与导轨不平行	调整螺母座的位置
		丝杠弯曲变形	校直丝杠
3	滚珠丝杠副运行不灵活	滚珠丝杠副润滑状况不良	移动工作台，取下轴套，再涂上润滑脂

3. 刀架、刀库及换刀装置

刀架、刀库及换刀装置的故障表现形式有刀具夹持不牢固、夹紧后刀具不能松开、刀套夹不紧刀具、刀具从机械手中脱落、机械手换刀速度过快等，这些故障最终都可能引起换刀动作卡阻，导致数控机床整机无法工作，因此维修人员要有足够的重视。表 8-5 列出了刀架、刀库及换刀装置的故障及其诊断与处理方法。

表 8-5　　刀架、刀库及换刀装置故障及其诊断与处理方法

序号	故障现象	故障原因	处理方法
1	刀具不能夹紧	气泵气压不足	使气泵气压恢复到额定范围内
		增压漏气	关紧增压
		刀具卡紧液压缸漏油	更换密封装置，使液压缸不漏油
		刀具松卡弹簧上的螺母松动	旋紧螺母
2	刀具夹紧后不能松开	松锁刀弹簧压力过紧	调节松锁刀弹簧上的螺母，使其最大载荷不超过额定数值
3	刀套不能夹紧刀具	检查刀套上的调节螺母	顺时针旋紧刀套两端的调节螺母，压紧弹簧，顶紧卡紧销
4	刀具从机械手中脱落	刀具超重，机械手卡紧销损坏	刀具不得超重；更换机械手卡紧销
5	机械手换刀速度过快	气压太高或节流阀开口过大	调整气泵的压力和流量，旋转节流阀至换刀速度合适

8.4 数控机床电气故障诊断

数控机床电气系统主要利用自诊断功能报警信号、信息状态指示灯、各关键测试点的波形与电压值、机床各有关参数的设定值等信息，借助于专用诊断元器件进行电气故障诊断，并参考维修手册等资料来排除故障。数控机床电气控制部分的常见故障主要有：

1. 电池报警故障

当数控机床断电时，为了保存机床控制系统中的参数及加工程序，需要后备电池予以支持。这些电池到了一定的使用寿命（其电压低于允许值）时，就会产生电池故障报警，应当及时予以更换，否则就容易丢失机床参数数据。更换电池应该在机床通电状态下进行，以确保系统数据不会丢失。

2. 键盘故障

在用键盘输入程序时，如果出现字符不能输入或不能消除、程序不能复位、屏幕显示不能更换页面等故障，应考虑有关按键是否接触良好。若修复或更换键盘仍不见成效，或者所有按键都不起作用，可进一步检查有关的接口电路和连接电缆状况，对症处理。

3. 熔丝故障

控制系统内部的熔丝烧断故障多出现于对控制系统进行测量时的误操作，或机床刚性碰撞等意外事故中。维修人员要熟悉各熔丝的保护范围，发生问题时应能及时查出最终根源，确认最终根源已经排除之后，方可更换熔丝。

4. 控制系统的“NOT READY”故障

（1）首先检查 CRT 显示面板上是否有故障指示灯闪亮或故障信息提示，按故障信息目录的提示予以解决。

（2）检查伺服系统电源装置是否有熔丝断、断路器跳闸等问题，若合闸或更换熔丝后断路器再次跳闸，应检查电源部分是否有问题；检查是否存在电动机过热、大功率晶体管组件

过电流等故障而使监控电路起作用；检查控制系统各电路板上是否有故障灯显示。

(3)检查控制系统所需的交流电源、直流电源的电压值是否正常。若电压不正常，也可能造成逻辑混乱，引起“NOT READY”故障。

5. 伺服超差

所谓伺服超差，是指机床的实际进给值与指令值之差超过所允许的限定值，此类问题应做如下检查：检查数控系统设置的允许伺服偏差是否太小；检查CNC控制系统与驱动放大模块之间、CNC控制系统与位置检测器之间、驱动放大器与伺服电机之间的连线是否正确可靠；检查位置检测器的信号及相关的D/A转换电路是否有问题；检查驱动放大器输出电压是否有问题；检查电动机轴与传动机械之间的配合是否良好，是否有松动或间隙存在；检查位置增益是否符合要求，必要时可对有关的电位器进行调整。

6. 机床停止时，有关进给轴发生振动

此类问题应做如下检查：检查高频脉冲信号，观察其波形及波幅，若不符合要求应调节有关电位器；检查伺服放大器速度环的补偿功能，若不合适则应调节补偿电位器；检查位置检测装置编码盘的轴、联轴节、传动轮系是否啮合良好，有无松动现象，必要时应予以修复。

7. 机床运行时声音不正常，有抖动现象

此类问题应做如下检查：首先检查测速电机换向器表面是否光滑、清洁，电刷与换向器接触是否良好，因为问题往往出现在这里，若有问题应及时进行清理或修整；检查伺服放大部分速度环节的功能，若不合适应予以调整；检查伺服放大器的位置增益，若有问题应调节有关电位器；检查位置检测器与联轴节之间的装配连接是否松动；检查由位置检测器来的反馈信号的波形及D/A转换后的波形幅度，若有问题应进行修理或更换。

8. 飞车现象(通常所说的“失控”)

此类问题应做如下检查：检查位置传感器或速度传感器的信号是否反相，是否因电枢线接反了，即整个系统不是负反馈而变成正反馈了；检查速度指令是否给定不正确：检查位置传感器或速度传感器的反馈信号是否有接线断开情况；检查CNC控制系统或伺服控制板是否有逻辑故障；⑤检查是否有电源板故障引起的逻辑混乱。

9. 所有各轴均不运动

此类问题应做如下检查：检查用户的保护性操作(如急停按钮、制动装置等)是否没有复位，有关运动的相应开关是否正确；检查主电源熔丝是否已经熔断；是否由于过载保护断路器发生动作或监控用继电器的触点未接触好，呈现常开状态而使伺服放大部分的信号无法发出。

10. 电动机过热

此类问题应做如下检查：是否滑板运行时的摩擦力或阻力太大；是否因电流设定错误而导致热保护继电器脱扣；当励磁电流太低或永磁式电机失磁时，为获得所需力矩也可引起电枢电流增高而使电动机发热；切削条件不良，切削力太大，引起电动机电流增高；制动装置没有充分释放，出现运动卡阻使电动机过载；由于齿轮传动系统的损坏或传感器有问题，也可使电机过热；电动机内部因匝间短路而引起的过热；采用风扇冷却时，电动机的风扇损坏也可使电动机过热。

思考题与习题

8-1 数控机床的日常保养有什么重要意义？应当如何做好数控机床的日常维护和定期保养工作？

8-2 数控机床故障诊断的目的和基本原则是什么？

8-3 数控系统常用的故障诊断方法主要有哪些？

8-4 数控机床的自诊断功能主要包括哪些内容？

8-5 数控机床伺服驱动系统的常见故障有哪些？

8-6 数控机床输入/输出故障的表现形式有哪些？

8-7 数控机床机械部分的常见故障有哪些？

8-8 数控机床运行中主轴发热的原因是什么？如何排除此类故障？

8-9 加工中心机床的刀柄从机械手中脱落，可能是什么原因？

8-10 FANUC-7CM 系统控制的数控机床，出现 Y 轴异常，并产生 37 号报警。查维修手册，37 号报警内容为：Y 轴位置控制偏移过大。产生原因：伺服电机电源断线；位置检测器和伺服电机之间的连接松动。该机床伺服系统连接如图 8-2 所示，试用合适的方法确定故障部位。

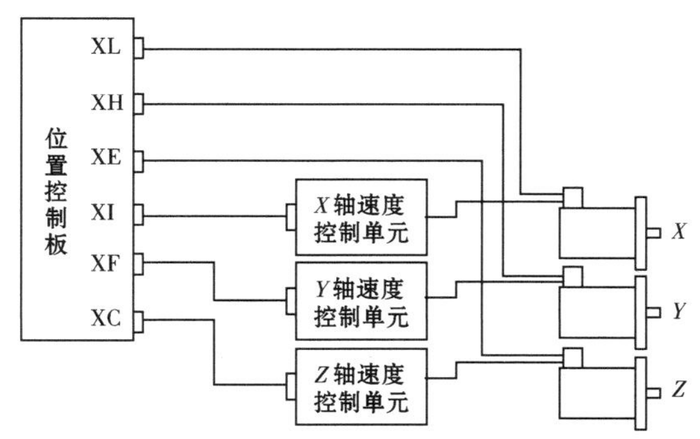

图 8-2 伺服系统连接图

8-11 数控机床在加工过程中主轴的切削振动很大，可能是机床的什么部位出了故障，应该如何排除？

8-12 有一台配置 FANUC-0I 系统的加工中心在切断电源后发生升降台突然下滑的现象，试分析产生故障的可能原因，并提出有效的处理措施。

参考文献

[1] 林其骏.数控技术与应用.北京:机械工业出版社,1995

[2] 杜君文.数控技术.天津:天津大学出版社,2002

[3] 孙志永,赵砚江.数控与电控技术.北京:机械工业出版社,2002

[4] 顾京.数控加工编程及操作.北京:高等教育出版社,2003

[5] 陈蔚芳,王宏涛.机床数控技术及应用.北京:科学出版社,2005

[6] 刘战术,窦凯.数控机床及其维护.2版.北京:人民邮电出版社,2010

[7] 徐衡.数控机床维修.沈阳:沈阳科学技术出版社,2005

[8] 杜国臣,王士军.机床数控技术.2版.北京:北京大学出版社,2006

[9] 朱晓春.数控技术.3版.北京:机械工业出版社,2019

[10] 李占军.数控编程.2版.北京:机械工业出版社,2007

[11] 余英良.数控机床加工技术.北京:高等教育出版社,2007

[12] 邓三鹏.数控机床结构及维修.北京:国防工业出版社,2008

[13] 周文玉,杜国臣.数控加工技术.北京:高等教育出版社,2010

[14] 李雪梅.数控机床.2版.北京:电子工业出版社,2010

[15] 宁立伟.机床数控技术.北京:高等教育出版社,2010

[16] 林宋,张超英.现代数控机床.2版.北京:化学工业出版社,2011

[17] 刘军.数控技术及应用.北京:北京大学出版社,2013

[18] 韩振宇,付云忠.机床数控技术.哈尔滨:哈尔滨工业大学出版社,2013

[19] 赵燕伟.现代数控技术与装备.北京:科学出版社,2014

[20] 蒙斌.机床数控技术与系统.北京:机械工业出版社,2015